U0219636

中国轻工业"十三五"规划教材

教育部高等学校轻工类专业教学指导委员会"十三五"规划教材

植物纤维化学

（第五版）

Lignocellulosic Chemistry（Fifth Edition）

裴继诚　主　编

裴继诚　平清伟　唐爱民　李新平　编

中国轻工业出版社

图书在版编目（CIP）数据

植物纤维化学/裴继诚主编；裴继诚等编. —5 版.
—北京：中国轻工业出版社，2024.7
中国轻工业"十三五"规划教材　教育部高等学校
轻工类专业教学指导委员会"十三五"规划教材
ISBN 978-7-5184-2889-2

Ⅰ.①植… 　Ⅱ.①裴… 　Ⅲ.①植物纤维-纤维化学-
高等学校-教材 　Ⅳ.①TQ35

中国版本图书馆 CIP 数据核字（2020）第 021139 号

责任编辑：林　媛

策划编辑：林　媛　　责任终审：滕炎福　　封面设计：锋尚设计
版式设计：王超男　　责任校对：吴大鹏　　责任监印：张　可

出版发行：中国轻工业出版社（北京鲁谷东街 5 号，邮编：100040）
印　　刷：河北鑫兆源印刷有限公司
经　　销：各地新华书店
版　　次：2024 年 7 月第 5 版第 5 次印刷
开　　本：787×1092　1/16　印张：19.5
字　　数：499 千字
书　　号：ISBN 978-7-5184-2889-2　定价：60.00 元
邮购电话：010-85119873
发行电话：010-85119832　010-85119912
网　　址：http://www.chlip.com.cn
Email：club@chlip.com.cn

前　　言

　　近十年来随着生物质能源和材料研究的发展，国内外有关"植物纤维化学"的研究呈现迅猛发展态势，涌现出了一批有关植物纤维组成、结构、性能等新的研究成果，以及综合利用的新理论、新方法、新工艺和新观点，极大丰富了"植物纤维化学"的知识和理论体系。同时，根据国家关于加强和改进新形势下教材建设的要求，为促进轻工教育改革发展、适应轻工业转型升级对人才培养的需要，推动我国教育信息化的发展及在线课堂的建设及应用，经研究决定，对《植物纤维化学》（第四版）的内容做大幅度调整，重新编纂，尽量吸收国外最新教材之精华及近年来"植物纤维化学"研究的最新成果。

　　"植物纤维化学"课程是轻化工程专业制浆造纸方向的专业技术基础课，也是最为重要的必修课程之一。从课程体系来讲，本课程作为专业核心课程，起着承前启后的作用，对前承的无机与分析化学、有机化学、物理化学和化工原理等课程而言，是这些课程知识在植物纤维方面的具体综合应用，而对于后续课程，如制浆原理与工程、造纸原理与工程和制浆造纸工程装备等课程，又起到专业化学知识的基础准备作用。

　　"植物纤维化学"主要研究植物纤维原料的生物结构及其所含组分，重点研究纤维素、半纤维素和木素三种主要组分的化学结构、生物合成、聚集状态、物理性质、化学性质和生化性质等内容。纤维素、半纤维素和木素是地球上最古老的天然高分子，是自然界中最丰富的可再生资源。随着现代科学的发展及先进分析测试仪器应用，植物纤维原料的研究从宏观到微观，有些研究在分子水平上取得长足进步，对于各组分的微观分布、物理及化学结构越来越明晰，对其性质及利用等研究越来越系统，取得的新成果为纸浆与纸张生产、生物质精炼等技术的发展奠定了理论基础。

　　本教材结构和内容安排如下：

　　第一章植物纤维原料的生物结构与化学组成。该章节首先介绍了植物原料的分类与命名，重点阐述了植物纤维原料的化学成分、生物结构和细胞形态，以及植物细胞壁的微细结构和主要化学组成在细胞壁中分布。该章也对纤维形态参数及对纸张（浆）强度的影响做了专门介绍，对纤维的卷曲指数（curl index）和纤维的扭结指数（kink index）等概念进行详细的阐述。

　　第二章木素。该章节内容压缩幅度较大，减少了木素生物合成、木素氯化、木素次氯酸盐漂白、木素显色反应以及过时的木素结构分析方法等内容，大幅度增加了木素结构分析新方法、木素结构研究新成果、木素分离纯化新方法和木素综合利用新途径等方面的内容。重点介绍了木素的分离、提纯、木素结构分析、木素化学结构、木素物理性质、木素化学性质、木素生化性质和木素的改性与综合利用等内容。

　　第三章纤维素。该章节重点阐述了纤维素的结构（分子结构、聚集态结构、形态结构）以及纤维素的物理和化学性质；从纤维素的化学结构特点出发，系统详细地阐述了纤维素的降解反应、化学反应及化学改性。结合国内外在基础研究和工业应用方面的最新进展，介绍了纤维素的化学合成、离子液体、新型纤维素酯、新型纤维素醚等基础知识，阐述了黏胶纤维、醋酸纤维素等再生纤维素纤维的生产原理和新工艺；结合纤维素科学领域的最新研究热点，介绍了木质纤维素原料制取燃料乙醇，新增了细菌纤维素、纳米纤维素等内容。

第四章半纤维素。该章节首先介绍了半纤维素的分布、分离与提取，进而重点阐述了半纤维素的化学结构、物理性质和化学性质，并介绍了半纤维素对纤维素相关产品（纸浆和纸张、溶解浆、纺织纤维）的影响，以及半纤维素在化学品、功能性材料、生物医药、保健品、生物质能源等方面的利用。

本教材的特点如下：

① 系统性强：本书从植物纤维原料的化学组成和生物结构，到三大主要化学组成的化学结构、聚集态结构、化学性质及利用，系统地阐述了植物纤维化学的基本概念、基本理论和基本应用。

② 适用性广：围绕着制浆造纸过程所需的植物纤维原料，详细地介绍了植物纤维的化学组成、结构、性质及其应用，内容丰富，适用性广。除供轻化工程专业制浆造纸方向作为核心课程的教材外，也可作为林产化工、天然产物、生物资源科学与工程等相关专业的教学参考书，并可供相关行业从事生产、管理、科研开发的工程技术人员参考。

③ 先进性好：在强调基本概念、基本理论的基础上，尽可能反映本课程领域国内外的最新进展和本学科及其与相关学科交叉的科研成果，介绍各种以植物纤维原料制备的新产品、新工艺和新技术。

④ 对重要的专业术语或名词在第一次出现的地方加注英文解释，为高校学生双语教学提供帮助，也便于其他读者掌握相关的专业英语术语。

⑤ 每章均附有习题与思考题，便于读者理解和掌握所学内容，也便于自学。

⑥ 吸收国外教材优点，适当降低了教材难度。为满足学生进一步深入学习的需要，本教材各章后都列出了主要参考文献。但由于本教材编写过程中参考的文献量太大，若全部列出，将占用很大篇幅。因此，没有一一列出，敬请谅解。

本教材适合轻化工程专业本科生、研究生使用，也可供从事制浆造纸工程领域技术人员、从事生物质精炼研究人员参考。

本教材由天津科技大学主持，并由华南理工大学、陕西科技大学、大连工业大学和天津科技大学代表联合编写。教材第一章由天津科技大学裴继诚编写，第二章由大连工业大学平清伟编写，第三章由华南理工大学唐爱民编写，第四章由陕西科技大学李新平编写，由裴继诚主编。

本教材编写过程中，得到教育部轻工类专业教学指导委员会轻化工程专业指导组的指导和支持，也得到许多前辈和同行的赐教及帮助，在此表示衷心的感谢。

由于编者水平有限，书中难免存有纰漏，恳请读者批评指正。

编者

2019 年 11 月

目　　录

第一章 植物纤维原料的生物结构与化学组成

第一节 植物界的基本类群和分类

随着对植物研究的不断深入，至今已发现地球上生存的植物近40万种，木本植物约有2万余种，在中国有7500多种，并且新种仍不断地被发现。经过自然选择的作用，推动着物种从低级到高级，从简单到复杂，从水生到陆生的系统演化过程，从而出现至今多种多样，数量巨大的生物类型，它们和环境共同组成了地球上的生物圈。而植物是生物圈中重要的组成部分，对整个生物圈的发展、物质循环、维持生态平衡等方面起着巨大的作用。

造纸工业使用的纤维原料以纤维含量较高、已经成熟的植物茎秆、韧皮或叶片等植物纤维原料为主，其他纤维原料如矿物纤维、合成纤维、金属纤维等占的比例很小。因此，本书仅介绍植物纤维原料，对其他原料不予介绍。

一、植物的分类及拉丁学名

（一）植物的分类

植物分类学是一门研究植物界不同类群的起源、亲缘关系以及进化发展规律的一门基础学科，也是一门把极其繁杂的各种各样的植物按其演化趋向进行鉴定、分群归类、命名并按系统排列起来便于认识、研究和利用的科学。

为了建立分类系统，植物分类学中建立了各种分类等级，并把各个分类等级按照其高低和从属亲缘关系，有顺序地排列起来，用以表示在这个系统中各植物类群间亲缘关系的远近。

分类时先将整个植物界的各种类别按其不同之点归为若干门，各门中就其不同点分别设若干纲，在纲中分目，目中分科，科中再分属，属下分种，即界、门、纲、目、科、属、种。"种"为植物分类的最基本单位。在各单位之间，有时因范围过大，不能完全包括其特征或亲缘关系，而有必要再增设一级时，在各级前加亚（Sub.）字，如亚门、亚纲、亚目、亚科、亚属、亚种。例如山杨，在植物中的分类归属如下：

界　植物界（Plantae）
　门　被子植物门（Angiospermae）
　　纲　双子叶植物纲（Dicotyledoneae）
　　　目　杨柳目（Salicales）
　　　　科　杨柳科（Salicaceae）
　　　　　属　杨属（*Populus*）
　　　　　　种　山杨（*Populus daridiana* Dode）

（二）植物的拉丁学名

植物的种类繁多，名称亦十分繁杂，不仅因各国语言、文字不同而异，就是一国之内的不同地区也往往不一致，因此同物异名或同名异物的现象普遍存在，这给植物分类和开发利用造成混乱，而且也不利于科学普及与学术交流。

为了使植物的名称得到统一，国际植物学会规定了植物的统一科学名称，简称"学名"。学名是用拉丁文来命名的，即拉丁学名。如采用其他文字语言时也必须用拉丁字母拼音，即所谓的拉丁化。

国际通用的学名，基本采用了瑞典植物学家林奈（Carl von Linne 1753）所倡用的"双名法"作为统一的植物命名法。双名法规定，每种植物的名称由两个拉丁词组成。第一个词为该植物所隶属的属名，是学名的主体，必须是名词，用单数第一格，第一个字母大写。第二个词是种加词，过去称"种"名，用形容词或名词第二格。如形容词作种加词时必须与属名（名词）同性同数同格。最后还要附以命名人的姓名缩写。如：

马尾松：*Pinus massonniana* Lamb.

云南松：*Pinus yunnanensis* Franch.

云　杉：*Picea asperata* Mast.

落叶松：*Larix olgensis* Henry.

大叶杨：*Populus lasiocarpa* Oliv.

小叶杨：*Populus simonini* Carr.

毛白杨：*Populus tomentosa* Carr.

蓝　桉：*Eucalyptus globulus* Labill.

麦　草：*Triticum aestivum* Linn.

芦　苇：*Phragmites communis* Trin.

二、造纸植物纤维原料的分类

制浆造纸工业使用的植物纤维原料种类繁多，通常根据原料的形态特征、来源及我国的习惯，将植物纤维原料分为：木材纤维原料、非木材纤维原料和棉秆等。

（一）木材纤维原料

木材纤维原料可分为针叶材和阔叶材纤维原料。目前已发现阔叶材近 30000 种，针叶材约 500 种。

1. 针叶材原料

此类原料为种子植物门裸子植物亚门松柏纲植物，因其叶多为针状，故称为针叶材。针叶材的材质一般比较松软，故又称为软木（soft wood）。如：云杉、冷杉、马尾松、落叶松、红松、白松、湿地松和火炬松等为造纸工业常用的造纸植物纤维原料。

2. 阔叶材原料

此类原料属于种子植物门被子植物亚门双子叶植物，因其叶子宽阔，故称阔叶材。阔叶木的材质一般比较坚硬，故又称为硬木（hard wood）。实际上，造纸工业使用的仅是阔叶材中的材质较松软的材种，如：杨木、桦木、枫木、桉木、榉木、槭木和相思木等。

（二）非木材纤维原料

1. 禾本科纤维原料

这类原料主要有麦草、稻草、芦苇、荻、甘蔗渣、高粱秆、玉米秆、毛竹、慈竹、白夹竹、楠竹等，在我国应用非常广泛。

2. 韧皮纤维原料

（1）树皮类

主要有桑皮、檀皮、构皮、雁皮、三桠皮、棉秆皮等，特点是皮层含有较多的长纤维，具有较高的制浆造纸应用价值。

（2）麻类

包括红麻、大麻、黄麻、青麻、苎麻、亚麻、罗布麻等。

3. 叶部纤维原料

一些植物的叶子中含有丰富的纤维，适于造纸应用，如香蕉叶、龙舌兰麻、甘蔗叶、龙须草等。

4. 种毛纤维原料

包括棉花、棉短绒和各种棉质废料（古棉）等。

（三）棉秆

棉秆的形态、结构介于木材和禾本科原料之间，曾称之为半木材纤维原料。分类学上棉秆属于棉葵科（Malvaceae）、棉属（gossypium），全世界约有 35 个品种。棉秆皮部果胶含量较高，纤维较长，但木质部纤维长度和化学组分均与阔叶材相当。我国是世界第二大产棉国，具有丰富的棉秆资源可供制浆应用。

第二节　植物纤维原料的化学组成

凡属木材（树皮除外）或是非木材纤维原料，其主要化学组成为纤维素、半纤维素和木素，纤维素和半纤维素皆由碳水化合物组成，木素则为芳香族化合物。纤维素、半纤维素和木素也称之为细胞壁结构性物质（structural wood constituents）。此外，植物纤维原料还含有其他少量组分，如：树脂、脂肪、蜡、果胶、淀粉、蛋白质、无机物、单宁、色素等。但不一定每一种纤维原料都含有所有的少量组分。如木材，迄今为止尚未发现一种木材含有所有种类的化合物。在木材中，这些有机物的结构与性质不同，但其元素组成相差很小，都包括碳、氢、氧、氮及无机元素。根据木材的元素分析结果表明，各种不同品种的木材中碳、氢、氧、氮及无机元素含量如表 1-1 所示。碳、氢、氧所占百分比明显很高，主要构成纤维素、半纤维素和木素等。氮及无机元素，如钠、钾、钙、镁和硅虽含量低，但也是木材中重要组成，它们在木材细胞形成和生长过程中，参与了细胞的代谢过程。

表 1-1　　　　　　　　　　　　　　　　**木材中元素组成**

元素		含量/%	元素		含量/%
碳	C	49	氮	N	<1
氢	H	6	无机元素	Na,K,Ca,Mg,Si	≪1
氧	O	44			

一、植物纤维原料的主要化学组成

（一）纤维素

纤维素（cellulose）普遍存在于植物中，约 1/3 的高等植物都含有丰富的纤维素，木材中纤维素含量（质量分数）达 40%～60%；棉花及亚麻中纤维素含量（质量分数）超过 90%。19 世纪上半叶，人们意识到纤维素是一种化合物，1838 年法国科学家 A. Payen 第一次用硝酸、氢氧化钠溶液交替处理木材，分离出一种均匀的化合物，并命名为纤维素（Cellulose）。A. Payen 于 1838 年在 Comptes Rendus 杂志上发表了第一篇关于纤维素的论文。随后（1839 年），"纤维素（cellulose）"这个名词正式确定。然而，直到 1932 年德国科学家

Hermann Staudinger 才确证了它的高分子结构形式。在 20 世纪 70 年代之后，随着先进仪器和相应表征方法陆续出现，有力地推动了纤维素科学与技术的发展。

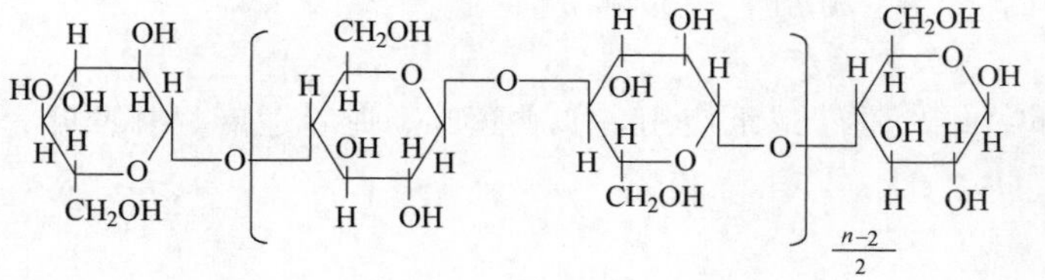

图 1-1　纤维素的化学结构式（Haworth）

n 为葡萄糖基的数目，即聚合度

现在人们认为：纤维素是不溶于水的均一聚糖。它是由 D-葡萄糖基构成的线型高分子化合物。纤维素大分子中的 D-葡萄糖基之间按照纤维素二糖连接的方式连接（1,4-β-苷键）。纤维素具有特性的 X-射线图。其化学结构如图 1-1。

天然状态下，木材的纤维素分子链长度约为 5000nm，相应的约含有 10000 个葡萄糖基，即平均聚合度约为 10000。棉花纤维素的聚合度高于木材，大约为 15000。而草类（芦苇、小麦秆等）纤维素的平均聚合度则稍低。木材经过蒸煮与漂白制成的化学浆，其纤维素的聚合度只有 1000 左右，这是由于在蒸煮和漂白过程中纤维素发生了降解。

纤维素是纸浆的主要化学组成，化学法制浆过程中尽量使之不受破坏，以提高纸浆得率及成纸强度。

（二）半纤维素

半纤维素（hemicellulose）一词是由德国科学家 E. Sehulze 于 1891 年提出的。当时之所以命名为半纤维素（hemicellulose），是因为发现在植物细胞壁的半纤维素总是与纤维素紧密结合在一起，误认为半纤维素是纤维素合成过程中的中间产物。20 世纪 50 年代以来，随着新实验方法的产生及分离技术的发展，尤其是各种色谱法在半纤维素研究中的应用，对半纤维素有了新的认识，明确了半纤维素在植物中的生物合成途径与纤维素不同。

半纤维素是指除纤维素和果胶质以外的植物细胞壁聚糖，即非纤维素的碳水化合物（按惯例，少量的淀粉和果胶质除外）。与纤维素不同，半纤维素是由两种或两种以上单糖构成的不均一聚糖，大多带有短枝链。构成半纤维素的单糖主要有：己糖（D-葡萄糖、D-甘露糖、D-半乳糖），戊糖（D-木糖、L-阿拉伯糖、D-阿拉伯糖），糖醛酸（4-O-甲基葡萄糖醛酸、D-半乳糖醛酸、D-葡萄糖醛酸），另外还有少量的 L-鼠李糖和 L-岩藻糖。这些糖基主要以六元环形式存在。而阿拉伯糖以吡喃式 α-L-阿拉伯糖、呋喃式 α-L-阿拉伯糖、呋喃式 β-L-阿拉伯糖或呋喃式 α-D-阿拉伯糖形式存在。构成半纤维素的单糖结构如图 1-2。

在各种植物纤维原料中，常见的半纤维素主要有：聚-4-O-甲基葡萄糖醛酸木糖、聚葡萄糖甘露糖、聚半乳糖葡萄糖甘露糖、聚阿拉伯糖-4-O-甲基葡萄糖醛酸木糖等。

各种植物纤维原料的半纤维素含量、组成、结构均不相同，同一种植物纤维原料的半纤维素一般也会有多种结构，因此，半纤维素是非纤维素碳水化合物这样一群物质的总称。

半纤维素的化学和热稳定性低于纤维素，可能是由于低的聚合度（100～200）和非结晶的聚集态所致。在生产一般纸张用化学浆时，半纤维素是应适当多保留的成分，这样不仅可提高制浆得率，而且对纸浆的打浆能耗及成纸性能有良好的影响。但在生产纤维素的衍生物工业用纸浆时，半纤维素则应尽量除去。

（三）木素

对于木素（lignin）的研究历史很长，可以追溯到 19 世纪 30 年代，当时 Gay-Lussal 开

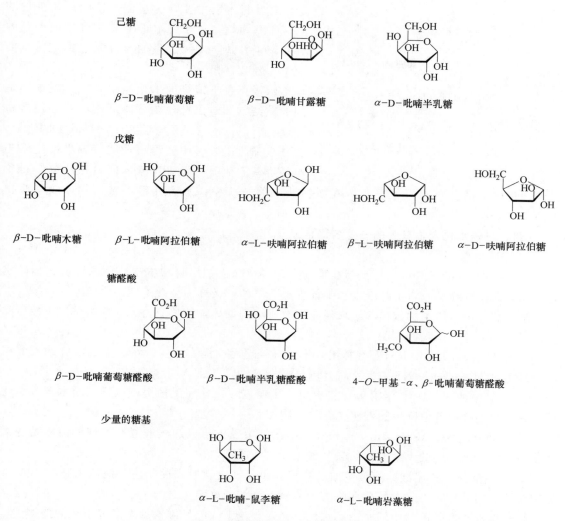

图 1-2　木材半纤维素中单糖结构

始研究木材的元素组成。在 1830 年，法国植物学家和化学家 A. Payen 提出木材是由纤维素和另外一种物质组成的。他将木材用硝酸和碱交替处理，然后用酒精和乙醚洗净，得到一种残余物质，这种残余物质为固体纤维状，A. Payen 称它们为纤维素。被除去物质的碳含量比纤维素高，他注意到在这种分离过程中如果不除去比纤维素含碳量高的物质就不能很好地分离纤维素。他把这种必须除去的物质命名为真正的木材物质（The true woody material），以后他又将此物质命名为被覆物质（The incrusting material）。在 1857 年，F. Schulze 将此高碳含量的物质命名为"木素（lignin）"。lignin 来源于拉丁文"lignum"，原本是木材的意思。

随着现代分析仪器在木素化学研究中应用，对木素化学结构的认识越加深刻。木素是由苯基丙烷结构单元通过醚键和碳-碳键联结构成的具有三度空间结构的天然高分子化合物。植物纤维原料中的木素都具有苯基丙烷单位的基本骨架，但其芳香核部分有所不同，根据—OCH₃数量的差别，大致有如下三种类型，即：愈创木基丙烷、紫丁香基丙烷和对羟苯基丙烷。如图 1-3 所示。

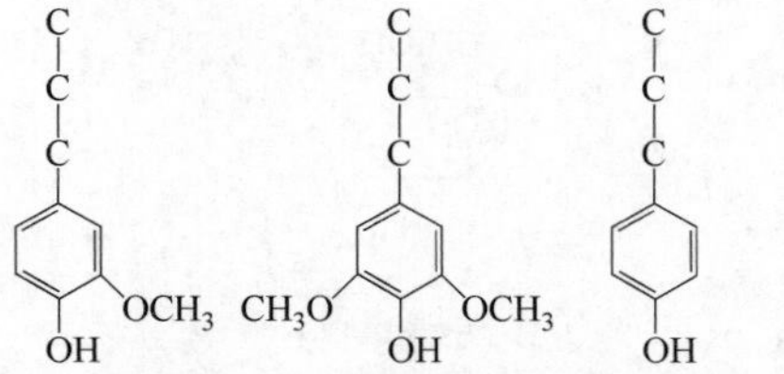

图 1-3　木素的结构单元

（愈创木基丙烷　　紫丁香基丙烷　　对羟苯基丙烷）

针叶材木素主要含有愈创木基丙烷及少量的对羟苯基丙烷，阔叶材木素主要含有愈创木基丙烷和紫丁香基丙烷及少量的对羟苯基丙烷。草类原料与阔叶材相近。

木素存在于植物的木化组织之中，是细胞之间的黏结物质。因此，要分离纤维，就必须溶解木素。所以，木素是化学制浆中需要除去的组分，在蒸煮和漂白过程中要尽可能在少损失纤维素与半纤维素的情况下除去木素。而机械法制浆是单纯利用机械磨解作用将纤维分离，在机械法制浆过程中，木素几乎不被溶出，故制浆得率高。

（四）　与碳水化合物有关的一些名词含义

1. 综纤维素

综纤维素（holocellulose）是指植物纤维原料在除去抽出物和木素后所保留的全部碳水化合物，即植物纤维原料中纤维素和半纤维素的总和，又称为全纤维素。

制备综纤维素所用的试样一般均须先用有机溶剂抽提，使之成为无抽提物试样，然后除去木素。制备综纤维素的方法有：

① 氯化法。1937 年 Ritter 等提出，用氯气处理无抽提物试样，然后用乙醇胺的乙醇溶液（$HO—CH_2—CH_2—NH_2$）抽提，将氯化木素溶出，残渣即为综纤维素。

② 亚氯酸钠法。1942 年 Jayme 等提出，用亚氯酸钠处理无抽提物试样，使木素被氧化而除去，得到含有部分降解的碳水化合物产物即为综纤维素。

③ 二氧化氯法。1921 年由 Schmidt 等提出，用二氧化氯加碳酸氢钠的饱和溶液处理无抽提物试样，把其中的木素氧化除去，残渣即为综纤维素。

④ 过醋酸法。在醋酸钠溶液中加入醋酸酐和过氧化氢形成过醋酸溶液，用它在 70℃ 下处理无抽提物试样，将木素氧化而除去，残渣即为综纤维素。

综纤维素约含有原料中的全部碳水化合物，理论上，综纤维素加木素等于无抽提物试样质量的 100%。但在实验中，若将无抽提物试样中木素完全除去，往往有部分综纤维素也被溶出。为保留全部综纤维素，需保留部分木素。因此，实际得到的综纤维素通常含有少量木素，即使如此也难免在脱除木素过程中损失少量碳水化合物。

2. α-纤维素、β-纤维素、γ-纤维素、工业半纤维素

用 17.5%NaOH（或 24%KOH）溶液在 20℃ 下处理综纤维素（或漂白化学浆）45min，将其中的非纤维素的碳水化合物大部分溶出，留下的纤维素及抗碱性的非纤维素碳水化合物，称为综纤维素的 α-纤维素（或化学浆的 α-纤维素）。漂白化学木浆经上述处理所得到的溶解部分，用醋酸中和后沉淀出来的部分，称为 β-纤维素，不沉淀部分称为 γ-纤维素。

在漂白化学浆中，α-纤维素包括纤维素及抗碱的半纤维素；β-纤维素为高度降解的纤维素及半纤维素；γ-纤维素全为半纤维素。β-纤维素及 γ-纤维素包含植物纤维原料制成漂白浆后留在浆中的天然半纤维素，也有一部分是纤维素在制浆过程中的降解产物。习惯上将 β-纤维素及 γ-纤维素之和称为工业半纤维素，以示与天然半纤维素有别。

化学浆中 α-纤维素含量，对纤维素衍生物和纸的改性处理等生产过程及产品质量的影响很大。

3. 克-贝纤维素

克罗斯和贝文（Cross and Bevan）分离纤维素的方法创立于 1880 年。其后此法曾有若干修正。此法系采用氯气处理湿润的无抽提物试样，使木素转化为氯化木素，然后用亚硫酸及约含 2% 亚硫酸钠溶液洗涤，以溶出木素。重复以上处理，直至加入亚硫酸钠后仅显淡红色为止。

克-贝纤维素较综纤维素降解稍多，而且部分非纤维素的碳水化合物被溶出。但与工业纸浆中的纤维素相比，其降解程度较小。克-贝纤维素包括了纤维素与一部分非纤维素的碳水化合物，并含 0.1%~0.3% 的木素。

4. 硝酸-乙醇纤维素

硝酸-乙醇法测定纤维素的含量是由法国人库尔施纳和霍弗（Kurschner & Hoffer）提出的，该方法的原理基于用 20% 的硝酸和 80% 乙醇的混合液，在加热至沸腾的条件下处理无抽提的试样，使其中的木素变为硝化木素，溶于乙醇中而被除去，所得残渣即为硝酸-乙醇法纤维素。此法使原料中大部分半纤维素水解，故测定结果较同一原料的克-贝纤维素含量低。而且在测定过程中，纤维素分子链也发生了降解，故其组成、性质与克-贝纤维素亦有所不同。

二、植物纤维原料的少量组成

植物纤维原料中除上述纤维素、半纤维素和木素三大细胞壁主要组成之外。还含有少量组成，如：抽出物和无机物等。尽管这些物质的含量较少，但它们在植物体内活细胞的代谢过程中起着重要的作用，另有一些抽出物可保护树木免受真菌和昆虫的侵害，抽出物也给予木材颜色和气味。在造纸过程中，抽出物往往对制浆、漂白及造纸等生产过程及产品质量造成不良影响，一些抽出物是未处理造纸废水毒性的主要来源。

抽出物（也称之为提取物）大多数为低分子物质，可溶于中性有机溶剂、稀碱溶液或水中。虽然抽出物是植物纤维原料中的少量组成，但其包括数千种各式各样的物质，木材中抽出物的组成如表 1-2。抽出物可以分为亲脂性和亲水性两类物质，属于木材中非结构性物质（nonstructural wood constituents）。词"树脂（resin）"通常指亲脂性物质（不包括酚类化合物），可用非极性有机溶剂抽提出来，但不溶于水。抽出物的含量和组成与原料的种类、生长期、产地、气候条件等有关，对同一种原料，抽出物的含量和组成也因部位不同而异。在分离过程中，因选用的溶剂不同而溶出的组成和程度不同。

表 1-2　　　　　　　　　　**木材中有机溶剂抽出物的化学组成**

脂肪族和脂环族化合物	酚类化合物	其他化合物
萜烯及萜烯类化合物（包括树脂酸和类固醇）	简单的苯酚 1,2-二苯乙烯 木酯素	碳水化合物 环多醇 环庚三烯酚酮
脂肪酸的酯（脂肪和蜡）	异黄酮类化合物 缩合型单宁	氨基酸 生物碱
脂肪酸和醇	黄酮类化合物	香豆素类化合物
烷烃	水解类单宁	蒽醌类化合物

（一）抽出物的类型

1. 有机溶剂抽出物

有机溶剂抽出物是指植物纤维原料中可溶于非极性有机溶剂的那些化合物。其含量、存在的部位和组成，随原料种类的不同而各不相同。有机溶剂的种类对抽出物的含量和组成有很大的影响，常用的有机溶剂包括乙醚、苯、丙酮、乙醇、苯-乙醇混合液、四氯化碳、二氯甲烷和石油醚等。

2. 水抽出物

原料中的部分无机盐类、糖、生物碱、单宁、色素及多糖类物质如：树胶、黏液、淀粉、果胶质等组成均能被水抽出。根据水抽出物的抽提条件不同，分为冷水抽出物和热水抽出物两种。热水抽出物的数量较冷水抽出物多，且含有较多糖类物质。

3. 稀碱抽出物

稀碱不仅可以溶出原料中被水溶出的物质，还可以溶出部分木素、聚戊糖、树脂酸、糖醛酸等。植物纤维原料稀碱抽出物含量，在一定程度上可用以表明造纸原料受到光、热、氧化或细菌等作用而变质或腐败的程度。

（二）不同原料的有机溶剂抽出物组成、含量与分布

1. 针叶材有机溶剂抽出物

针叶材的有机溶剂抽出物主要是：松香酸、萜烯类化合物、脂肪酸及不皂化物等。针叶材的有机溶剂抽出物含量较高（尤其是心材中），如：红松的乙醚抽出物为 4.69%，马尾松乙醚抽出物为 4.43%。针叶材的有机溶剂抽出物主要存在于树脂道和木射线薄壁细胞中。

2. 阔叶材有机溶剂抽出物

阔叶材的有机溶剂抽出物与针叶材有明显区别，阔叶材的有机溶剂抽出物主要存在于木射线细胞和木薄壁细胞中。主要含游离的及酯化的脂肪酸、中性物质，不含或只含少量的萜烯类化合物。阔叶材的有机溶剂抽出物含量较针叶材低，一般在 1% 以下，但内蒙古自治区的桦木乙醚抽出物较高，为 2.16%。

3. 禾本科原料的有机溶剂抽出物

禾本科原料的乙醚抽出物含量少，一般在 1% 以下。其化学组成也与木材不同，主要化学成分为蜡质（高级脂肪酸与高级脂肪醇形成的酯类），伴有少量的高级脂肪酸、高级醇等。蜡质存在于禾本科原料表皮层的外表面，对植株生长起着保护作用。由于含量少，故对制浆造纸过程及废液的回收利用影响不大。

但禾本科原料的苯-醇抽出物的含量相当高，一般在 3%～6%，有的高达 8%。原因是苯-醇抽出物除含乙醚抽出物的全部物质外，还含有单宁、红粉及色素等其他可被抽出物质。

（三）有机溶剂抽出物的化学组成

1. 萜烯类化合物

萜烯的基本结构单元是异戊二烯（2-甲基-1,3 丁二烯，分子式为 C_5H_8）。根据萜烯所包含的异戊二烯（C_5H_8）单元的数目，可分为：单萜烯（$C_{10}H_{16}$）、倍半萜烯（$C_{15}H_{24}$）、二萜烯（$C_{20}H_{32}$）和三萜烯（$C_{30}H_{48}$）等。它们是无环或环状碳氢化合物。如果分子内还含有羧基、羟基、羰基及其他功能基，则称为萜烯类化合物。为了简化，有时将萜烯及萜烯类化合物统称为萜烯类化合物。萜烯类化合物在针叶材中含量较高，在阔叶材中含量极少或没有。

（1）单萜烯类化合物

单萜烯及单萜烯类化合物含两个异戊二烯结构单元，主要存在于针叶材中的松节油或挥发性油中，图 1-4 为一些常见的单萜烯及单萜烯类化合物。

（2）倍半萜烯类化合物

萜二烯-1,8　　　α-蒎烯　　　3-蒈烯　　　莰烯　　　樟醇

图1-4　单萜烯及单萜烯类化合物

倍半萜烯及倍半萜烯类化合物含三个异戊二烯结构单元，可从植物油中分离出来，在一些典型的阔叶材中也含有倍半萜烯，但含量极微。图1-5为四种倍半萜烯的结构式。

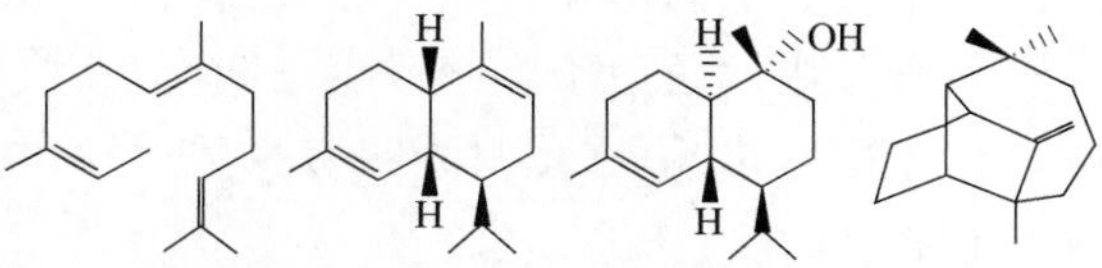

（3）二萜烯类化合物（树脂酸）

二萜烯及二萜烯类化合物含四个异戊

金合欢烯　　　α-依兰油烯　　　α-杜松醇　　　长叶烯

图1-5　倍半萜烯及倍半萜烯类化合物

二烯结构单元，是具有20个碳为骨架的碳氢化合物。松木和云杉的含油树脂与树脂道抽出物的主要非挥发性成分是树脂酸（resin acids），这些树脂酸是分子式为 $C_{20}H_{30}O_2$ 的二萜烯类化合物。它们是烃化的氢化菲核的一元酸，具有两个双键，其所含—COOH和两个双键决定了它们的化学性质。二萜烯类化合物有很多的异构体，可以分为两种类型：冷杉酸型与海松酸型。冷杉酸型的第7位含有一个异丙基侧链，而海松酸型在该位置具有甲基与乙烯基取代物。如图1-6所示。

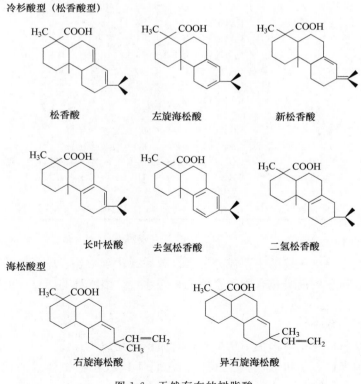

冷杉酸型（松香酸型）

松香酸　　　左旋海松酸　　　新松香酸

长叶松酸　　　去氢松香酸　　　二氢松香酸

海松酸型

右旋海松酸　　　异右旋海松酸

图1-6　天然存在的树脂酸

松香酸型的树脂酸具有的两个双键是共轭双键，而海松酸型的树脂则无共轭双键，也不能转化为共轭双键。这就使松香酸型较容易发生异构化、氧化和加成等反应，其共轭双键体系也非常容易被空气氧化。木片在室温下暴露几小时足以引起木片树脂中左旋海松酸含量明显下降。许多研究者的工作也表明氧化结果在于除去共轭双键体系，并形成过氧化物和羟基。

（4）三萜烯类化合物

三萜烯及三萜烯类化合物一般视为由六个异戊二烯结构单元聚合而成，也有少数三萜烯类化合物分子中的碳原子多于或少于 30 个。植物中三萜烯类化合物含量极少，常见的有角鲨烯（三十碳六烯）。在木材中只有少数材种中含有，如松树皮与桦木等含有三萜烯及三萜烯类化合物。

2. 脂肪族化合物

脂肪族化合物主要含有烷烃、脂肪醇、脂肪酸、脂肪和蜡。在禾本科植物的有机溶剂抽出物中脂肪族化合物含量较多，主要是脂肪和蜡，而木材中脂肪和蜡含量较低，分别低于 0.5% 和 0.1%。在针叶材和阔叶材中含有较多种脂肪酸，目前已经鉴定出的脂肪酸超过 30 种。木材中的脂肪酸主要存在于薄壁细胞中，并且大部分脂肪酸被酯化，例如：与丙三醇形成甘油三酸酯，或与高级脂肪酸及萜烯类化合物形成脂肪酸的酯。脂肪族化合物或蜡在木材储存中或硫酸盐法制浆中被水解。植物纤维原料中存在的脂肪酸如表 1-3 所示。

表 1-3　　　　　　　　　　　　　　　　常见的脂肪酸

命名	分子式
饱和的脂肪酸	
月桂酸（十二烷酸）	$C_{11}H_{23}COOH$
肉豆蔻酸（十四烷酸）	$C_{13}H_{27}COOH$
棕榈酸（十六烷酸）	$C_{15}H_{31}COOH$
硬脂酸（十八烷酸）	$C_{17}H_{35}COOH$
花生酸（二十烷酸）	$C_{19}H_{39}COOH$
山萮酸（二十二烷酸）	$C_{21}H_{43}COOH$
二十四烷酸	$C_{23}H_{47}COOH$
不饱和的脂肪酸	
棕榈油酸（十六碳烯-[9]-酸）	$CH_3(CH_2)_5CH=CH—(CH_2)_7COOH$
油酸（十八碳烯-[9]-酸）	$CH_3(CH_2)_7CH=CH—(CH_2)_7COOH$
亚油酸（十八碳二烯-[9,12]-酸）	$CH_3(CH_2)_4CH=CH—CH_2—CH=CH—(CH_2)_7COOH$
亚麻酸（十八碳三烯-[9,12,15]-酸）	$CH_3—CH_2—CH=CH—CH_2—CH=CH—CH_2—CH=CH—$ $(CH_2)_7COOH$
桐酸（十八碳三烯-[9,11,13]-酸）	$CH_3(CH_2)_3—CH=CH—CH=CH—CH=CH—(CH_2)_7COOH$

3. 芳香族化合物

植物纤维原料中除细胞壁的主要成分木素是芳香族化合物外，还含有其他许多芳香族有机溶剂抽出物，如简单的酚类化合物和多酚类化合物。许多树种的心材，由于多酚类物质积累使心材颜色较深。

（1）简单的酚类化合物

针叶材和阔叶材的有机溶剂抽出物中常含有简单的酚类化合物，如对羟基苯甲醛、香草醛、紫丁香醛、阿魏酸、松柏醛和芥子醛等。它们都是木素生物合成的代谢物。如图 1-7 所示。

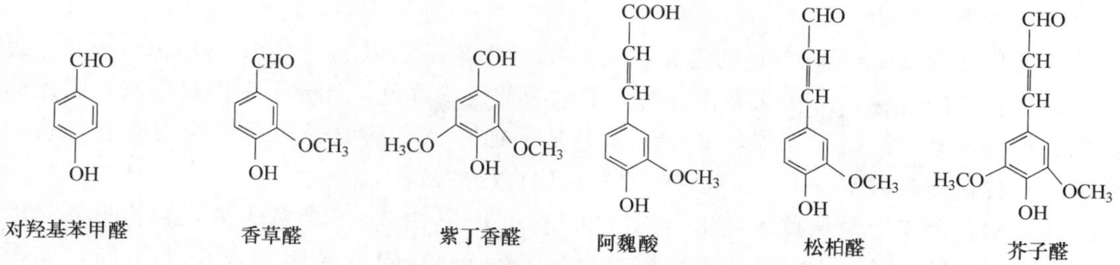

图 1-7 木材中简单的酚类化合物

对羟基苯甲醛　　香草醛　　紫丁香醛　　阿魏酸　　松柏醛　　芥子醛

（2）木酯素

木酯素（lignans）（旧称立格南，也称为木脂体类化合物）是由苯基丙烷单元氧化聚合而成的天然产物，通常所指的是二聚体，少数为三聚体和四聚体等。根据国际理论和应用化学联合会（IUPAC）对木酯素命名的建议，以 $C_6 \sim C_3$ 为单元，其中苯环部分与丙基相连的碳编号为 1，苯环编号 1～6，而丙基部分，以与苯环相连的碳编号为 7，以此为 7～9。第二个 $C_6 \sim C_3$ 单元的编号上加 "'"。最早木酯素是指两个苯基丙烷单元通过侧链的 8-8′ 键联的二聚体（也称为 β-β′ 键联）。后来发现，许多木酯素并非 8-8′ 键联，O. R. Gottlieb 把 8-8′ 以外连接的木酯素称为新木酯素（neolignans），后来又把两个 $C_6 \sim C_3$ 单元之间以氧原子连接的化合物称之为氧化木酯素（oxyneolignans），如图 1-8 所示。

8-8′ 键联的二聚体　　　　新木酯素　　　　氧化木酯素

图 1-8 木酯素的结构类型

木酯素的苯基丙烷单元也有多种类型，主要包括肉桂醇（cinnamyl alcohol）、肉桂酸（cinnamyl acid）、丙烯基酚（propenyl phenol）、烯丙基酚（allyl phenol）等。木酯素两个苯环上常有氧取代基，侧链上含氧官能团也多有变化。这就使木酯素结构类型繁多。图 1-9 为木酯素之一松脂酚（pinoresinol）的结构式。

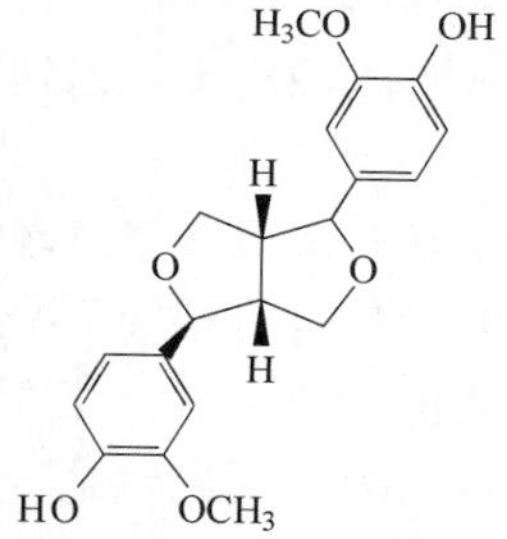

木酯素同样也是木素新陈代谢的产物，其中一些结构在木素分子中也存在。从树皮、果实、心材、树叶、树根和各种植物的树脂分泌物中已经分离出多种多样的木酯素。木酯素大多数是白色晶体，不挥发，难溶于水，易溶于苯、氯仿、乙醚、乙醇等溶剂中，它们在医药上具有止泻、补肾、抗流感病毒等功效。

图 1-9 松脂酚
（pinoresinol）结构式

（3）单宁

单宁（tannins）又称单宁酸、鞣质，存在于多种树木（如橡胶树和漆树）的树皮和果实中。单宁可分为水解类（hydrolytic tannin）和缩合类（condensed tannin），两类常共存。水解类单宁通常是没食子酸和鞣花酸等多酚羧基酸与 D-葡萄糖形成的酯，其酯键的连接容易被酸、碱或酶（例如：单宁酸酶和高峰淀粉酶）水解。经水解得到没食子酸和鞣花酸。其结构如图 1-10 所示。

（4）黄酮类化合物

黄酮类化合物（flavonoids）的经典含义是指以 2-苯基色原酮（2-phenyl chromone）衍生的一类化合物的总称，由于该类化合物大多呈淡黄色或黄色，且分子中多具酮基，因此称为黄酮。现代含义是泛指二个苯环（A 环和 B 环）通过三个碳原子相互连接而成的一系列化合物的总称，即具有 $C_6—C_3—C_6$ 结构的一类化合物的总称。

前述的缩合类单宁是从黄酮类化合物衍生出来的，其由 3～8 个黄酮类化合物单元（即 $C_6—C_3—C_6$ 骨架）经缩合而成。异黄酮类（isoflavones）的碳骨架与黄酮类不同，如图 1-11。黄酮类化合物广泛地分布在针叶材和阔叶材的树干之中。

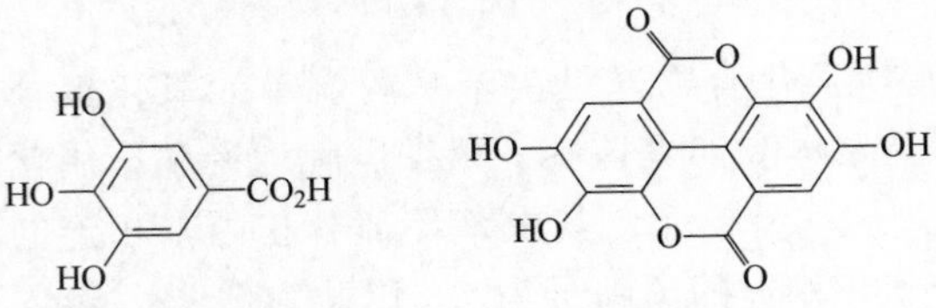

图 1-10　没食子酸和鞣花酸结构

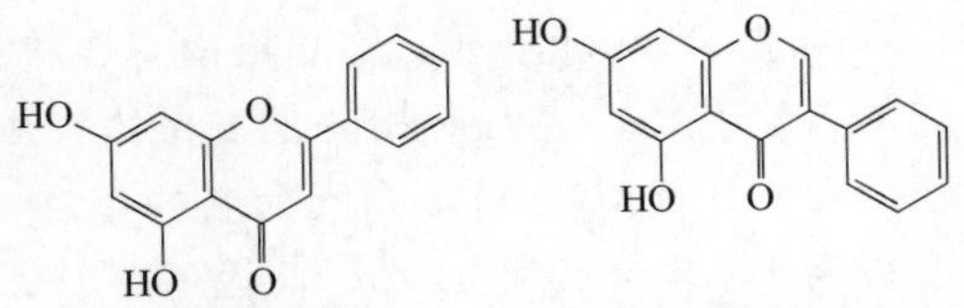

没食子酸　　　鞣花酸

图 1-11　黄酮类与异黄酮类化合物

黄酮类化合物　　异黄酮类化合物

（5）芪

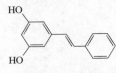

图 1-12　芪（3,5-二羟基苯乙烯）结构式

芪（stilbenes）是 1,2-二苯乙烯的衍生物，主要存在于松木心材中，其结构式如图 1-12 所示。芪具有杀菌的能力，熔点为 155～156℃。若用松木在钙盐基亚硫酸盐蒸煮时，由于芪与木素的苯甲醇基的缩合而使蒸煮发生困难。

4. 碳水化合物

虽然细胞壁的主要组成碳水化合物是不溶于有机溶剂的，但在边材和内皮中，通过树液输送的蔗糖、葡萄糖、果糖、心材中的 L-阿拉伯糖、桦木中少量的棉籽糖、水苏糖、毛蕊花糖等均能溶于有机溶剂。淀粉不溶于有机溶剂，但可被冷水或热水抽提出。落叶松中占木材质量的 8%～18% 的聚阿拉伯糖半乳糖是水溶性的聚糖，可被冷水或热水抽提出，但这类聚糖在其他木材中含量则很少。

5. 环多醇

环多醇是多羟基环己烷，结构式如图 1-13。其分子中有 6 个羟基的称为肌醇，含有 5 个羟基的称为栎醇（环己连五醇）。蒎立醇（pinitol）是 D-肌醇的甲基醚。蒎立醇、红杉醇、肌醇等可用无水乙醇或丙酮抽提出，是较稳定的化合物。

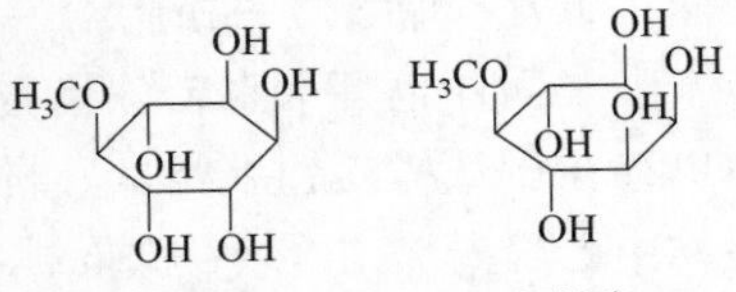

（四）果胶质

果胶质是由 D-半乳糖醛酸以 1,4-α-苷键相连而形成的聚半乳糖醛酸，相对分子质量在 5 万～30 万之间，其羧基中 80% 以上被甲基酯化，一部分被中和成盐，

蒎立醇　　　红杉醇

图 1-13　环多醇的结构式

使其变成部分可溶于水的物质。而不含甲基酯的聚半乳糖醛酸称为果胶酸。

由于多价金属离子（如 Ca^{2+}、Mg^{2+} 等）与存在于果胶质中未酯化的羧基作用，将果胶质的链分子连接成网状结构，使之成为不溶于水的果胶质。木材及非木材中的果胶质代表性的结构如图 1-14。

果胶质可以与其他聚糖如聚阿拉伯糖、聚半乳糖和少量 L-鼠李糖等伴生形成复合体，

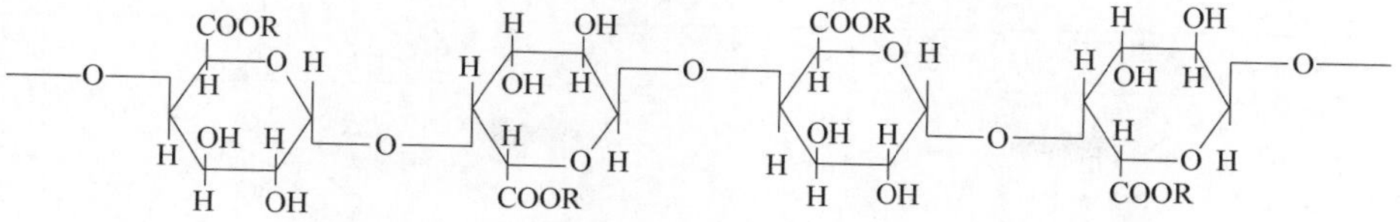

图 1-14　果胶质代表性的结构（一部分）

（R＝H、CH_3 或金属离子，如：Ca^{2+}、Mg^{2+}）

称之为果胶物料。

果胶质主要存在于胞间层，是细胞间的黏结物质。果胶质也存在于细胞壁中，特别是初生壁中。韧皮纤维（麻、棉秆皮部、桑皮、檀皮等）中果胶质含量较高，例如棉秆皮部果胶质含量在 7％ 以上，但在棉秆木质部中果胶质含量仅有 1％ 左右。木材及草类原料的果胶质含量一般较少，这些原料的胞间层大部分为木素，只有少部分为果胶质。

果胶质的性质取决于支链糖基的特性、甲氧基含量的多少（即酯化度的高低）以及聚合度的高低。果胶质中甲氧基含量一般为 9％～12％（但也有很低的）。果胶质中未被酯化的羧基，与多价金属离子结合成盐，形成网状结构，降低溶解度。在聚合度相同时，果胶质中的甲氧基含量越高，生成盐的羧基越少，则果胶质在水中的溶解度就越大。果胶质的溶液是高黏度的，其聚合度越高，黏度越大。浓度为 5％ 的高聚合度果胶质溶液能形成坚硬的凝胶。

（五）无机物

造纸植物纤维原料中，除碳、氢、氧等基本元素外，还有许多种无机元素。无机物是植物细胞生命活动中不可缺少的物质。并且，植物的种类及生长环境不同，植物所含的无机物种类及含量会有很大差异，即使是同一植物的不同部位也有差异。无机物一般以离子形式存在，是通过植物的根从土壤或水中吸收的。此外，植物中可能含有对植物有害效应的砷和大多数重金属离子。

造纸植物纤维原料中无机物的总量以灰分含量表示，即试样经高温碳化和燃烧后的残渣称为灰分。

1. 木材中无机物含量及组成

木材无机物含量及组成与树种、生长条件、土壤、砍伐季节、树龄等均有关系。一般温带树木的无机物含量在 0.1％～1.0％ 范围（表 1-4，以灰分含量表示），但热带树木无机物含量可高达 5％。木材中钾、钙、锰占总无机物含量的 80％ 以上，许多其他的无机元素也可以在木材中被检测到，大约有 70 种，表 1-5 给出了木材中各种无机元素含量。

表 1-4　　　　　　　　　　　　　　　木材中灰分含量　　　　　　　　　　　　　单位：％

木材种类	灰分	木材种类	灰分
栎	0.37	松	0.39
山毛榉	0.57	云杉	0.37
桦	0.27	冷杉	0.28
青杨	0.32	落叶松	0.27

2. 禾本科纤维原料中无机物含量与组成

禾本科植物纤维原料的无机物含量比木材高，除少数原料如竹子在 1％ 左右外，一般多在 2％ 以上。稻草无机物含量最高，达 10％ 以上甚至 17％。稻草与麦草的无机物中 60％ 以上为 SiO_2，尤其是叶部和梢部 SiO_2 含量均很高。如表 1-6 所示（以灰分含量表示）。

表 1-5 　　　　　　　　　　针叶材和阔叶材树干中无机元素的含量

含量/（mg/kg）	元 素 组 成
400～1000	K　Ca
100～400	Mg　P
10～100	F　Na　Si　S　Mn　Fe　Zn　Ba
1～10	B　Al　Ti　Cu　Ge　Se　Rb　Sr　Y　Nb　Ru　Pd　Cd　Te　Pt
0.1～1	Cr　Ni　Br　Rh　Ag　Sn　Cs　Ta　Os
<0.1	Li　Sc　V　Co　Ga　As　Zr　Mo　In　Sb　I　Hf　W　Re　Ir　Au　Hg　Pb　Bi

注：另外还含有原子序数在 57～71 间的镧系元素，其含量均小于 1mg/kg。

表 1-6 　　　　　　某种小麦草各部分的灰分与灰分中的 SiO_2 含量　　　　　　单位：%

项目 \ 小麦部位	节间茎	叶	梢	节	总　草
原料质量（绝干）	52.40	29.10	9.30	9.20	100.00
灰　分	3.24	11.18	9.88	5.12	5.97
灰分中的 SiO_2	61.11	67.26	77.22	41.80	65.15

研究及生产实践表明，不同的无机物，对生产过程及产品质量等所造成的影响不同。草类原料中的 SiO_2，在碱法制浆过程中形成不同形式的硅酸钠（$Na_2O_n SiO_2$），溶于碱法废液中。大量的硅酸钠存在，将使废液黏度升高，洗涤时黑液提取率降低，对黑液的蒸发、燃烧、苛化、白泥回收等过程都带来了麻烦，即所谓的硅干扰。

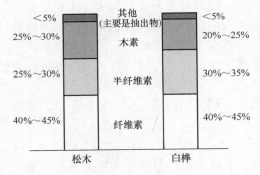

图 1-15　松木和白桦平均化学组成
注：一些树种的化学组成情况与之有差异。

三、常用植物纤维原料的化学组成

（一）常用植物纤维原料化学组成比较

纤维素、半纤维素和木素是植物细胞壁的主要化学组成。图 1-15 以松木和白桦为例，比较了针叶材和阔叶材的主要化学组成。从图中可以看出，两种原料的纤维素含量相近，阔叶材半纤维素含量高于针叶材，而针叶材木素含量高于阔叶材。

表 1-7 给出了木材纤维原料和禾本科纤维原料的化学组成的比较，特别指出的是禾本科纤维原料含有较高含量的无机物，而且无机物中的主要化学组成是 SiO_2。

表 1-7 　　　　　木材纤维原料和禾本科纤维原料的化学组成的比较　　　　　单位：%

化学组成	木材	禾本科纤维原料	化学组成	木材	禾本科纤维原料
碳水化合物	65～80	50～80	抽出物	2～5	5～15
纤维素	40～45	30～45	蛋白质	<0.5	5～10
半纤维素	25～35	20～35	无机物	0.1～1	0.5～10
木素	20～30	10～25	SiO_2	<0.1	0.5～7

（二）常用植物纤维原料化学组成实例

1. 木材的化学组成

树木的材部称为木材，它的化学组成与树皮的化学组成不同，制浆时大多只用材部而将树皮剥除。木材的化学组成由于品种和产地不同，其化学组成有很大差别，表 1-8 为各种木

表 1-8　若干木材品种的化学组成（以无抽出物的木材为基准）

单位：%

树种	分析									估计					粗组成		
	灰分	木素	乙酰基	聚糖醛酸酐	聚葡萄糖	聚半乳糖	聚甘露糖	聚阿拉伯糖	聚木糖	纤维素	非纤维素的聚葡萄糖	聚半乳糖葡萄糖甘露糖（醋糖酸酯）	聚阿拉伯糖半乳糖	聚4-O-甲基葡萄糖醛酸（阿拉伯糖）木糖（醋酸酯）	纤维素	半纤维素	木素
颤杨（Populus tremuloides Michx）	0.2	16.3	3.4	3.3	57.3	0.8	2.3	0.4	16.0	53	3	4	1	23	53	31	16
美国榆（Ulmus americcana L.）	0.3	23.6	3.9	3.6	53.2	0.9	2.4	0.6	11.5	49	2	4	2	19	49	27	24
大叶水青冈（Fagu grandifolia）	0.4	22.1	3.9	4.8	47.5	1.2	2.1	0.5	17.5	42	4	4	2	25	42	36	22
白桦（Betula papyrifera Marsh）	0.2	18.9	4.4	4.6	44.7	0.6	1.5	0.5	24.6	41	2	3	1	34	41	40	19
黄桦（Betula lutea Michx）	0.3	21.3	3.3	4.2	46.7	0.9	3.6	0.6	20.1	40	3	7	1	28	40	39	21
红槭（Acer rubrum L.）	0.2	24.0	3.8	3.5	46.6	0.6	3.5	0.5	17.3	41	2	7	1	25	41	35	24
糖槭（Acer saccharum Marsh）	0.3	22.7	2.9	4.4	51.7	—	2.3	0.8	14.8	—	—	4	1	22	—	—	—
阔叶材平均										45	3	5	1	25	45	34	21
香脂冷杉［Abies balsamea（L.）Mill］	0.2	29.4	1.5	3.4	46.8	1.0	12.4	0.5	4.8	44	0	18	1	8	44	27	29
侧柏（Thuja occidentalis L.）	0.2	30.7	1.1	4.2	45.2	1.5	8.3	1.3	7.5	44	0	11	2	12	44	25	31
加拿大铁杉［Tsuga canadensis（L.）carr.］	0.2	32.5	1.7	3.3	45.3	1.2	11.2	0.6	4.0	42	0	17	1	7	42	26	33
短叶松（Pinus banksima Lamb）	0.2	28.6	1.2	3.9	45.6	1.4	10.6	1.4	7.1	41	0	16	2	12	41	30	29
白云杉［Picea glauca（Moench）oss.］	0.3	27.1	1.3	3.6	46.5	1.2	11.6	1.6	6.8	44	0	17	2	10	44	29	27
美国落叶松［Larix lari cina（Durol）K. koch］	0.2	28.6	1.5	2.9	46.1	2.3	13.1	1.0	4.3	43	0	18	3	7	43	28	29
针叶材平均										43	0	16	2	9	43	28	29

材化学组成的测定结果。测定时木粉先用冷水、有机溶剂相继抽提，取抽提过的木粉测定灰分、木素和乙酰基。再另取抽提过的木粉，用氯-乙醇胺法制备得综纤维素，然后将综纤维素水解得到糖醛酸、葡萄糖、半乳糖、甘露糖、阿拉伯糖、木糖。用色谱法作定性与定量测定，再换算成聚糖醛酸酐、聚葡萄糖、聚半乳糖、聚甘露糖、聚阿拉伯糖和聚木糖。由聚糖与聚糖醛酸酐计算出纤维素、非纤维素的聚葡萄糖与各种半纤维素的百分数。右方"粗组成"栏由左方的"分析"栏中的木素与"估计"栏中各项目计算出来。

由分析栏可见，阔叶材比针叶材含更多的聚木糖，而针叶材则含有更多的聚甘露糖，较多的聚半乳糖与聚阿拉伯糖。除杨木外，不论是阔叶材还是针叶材，聚葡萄糖的相对量变动极少。阔叶材木素含量较针叶材低。

以无抽提物的绝干木材为基准，针叶材平均含 43% 纤维素、28% 半纤维素和 29% 木素。而阔叶材约含 45% 纤维素、34% 半纤维素和 21% 木素。在半纤维素中，阔叶材含有大量的聚 4-O-甲基葡萄糖醛酸木糖（20%～25%），聚葡萄糖甘露糖则较少（约 1%～3%）。而针叶材聚半乳糖葡萄糖甘露糖醋酸酯的含量则很高（15%～20%），还有约 10% 的聚 4-O-甲基葡萄糖醛酸阿拉伯糖木糖。聚阿拉伯糖半乳糖含量均较少，1%～3%。

2. 树干与树枝化学组成的区别

树干与树枝的化学组成差别较大，如表 1-9 所示，不论是针叶材还是阔叶材，树枝的纤维素含量较少，木素含量较多，聚戊糖、聚甘露糖含量较少，热水抽出物含量较高。

表 1-9　　　　　　　　　　　树干与树枝的化学组成比较　　　　　　　　　　单位：%

化学组成	云杉		松		青杨	
	树干	树枝	树干	树枝	树干	树枝
纤维素(不含戊糖)	58.8～59.3	44.8	56.5～57.6	48.2	52～52.2	43.9
木素	28	34.3	27	27.4	21.2	25.9
聚戊糖	10.5	12.8	10.5	13.1	22.8	35.1
聚甘露糖	7.6	3.7	7	4.8	—	—
聚半乳糖	2.6	3.0	1.4	1.5	0.6	0.5
树脂、脂肪等(乙醚抽出物)	1.0	1.3	4.5	3.3	1.5	2.5
热水抽出物	1.7	6.6	2.5	3.4	2.6	4.9
灰分	0.2	0.35	0.2	0.37	0.26	0.33

3. 树皮的化学组成

树皮平均占树木整个地面以上部分的 10%（6%～20%）左右，树皮又可以分为外皮和内皮（韧皮），其化学组成亦不相同。表 1-10 为松木、云杉、桦木、青杨树皮的化学组成。

表 1-10　　　　　　　　　　　某些树木树皮的化学组成　　　　　　　　　　单位：%

化学组成	松		云杉		桦木		青杨
	韧皮	外皮	韧皮	外皮	韧皮	外皮	韧皮
灰分	2.19	1.39	2.33	2.31	2.42	0.52	2.73
水抽出物	21.82	15.09	33.80	28.63	21.80	4.49	31.81
乙醇抽出物	3.85	3.48	1.7	2.62	13.1	24.78	7.5
甲氧基(包括木素内的)	1.94	3.75	1.96	2.92	3.2	2.59	5.15
挥发酸	1.73	1.25	1.11	0.69	0.77	1.1	1.6
纤维素	19.36	17.70	25.23	16.40	19.3	3.85	10.9
聚己糖	16.3	6.0	9.3	7.7	5.1	—	7.0
聚糖醛酸	6.04	21.7	5.98	3.95	7.35	2.2	3.56
聚戊糖	12.24	6.76	9.65	7.10	12.5	4.8	11.8
木栓质	0	2.85	0	2.85	0	34.4	0.91
木素	17.2	43.62	15.57	27.44	24.9	—	27.7

表1-11　部分禾本科植物纤维原料化学组成

单位：%

种类	产地	水分	灰分	溶液抽出物					果胶	聚戊糖	木素	纤维素	综纤维素
				冷水	热水	苯醇	乙醚	1%NaOH					
小毛竹	甘肃天水	9.82	1.23	—	—	4.58	—	24.73	—	21.56	23.40	46.50	—
慈竹	四川	12.56	1.20	2.42	6.78	—	0.71	31.24	0.87	25.41	31.28	44.35	—
白夹竹	四川	12.48	1.43	2.13	5.24	—	0.58	28.65	0.65	22.64	33.46	46.47	—
绿竹	广东	8.25	1.78	—	—	6.60	—	26.86	—	17.45	23.00	49.55	—
丹竹	广西	9.12	1.93	—	—	—	—	23.46	—	18.54	23.55	47.88	—
毛竹	福建	12.14	1.10	2.38	5.96	—	0.66	30.98	0.7	21.12	30.67	45.50	—
毛竹	湖南	6.30	1.03	8.21	7.68	5.16	6.20	27.49	—	23.71	26.62	52.57	—
芒秆	湖北	—	3.15	—	10.80	—	—	38.91	—	17.39	19.64	—	73.79
芦苇	东北	10.49	5.82	—	—	—	3.77	38.86	—	25.13	19.26	41.57	—
芦苇	湖北	10.50	2.23	—	—	—	2.39	29.86	—	23.40	20.72	50.15	—
荻苇	湖南	9.80	2.78	7.19	8.41	—	4.47	39.01	—	23.15	19.63	—	74.56
蔗渣	四川	10.35	3.66	7.63	15.88	0.85	—	26.26	0.26	23.51	19.30	42.16	—
麦草	河北	10.65	6.04	5.36	23.15	0.51	—	44.56	0.30	25.56	22.34	40.40	—
稻草	丹东	11.53	14.15	—	—	—	6.68	48.79	—	21.08	9.49	36.73	—
稻草节	丹东	12.25	12.85	—	—	—	—	58.04	—	21.67	10.11	27.46	—
龙须草	广西	9.57	6.09	—	—	—	—	43.80	—	22.75	12.62	55.53	—
玉米秆	四川	9.64	4.66	10.65	20.40	0.56	—	45.62	0.45	24.58	18.38	37.68	—

树皮的化学组成的特点是灰分多，热水抽出物含量高，纤维素与聚戊糖含量则较少。某些树种的树皮内含有大量鞣质（在热水抽出物内）、较多的木栓质（是一种脂肪性物质）和果胶质。

由于树皮的纤维素含量太低，不宜用于造纸，主要用于制取鞣质及作燃料。我国的落叶松树皮、油柑树皮、槲树皮及杨梅树皮可以浸制烤胶。

4. 禾本科植物纤维原料的化学组成

禾本科植物纤维原料的木素含量除竹子与针叶材接近外，大多数比较低，接近阔叶材的低值，其中稻草秆木素含量最低，但草叶、草节、草穗木素含量却很高。禾本科植物中的聚戊糖含量比针叶材高得多，相当于阔叶材的高值。大多数品种的纤维素含量都接近木材原料的水平，但稻草、玉米秆、高粱秆等原料偏低。热水抽出物及 1%NaOH 抽出物含量比木材高，以稻草、麦草、玉米秆为最高。禾本科原料的灰分含量均高于木材原料，以稻草最为突出，而且灰分中主要化学组成为 SiO_2。表 1-11 为部分禾本科植物纤维原料化学组成。

5. 韧皮纤维原料的化学组成

韧皮纤维原料的麻类、檀皮、构皮、桑皮等是造纸的优质原料。麻类纤维原料均含有较多的纤维素，除少数麻如黄麻、青麻外，其他麻类的木素含量较少，果胶质较多，如表1-12所示。由此可见，麻类原料制浆的主要任务是脱果胶。

表 1-12　　　　　　　　　　麻类原料的化学组成　　　　　　　　　　单位：%

项目 原料	水分	灰分	溶液抽出物					聚戊糖	木素	果胶质	克贝纤维素
			冷水	热水	乙醚	苯醇	1%NaOH				
大麻	9.25	2.85	6.45	10.50	5.00	6.27	30.76	4.91	4.03	2.00	69.51
亚麻	10.56	1.32	5.94	—	2.34	—	—	—	—	9.29	70.75
苎麻	6.60	2.9	4.08	6.25	—	—	16.81	—	1.81	3.41	82.81
青麻（苘麻）	8.89	1.26	3.55	3.92	4.89	4.06	11.87	18.79	15.42	0.37	67.84
黄麻	9.40	5.15	8.94				11.87		11.78	0.38	65.32

除麻类外的韧皮纤维原料化学组成的特点是果胶质、木素、灰分含量均较麻类高，但其木素含量较一般草类原料低。这些原料的化学制浆既要脱果胶又要脱木素。表 1-13 为几种韧皮纤维原料的化学组成。

表 1-13　　　　　　　　　　几种韧皮纤维原料的化学组成　　　　　　　　　　单位：%

项目 原料（内皮）	水分	灰分	溶液抽出物				聚戊糖	蛋白质	木素	果胶质	硝酸乙醇纤维素
			冷水	热水	乙醚	1%NaOH					
桑皮（河北）	—	4.40	—	2.39	3.37	35.47	10.42	6.13	8.74	8.84	54.81
构皮（贵州）	11.20	2.70	5.85	18.92	2.31	44.61	9.46	6.04	14.32	9.46	39.98
雁皮（浙江）	10.37	2.48	6.70	17.41	3.01	41.20	12.45	5.18	17.46	12.84	38.49
三桠皮（贵州）	12.43	3.25	7.25	18.91	4.63	35.42	10.12	5.54	12.15	8.81	40.52
檀皮（安徽）	11.86	4.79	6.45	20.18	4.75	32.45	8.14	4.25	10.31	5.60	40.02

6. 棉纤维、棉秆的化学组成

棉纤维的化学组成主要是纤维素。只含少量的果胶质、脂肪与蜡，灰分含量极少。所以棉纤维经脱脂处理之后，几乎是纯纤维素。如表 1-14 所示。

棉秆皮中果胶质含量较高，如表 1-15 所示。棉秆皮中的外皮对制浆有不良的影响，内皮则是较好的纤维原料，但极难将其与外皮分开。

表 1-14 　　　　　　　　　　　　棉纤维与棉短绒的化学组成　　　　　　　　　　单位：%

原料	纤维素	木素	果胶质及聚戊糖	脂肪与蜡	氮（Kjeldhl 法）	灰分
棉纤维	95～97	—	1	0.3～1.0	0.2～0.3	0.1～0.2
棉绒：未精制	90～91	3	1.9	0.5～1.0	0.2～0.3	1～1.5
精制	98.5～98.6	—	1～1.2	0.1～0.2	0.02	0.18～0.3

表 1-15 　　　　　　　　　　　　　　棉秆的化学组成　　　　　　　　　　　　　单位：%

项　　目	棉秆皮		棉秆芯		秆皮混合料（四川）
	四川	河北邯郸	四川	河北邯郸	
灰分	6.85	4.87	1.66	1.56	3.20
苯醇抽出物	2.10	3.92	0.98	1.57	1.43
1%NaOH 抽出物	46.40	55.83	20.68	40.84	28.53
多戊糖	17.51	17.41	21.19	19.33	19.21
果胶质	—	7.38	—	1.35	
木素	19.18	15.26	23.07	16.55	22.00
纤维素*	44.69	55.23	54.47	64.26	50.23

注：＊亚氯酸钠法综纤维素

第三节　木材纤维原料的生物结构及细胞形态

一、树木的宏观结构

树木的宏观结构就是指没有借助任何仪器，用眼睛观察到的结构。树木由树根、树干、树枝和树叶等几个主要部分组成，每一部分由不同的细胞构成。树干是构成树木的主要部分，造纸工业主要是利用树干。树干又由树皮、形成层、木质部和髓心等组成。如图 1-16 所示。

（一）木材解剖的三个切面

树干的构造是通过对树干的横切面、径切面及弦切面的观察以获得木材构造的正确概念，树干的三个切面见图 1-17。

横切面：与树干轴垂直的切面。[图 1-17（a）]。

径切面：通过树干髓心与横切面垂直的切面，又称辐射切面。[图 1-17（b）]。

弦切面：垂直横切面与年轮相切的切面，又称切线切面。[图 1-17（c）]。

（二）树皮

树皮是树干的最外层，是树干的保护层，尤其是保护树木的形成层免受外界气候变化的影响。树皮分外皮（图 1-16e）和内皮（图 1-16d）。外皮是由已死亡的木栓细胞组成，外皮的厚薄、颜色和外部形态，因树种的不同而异，其作用是抵制外来机械伤害以及防止外界温度和湿度的变化对木材组织产生影响。内皮则由有生命的活细胞组成，又称韧皮部，其作用除保护形成层外还负担着把树叶光合作用产生的养分向

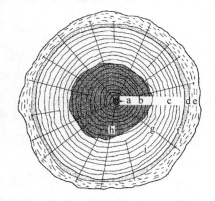

图 1-16　松木树干的横切面示意图
a—树心　b—心材　c—边材　d—内皮或韧皮部　e—外皮　f—形成层　g—次生木射线　h—初生木射线　i—年轮

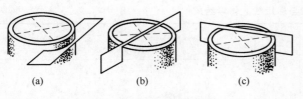

图 1-17 木材 3 个切面示意图

(a) 横切面 (b) 径切面 (c) 弦切面

下输送。

有不少树木的皮的经济价值是较高的。如栎属等的树皮可提取单宁；栲木、橡胶木可提取树胶。有些树皮则有较高的药用价值，如桂皮、杜仲等；有些树皮含纤维量高，可用于制浆造纸或制绳子等。据统计，我国有几十种树木的树皮具有这方面的利用价值，为大家所熟知的有檀皮、构皮、青皮、翻白叶皮、桑皮等。

（三）形成层

形成层（cambium）位于韧皮部与木质部之间（图 1-16f），它是由具有分裂机能的分生细胞组成的一个薄层。这一薄层是由 6～8 层细胞组成，其中只有一层是具有长期分生能力的原始细胞，其他各层是由原始细胞分生，只是具有继续分生能力而已。

树木能够逐年加粗（Radial Growth），正是由于形成层的活细胞不断分生分化的结果。在每年的生长季节，树木的形成层活细胞向内分裂产生木质部细胞，向外分裂产生树皮细胞，由于木质部细胞比树皮细胞积累的多，一般树木形成层向木质部分裂的细胞比韧皮部多十倍左右，所以木质部比树皮增长快得多。因此，树木增粗是靠形成层活细胞的分生，木质部是由内向外增厚，而树皮是从外向内增厚。因此，形成层是树木发育、生长的源泉。

（四）木质部

木质部（xylem）是树干的主要部分，位于形成层与髓心之间（图 1-16），是造纸原料的最主要部分。木质部是植物主要的输导组织和机械支持组织，木质部内又包括多种结构特征。

1. 年轮、早材和晚材

在树干横切面的木质部，可以看到很多围绕髓心一圈圈的同心层，这就是年轮（图 1-16i）。年轮的形成是由于温带与寒带树木因天气的变化而具有生长期和休止期，每年春季或夏季之间树木开始迅速增长，到夏季及秋季生长减慢，冬季休眠，因而形成明显的年轮。年轮的宽窄与树种、生长的条件有关。但对于热带或亚热带，四季温度差别不多，基本上没有休止期，所以树木的年轮不明显，而有些热带树种，在一年内可形成几个圈的木质层，这样的圈圈称为生长轮（growth ring）。

每个年轮一般由两层构成，向着形成层的一层是外层，向着髓心的一层是内层。内层是在形成层每年活动的初期（春季与夏季之间）形成的，称之为早材（或春材）。这期间生长的组织细胞，由于养分、水分充足，生长迅速，生长的细胞较宽，即腔大壁薄，这一层看起来质松、色浅。外层是夏末及秋天形成的，称为晚材（秋材或夏材），这是由于树木已接近生长末期，细胞分裂及生长的速度较慢，生长的细胞细长，即腔小、壁较厚，形成质密色深的窄层。

年轮中的早材与晚材的比例可用晚材率表示：

$$晚材率 = \frac{年轮中晚材宽度(mm)}{年轮总宽度(mm)} \times 100\% \tag{1-1}$$

晚材率的大小对制浆造纸有一定的影响，因为早材纤维细胞壁较薄、弹性较好、柔软、易打浆、能制出抗张强度和耐破度高的纸张；晚材纤维细胞壁较厚、纤维硬挺、打浆比较困难、成纸除撕裂度较高外其他物理强度指标均不及早材纤维。因此，就同种木材而言，晚材率低的优于晚材率高的。造纸常用材种的晚材率约为：红松 10%～20%；鱼鳞松 15%～20%；落叶松 25%～40%；马尾松 25%～40%；云南松 20%～40%。

2. 边材与心材

某些树种在横切面及径切面上可以看到树干中心的部分比边缘部分颜色深些。颜色深的部分（木材的中心）称为心材。颜色浅的靠近树皮的部分称为边材。

心材是由边材转变来的，随着树龄的增长，心材逐渐增加。边材转变成心材的主要过程是由于心材所处位置较深，养料和氧气的进入困难，引起木质部里的活细胞衰老而死亡，因此，在心材里面没有活的组织。另外，由于输导组织细胞——导管和管胞的胞腔被侵填体侵入，以致这些细胞内充满单宁、树脂、树胶等有机物，使输导组织的输导作用停止，有些产生特殊的颜色，使心材呈褐色、红色、黑色等色泽。

心材在树木生长中主要起支撑作用。由于其树脂含量高，抗腐能力强、耐久性好、浸透性差，适用于家具制造及建筑装修等行业。心材用于制浆时，药液浸透较困难，将会影响蒸煮的均匀性，降低浆的质量。酸法制浆时极易产生树脂障碍及由于浸透不均匀而产生"黑片"等问题。

边材的材质较软，孔道通畅，但抗腐蚀性能较差。用于制浆时易于药液浸透、易成浆，泡沫也较少。由于边材细胞中贮存的养分较多，故易被细菌、害虫所侵害。

3. 木射线

在横切面上，可以看到窄的径向条纹，这就是木射线。在径切面看上去它们是浅色、光亮或暗色的条纹。由外皮（out bark）开始到髓心的射线称为初生木射线或称为髓木射线（图 1-16h）。而由外皮开始到某一年轮的射线称为次生木射线（图 1-16g）。木射线是由木射线薄壁细胞组成，它具有贮藏营养物质和横向运输营养的功能。木射线宽度与树种有关。在木材利用方面，它是构成木材美丽花纹的因素之一。

（五）树心

树心，也称髓心（pith），一般位于树干中心，也有偏离中心的，称为偏心材。髓心由薄壁细胞组成，所占容积一般较小，对制浆没有什么意义。

在径切面上观察髓心呈深色的窄条，不同的材种，髓心的形态往往不同，如白楮、玉兰树的树心是圆形，枫香的树心呈星形，桤木的树心则为三角形，等等。

二、植物纤维与细胞壁的构造

（一）植物细胞的形成过程

细胞借分裂而繁殖，细胞分裂的方式可分为有丝分裂、减数分裂和无丝分裂三种。有丝分裂是一种最普遍的分裂方式，它包括两个过程：第一个过程是核分裂，第二个过程是质分裂并形成新的细胞壁，结果形成两个新的子细胞。分裂产生的子细胞既可以是仍保持具有分生能力的分生细胞，也可以是不再具有分生能力的细胞。后种细胞发育成长过程中分化为执行不同生理机能的各种永久组织细胞，其中很大一部分细胞分化为构成植物体基干起机械作用和输导作用的永久细胞。这种细胞的细胞壁随着细胞的发育而迅速增厚，并在长度方向延伸。在细胞停止生长以后，细胞壁仍然继续增厚，原生质体逐渐转化为细胞壁物质，其主要化学成分是碳水化合物和木素。细胞的生长因原生质体的消失而死亡，形成只由细胞壁所构成的细胞，细胞壁内所包围的空间是空的，称为细胞腔。细胞的外形呈细而长的纤维状（长是宽的几十倍至几千倍）。这种失去生命机能的细长锐端永久细胞称为植物纤维。图 1-18 为一个木材活细胞成长为植物纤维的过程。

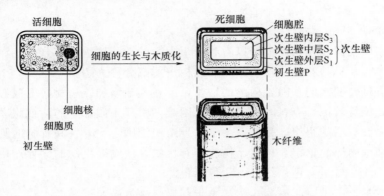

图 1-18　木材活细胞成长为植物纤维的过程

（二）植物纤维细胞壁的构造

植物细胞的显著特征之一是具有细胞壁。细胞壁包围在细胞的最外层，使细胞具有一定的形状。由于植物种类不同、细胞的年龄不同和所执行的功能不同，细胞壁在构造上差别很大。

细胞壁是由原生质体分泌的物质形成的，在细胞分裂过程中，即已开始形成壁，组成细胞壁的物质有：木素、半纤维素、纤维素，另外还有果胶质等。根据细胞壁形成的先后、化学组成和结构方面的不同，细胞壁可分为胞间层、初生壁和次生壁，细胞壁上还有纹孔。如图 1-19 所示。

图 1-19　松木晚材管胞横切面
M—胞间层　P—初生壁　S_1—次生壁外层　S_2—次生壁中层　S_3—次生壁内层

1. 胞间层

细胞分裂产生新细胞时，在两个子细胞之间形成一层薄膜，细胞形成之后两相邻细胞之间有一层间隙物质，也就是胞间层（M—middle lamella）。胞间层将各个相邻细胞黏结在一起，一方面提高植物的机械强度，另一方面又可以缓冲细胞间的挤压。胞间层的化学组成主要是木素、半纤维素及果胶质，不含有纤维素。将植物纤维原料制成化学浆的过程就是克服细胞间的黏结作用，使纤维细胞解离的过程。

2. 初生壁

在细胞形成和生长阶段，原生质体分泌纤维素、半纤维素及果胶质加在胞间层上形成初生壁（P—primary wall）。初生壁一般很薄而柔软，厚度约 $0.1\sim0.3\mu m$，具有弹性和可塑性，以适应细胞体积不断增长的需要，同时可以透过水分和溶质。初生壁和胞间层紧密黏结在一起，染色后成为一体，故常把胞间层和与其相邻的两个初生壁合称为复合胞间层（CML—compound middle lamella）。

3. 次生壁

在细胞停止生长以后，原生质体继续分泌物质沉积在初生壁的内侧，使细胞继续加厚，这时形成的细胞壁称为次生壁（S—secondary wall）。由于次生壁形成时，细胞已停止生长，所以次生壁越厚、细胞腔越小。次生壁的厚度一般为 $5\sim10\mu m$。木材纤维细胞的次生壁分外、中、内三层，即：次生壁外层（S_1—out layer），次生壁中层（S_2—middle layer），次生壁内层（S_3—inner layer），其中 S_2 层最厚。

一些草类原料的纤维细胞壁可分为 $7\sim9$ 层，为多层结构，如龙须草的纤维细胞的次生壁为 9 层。

由于不同类型的细胞在植物体内执行不同的功能，所以原生质体常分泌出不同的化学物质填充在细胞壁内，从而引起细胞壁的性质发生变化。常见的变化有：

① 木质化（lignification）。木素填充到细胞壁中的变化称木质化。细胞壁木质化后硬度增加，加强了机械支持作用，同时木质化细胞仍可透过水分，木本植物体内即由大量细胞壁木质化的细胞（如导管分子、管胞，木纤维等）组成。

② 角质化（cutinication）。是细胞壁上增加角质（cutin）的变化。角质是一种脂类化合物。角质化细胞壁不易透水。这种变化大都发生在植物体表面的表皮细胞，角质常在表皮细胞外形成角质膜，以防止水分过分蒸腾、机械损伤和微生物的侵袭。

③ 栓质化（suberization）。细胞壁中增加栓质（suberin）的变化叫栓质化，栓质也是一种脂类化合物，栓质化后的细胞壁失去透水和透气能力。因此，栓质化细胞的原生质体大都解体而成为死细胞。栓质化的细胞壁富于弹性，日用的软木塞就是栓质化细胞形成的。栓质化细胞一般分布在植物老茎、枝及老根外层，以防止水分蒸腾，保护植物免受恶劣条件侵害。

④ 矿质化。细胞壁中增加矿质的变化叫矿质化。最普通的有钙或二氧化硅（SiO_2），多见于茎叶的表层细胞。矿化的细胞壁硬度增大，从而增加植物的支持力，并保护植物不易受到动物的侵害。禾本科植物如玉米、稻、麦、竹子等的茎叶非常坚利，就是由于细胞壁内含有 SiO_2 的缘故。

4. 细胞壁上纹孔

纹孔是植物纤维（如针叶木和阔叶木）细胞壁上最具特征的微细结构之一，在木材纤维原料中，由于纹孔的形状和大小，以及纹孔在细胞上的位置是随材种不同而变化，因此纹孔可以作为木材分类的一个判断依据。

纹孔的形成是由于细胞在次生壁增厚时，并非全面均匀地增厚，会留有不增厚的部分。这些不增厚的部分，因为细胞壁比较薄，在显微镜下观察像一些圆形小孔，实际上并不是真正的孔，而是一些薄壁区域，这些薄壁区域叫作纹孔（pits）。相邻的细胞纹孔常常成对而生，其功能是作为细胞间水分和物质交换的通道。根据纹孔加厚的情况不同或结构不同可将其分为：具缘纹孔、半具缘纹孔和单纹孔三种结构。图 1-20 为木材中三种纹孔结构的透射电子显微镜图，图 1-21 为三种纹孔的示意图。

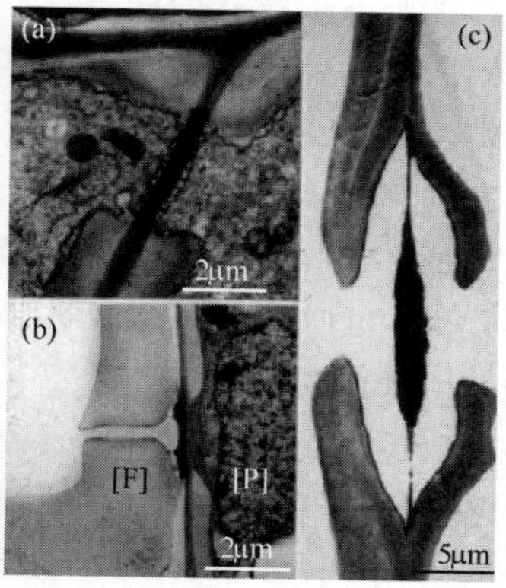

① 具缘纹孔。具缘纹孔主要发生在厚壁细胞壁上（如针叶材管胞和阔叶材木纤维）。从图 1-20（c）和图 1-21（a）可以看到，纹孔四周增厚壁向中间隆起形成底大口小的纹孔腔。隆起部分叫纹孔缘，纹孔缘包围留下的小口叫纹孔口。相邻纹孔之间原来的细胞壁（即胞间层与两个相邻细胞的初生壁）叫纹孔膜，纹孔膜中部常有特别加厚，此加厚部分叫

图 1-20 三种纹孔结构的
透射电子显微镜图
（a）薄壁细胞间的单纹孔（橡木）
（b）薄壁细胞与纤维细胞间的半具
缘纹孔（桦木）（c）管胞间的
具缘纹孔（云杉）[F] 纤
维细胞 [P] 薄壁细胞

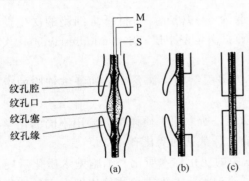

图 1-21　三种纹孔的示意图

（a）具缘纹孔　（b）半具缘纹孔　（c）单

纹孔　M—胞间层　P—初生壁　S—次生壁

M
P
S

纹孔腔
纹孔口
纹孔塞
纹孔缘

（a）　　（b）　　（c）

纹孔塞。纹孔膜中果胶质含量较高，而且由纤维素构成的微细纤维提供强度（图 1-22）。借助光学显微镜从正面观察，具缘纹孔出现大小两个同心环，小环是纹孔口的轮廓，大环是纹孔腔底部的影像，也就是纹孔膜的边缘。

② 单纹孔。单纹孔主要发生在薄壁细胞壁上。从图 1-20（a）和图 1-21（c）可以看到，单纹孔的构造比较简单，纹孔缘不隆起，所形成的纹孔口底同大。纹孔腔成圆筒形，正面观察成一单一的圆，纹孔膜上也不形成纹孔托。

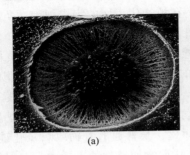
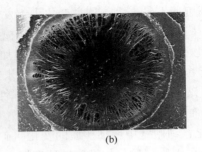

图 1-22　具缘纹孔横切面的扫描电镜图（云杉）

（a）早材具缘纹孔　（b）晚材具缘纹孔

③ 半具缘纹孔。半具缘纹孔实际上是具缘纹孔与单纹孔形成的纹孔对，主要发生在厚壁细胞和薄壁细胞相邻的细胞壁上［图 1-20（b）和图 1-21（b）］。厚壁细胞上产生具缘纹孔，薄壁细胞上产生单纹孔，相对形成了半具缘纹孔。

细胞壁上纹孔的构造、形状、大小及排列方式等是多种多样的，随植物种类、细胞类型不同而异。但是同种植物的某一类的细胞中有固定的形式，因此，人们可根据纹孔的特征来鉴别植物种类及细胞类型。

5. 树木的细胞类型

根据木材细胞的形态可将木材细胞分为纤维状细胞和薄壁细胞（prosenchyma cells and parenchyma cells）。纤维状细胞细而长、两端呈纺锤状。薄壁细胞通常是矩形、圆形等非纤维状的短细胞。

根据细胞的功能，它们可以分为三种类型：输导细胞（conducting cell）、支持细胞（supporting cell）和贮藏细胞（storage cell）。输导细胞和支持细胞是死亡细胞，它们的细胞腔内充满了水和空气。对于阔叶材，输导细胞为导管（vessel），支持细胞为木纤维（fiber）。对于针叶材，其管胞（tracheid）既起输导作用，又起支撑作用。贮藏细胞为薄壁细胞，主要作用是输导和贮藏养分。

三、针叶材的生物结构、细胞类型、含量及形态

针叶材属于裸子植物亚门中的松柏纲植物，主要有松、杉、柏三科，造纸常用的是松科和杉科。图 1-23 为光学显微镜下针叶材（云杉）木质部横切面、弦切面和径切面图［（a） （b）（c）］及早材和晚材电子显微镜图［（d）（e）］，图1-24为针叶材木质部的三维结构示意图。由图可见，针叶材组织结构比较简单，在横切面上年轮明显，早材管胞与晚材管胞有明显区别［图1-23（a），（d），（e）］，而且呈辐射状规则排列，同时还可见纵生的树脂道。在弦切面上有时可见横向树脂道。针叶材的细胞类型为管胞、木射线细胞和分布在树脂道周围的分泌细胞。

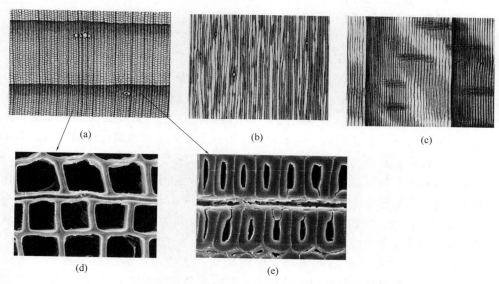

图1-23　针叶材（云杉）三个切面图及早材、晚材电子显微镜图
（a）横切面　（b）弦切面　（c）径切面　（d）早材电子显微镜图　（e）晚材电子显微镜图

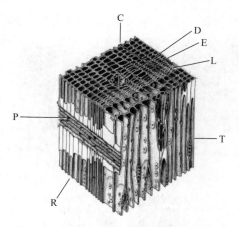

图1-24　针叶材木质部三维结构示意图
C—横切面　T—弦切面　R—径切面　D—树
脂道　E—早材管胞　L—晚材管胞　P—木射线

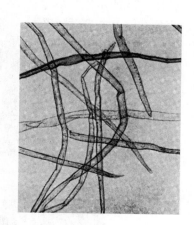

图1-25　针叶材管胞

1. 管胞

管胞（tracheid）是针叶材的主要纤维细胞，占木质部组织体积的90%～95%。管胞在针叶材树木中起着支持作用和输导作用，厚壁的晚材管胞起支持作用较大，水的输送是通过薄壁的早材管胞。管胞呈纺锤状（图1-25），早材管胞细胞壁较薄，细胞腔较大，两端圆钝，而晚材管胞细胞壁厚，细胞腔较小，两端尖削。

管胞壁上的纹孔大多为具缘纹孔，早材管胞的纹孔大而多，且主要分布在径向细胞壁末端。晚材管胞上的纹孔小而少，较分散，多出现在与隔年早材相交的侧壁上。

管胞的形态学尺寸常依赖于遗传因素和生长条件，不同的树种有所不同，就是同一树干的不同的部位也不相同，个别的树种即使同一部位、同一年轮也有所不同。在同一棵树干中纤维的长度从髓心向外逐渐增加，到达中间时达到最大值。晚材管胞或窄年轮的管胞通常比生长较快的早材管胞长而且窄。管胞平均长度一般为 3～5mm，宽度很小（早材与晚材管胞差别较大），一般为其长度的 1/100，即 0.03～0.05mm。

2. 木射线管胞和木射线薄壁细胞

木射线细胞占木材体积的 5%～10%。其长度较短，例如挪威云杉和苏格兰松木射线薄壁细胞的长度为 0.01～0.16mm，宽为 2～5μm。在制浆过程中常随白水流失。

针叶材在横切面上具有窄条的木射线，木射线的宽度为一个木射线薄壁细胞，称为单列，这是针叶材的特征。在径切面上的木射线由上、下多列木射线薄壁细胞构成。而木射线在弦切面上呈纺锤状，高度为几个细胞高，宽度为单列细胞宽，如图 1-23 和图 1-24 所示。如果在木射线内有水平树脂道，其宽度为多列细胞排列，在中间者称为中央木射线，由木射线薄壁细胞构成，其细胞壁上的纹孔为单纹孔。在上下两端者称为边缘木射线，由木射线管胞（ray tracheid）构成。木射线管胞的细胞壁较厚，纹孔为具缘纹孔。但也有木射线管胞位于中间或木射线全由木射线管胞构成的情况。

在径切面上，管胞按一定的间隔和木射线相交，这些相交的部位称为交叉场（cross fields）。在交叉场，管胞与木射线以纹孔相连，形成的纹孔对为半具缘纹孔对。交叉场的纹孔与其他部位纹孔不同，它随树种的不同具有不同的形状和大小，是鉴别针叶材种属的主要依据。如图 1-26 所示。

① 窗格状。具有宽的纹孔口，系单纹孔或近似单纹孔，形大呈窗格状或平行四边形，

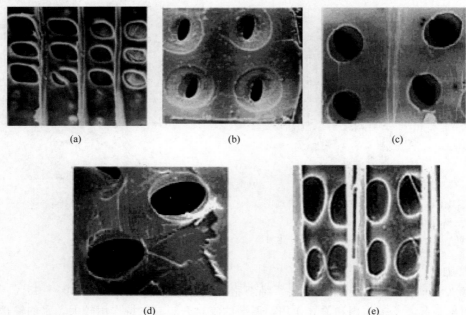

(a)   (b)   (c)

(d)   (e)

图 1-26　交叉场纹孔显微镜下构造

（a）窗格状　（b）云杉型　（c）柏木型　（d）杉木型　（e）松木型

通常1～2个纹孔横列，是松属木材的特征之一，如马尾松，樟子松等。如图1-26（a）所示。

② 云杉型。纹孔具有狭长的纹孔口略向外展开或内含，形状较小，是云杉属、落叶松属、黄杉属等木材的典型特征。在南洋杉科、罗汉松科、杉科的杉属及松科的雪松属木材中，云杉型纹孔与其他纹孔同时出现。如图1-26（b）所示。

③ 柏木型。柏木型纹孔口为内含，纹孔口较云杉型稍宽，其长轴从垂直至水平，纹孔数目一般为1～4个。柏木型纹孔为柏科的特征，但在雪松属、铁杉属及油杉属的木材中也可发现。如图1-26（c）所示。

④ 杉木型。为椭圆形至圆形的内含纹孔，其纹孔口略宽于纹孔口与纹孔缘之间任何一边的侧向距离。与柏木型纹孔的区别是纹孔的长轴与纹孔缘一致。杉木型纹孔不仅存在杉科，也见于冷杉属、落叶松属等木材内。如图1-26（d）所示。

⑤ 松木型。较窗格状纹孔小，为单纹孔或具狭窄的纹孔缘，纹孔数目一般为1～6个，常见于松属，如白皮松、长叶松、湿地松。如图1-26（e）所示。

3. 树脂道的细胞类型

在横切面上可以看到纵生树脂道，在弦切面上可以看到木射线内的水平树脂道。如图1-27及图1-28所示。针叶材的树脂道是由分泌细胞、死细胞、伴生薄壁细胞等构成，最内

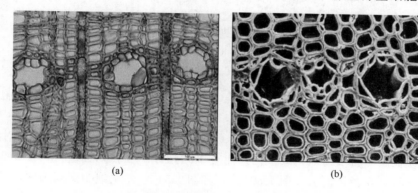

(a)　　　　　　　　　　　　(b)

图1-27　纵生树脂道（横切面，云杉）

（a）光学显微镜图片　（b）扫描电镜图片

一层周边为分泌树脂的细胞，称为分泌细胞，是薄壁细胞之一。死细胞是束状管胞，它是分泌细胞的骨架。最外层是伴生薄壁组织细胞，它贮存、提供分泌细胞形成树脂的原料。

分泌细胞的细胞壁有薄有厚，薄壁的分泌树脂能力强，但在木材切片时，易被切破成一个空洞。厚壁的分泌树脂能力弱，如云杉属。所以用来采割树脂的都是松属树种，故也称为松脂。

四、阔叶材的生物结构、细胞类型、含量及形态

阔叶材属于被子植物亚门中的双子叶植物纲植物。阔叶材比针叶材进化程度更高，结构更复杂。图1-29为光学显微镜下三种阔叶材木质部的横切面，图1-30为弦切面和径切面

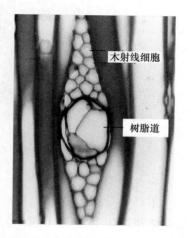

木射线细胞

树脂道

图1-28　水平树脂道（弦切面）

图，图1-31为阔叶材木质部的三维图。在光学显微镜下观察阔叶木的横切面，可以看到导管形成的若干管孔，故阔叶材又称为有孔材，与针叶材大不相同。根据导管在一个年轮内的分布情况不同，阔叶材可分为环孔材、半环孔材和散孔材三种类型（图1-29）。环孔材中的早材导管比晚材导管大，而且形成一环带或轮［图1-29（a）］，故可通过环的数量判断树木的年轮；半环孔材中导管的分布介于环孔材与散孔材之间［图1-29（b）］；散孔材中导管的大小和分布比较均匀或逐渐变化［图1-29（c）］，判断树木的年轮非常困难。

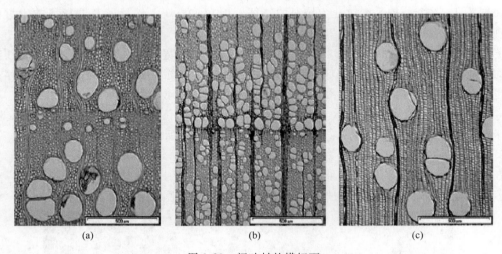

图1-29　阔叶材的横切面

（a）环孔材（欧洲白蜡木）（b）半环孔材（樱桃木）（c）散孔材（奥克榄木）

　　阔叶材的细胞组成为：导管细胞、木纤维、管胞、薄壁细胞及木射线薄壁细胞。树木的支持作用由木纤维来完成，输导作用由导管来完成。

　　从横切面上看到的一条条带子为木射线（图1-29和图1-30），阔叶材的木射线有单列的，如杨木。其他阔叶材多为双列或多列，而有单列延伸。在弦切面上［图1-30（a）］，木射线组织呈纺锤状。在径切面上［图1-30（b）和图1-31］，木射线为多列细胞，成宽带状。

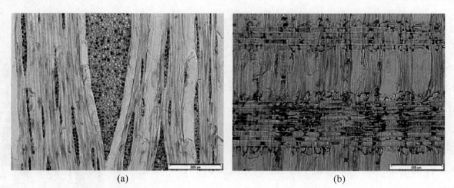

图1-30　阔叶材（山毛榉）的弦切面（a）和径切面（b）

1. 木纤维

　　木纤维又称为韧型木纤维（libriform fibre），是构成阔叶材的主要纤维细胞，占木质部组织体积的30%～75%。木纤维为细长、两端尖削、细胞壁厚（图1-32）、纹孔多是具缘纹孔的纤维细胞。但由于细胞壁增厚，常使纹孔由长椭圆形逐渐变为缝隙状或纹孔腔完全消失

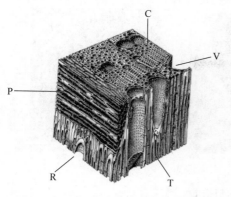

图 1-31 为阔叶材木质部的三维示意图

C—横切面 T—弦切面 R—径切面

V—导管 P—木射线

图 1-32 阔叶材细胞

而成为单纹孔，而且细胞壁上有节状增厚。木纤维的横切面呈四角形或多角形。木纤维平均纤维长度为 1mm 左右，宽度一般小于 $20\mu m$。

2. 管胞

阔叶材中管胞又称为纤维管胞（fibre tracheids），数量很少，但形态与针叶材的管胞相似，其细胞壁上的纹孔为具缘纹孔，纹孔缘明显，纹孔直径大于或等于导管细胞侧壁上的纹孔直径。阔叶材中的管胞和木纤维可能出现于同一树种中，其差异有时很难判别，在造纸工业中常将它们统称为木纤维。

3. 导管

导管是阔叶材中的水分输导组织，它由一系列的导管细胞（导管分子）端壁相连而成，与一根多节的管子相似，从树根到树枝时断时续。

依导管细胞壁的增厚情况不同，导管细胞可分为下面五种类型（如图 1-33）。

① 环纹导管。直径较小，管内壁上每隔一定距离就有环状的增厚。

② 螺纹导管。直径稍大，管内壁上有螺旋状增厚。

③ 梯纹导管。导管壁上增厚部分成横条突起，与未增厚部分相隔开而呈梯形。

④ 网纹导管。导管壁上增厚部分交织，连接成网，网眼为未增厚部分。

⑤ 孔纹导管。管壁全部增厚，仅留下具缘纹孔处没有增厚。

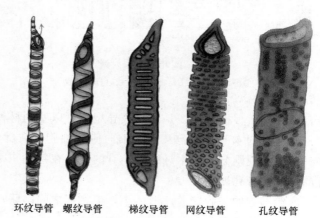

环纹导管　螺纹导管　梯纹导管　网纹导管　孔纹导管

图 1-33 导管细胞的 5 种类型

导管的形状有纺锤状、圆柱状、鼓状等。导管细胞两端各有开口，称为穿孔。有一个口的称为单穿孔 ［图 1-34（a）］；有很多开口、排列似梯子，称为梯状穿孔 ［图 1-34（b）］；成筛状的称为筛状穿孔 ［图 1-34（c）］。这些穿孔使导管细胞纵向互相沟通，是阔叶材的主要输导组织。导管细胞的端壁有的

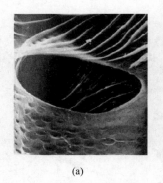  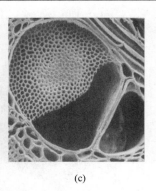

(a)　　　　　　　　　　　　(b)　　　　　　　　　　　　(c)

图 1-34　导管细胞穿孔的扫描电镜图

（a）单穿孔（椴木）　（b）梯状穿孔（赤杨）　（c）筛状穿孔（麻黄属）

近水平、有的倾斜或呈舌状尾部。细胞壁上有形状不同、排列不同的纹孔或螺纹加厚。

导管细胞其端部形状、穿孔形状、纹孔形状和排列及导管本身的形态、大小等均随木材品种而异。所以导管细胞是鉴别阔叶木种属的重要依据。

4. 木射线薄壁细胞及木薄壁细胞

阔叶材的木射线与针叶材不同，没有木射线管胞，全部由木射线薄壁细胞组成。阔叶材的木射线薄壁细胞有两种主要类型，即横卧木射线薄壁细胞（procumbent ray cell）和直立木射线薄壁细胞（upright ray cell）。

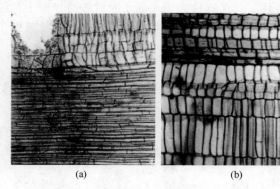

(a)　　　　　　　(b)

图 1-35　阔叶材的木射线

（a）横卧木射线　（b）直立木射线（栅状细胞）

横卧木射线薄壁细胞的长轴与树干垂直，弦切面观察为圆形或方形，径切面观察呈长方形［图 1-35（a）］。直立木射线薄壁细胞的长轴与树干平行，通常呈长方形或方形［图 1-35（b）］。若干树种只有横卧木射线薄壁细胞，称为同型木射线，如杨木。有的树种既有直立又有横卧的木射线薄壁细胞，直立的木射线薄壁细胞在木射线上、下边缘，中间是由横卧的木射线薄壁细胞组成，称为异型木射线，如柳木。根据木射线是同型或异型，可以鉴别材种。

阔叶材的木薄壁细胞又称为轴向薄壁细胞，在针叶材中含量较少，阔叶材的含量则较多。有的不规则分布于木纤维中，有的分布在年轮末端，有的在木纤维中排列成同心环状，有的分布在管孔四周。

薄壁细胞的细胞壁薄，形体小，但相互之间串联，两端为尖削状，中间为矩形。在木材纤维利用上价值不大。

五、针叶材与阔叶材生物结构的区别

针叶材与阔叶材的组织结构有明显的差异，前者组成细胞种类比较少，后者种类比较多，且进化程度高。一般来说，针叶材有树脂道，而不具导管，主要组成管胞既有输导功能又具有机械支持机能；而阔叶材没有树脂道，但具有导管，导管起输导水分作用，木纤维起机械支持作用。

通过多种针叶材和阔叶材在光学显微镜下的观察，可以总结出两种木材生物结构上的区别。见表 1-16。

表 1-16 　　　　　　　　　　　针叶材、阔叶材组织结构比较

项　目	针　叶　材	阔　叶　材
年轮	除热带外，多数地区中年轮界线明显	除环孔材和部分半环孔材外，不明显
细胞类型	细胞种类少，管胞占 90%～95%，此外仅有少量木射线，结构简单	细胞种类多，木纤维含量低，有导管、木射线及纵向薄壁细胞，还有少量的管胞，结构复杂
木射线特点	一般为单列，且为同型木射线	部分为单列，多数为双列甚至多列，有同型木射线和异型木射线
纤维形态及纹孔	较粗且长，纹孔明显	又短又细，多数纤维的纹孔不明显
树脂道	部分针叶材中有树脂道	无树脂道
纤维排列规则性	横切面中纤维排列规则性强，木材结构较均匀	受导管影响，纤维排列规则性不如针叶材，且不同材种的规则性差别甚大

第四节　非木材纤维原料的生物结构及细胞形态

一、禾本科植物茎秆的生物结构与细胞形态

禾本科（学名 poaceae），分为 620 多属，至少 10000 多种。中国有 190 余属约 1200 多种。地球陆地大约有 20% 的面积上覆盖着草。禾本科包括多种俗称作"某某草"的植物，但是必须指出，不是所有的"草"都是禾本科植物。同样，也不是所有禾本科植物都是低矮的"草"，如竹子，也可以高达十数米，连片成林。

禾本科原料的生物结构、纤维形态、化学组成等方面都具有与木材原料显著不同的特点，了解这些特点是发展我国制浆造纸工业所必备的。

（一）禾本科植物茎秆的生物结构

1. 禾秆的构造

任何一个禾秆都是由若干个节所组成的，每一个节又由节部和节间部构成 [如图 1-36 (a)]。节间和节部是通过生长带来联系的。由于生长带是由薄壁细胞组成的，故其强度甚差，易折断。倒伏的禾秆，经过一段时间，又在生长带处逐渐转弯，重新长出竖直的禾秆。

禾秆的节高、节的直径在一个生长周期中的变化是遵循一定的规律的，即靠近地面处，节的直径、长度均较小；随着节序升高，相应的数值逐渐增大，至一定的节序时达到最大值，往后再升高，则节的长度，直径逐渐变小。这种变化规律与树木中的年轮的生长规律是一致的。在树木横切面上，从树心开始，自里到外，年轮的宽度及纤维形态的变化都遵循

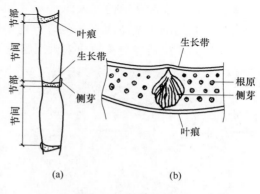

图 1-36　蔗秆的构造
（a）蔗秆的组成　（b）节部的构造

从小到大，又从大逐渐变小的规律性。植物生长的这种规律是带有普遍性的，即植物都是遵

循共同的生长规律进行的。

在禾秆的节部，具有侧芽、根源和叶痕等器官，具有植物生长的全部器官［如图 1-36 (b)］，故可以进行无性繁殖。

2. 禾秆的横切面

大多数禾本科植物的节间中央部分萎缩，形成中空的秆，但也有一些禾本科植物茎秆为实心的结构。禾本科植物茎的共同特点是维管束散生分布，没有皮层和中柱的界限，在光学显微镜下观察禾本科植物茎秆的横切面，可以看到有三种组织：表皮组织、基本薄壁组织和维管束。图 1-37 为小麦茎结构横切面示意图，图 1-38 为芦苇秆部横切面的扫描电镜图。

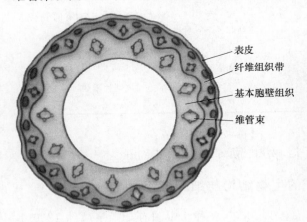

图 1-37　小麦茎结构横切面示意图

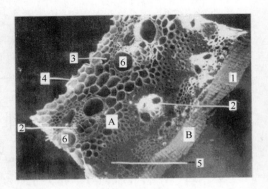

图 1-38　芦苇秆部横切面的扫描电镜图
1—外表皮膜及表皮细胞　2—维管束　3—薄壁
细胞　4—内表皮膜　5—纤维组织带　6—导管
A—横切面　B—纵切面（表皮层）

（1）表皮层

表皮层是植物茎秆最外面一层，通常是一个长细胞与两个短细胞交替排列，长细胞边缘多呈锯齿形状，故称锯齿细胞；短细胞分为两种，一种几乎充满 SiO_2，称为硅细胞，另一种则具有栓质化的细胞壁，称为木栓细胞。由于矿质化和栓质化的结果，表皮层能防止茎秆内部水分过度蒸发和病菌的侵入。

表皮细胞的细胞壁厚薄不一致，外壁最厚，内壁很薄。表皮细胞的外壁往往是角质化的，角质化是原生质体分泌角质渗入细胞壁的一种变化。角质是脂肪性化合物，角质不仅渗入细胞壁中，而且还会渗入至细胞壁外边，在表面形成角质层。

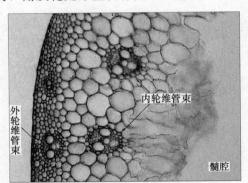

图 1-39　小麦茎结构图

（2）维管束

在茎的横切面上可以清楚看到散布在基本薄壁组织中的花朵状的维管束（图 1-39）。维管束是由木质部和韧皮部组成的束状维管组织系统（图 1-40）。禾本科的维管束是外韧的，即韧皮部在外，木质部在内，木质部部分地紧包着韧皮部，在横切面上呈现"V"字形结构。V 形的下部有一两个导管，在茎成熟后多被挤毁，形成一个明显的空腔，这部分就是原生木质部。在 V 形上部突出两旁有两个很大的孔纹导管，这就是后生木质部。在木质部内有成束的纤维组织，在木质部外方为韧皮部，由筛管和伴胞构成。在维管束外面有成束的纤维组织，将整个维管束包围着，形成维管束鞘。

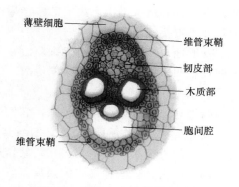

图 1-40　稻草一个维管束放大图

（3）纤维组织带

在外表皮层下，有一圈由纤维细胞连接而成的纤维组织带，也称为机械组织，其中嵌有较小直径的维管束（图 1-38）。造纸所用的纤维，多生长在这一结构区域，这里组织紧密，纤维细胞壁厚，细胞腔小，药液流通比较困难。

（4）基本组织

此组织在茎中占较大的比例，它们是由薄壁细胞组成。薄壁细胞的形状有圆形、椭圆形、多面体等。其细胞壁较薄，壁上纹孔为单纹孔，有生活力。基本薄壁组织的功能与植物的营养有关，它能贮藏养料。

禾本科植物茎秆中心的基本薄壁组织在发育过程中往往发生破裂，形成中空的髓腔。如稻草、麦草、芦苇、竹类等。

（二）禾本科植物的细胞类型

1. 纤维细胞

在植物学上属于韧皮纤维类。纤维细胞两端尖削，胞腔较小，常不明显。纤维壁上有单纹孔，也有一些纤维壁上无纹孔，但有横节纹。除竹子类、龙须草和甘蔗的纤维比较细长外，其他禾本科植物的纤维都比较短小。平均纤维长度在 $1.0 \sim 1.5 \mathrm{mm}$ 之间，平均宽度为 $10 \sim 20 \mu\mathrm{m}$。一般纤维细胞的含量约占细胞总量的 $40\% \sim 70\%$（按面积法测定）。玉米秆纤维细胞含量则较低，约为 30%。总的来说禾本科植物纤维细胞含量较针叶材纤维细胞含量低得多。

2. 薄壁细胞

分布在基本薄壁组织中的薄壁细胞在形状、大小上各有不同，通常有杆状、长方形、正方形、椭圆形、球形、桶形、袋状、枕头形等。细胞壁上有纹孔或无纹孔。草类原料薄壁细胞含量较高，如稻草中的薄壁细胞的含量高达 46%（面积法）。

薄壁细胞壁很薄，在制浆过程中容易破碎，一部分在洗浆时随洗涤水流失。薄壁细胞滤水性差，如果含量太多，在抄纸时容易粘辊使纸页断头，操作困难，并使纸页物理强度下降。

3. 导管

导管是植株的输导组织，根从土壤中吸收的水分和养分就是通过导管由下往上输送的。禾本科原料的导管细胞含量较高，其直径比纤维细胞大得多，具有环状、螺旋状、梯形和网纹等形式。其中，前两种为原生导管，后两种为后生导管。

4. 表皮细胞

禾本科的表皮细胞，位于叶子和禾秆的外表面（蜡粉层的内侧），其作用是保护植株内部器官。表皮细胞可分为长细胞与短细胞。长细胞多呈锯齿状，有的是一面齿，有的是两面齿，也有边缘平滑无齿痕的。锯齿的齿峰、齿距、齿谷的形状和大小随品种而异，是鉴别草种的重要依据。

一般地说，制浆后的表皮细胞经锥形除渣器除渣时大多数均被除去，这是由于短细胞中的硅细胞和木栓细胞密度较大的缘故。

5. 筛管、伴胞

筛管与伴胞分子有密切关系，它们在个体发育过程中来自同一个母细胞，每个筛管可有一个或几个伴胞。它们间以及它们与其他细胞之间，通过细胞壁上的通孔或纹孔相通。筛管、伴胞的直径小，且壁上多孔，其作用是将植物光合作用的产物自上而下输送到植株中各有关部位中去。这两种细胞的强度差，通常在材料干燥过程中就被破坏。

6. 石细胞

石细胞为非纤维状的厚壁细胞，尺寸较小，形态上一般呈球状、椭圆形或多角形，与薄壁细胞相类似。石细胞常木质化、栓质化或角质化。石细胞分布于多种植物大径、叶、果实和种子中。在径里，石细胞主要存在于皮层、髓部之中。对于禾本科植物来说，石细胞主要存在于竹子中，其他禾本科原料中则很少。石细胞易于在制浆洗涤过程中随洗涤水流失。

禾本科原料的导管、薄壁细胞、表皮细胞、石细胞等非纤维状细胞统称为杂细胞。生产实践表明，体积小、非杆状的杂细胞对生产过程及产品质量的危害要比杆状杂细胞的大些。

二、其他非木材纤维原料的纤维形态

（一）麻类纤维原料

麻类所利用的主要是其茎秆的初生厚壁组织（即韧皮纤维）。主要有苎麻、黄麻、青麻、大麻、亚麻和罗布麻等。其中大麻、亚麻、罗布麻等麻类的细胞壁不木质化，纤维的粗细长短同棉纤维相近，可作纺织原料，织成各种凉爽的细麻布、夏布，也可与棉、毛、丝或化纤混纺，经济价值高，造纸工业一般不用原麻作为原料而用其废料造纸。黄麻韧皮纤维细胞壁木质化，纤维较短，只适宜纺制绳索、包装用麻袋及造纸等。

1. 亚麻

学名：*Linum ustiatissimum* Linn

亚麻（flax）纤维很长，一般为 8.0～40mm，平均纤维长为 18mm 左右，宽为 8.8～24.0μm。平均宽为 16μm 左右，长宽比达 1000 以上。纤维表面平滑，细胞壁较厚，细胞腔甚小，纤维两端渐尖，细胞壁上有明显的横节纹及稀少的纹孔。

2. 大麻

学名：*Gannbis sativa* L

大麻（hemp）纤维与亚麻纤维相似，但长度稍短，纤维长一般为 15～25mm，宽一般为 15～25μm，长宽比约为 1000 左右。纤维表面有明显的条纹和横纹，纹孔稀少，胞壁甚厚，胞腔极小，纤维两端直径与中段直径近似相等，尖端为钝尖形。

3. 苎麻

学名：*Boehmeria nivea* Gaud

苎麻（ramie or China-grass）是麻类纤维中的最长者，纤维长一般在 120～180mm，宽为 20～50μm，长宽比达 2000 以上。苎麻的纤维形态不规则，长短宽窄相差很大，纤维表面有时显条纹，有时显横纹，两端形状有显圆形或长矛形。纤维的木质化程度很低，几乎不含木素，故纤维富有韧性和弹性，不易折断。

4. 黄麻

学名：*Corchorus capsularis.*

黄麻（jute）纤维细胞互相黏结成束，每束由 20～30 根纤维细胞黏结而成，纤维束长达 2～3m，单根纤维长一般在 2～3mm，宽为 15～25μm，长宽比 100 左右。纤维表面光滑无节，其横断面为多角形，内腔清晰、呈圆形，细胞壁厚薄不均匀。纤维的木质化程度较高，木素含量较多。

5. 红麻

学名：*Hibiscus cannabinus* L.

红麻（kenaf）的茎秆由韧皮部、木质部及髓部三部分组成。各种组织的质量比例是韧皮部 30%～40%，木质部 40%～50%，髓部 10%～20%。韧皮部与木质部的纤维形态差异较大。韧皮部纤维长度在 2.6～2.9mm 之间，宽度在 17～19μm。红麻韧皮部纤维细胞壁较厚，细胞腔较小，壁腔比多在 1.0 以上，但由于纤维较细，成纸的纤维结合力仍然会很好。红麻木质部纤维长度在 0.7～0.8mm 之间，宽度在 20～25μm。红麻木质部纤维细胞壁较薄，其厚度多在 1.5～2μm 之间。

（二）树皮类纤维原料

树皮纤维也属于韧皮纤维原料。造纸工业采用的树皮主要有桑皮、构皮、檀皮等几种，现分别介绍如下：

1. 桑皮

学名：*Morus alba* L.

桑皮（mulberry bark）纤维长为 3.86～10.80mm，最长者达 21mm，宽为 10.8～22.1μm，平均为 15.5μm，长宽比为 463。纤维两端秃钝，有些纤维的两端则开叉，细胞腔极小，细胞壁上有稀疏的折叠的裂缝存在，外壁上常有一层膜鞘。

桑皮是优良的造纸原料，但产量不高，一般多用于抄造复写纸原纸、镜头纸、茶叶袋纸、引火绳纸等高级纸张。

2. 构皮

学名：*Broussonetia papyrifera* Vent.

构皮（paper mulbeery）又称为楮皮、谷树皮、奶树皮等。构皮纤维的平均长度为 6.07mm，宽度为 20.9μm，与桑皮相似。构皮造纸由来已久，据《后汉书》所载：蔡伦看到当时的书写材料，认为："缣贵而简重并不便于人"，于是便 "造意用树肤麻头造纸"。据查这里的树肤即指构皮、桑皮等，所以纸有 "楮先生" 之称号由来已久。近代一些纸厂使用构皮生产电池棉纸、引线纱纸、茶叶袋纸等。

3. 檀皮

学名：*Pteroceltis tatarinowii* Maxim

檀皮（wingceltis bark）纤维较桑皮和构皮纤维都细而短，纤维的平均长为 3.5mm，宽度为 12.9μm。是韧皮纤维中较为细而柔软的原料。纤维细胞壁上节纹不明显，是制造宣纸的优质原料，薄壁细胞多呈三角形。

（三）叶部纤维原料

叶部纤维（leaf fibre）是从草本单子叶植物叶上获得的维管束纤维。叶纤维种类很多，在经济上形成稳定的工业生产资源的主要有龙舌兰麻类（剑麻）、龙须草、香蕉叶、凤梨叶等。

1. 剑麻

学名：*Agave sisalana* Perrine

剑麻（sisal）也称为龙舌兰麻，是龙舌兰科（agavaceae）所属单子叶植物的统称，包括龙舌兰属（agave）、中美麻属（furcraea）、新西兰属（phormium）和虎尾兰属（sansevieria）等 20 个属约 600 种，其中以龙舌兰属的经济价值较高。

剑麻为热带多年生植物，叶簇生，一般叶长 1.5～2.0m，宽 3.0～6.0m，端部尖削，形似剑，故有剑麻之称。剑麻得名另一种解释是：由于龙舌兰麻大多数原产于墨西哥，世界栽培面积最大的剑麻就是因第一次从墨西哥的 Sisal 港出口而得名的。剑麻现广泛分布于亚洲、非洲、拉丁美洲的热带、亚热带地区的 30 多个国家。巴西是剑麻总产量最高的国家，我国自 20 世纪 20 年代开始引进，60 年代又从东非引进，现在广东、广西、海南、福建、浙江等省都有种植，特别是剑麻和东方一号麻。

剑麻纤维形态特征：在显微镜下，剑麻单根纤维多呈圆柱状，也有呈带状，细胞壁较厚，壁上有较细而不太明显的横节纹，胞腔较大，宽窄不均，端部钝尖，个别也有分叉，纤维横切面多呈不规则的椭圆或多角形。剑麻纤维特性及化学成分如表 1-17 和表 1-18。

表 1-17　　　　　　　　　　　　显微镜剑麻纤维测定

项目	平均	最大	最小	一般	长宽比
纤维长度/mm	1.87	4.33	0.60	1.13～2.66	
纤维宽度/μm	13.4	20.7	6.2	10.3～16.5	139

表 1-18　　　　　　　　　　　剑麻纤维的化学组成　　　　　　　　　　单位：%

纤维素	半纤维素、果胶等	木素	灰分	有机溶剂抽出物
78	10	8	1	2

2. 龙须草

学名：*Eulaliopsts binata*（Retz）C. E. Hubb

禾本科，禾亚科。别名：蓑草（四川、湖北、贵州、广西），蓑衣草（河南、云南）。

产地：四川、广东、广西、湖南、河南、河北、陕西、云南、贵州。

纤维形态特征：龙须草（Chinese alpine rush）纤维的主要特征是细而长，其平均长度达到 2mm，而宽度则仅为 10μm 左右。它的长宽比平均超过 200，这种现象在其他草浆中极为少见。大约有 1/3 的纤维细胞壁上有节纹，其余的则皆光滑无纹。

龙须草的杂细胞比其他草类原料少，仅占总面积的 30%，这也是龙须草的主要特征之一。它的杂细胞主要是表皮细胞，表皮细胞呈齿峰较短秃的锯齿状。长的表皮细胞两端平整，短的表皮细胞两端有弧形缺口颇似"工"字形。

龙须草纤维测定结果见表 1-19。

表 1-19　　　　　　　　投影仪测定龙须草的纤维长度、宽度的结果

项目 部位	长度/mm				宽度/μm				长宽比
	算数平均	最大	最小	一般	算数平均	最大	最小	一般	
全部位	2.08	5.18	0.48	1.32～2.81	10.3	20.7	5.0	8.0～12.0	202

3. 凤梨叶

学名：Ananas comosus（L.）Merr.

凤梨叶（pineapple leaf）纤维（我国亦称菠萝叶）取自于凤梨植物的叶片中，它与剑麻等纤维一样，属于叶部纤维原料。凤梨主要产于热带和亚热带地区。我国的主要产地在广东、广西、海南、云南、福建、台湾等。凤梨叶纤维非常细长，平均纤维长度为 3.97mm，平均宽度为 $7\mu m$，长宽比则为 567，为造纸原料中最细长的纤维植物。凤梨叶中含有许多薄壁纤维细胞，表皮角质化的厚壁细胞及内容物质（包括低分子碳水化合物、蛋白质），如直接以叶片作为纸浆原料时，将会消耗许多蒸煮药品，而且纸浆得率也比较低。凤梨叶经过采纤之后所得凤梨麻（丝），其抽出物大为降低，木素含量仅为 5.9%，综纤维素含量高达 90% 以上。碱法制浆时，纸浆的得率可达 75%，可制成高品质特种纸，如书画纸。

（四）棉纤维

棉纤维为种毛纤维原料，属被子植物，锦葵科，棉属，一年生草本植物。别名：吉贝、草棉，商业上称之为棉花。其实并非棉的花瓣，因为其种子上附着之种毛，故称之为种毛纤维。黄河流域、长江流域、华南、西北、东北等为我国的五大产棉区。除青海、西藏外，几乎遍布全国各地，其中新疆吐鲁番为棉花的原产地之一，产量丰富。国外的印度、埃及、秘鲁、巴西、美国等都以产棉著称。

由于棉纤维具有一些典型的特征，棉浆在显微镜下容易与其他纸浆纤维相区别。典型的特征是：

① 纤维细长。一般棉纤维长度约为 10～40mm，平均约 18mm，宽度约为 12～38μm，平均约 20μm，随品种和生长条件变化很大。

② 纤维壁光滑。壁上没有任何节纹或纹孔结构。

③ 细胞腔明显。胞腔较大，腔液明显，胞腔中还经常含有若干原生质体。

④ 纤维有转曲现象。打浆可使转曲现象减少，但仍很明显。

⑤ 与碘-氯化锌试剂作用显酒红色。这是棉花纤维素含量高的表现。

⑥ 棉纤维的初生壁主要是蜡和果胶质，很少有微细纤维存在。初生壁对酸和纤维素溶剂起着阻碍作用，故在处理过程中出现明显的球状膨胀。由于蜡和果胶质的存在，棉纤维在燃烧时发散出一种奇特的臭味。

⑦ 纤维纯净。没有任何非纤维细胞与之相伴。

棉纤维在各种天然纤维中，纤维素含量最高，纤维柔韧，细长，弹性好，强度好，抗稀酸、抗碱能力强，为优良的纺织原料。各种棉渣、纱头、布头、地弄花、棉短绒、破布等纺织行业的下脚料与废弃物均可用于造纸行业，一般高档特种纸，如钞票纸、证券纸以及高档生活用纸等为达到特殊的使用要求，常以新棉为原料。

第五节 纤维形态参数与纸张（浆）性能的关系

纤维形态是植物纤维原料的基本特征之一。纤维形态除包括纤维的长度、宽度、壁厚、细胞腔直径等基本形态指标外，还包括由这些指标组合而成的其他形态指标，最常见的有长宽比、壁腔比、纤维粗度、卷曲（curl）和扭结（kink）等。由于纤维的抄造与成纸特性在很大程度上取决于纤维的形态参数，所以，在制浆造纸过程中，对纤维形态参数及其变化的测量是非常重要的。

一、纤维的长、宽度

由于单根纤维的长度或宽度指标的测定对于评价纤维的应用价值并无实际意义，因此，通常我们所说的纤维长度和宽度均为统计意义上的纤维性能指标。根据 ISO—16065 标准，纤维长度的定义及计算方法如下。

（一）数量平均纤维长 L

数量平均纤维长（mean length）（L）为所测纤维长度总和除以所测纤维总根数所得到的算术平均值。计算公式如下：

$$数量平均纤维长(L) = \frac{\sum n_i l_i}{\sum n_i} \tag{1-2}$$

式中　n_i——第 i 级分中纤维根数

　　　l_i——第 i 级分中纤维平均长，mm

数量平均纤维宽也可采用公式（1-2）计算。

（二）质量平均纤维长 L_l

质量平均纤维长（length-weighted mean length）（L_l）先前称为重量平均纤维长或长度-重量平均纤维长。即所测各长度级分的平均纤维长度与相应级分质量乘积的总和，被所测纤维质量之和除之。但实际上测量每根纤维的质量是不可能的，一个近似的计算方法是将同一试样中的纤维单位长度的质量（即粗度）视为一常数（k），并按各级分统计则：

$$
\begin{aligned}
质量平均纤维长(L_l) &= \frac{l_1 m_1 + l_2 m_2 + \cdots\cdots l_i m_i}{m_1 + m_2 \cdots\cdots m_i} \\
&= \frac{l_1 \cdot kl_1 n_1 + l_2 \cdot kl_2 n_2 + \cdots\cdots l_i \cdot kl_i n_i}{kl_1 n_1 + kl_2 n_2 + \cdots\cdots kl_i n_i} \\
&= \frac{\sum n_i l_i^2}{\sum n_i l_i}
\end{aligned}
\tag{1-3}
$$

式中　m_i——第 i 级分纤维的质量，$m_i = kl_i n_i$

　　　n_i——第 i 级分中纤维根数

　　　l_i——第 i 级分中纤维平均长，mm

质量平均纤维宽也可采用公式（1-3）计算。

数量平均纤维长（L）受短纤维的影响较大，其往往不是最有意义的纤维长度指标。而采用质量平均纤维长（L_l）计算纤维平均长可避免短纤维的影响。同时，质量平均纤维长与纸张的物理强度有密切关系。Clark 的研究表明：耐破因子与 L_l 成正比，撕裂因子与 $L_l^{3/2}$ 成正比，裂断长与 $L_l^{1/2}$ 成正比，挺度因子与 $L_l^{1/2}$ 成正比。

（三）二重质量平均纤维长 L_w

二重质量平均纤维长（length-length-weighted mean length）（L_w）先前称为二重重量平均纤维长或质量-重量平均纤维长（mass-weighted mean length）。二重质量平均纤维长（L_w）计算公式如下：

$$二重质量平均纤维长(L_w) = \frac{\sum n_i l_i^3}{\sum n_i l_i^2} \tag{1-4}$$

式中　n_i——第 i 级分中纤维根数

　　　l_i——第 i 级分中纤维平均长，mm

（四）分布频率

测量纤维长度（或宽度）时，将纤维按不同长度（或宽度）的大小分级，计算每一级分纤维根数，并按式（1-5）和式（1-6）分别计算数量分布频率（the percentage frequency by number）f_i 和质量分布频率（the percentage length-weighted frequency）f_i'。将 f_i 和 f_i' 分别绘图，即为数量分布频率图和质量分布频率图。

$$数量分布频率\ f_i = \frac{n_i}{\sum n_i} \times 100 \tag{1-5}$$

$$质量分布频率\ f_i' = \frac{n_i l_i}{\sum n_i l_i} \times 100 \tag{1-6}$$

式中　n_i——第 i 级分中纤维根数

　　　l_i——第 i 级分中纤维平均长，mm

　　$\sum n_i$——所有级分中，纤维根数总数

　　$\sum n_i l_i$——所有级分中，$n_i \times l_i$ 总和

（五）长宽比

纤维的长度，在测定原料的纤维形态时是指完整的纤维的长度，在测定纸浆的形态变化时则包括所有纤维的长度（即包括完整的和生产过程中折断的）。宽度，一般指纤维中段的直径。纤维长度/纤维宽度的比值，称为长宽比。一般认为，长宽比大的纤维，成纸时单位面积中纤维之间相互交织的次数多，纤维分布细密，成纸强度高，特别是撕裂度、裂断长、耐折度等强度指标。反之，则单位面积中纤维之间交织的次数少，成纸的强度较低。所以，在相当长的时期内，长宽比被用以作为评价原料纤维的制浆造纸价值的重要标准。以往的经验认为，纤维长宽比小于 45 的原料，其制浆造纸价值将很低。

常见的造纸植物纤维原料的纤维形态特征如表 1-20 所示。

表 1-20　　　　　　　　　　　我国造纸植物原料纤维形态比较

原料	长度/mm		宽度/μm		长宽比	单壁厚/μm	腔径/μm	壁腔比	非纤维细胞含量/%
	平均	一般	平均	一般					
稻草	0.92	0.47~1.43	8.1	6.0~9.5	114	3.3	1.5	4.4	54.0
麦草	1.32	1.03~1.60	12.9	9.3~15.7	102	5.2	2.5	4.16	37.90
芦苇	1.12	0.60~1.60	9.7	5.9~13.4	115	3.0	3.4	1.77	35.5
荻	1.36	0.64~2.12	17.1	8.4~29.3	80	6.17	3.7	3.6	34.5
芒秆	1.64	0.81~2.68	16.4	13.2~19.6	100	—	—	—	53.1
芦竹	1.28	0.70~1.79	14.6	13.7~19.6	88				61.5
甘蔗渣	1.73	1.01~2.34	22.5	16.7~30.4	77	3.28	17.9	0.36	35.7
龙须草	2.10	1.34~2.85	10.4	8.3~12.7	202	3.3	3.1	2.13	29.5
毛竹	2.00	1.23~2.71	16.2	12.3~19.6	123	6.6	2.90	4.55	31.2
慈竹	1.99	1.10~2.91	15.0	8.4~23.1	133	—	—	—	16.2
玉米秆	0.99	0.52~1.55	13.2	8.3~18.6	75	—	—	—	69.2
高粱秆	1.18	0.59~1.77	12.1	7.4~15.9	109	—	—	—	51.3
棉秆芯	0.83	0.63~0.98	27.7	21.6~34.3	30	2.7	18.9	0.28	28.7
棉秆皮	2.26	1.40~3.50	20.6	15.7~22.9	113	5.8	4.3	2.70	—
云杉	3.06	1.84~4.05	51.9	39.2~68.6	59	—	—	—	—
马尾松	3.61	2.23~5.06	50.0	36.3~65.7	72	早材 3.8　晚材 8.7	早材 33.1　晚材 16.6	早材 0.23　晚材 1.05	1.5
红松	3.62	2.45~4.10	54.3	39.2~63.8	67	早材 3.5　晚材 4.3	早材 27.7　晚材 14.0	早材 0.25　晚材 0.61	1.8
落叶松	3.41	2.28~4.32	44.4	29.4~63.7	77	早材 3.5　晚材 9.3	早材 33.6　晚材 12.6	早材 0.21　晚材 1.48	1.5
臭冷杉	3.29	1.75~4.05	51.9	39.2~63.7	63	—	—	—	63

续表

原料	长度/mm		宽度/μm		长宽比	单壁厚/μm	腔径/μm	壁腔比	非纤维细胞含量/%
	平均	一般	平均	一般					
山杨	0.86	0.65～1.14	17.4	14.7～23.5	50	—	—	—	23.3
白皮桦	1.21	1.01～1.47	18.7	14.7～22.0	65	—	—	—	26.70
红皮桦	1.27	1.07～1.45	19.6	17.2～20.6	65	—	—	—	—
桉木	0.68	0.55～0.79	16.8	13.2～18.3	43	—	—	—	17.6
檫木	1.14	0.60～1.17	36.4	29.0～40.7	31	—	—	—	

应该指出，用长宽比作为标准来评价某些原料的纤维特性是有一定的意义，但用以比较木材原料和草类原料时则存在一定的片面性。不少禾本科原料纤维的长宽比远比针叶材纤维大，但其成纸的强度则比针叶材纤维低得多。由此可见，纤维长度是一项非常重要的指标，原料纤维的绝对长度是最基本、最重要的，对纸张的裂断长、耐折度、撕裂度等指标影响更大。

二、壁 腔 比

纤维细胞的壁厚及细胞腔直径的大小是植物纤维原料的另一主要特征。生产实践表明，仅用纤维的长度、宽度以及长宽比来表达原料的纤维形态特征是不够全面的。因为长宽相似而柔软性（壁厚）不同的纤维，可以抄造出强度性质差别甚大的纸页来。

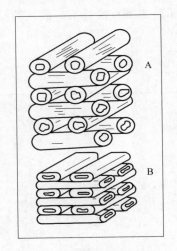

图 1-41　厚壁纤维 A 与薄壁纤维 B 的比较示意图

纤维的壁腔比（即细胞壁厚度/细胞腔直径的比值）不同，则它们的柔软程度不同。壁腔比小的纤维，纤维的柔软性好，成纸时纤维间的接触面积较大，故结合力强，成纸的强度高；反之，壁腔比大的纤维则较僵硬，成纸时纤维间的接触面积较小，结合力小，成纸的强度差。如图 1-41 所示。

纤维细胞的壁腔比可用公式（1-7）计算：

$$壁腔比 = \frac{2 \times 细胞单壁厚度}{细胞腔直径} \tag{1-7}$$

也可以用刚性系数和柔性系数表示纤维细胞的柔软性。

$$刚性系数 = \frac{2 \times 细胞单壁厚度}{纤维直径} \times 100 \tag{1-8}$$

$$柔性系数 = \frac{细胞腔直径}{纤维直径} \times 100 \tag{1-9}$$

Runkel 在研究纤维细胞的壁腔比对纸张的强度性质影响时曾经提出：

壁腔比<1 者为很好原料

壁腔比=1 者为好原料

壁腔比>1 者为劣等原料

这些研究结果，可一定程度上反映柔软性不同的各种原料纤维在成纸时的结合能力及纸张的强度性质，以及各种纤维在打浆时的行为等方面的差别。实际生产中，对壁腔比大的纸浆纤维，可以通过适当的打浆使纤维分丝帚化，从而提高纸浆纤维成纸时的结合能力，改善纸张的紧度和强度。我国北方的落叶松和南方的马尾松（尤其是前者），均以纤维细胞壁厚度大而著称，其硫酸盐浆的打浆对提高纸页强度是非常重要的。

但是应该指出，纤维的壁腔比并非越小越好。因为，壁腔比太小（如部分品种的甘蔗纤维）的纤维，其本身的强度太差（特别是挺度太差），尽管其柔软性好，成纸的紧度高，但成纸的强度仍不高。所以，对壁腔比极小的纸浆纤维，对其打浆的要求，与壁腔比大的针叶材纤维是不相同的。

三、纤维的粗度

纤维粗度（coarseness）是指纤维单位长度的质量，单位为 mg/100m，用 decigrex（dg）表示。也有用 mg/m 或 μg/m 表示的。

纤维的粗度与纤维细胞壁厚、纤维细胞腔直径及纤维中各组分密度密切相关。纤维粗度是评价纸浆质量、预测纸浆在纸机上的适应性以及成纸印刷适应性的很好方法。一般来说，纤维粗度大于 30dg 的纸浆，抄造的纸页较粗糙，平滑度低；少于 10dg 者，造纸的纸页细腻，平滑度好。粗度大，纸页的松厚度增加，而裂断长、耐破度、撕裂度及耐折度则下降。

四、纤维的卷曲指数

木材原料中的纤维细胞通常都是直的，但由于木材中相邻纤维细胞间的相互作用，它们又不是"笔直"的。但是纸浆中的纤维却不是直的，由于受到制浆、打浆等过程的影响，它们以各种不同的卷曲形式存在。而纤维的卷曲程度与纸张的物理性能的变化密切相关。

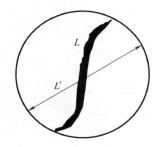

图 1-42　纤维的真实长度和投影长度

纤维卷曲是指纤维平直方向的弯曲。单根纤维卷曲的程度可以由卷曲指数（curl index）来表示。其定义如下：

$$卷曲指数 = \frac{纤维的真实长度(L)}{纤维的投影长度(L')} - 1 \qquad (1\text{-}10)$$

公式（1-10）中纤维的真实长度（contour length，L）和纤维的投影长度（projected length，L'）意义如图 1-42 所示。

表征纤维的卷曲也有用纤维形态因数（shape factor）表示，其计算公式（1-11）如下：

$$形态因数 = \frac{纤维的投影长度(L')}{纤维的真实长度(L)} \times 100\% \qquad (1\text{-}11)$$

五、纤维的扭结指数

纤维的扭结是指由于纤维细胞壁受损而产生的突然而生硬的转折。如图 1-43 所示。

图 1-43　纤维的扭结示意图

现在普遍采用 Kibblewhite 所定义的方法来表征纤维的扭结程度。扭结指数（kink index）的 Kibblewhite 公式定义如式（1-12）所示。Kibblewhite 发现，扭结程度高的纤维在纸张的物理性质，如抗张强度、撕裂强度等方面会受到较大的削弱。

$$K_{\mathrm{I}} = \frac{N_{(10°\sim20°)} + 2N_{(21°\sim45°)} + 3N_{(46°\sim90°)} + 4N_{(91°\sim180°)}}{L_{总}} \qquad (1\text{-}12)$$

式中　K_{I}——扭结指数

　　　N_x——一定角度范围内的扭结个数

$L_\text{总}$——纤维长度总和

纤维扭结指数可用单位长度上扭结平均个数（个/mm）或单根纤维上扭结平均个数（个/单根纤维）表示。

六、细 小 纤 维

细小纤维（fines）是造纸纤维原料或纸浆中的重要组成部分，因造纸纤维原料、制浆工艺、打浆工艺等条件的不同，纸浆细小纤维在形态、数量、甚至表面电荷等方面各不相同。细小纤维不但会影响到纸机的运行过程，比如留着、滤水、白水回收系统、助剂效用、湿纸页干燥速度等，还会影响到纸张的多种性能，比如纸张结构、物理强度性能、光学性能、印刷性能等。

纸浆细小纤维的概念和特征有两种表示方法：一种，造纸原料中那些长度等于或小于0.2mm 纤维定义为细小纤维；另一种，造纸原料中的那些通过纤维筛分仪的 200 目筛的纤维，被看作是细小纤维。

第六节　植物细胞壁的微细结构

在植物解剖学研究中，光学显微镜看不到的植物组织结构称为微细结构（ultrastructure）。微细结构的研究一般采用电子显微镜观察。所以微细结构又称为电子显微镜下的结构，也称为超结构。植物细胞壁微细结构的研究主要讨论细胞壁的层状结构、细胞壁中微细纤维走向、各主要组成在细胞壁中的分布和微细纤维的精细结构等。纤维细胞壁与纤维素大分子之间的微细结构关系可用图 1-44 表示。

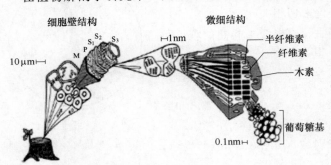

图 1-44　纤维细胞中各细胞层与化学组成示意图

一、木材纤维细胞壁的微细结构

（一）木材纤维细胞壁的层次结构

木材横切面的超薄切片在高分辨率的电子显微镜下观察时，可以看到木材纤维细胞壁具有层状结构的各个层次（如图 1-45 和图 1-46），自外至内由胞间层（ML）、初生壁（P）、次生壁外层（S_1）、次生壁中层（S_2）、次生壁内层（S_3）所组成。对于南方松和马尾松，在靠近细胞腔的部位（S_3 层的内壁上）还有一层瘤状物质，称为瘤层（Warty layer or Tumorous layer），简称 W 层。对于花旗松与紫杉的纤维细胞壁在 S_3 层的内壁上，有螺旋状增厚层（Helical thickenings），简称 HT 层。HT 层起着细胞壁的附加支撑作用。纤维细胞的中间的空穴为细胞腔（L）。表 1-21 给出了每层的厚度、微细纤维与纤维轴夹角和每层中微细纤维网的层数。

1. 胞间层

细胞与细胞之间的黏连层称为胞间层（middle lamella，ML），在细胞角隅部位称为胞

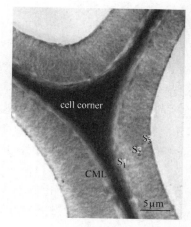

图 1-45　针叶材管胞（挪威云杉）
横切面透射电子显微镜图
Cell corner—细胞角区　CML—复合胞间层
S_1—次生壁外层　S_2—次生壁中层　S_3—次生壁内层

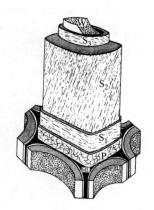

图 1-46　木材细胞壁结构模型
ML—胞间层　S_1—次生壁外层
S_2—次生壁中层　S_3—次
生壁内层　W—瘤层　P—初生壁

表 1-21　　　　　　　　　　　　　　　　细胞壁各层平均厚度和微细纤维角度

细胞壁各层[a]	厚度/μm	微细纤维层数	微细纤维与纤维轴平均夹角/(°)
P	0.05～0.1	—[b]	—[b]
S_1	0.1～0.3	3～6	50～70
S_2	1～8[c]	30～150[c]	5～30[d]
S_3	<0.1	<6	60～90
ML	0.2～1.0	—	—

注：a：P—初生壁；S_1—次生壁外层；S_2—次生壁中层；S_3—次生壁内层；ML—胞间层；
　　b：微细纤维形成不规则的网状结构；
　　c：早材为 1～4μm，晚材为 3～8μm；
　　d：微细纤维与纤维轴夹角变化，晚材为 5°～10°，早材为 20°～30°。

间层细胞角区（cell corner，MLCC），如图 1-45 和图 1-46 所示。胞间层的主要化学组成为木素及果胶等。胞间层厚度约为 0.2～1.0μm。制浆过程中化学药品可使胞间层物质溶解或部分溶解，使纤维细胞分离成单根纤维。

2. 初生壁

各种植物细胞的生长都是由外到内的，最初形成的是液囊状物质称为初生壁（primary wall，P），它与胞间层紧密相连。初生壁的厚度约为 0.05～0.1μm。含有较大量的半纤维素及木素，纤维素以微细纤维的形式在初生壁上作不规则的网状排列，镶嵌在无定形物质木素和半纤维素之中。

由于胞间层与初生壁很难区别开，通常将胞间层和两个相邻细胞的初生壁合称为复合胞间层（compound middle lamela，CML），如图 1-45 所示。

3. 次生壁

次生壁（secondary wall，S）是在细胞停止生长、初生壁不再增加表面积后，由原生质体代谢产生的细胞壁物质沉积在初生壁内侧而形成的壁层。由于次生壁中微细纤维排列有一定的方向性，次生壁通常分三层，即次生壁外层（S_1）、次生壁中层（S_2）和次生壁内层（S_3），各层纤维素微细纤维的排列方向各不相同，这种层层叠加的结构使细胞具有较高的强度。

① 次生壁外层（outer layer，S_1）。S_1 层的厚度约为 $0.1 \sim 0.3 \mu m$，主要由纤维素及半纤维素组成。纤维素微细纤维以近乎于垂直纤维轴的方向（$50° \sim 70°$ 或 $70° \sim 90°$）、规则交错地缠绕在纤维细胞壁上，形成交叉螺旋，即一层 S 螺旋，一层 Z 螺旋，相互盘绕。

② 次生壁中层（middle layer，S_2）。次生壁是纤维细胞壁的主体，针叶材 S_2 层的厚度约为 $1 \sim 8 \mu m$，占细胞壁厚度的 $70\% \sim 80\%$，是细胞壁的主体，它对单根纤维的强度有很大的影响。并且晚材纤维细胞壁较早材纤维细胞壁厚，主要厚在 S_2 层上。S_2 层的微细纤维都是平行的螺旋排列，与纤维轴的角度由外到内有个渐变过程，夹角为 $5° \sim 30°$，几乎与纤维轴平行。

③ 次生壁内层（inner layer，S_3）。次生壁内层在纤维细胞壁中占的比例不大，壁厚为 $0.1 \mu m$，壁上的微细纤维的缠绕与 S_1 层相似，有个过度的渐变过程，与纤维轴的夹角约为 $60° \sim 90°$。

4. 瘤层和 HT 层

有些树种，如马尾松、云南松等，在细胞腔的腔壁上有一层瘤状结构层，即瘤层（warty layer，W），这个部位纤维素含量较少，木素含量较高，它是独立的结构，与 S_3 层有明显的界限。如图 1-47 所示。

而花旗松与紫杉的纤维细胞壁在 S_3 层的细胞腔一侧，有螺旋状增厚层，称为 HT 层（helical thickening），HT 层起着细胞壁的附加支撑作用。如图 1-48 所示。

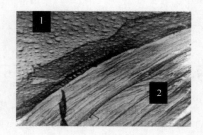

图 1-47 臭松管胞内壁的瘤层（弦切面）
1—瘤层　2—S_3 层

图 1-48 欧洲紫杉管胞的 HT 层

A. B. Wardrop 等人认为：细胞壁各层还可分成更薄的层次。图 1-49 是他提出的模型。整个细胞壁实际上是由许多同心的薄层组成，由于木素和其他物质存在，这些薄层平常看不见，但脱木素后就变得十分明显。Stone 等人用氮气吸收法研究云杉的细胞壁，其结论是：润胀的纤维细胞壁由几百层同心层组成，每层厚度约为 10nm，层间平均间隔为 3.5nm，而每一层也是由排列不同的微细纤维组成的。J. C. Roland 和 M. Mosiniak 提出，次生壁中的微细纤维与纤维轴的夹角的变化是有规律、连续的。图 1-50 表明：在次生壁的 S_1 层和 S_2 层之间，微细纤维与纤维轴夹角是有规律、连续的变化，到达 S_2 层时这种变化趋于停止，但接近 S_3 层时变化又重新开始。

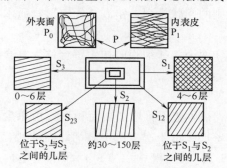

图 1-49 A. B. Wardrop 提出细胞壁层模型

（二）微细纤维的精细结构

前面介绍了纤维细胞壁分为初生壁（P）、次生壁外层（S_1）、次生壁中层（S_2）和次生壁内层（S_3）。但这些层的精细结构是怎样的？纤维素分子与细胞壁的关系又是怎样的？简单地讲：纤维素大分子链有规则地排列聚集成原细纤维（protofibril or elementary fibril），若干原细纤维组成微细纤维（microfibril），若干微细纤维再按照不同的方式排列构成纤维细胞（fiber）。

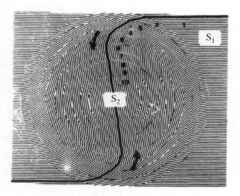

图 1-50 S_1 层和 S_2 层中微细纤维与纤维轴夹角变化示意图

关于细胞壁各层的精细纤维的结构，比较有代表性的是 Dietrich. Fengel 教授所提出的模型［图 1-51 （a）］。Dietrich. Fengel 认为：直径约为 3nm 的原细纤维是最基本的形态结构单元（大多数研究者对原细纤维的测量结果在 3～3.5nm 范围，约由 40 个纤维素大分子所构成），由 16 根 （4×4）原细纤维组成直径约为 12nm 的亚微细纤维（fibril），再由 4 根（2×2）这样的细纤维组成一根直径为 25nm 微细纤维。在直径为 3nm 的原细纤维之间是木聚糖的单分子层。在 12nm 的细纤维之间是几个木聚糖分子厚的分子层。在 25nm 的微细纤维周围为结合紧密的木聚糖和木素，这里的木素与木聚糖之间存在着化学键连接。因为微细纤维的形成是在细胞壁木质化之前，所以木素只能包围在直径 25nm 的微细纤维外面。

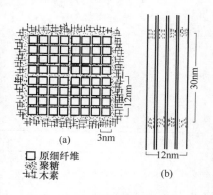

图 1-51 （b）为直径 12nm 亚微细纤维（fibril）纵切面示意图。图中表明：在细纤维的纵向有周期出现的不完善的结晶区域（sensitive regions），用虚线标出。用酸等试剂处理时，易在该区域发生纤维素的降解反应。不完善的结晶区域的间隔为 30nm。

关于微细纤维的结构和形成理论也有不同的观点。Browning 认为，微细纤维的直径约为 20～40nm，借助高分辨率的电子显微镜可以观察到直径约为 10nm 的原纤维。微细纤维的直径依原料来源及制备方法的不同而异：

□ 原细纤维
聚糖
木素

图 1-51 木材纤维细胞微细
纤维的微细结构模型
（a）横切面 （b）纵切面

木材纤维＜棉花纤维＜细菌纤维＜……＜麻纤维

Janesd' A Clark 认为纤维素大分子链互相结合形成结晶，纤维素大分子链间有氢键横向连接。纤维素大分子排列规则的区域是结晶区，排列不规则的区域则形成不完善的结晶区。晶体直径在 3nm 左右出现一层半纤维素单分子包在结晶体周围。若干纤维素结晶体结合在一起形成纤维素晶体束，直径约为 20～30nm，称为毫微纤维（Nanofibrils），其周围包有半纤维素及木素。

A. J. Kerr 和 D. A. I. Goring 指出，微细纤维是由 2～4 个径向表面相互连接的原细纤维所组成的束状结构，微细纤维的切向表面与胞间层平行，原细纤维的径向宽度为 3.5nm，切向宽度为 2nm。在细胞壁中，碳水化合物和木素以不连续的层状结构围绕细胞腔排列（图 1-52）。

R. J. Thomas 认为：微细纤维的宽度依其来源及制备方法的不同而异，大小一般为 10～

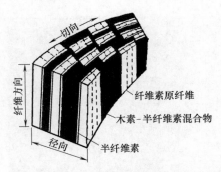

图 1-52　木材细胞壁中木素和碳水化合物微细结构分布示意图

（纤维方向、切向、径向、纤维素原纤维、木素-半纤维素混合物、半纤维素）

30nm，且其厚度为宽度的一半；每个微细纤维是由 4 个 3.5nm 的原细纤维所组成的，原细纤维则是由大小为 1nm 的亚-原细纤维（sub-elementory fibril）所组成的。由此可见，亚-原细纤维的直径大小与纤维素 I 单位晶胞的大小是一致的。

（三）应力木

正常生长的树木，通常其干形通直。但当风力或重力作用于树木时，其树干往往发生倾斜或弯曲，或当树木发生偏心生长时（图 1-53），树干中一定部位会形成反常的木材组织。应力木（reaction wood）指在倾斜或弯曲的树干或树枝部位所形成的一种具有反常结构和性质特征的木材。针叶材在倾斜或弯曲树干或枝条的下方受压部位形成应压木（compression wood），阔叶材在倾斜或弯曲树干或枝条的上方受拉部位形成应拉木（tension wood）。

应压木的木素含量比正常材高得多，因而颜色发黑，多糖的组成也与正常材不同（表 1-22）。而应压木的对向部位（opposite wood）的木素含量，与正常材类似。研究应压木的微细结构时，可以观察到应压木管胞的细胞壁缺少 S_3 层，S_1 层经常比正常材细胞的厚，S_2 层微细纤维与纤维轴的夹角接近 45°，比正常材管胞微细纤维角度大得多。在 S_2 层上，通常出现螺旋状裂陷，裂陷的深度，在不同部位有所不同，深者几乎到达 S_1 层（图 1-54），裂陷基本上是沿着 S_2 层微细纤维的方向。

图 1-53　应压木的横切面（长柏松）

表 1-22	正常材与应压木的分析结果			单位：%
成分	胶冷杉（*Abies balsamea*）		美洲落叶松（*Larix laricina*）	
	正常材	应压木	正常材	应压木
木　素	29.9	40.1	27.0	38.0
失水糖醛酸	5.5	3.8	2.8	3.1
半乳糖	1.4	7.6	3.6	17.7
葡萄糖	44.6	31.6	68.3	59.0
甘露糖	10.6	6.3	18.2	9.2
阿拉伯糖	1.6	1.8	2.1	2.1
木　糖	5.4	7.5	7.8	11.0

应拉木一般是生长在阔叶树的枝丫上边及倾斜或弯曲树干位置上，它比正常材的木素含量低，纤维素含量高，纤维素结晶区大。应拉木组织由于导管既小又少因而不同于正常的木材组织。受拉木的结构特征是木纤维具有一种特别的壁层，称为凝胶层（gelatinous layer）或 G 层，这一特殊层是未木质化的，而且是纯纤维素组成的，在显微镜可见其状似凝胶（图 1-55），其微细纤维平行于纤维轴向。受拉木的木纤维另一结构特征是凝胶层可松散地沉积在次生壁的任何一层上（S_1、S_2 或 S_3），根据木材的种类和在树干中的部位不同，次生壁结构有三种形式，即：S_1+G，S_1+S_2+G 和 $S_1+S_2+S_3+G$。

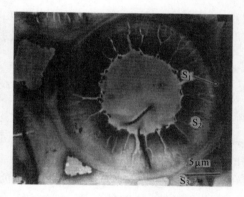

图 1-54　应压材管胞电子显微镜图
（赤松，表明缺少 S_3 层）

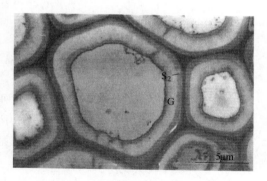

图 1-55　应拉材木纤维电子显微镜图（刺槐）
G—凝胶层

二、非木材纤维细胞壁的微细结构

（一）草类纤维

草类原料纤维的微细结构有的与木材相似，如麦草、稻草、田菁等，其纤维细胞壁也可以分为 ML、P、S_1、S_2、S_3。但大部分草类纤维的 P 层和 S_1 层的厚度占细胞壁厚度的比例较大，远远大于木材纤维中相应层次的比例。而且 S_1 层与 S_2 层之间连接紧密，如麦草、稻草，等等，因此打浆时往往较木材纤维难于分丝帚化。草类原料中除稻、麦草外，其他各种常用的造纸纤维原料中都有少量纤维具有特殊结构的次生壁，这小部分纤维的次生壁的构成不符合 S_1、S_2、S_3 模式。如芦苇、荻、竹、龙须草等其层状结构与木材纤维不同，各自都有一部分纤维，其次生壁中层（S_2）是多层结构，有的 3～4 层，有的可达 8～9 层。

据中国造纸研究院有限公司（原轻工业部造纸研究所）的研究，芦苇纤维中有 1/3～1/2 的纤维 S_2 层的组成是异常的，这些纤维的次生壁中层（S_2）自外至里由 S_2-1、S_2-2、S_2-3 等层次构成；S_2 层微细纤维与纤维轴的夹角，自外层的 70°～80° 变化到里层的 30°～40°（甚至与轴平行）；有些纤维的次生壁不具 S_3 层。芦苇纤维中两种类型的次生壁厚度比较见表 1-23。

表 1-23　　　　　　　　　　　　　　　芦苇纤维细胞壁各层厚度比较

层次		甲型纤维		乙型纤维		鱼鳞松纤维	
		厚度/μm	%	厚度/μm	%	厚度/μm	%
CML		0.07	11.9	0.07	7.8	0.05～0.1	10.2
S_1		0.3～0.5	31.2	0.2～0.3	16.6	0.15～0.2	9.9
S_2	S_2-1	0.7～1.0	48.2	0.8～1.4	54.7	0.7～2.0	75.9
	S_2-2			0.4～0.6	16.3		
S_3		0.2～0.3	8.7	0.15～0.2	4.6	0.1	4.0

注：甲型纤维指次生壁分层正常的纤维，厚度为单壁厚度。

N. Parameswaran 和 W. Liese 对竹子纤维所做的研究证明，竹子中有小部分纤维的细胞壁较厚，故称厚壁纤维（thick-walled fibre）。这些纤维的次生壁自外至里依次由宽层、窄层交替排列而成，最厚的纤维由 18 层构成；宽层的染色较浅，微细纤维与纤维轴的夹角为 2°～20°，用 L 表示（longitudinal，即纵向排列），窄层的染色较深，微细纤维与纤维轴的夹角为 85°～90°，用 T 代表（transverse，即横向排列）。他们根据层次的顺序及微细纤维与纤

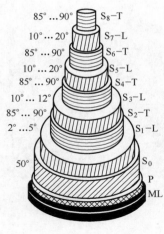

$85°\dots90°$ S_8-T
$10°\dots20°$ S_7-L
$85°\dots90°$ S_6-T
$10°\dots20°$ S_5-L
$85°\dots90°$ S_4-T
$10°\dots12°$ S_3-L
$85°\dots90°$ S_2-T
$2°\dots5°$ S_1-L
$50°$ S_0
  P
  ML

图 1-56 竹材厚壁纤维的
微细结构模型

维轴的夹角提出了独特的命名方法。他们提出的次生壁由宽、窄层交替排列（共八层组成）的厚壁纤维的模型如图 1-56 所示。

（二）棉纤维

棉纤维没有胞间层，初生壁（P 层）是棉纤维的外层，即棉纤维在伸长期形成的纤维细胞的初生部分。初生壁的表面有一层极薄的果胶、蛋白质和蜡质构成的薄层，除非使用湿润剂，否则因蜡质的存在使水和水溶液不能渗透棉纤维，所以在棉纱，棉布漂染前要经过煮练以除去棉蜡，保持染色均匀。初生壁表面有细丝状皱纹，皱纹的深度和间距约为 $0.5\mu m$，长度在 $10\mu m$ 以上。一般薄壁纤维的皱纹较深，厚壁纤维的皱纹则较平滑。初生壁厚约为 $0.1\sim0.2\mu m$，成熟棉纤维的初生壁占全纤维质量的 5% 以下，初生壁微细纤维交织成疏松的网状，与纤维轴夹角约 $70°$，有时发现与纤维轴几乎垂直。

次生壁是棉纤维在加厚期沉积纤维素而成的部分，又可分成三个层。在初生壁下面是一厚度不到 $0.1\mu m$ 的次生壁外层（S_1），由微细纤维堆砌而成，微细纤维绕着纤维轴平行排列，与纤维轴的夹角很大。在 S_1 层下面是另一厚度约 $1\sim4\mu m$ 的次生壁中层（S_2），由基本同心的环状层叠合构成棉纤维细胞壁的主体，其全部由纤维素组成，微细纤维与纤维轴的平均夹角约 $25°$，螺旋方向沿长度方向周期性地左右改变，一根棉纤维上这种改变在 50 次以上，不同品种棉纤维的改变次数也可不同。S_2 下面是厚度不到 $0.1\mu m$ 的次生壁内层（S_3），S_3 层有与 S_2 层相似的结构特征。棉纤维的次生壁决定了棉纤维的主要物理机械性。

棉纤维的细胞腔是细胞停止生长后遗留下来的内部空隙。同一品种的棉纤维，中段初生胞壁周长大致相等。当次生壁厚时，细胞腔就小，次生壁薄时，细胞腔就大。当棉铃成熟而尚未裂开时，棉纤维截面呈圆形，细胞腔亦呈圆形，细胞腔截面相当于棉纤维面积的一半或 1/3。当棉铃自然裂开后，由于棉纤维内水分蒸发，细胞胞壁干涸，棉纤维截面呈腰圆形，细胞腔截面也随之压扁，压扁后的细胞腔截面仅为棉纤维截面总面积的 1/10 左右。细胞腔内留有少数原生质和细胞核残余物，对棉纤维颜色有影响。

三、其他细胞的微细结构

（一）导管细胞

导管细胞是阔叶材纤维原料的一种特征性结构，其细胞壁的微细结构与阔叶材木纤维不同。K. Kishi 等人认为：在导管细胞的初生壁中，微细纤维整齐地平行排列。初生壁由三层构成，分别为 P-外层、P-中层和 P-内层，每层中微细纤维与导管细胞轴的夹角不同。在 P-外层中，微细纤维的方向与导管细胞轴几乎垂直；在 P-中层，微细纤维杂乱无序排列；在 P-内层，微细纤维形成多层的交叉螺旋。采用偏振分光光度计和电子显微镜观察了近 30 种日本阔叶材发现：导管细胞的次生壁有三种不同的类型，即典型的三层结构、不分层结构和多层结构。第一种典型的三层结构，其由 S_1，S_2 和 S_3 层构成，类似于针叶材管胞和阔叶材木纤维，但 S_1 层和 S_2 层的厚度比管胞和木纤维相应层次的厚度比例要大，有报道：$S_1\sim S_2$ 层之间及 $S_2\sim S_3$ 层之间都有过渡层存在，S_1 和 S_3 层均呈螺旋排列，与导管轴的夹角较大，

S_2 层也呈螺旋向排列，但夹角较小。第二种不分层结构的次生壁，其微细纤维形成平坦的螺旋，有报道：微细纤维与导管细胞轴的夹角为 $80°\sim90°$。第三种多层结构的次生壁，其次生壁中的层数超过四层，每层中微细纤维与导管轴的夹角是变化的。Bouligand、Neville 等和 Nanko 等所提出的多层次生壁结构中，各层微细纤维的夹角变化如图 1-57 所示。

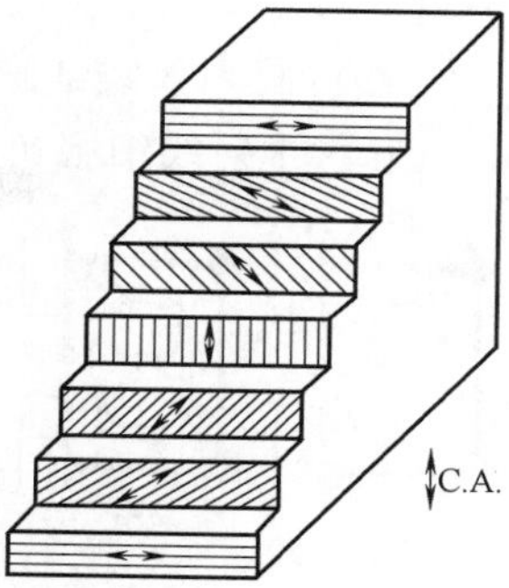

（二）木射线薄壁细胞

一些研究表明：针叶材和阔叶材中的木射线薄壁细胞和轴向薄壁细胞均有复杂多变的细胞壁的微细结构，这种多变复杂结构在针叶材管胞和阔叶材木纤维中未曾观察到。并且，不同品种的针叶材或阔叶材，其木射线细胞的结构也有差异。

1. 针叶材木射线细胞的微细结构

对木射线细胞的微细结构，Bailey 等、Wardrop 等、Harada 等以及 Krahmer 等都做过不少研究。藤川清三等对多种针叶材木射线做了细致的研究，认为各种材种的射线细胞的形态结构是不同的。

图 1-57　多层化导管细胞次生壁的层次构成及微细纤维夹角变化

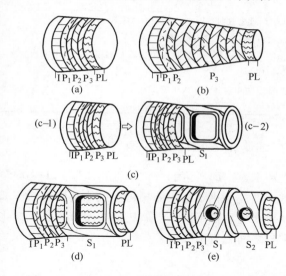

图 1-58　针叶材木射线细胞的五种类型示意图
（a）～（e）见表 1-24　（c-1）为未成熟细胞

针叶材的木射线细胞壁是由初生壁（P 层）、次生壁（S 层）和保护层（protective layer，PL 层）三种层次构成的。细胞的最外层是胞间层（Ⅰ层），胞间层由无定型物质所构成，在细胞之间起着"黏合剂"作用。根据层次组成的不同，木射线细胞可分为五种类型。五种类型的木射线细胞示意图及细胞壁的层次组成比较如图 1-58 和表 1-24 所示。

根据微细纤维取向的差异，P 层可分为 P_1、P_2、P_3 等层次。由图 1-58 可见，P_1 层的微细纤维取向几乎与木射线细胞的长轴方向平行；P_2 层的微细纤维排列呈紊乱状；P_3 层则由若干个左（S）、右（Z）交叉螺旋状微细纤维层组成，与细胞轴向夹角为 $40°\sim60°$；P 层厚度的大小主要是由 P_3 层的层数所决定的。

表 1-24 　　　　　　　　　　　　　　**五种针叶材的木射线细胞壁层次组成比较**

类型	层次组成	类型	层次组成
（a）金松型	$I+P(P_1+P_2+P_3)+PL$	（d）单维管束松亚属型	$I+P(P_1+P_2+P_3)+S_1+PL$
（b）柳杉型	$I+P(P_1+P_2+多层 P_3)+PL$	（e）冷杉型	$I+P(P_1+P_2+P_3)+S_1+S_2+PL$
（c）双维管束松亚属型	$I+P(P_1+P_2+P_3)+PL+S_1$		

注：I—胞间层；P—初生壁；S—次生壁；PL—保护层。

次生壁（S 层）的存在情况依材种而异。有些材种不具有 S 层，有些材种则具有 S_1 层，有些则具有 S_1、S_2 层。S_1 层微细纤维一般为左螺旋向，角度为 $40°\sim70°$；S_2 层则为右螺旋向，角度为 $40°\sim80°$。

2. 阔叶材木射线细胞的微细结构

阔叶材木射线细胞初生壁（P层）的微细纤维排列比较简单，而次生壁（S层）的构造则比较复杂。藤井智之等的研究证明，木射线细胞的次生壁，是由木质化纤维素层（lignified cellulosic layer，CL）、保护层（protective layer，PL）和各向同性层（isotropic layer，IL）等三层所组成的。三层之中，CL与木纤维、管胞的次生壁相似，其他两层的微细纤维含量较低，PL层的 $KMnO_4$ 染色情况依材种而定，$KMnO_4$ 对IL层则染色情况良好。木射线细胞次生壁有四种类型，四种类型的木射线细胞示意图及细胞壁的层次组成比较如图 1-59 和表 1-25 所示。

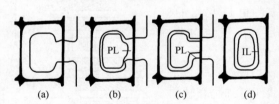

图 1-59　阔叶材木射线细胞次生壁的四种类型
(a) ～ (d) 见表 1-25

表 1-25　　　　　　　　　　阔叶材木射线次生壁的四种类型比较

类型	层次组成	组成特点说明
(a)	3CL	3个次生壁层次微细纤维取向不同，S_1、S_3 角度较平缓、S_2 较陡
(b)	3CL+PL	由3个次生壁层次以及沉积在其表面的PL层构成
(c)	3CL+PL+CL	由外部3个次生壁层次和内部一个次生壁层次以及沉积在这两部分次生壁层次之间的保护层构成
(d)	3CL+IL+CL	由外部3个次生壁层次和内部一个次生壁层次以及沉积在这两部分层次之间的各向同性层构成

四、主要化学组成在细胞壁各层中分布

木材中主要化学组成（纤维素、半纤维素和木素）即所谓的"结构性物质"并不是均匀地分布在木材细胞壁中。同一棵树的不同细胞中，主要化学组成的相对质量比不同；同一细胞的不同形态学区域中，各主要化学组成的相对质量比也不同；随着树龄的增长，各主要化学组成的相对质量也随之改变；应力木与正常材之间也有很大的差异。

（一）木素的分布

1. 针叶材中木素的分布

D. A. I. Goring 等利用紫外显微镜技术测定黑云杉、黄衫和花旗松等针叶材不同形态区域中木素的分布，得到相同的结果。表 1-26 为花旗松［*Pseudotsuga menziesii*（Mirb.）Franco］木质部中木素的分布。表 1-26 表明，次生壁中的木素浓度低于胞间层（ML）和细胞角隅胞间层（MLCC），但由于次生壁组织体积分数大，所以次生壁中木素占总木素量的百分数大，即木材中大部分木素分布在次生壁中。胞间层（ML）和细胞角隅胞间层（ML-CC）中木素浓度虽然高，但其组织体积分数小，故占木素总量的百分数并不高。

S. Saka 和 R. J. Thomas 采用溴化结合扫描电镜-能谱 X 射线分析（SEM-EDXA）测定了火炬松（*Pinus taedcl* L.）管胞中的木素的分布，结果如表 1-27 所示。扫描电镜-能谱仪技术与紫外显微镜技术比较，其优点之一是可以研究木素在 S_1 层、S_2 层和 S_3 层中分布。从表1-26可见，S_2 层的木素浓度低于 S_1 层和 S_3 层，不同形态区域中木素浓度分布规律为：$ML_{CC}>ML>S_3>S_1>S_2$。

表 1-26 　　　　　　　　　花旗松木质部中木素的分布（紫外显微镜）

木材	形态区域	组织体积分数/%	木素总量的分数/%	木素浓度/(g/g)
早材	管胞次生壁（S）	74	58	0.25
	管胞胞间层（ML）	10	18	70.56
	管胞细胞角隅胞间层（MLCC）	4	11	0.83
	木射线薄壁细胞次生壁（S）	8	10	0.40
	木射线管胞次生壁（S）	4	3	0.28
晚材	管胞次生壁（S）	90	78	0.23
	管胞胞间层（ML）	4	10	0.6
	管胞细胞角隅胞间层（MLCC）	2	6	0.9
	木射线薄壁细胞次生壁（S）	3	4	—
	木射线管胞次生壁（S）	1	2	—

表 1-27 　　　　　　　　　火炬松管胞中木素的分布（溴化结合 SEM-EDXA）

木材	形态区域	组织体积分数/%	木素总量的分数/%	木素浓度/(g/g)
早材	S_1	13	12	0.25
	S_2	60	44	0.20
	S_3	9	9	0.28
	ML	12	21	0.49
	MLCC	6	14	0.64
晚材	S_1	6	6	0.23
	S_2	80	63	0.18
	S_3	5	6	0.25
	ML	6	14	0.51
	MLCC	3	11	0.78

木射线薄壁细胞约占针叶材木质部的 5%。从表 1-26 还可以看到，在木射线薄壁细胞的次生壁中，木素的浓度为 0.40g/g，高于管胞次生壁，但低于管胞的胞间层。而木射线管胞次生壁的木素浓度与管胞的次生壁的木素浓度相差较小。H. Harada and A. B. Wardrop 报道：日本雪松（Cryptorneria japonica D. Don）的木射线薄壁细胞中木素浓度为 0.44g/g。A. J. Baile 测得花旗松木射线薄壁细胞中木素浓度为 0.41g/g。B. J. Fergus 等人测得黑云杉木射线薄壁细胞中木素浓度为 0.40g/g。这些结果与 D. A. I. Goring 测试结果非常一致。

2. 阔叶材中木素的分布

S. Saka 和 D. A. I. Goring 利用紫外显微镜结合溴化-能谱 X 射线（UV-EDXA）分析了白桦（Betula papyrifera Marsh.）中木素的分布，结果见表 1-28。为了比较，表 1-28 也列出早期由 B. J. Fergus 和 D. A. 1. Goring 采用紫外显微镜技术测定结果。阔叶材中木素的分布与针叶材相似，也是胞间层木素浓度高，次生壁木素浓度低，但木纤维次生壁的组织体积分数大，S_1 层＋S_2 层＋S_3 层之和为 73.4%（表 1-28），所以大部分木素分布在次生壁中。

在木纤维的次生壁中，S_3 层的木素浓度略低于 S_1 层和 S_2 层，但差别很小（表 1-28）。导管细胞壁中木素分布是均匀的，木素浓度较高，约是木纤维的 1.9 倍，也高于木射线薄壁细胞。木纤维与导管相邻的细胞角隅胞间层（MLCC）的木素浓度最高，细胞角隅之间的胞间层（ML）木素浓度比 MLCC 层木素浓度低 10%～30%。另外可以注意到，阔叶材胞间层的木素浓度低于针叶材（表 1-26 和表 1-28）。

比较 UV-EDXA 和紫外显微镜技术的测定结果（表 1-28）发现，在某些形态区域，两种技术的分析结果存在差异。例如，木纤维和导管的次生壁木素的浓度两种测试结果是一致

表 1-28 白桦细胞壁中木素的分布

细胞	形态区域	组织体积分数/%	木素浓度/(g/g)	
			UV-EDXA	UV[a]
木纤维	S_1	11.4	0.14	—
	S_2	58.5	0.14	0.16
	S_3	3.5	0.12	—
	ML	5.2	0.36	0.34
	MLCC$_{(F/F)}$[b]	2.4	0.45	0.72
导管	S_1	1.6	0.26	—
	S_2	4.3	0.26	0.22
	S_3	2.3	0.27	—
	ML	0.8	0.40	0.35
	MLCC$_{(F/V)}$[c]	≈0	0.58	—
木射线薄壁细胞	S	8.0	0.12	0.22
	ML	2.0	0.38	—
	MLCC$_{(F/R)}$[d]	≈0	0.47	—
	MLCC$_{(R/R)}$[e]	≈0	0.41	—

注：a：紫外显微镜技术，以木质部中木素浓度为 0.199g/g 计算；

b：木纤维/木纤维；

c：木纤维/导管；

d：木纤维/木射线薄壁细胞；

e：木射线薄壁细胞/木射线薄壁细胞。

的。而木射线薄壁细胞中的木素浓度，UV-EDXA 测定的结果几乎是紫外显微镜技术测定结果的一半。虽然在木纤维的胞间层（ML）中两种技术测定木素浓度结果是相近的，但由 UV-EDXA 技术测定细胞角隅胞间层（MLCC$_{(F/F)}$）的结果是偏低的。两测试技术之间的差异，可能是紫外显微技术在估算愈创木基与紫丁香基的比例时出现偏差。

另一方面，构成阔叶材木素的结构单元主要是愈创木基和紫丁香基单元，而针叶材木素的结构单元主要是愈创木基单元。许多研究已经证明：在阔叶材的不同形态区域，愈创木基与紫丁香基结构单元之间的比例是不同的。愈创木基和紫丁香基对紫外光有不同的吸收特性，它是分析两种结构单元在不同形态区域分布情况的基础。B. J. Fergus 和 D. A. I. Goring 首先采用紫外光谱分析技术分析了白桦木素在细胞壁中的分布及不同形态区域两种结构单元的比例。在 20 世纪 80 年代，S. Saka 和 D. A. I. Goring 等人又采用紫外显微结合溴化-EDXA（UV-EDXA）分析方法，计算出不同形态区域愈创木基与紫丁香基的比例。

表 1-29 给出了采用 UV-EDXA 技术测定白桦木素中愈创木基和紫丁香基在不同形态区

表 1-29 白桦木素中愈创木基和紫丁香基在不同形态区域的分布

形态区域	愈创木基：紫丁香基	
	溴化＋UV-EDXA	紫外光谱分析
木纤维 S_2	12：88	紫丁香基
导管 S_2	88：12	愈创木基
木射线薄壁细胞 S_2	49：51	紫丁香基
MLCC$_{(F/F)}$[a]	91：9	50：50
MLCC$_{(F/V)}$[b]	80：20	愈创木基
MLCC$_{(F/R)}$[c]	100：0	50：50
MLCC$_{(R/R)}$[d]	88：12	50：50

注：a 木纤维/木纤维；

b：木纤维/导管；

c：木纤维/木射线薄壁细胞；

d：木射线薄壁细胞/木射线薄壁细胞。

域的比例。为了比较，表 1-29 中也列出了由 B. J. Fergus 和 D. A. I. Goring 通过紫外光谱分析技术测得的结果。两种方法都得出：木纤维细胞的次生壁中层（S_2）主要含有紫丁香基结构单元，而导管次生壁中层（S_2）主要含有愈创木基结构单元。

由 UV-EDXA 技术测定结果表明：在木射线薄壁细胞中，愈创木基和紫丁香基比例基本相等。而采用紫外光谱分析得出：在木射线薄壁细胞中主要是紫丁香基类型的木素。

采用 UV-EDXA 技术还发现：在细胞角隅胞间层（MLCC），愈创木基结构单元的比率为 80%～100%，仅有 0%～20% 紫丁香基结构单元。这一结果与紫外光谱分析结果也不一致。但这结果与随后由 Y. Musha 和 D. A. I. Goring 提出的胞间层木素完全由愈创木基结构单元构成的结果相一致。

（二）聚糖的分布

H. Meier、H. L. Harhell 和 U. Westermark、P. Whiting 及 D. A. I. Goring 分别对挪威云杉（*Picea abies* Karst.）和黑云杉（*Picea mariarza* Mill.）的次生壁中各种聚糖的相对百分比进行研究，结果如表 1-30 所示。H. Meier 的计算是在假设次生壁占整个木材的 90%，复合胞间层占整个木材的 10% 条件下，计算出次生壁中各种聚糖的相对百分比。H. Meier 的计算结果与 H. L. Harhell 和 U. Westermark 的计算结果及 P. Whiting 和 D. A. I. Goring 的计算结果非常相近。由表 1-30 以看到：次生壁中纤维素的含量在 60% 左右，半纤维素含量递减顺序为聚葡萄糖甘露糖、聚葡萄糖醛酸、阿拉伯糖木糖、聚半乳糖和聚阿拉伯糖。

表 1-30　　　　　　　　　　次生壁中各种聚糖的相对百分比　　　　　　　　单位：%

聚糖	Meier	Hardell 和 Westermark	Whiting 和 Goring
纤维素	63.0	58.1	60.0
聚葡萄糖甘露糖	23.1	20.8	23.7
聚葡萄糖醛酸			
阿拉伯糖木糖	12.8	14.3	10.7
聚半乳糖	1.1	4.8	4.1
聚阿拉伯糖	0.0	2.0	1.5

与次生壁的研究相比较，研究胞间层中聚糖的分布比较困难，其原因是制备纯胞间层试样比较困难，因而常导致实验结果出现分歧。H. Meier、H. L. Harhell 和 U. Westermark、P. Whiting 和 D. A. I. Goring 对胞间层中主要聚糖的相对百分比研究结果如表 1-31 所示。表中 P. Whiting 和 D. A. I. Goring 的研究是分别根据形态区域中木素浓度为 70% 和 39% 时，计算出主要聚糖的相对百分比。其中木素浓度为 70% 形态区域代表真实的胞间层情况。为了比较，木素浓度为 39% 的形态区域也被列出，这部分胞间层包括了细胞的次生壁和初生壁。从表 1-31 可见（木素浓度为 70% 时），胞间层中不含纤维素，半纤维素含量递减顺序为聚葡萄糖醛酸、阿拉伯糖木糖、聚半乳糖、聚阿拉伯糖和聚葡萄糖甘露糖。

表 1-31　　　　　　　　　　胞间层中各种聚糖的相对百分比

聚糖	Meier	Hardell 和 Westermark (41%木素)	Whiting 和 Goring (70%木素)	Whiting 和 Goring (39%木素)
纤维素	33.4	50.3	0.0	50.8
聚葡萄糖甘露糖	7.9	22.6	12.5	21.6
聚葡萄糖醛酸				
阿拉伯糖木糖	13.0	13.3	37.5	15.4
聚半乳糖	16.4	7.6	29.2	7.2
聚阿拉伯糖	29.3	6.2	20.8	5.0

由表 1-31 可见，纤维素含量为 50.3%（Hardell 和 Westermark 研究结果）与表 1-30 中次生壁中纤维素的 58.1% 不同，但与木素含量为 39% 的结果一致（Whiting and Goring 研究结果）。表 1-31 还可以发现，H. Meier 研究结果和 P. Whiting 和 D. A. I. Goring 的纯胞间层的研究结果（木素浓度为 70%）均表明，聚葡萄糖甘露糖在胞间层的含量是最低的。

H. Meier 指出木材中主要聚糖在细胞壁中分布趋势为：在胞间层（ML）和初生壁（P）纤维素的含量非常低；而聚阿拉伯糖几乎完全分布在胞间层（ML）和初生壁（P）中；聚半乳糖完全分布在胞间层（ML）、初生壁（P）和次生壁外层（S_1）中；在针叶材中，聚葡萄糖甘露糖的含量从 M+P 至 S_3 层是不断增加的。而在阔叶材中，该聚糖含量比较低，而且在细胞壁各层中的含量也没有变化；在阔叶材中，次生壁中聚葡萄糖醛酸木糖含量高于 M+P 层。

习题与思考题

1. 如何将造纸植物纤维原料进行分类？

2. 植物纤维原料的主要成分和次要成分是什么？

3. 什么是综纤维素、α-纤维素、β-纤维素、γ-纤维素和工业半纤维素？

4. 木素的基本结构单元是什么？在针叶材、阔叶材以及禾本科植物细胞壁中，木素的含量与结构单元种类有何差异？

5. 植物纤维细胞壁的结构有何特点？

6. 写出植物纤维的定义。

7. 试述死亡细胞壁的构造。

8. 叙述木材的粗视结构。

9. 纹孔是怎样形成的？有何生理功能？有哪几种类型？

10. 如何将木材植物细胞进行分类？

11. 叙述针叶材的生物结构，并指出其含有哪几种细胞及含量百分比。

12. 叙述阔叶材的生物结构，并指出其含有哪几种细胞及含量百分比。

13. 叙述草类原料的生物结构，并指出其含有哪几种细胞及含量百分比。

14. 从细胞形态的角度分析，哪种植物纤维原料为造纸的优质原料？

15. 解释下列名词概念并写出数学表达式及意义：长宽比、壁腔比、纤维数量平均长、纤维质量平均长、纤维长度分布频率。

16. 纤维形态学指标与纸张性能之间的关系是什么？

17. 简述木材纤维细胞的超结构。

18. 叙述草类原料纤维细胞的超结构与针叶材管胞超结构的异同。

主要参考文献

[1] 裴继诚，主编. 植物纤维化学 [M]. 4 版. 北京：中国轻工业出版社，2012.

[2] 杨淑蕙，主编. 植物纤维化学 [M]. 3 版. 北京：中国轻工业出版社，2001.

[3] 邬义明，主编. 植物纤维化学 [M]. 2 版. 北京：中国轻工业出版社，1991.

[4] 陈国符，邬义明，主编. 植物纤维化学 [M]. 北京：轻工业出版社，1980.

[5] 詹怀宇，主编. 纤维化学与物理 [M]. 北京：科学出版社，2005.

[6] 李忠正，主编. 植物资源化学 [M]. 北京：中国轻工业出版社，2012.

[7] Monica Ek, Göan Gellerstedt, Gunnar Henriksson. Wood Chemistry and Wood Biotechnology（Volume 1）[M]//

Pulp and Paper Chemistry and Technology. Berlin：Walter de Gruyter GmbH & Co. KG，2009.

[8] Johan Gullichsen and Hannu Paulapuro. Forest Products Chemistry（Book 3）［M］In：Papermaking Science and Technology. Published in Cooperation with the Finnish Paper Engineer's Association and Tappi，2001.

[9] Herbert Sixta. Handbook of Pulp（Volume 1）［M］. Weinheim：WILEY-VCH，2006.

[10] Eero Sjoestroem. Wood Chemistry［M］. Finland：AcademicPress，1981.

[11] David N. -S. Hon and Nobuo Shiraishi. Wood and Cellulosic Chemistry［M］. New York：Marcel Dekker，2001.

[12] 王菊华，主编. 中国造纸原料纤维特性及纤维图谱［M］. 北京：中国轻工业出版社，1999.

[13] 曹邦威，译. 制浆造纸工程大全［M］. 北京：中国轻工业出版社，2001.

[14] Takayoshi Higuchi. Look back over the studies of lignin biochemistry［J］. J Wood Sci，2006，52：2-8.

[15] Ana Gutiérrez，José C. del Río，María Jesús Martínez and Angel T. Martínez. The biotechnological control of pitch in paper pulp manufacturing［J］. TRENDS in Biotechnology，2001，Vol. 19（9）：340-348.

[16] Roland J. Trepanier. Automatic fiber length，and shape measurement by image analysis［J］. Tappi Journal，1998，VOL. 81（6）：152-154.

[17] Ulla-Britt Mohlin，Johan Dahlbom and Joanna Hornatowska. Fiber deformation and sheet strength［J］. Tappi Journal，1996，VOL. 79（6）：105-111.

[18] Gordon Robertson，James Olson，Philip Allen，Ben Chan and Rajinder Seth. Measurement of fiber length，coarseness，and shape with the fiber quality analyzer［J］. Tappi Journal，1999，VOL.（82）10：93-98.

[19] Dietrich. Fengel. Ultrastructural Behavior of Cell Wall Polysaccharides［J］. Tappi Journal，1970，53（3）：479-503.

第二章 木 素

第一节 木 素 概 述

一、木素的存在

在 1838 年，法国农学家 A. Payen 发现木材中有一种与纤维素、半纤维素伴生在一起、含碳量更高的化合物，称之为 "La matière Ligneuse Vertable"（法语：意为真正的木质物质），但没有将其彻底分离出来。1875 年德国人 F. Schulze 终于分离出了这种物质，并命名为 "lignin"，中文译为 "木素" 或 "木质素"，本书中统称为木素。木素结构极其复杂，随着石化资源危机，生物质资源综合利用显得越发重要，人们对木素的基础性研究越来越深入，对木素的结构与性质的认识也越来越清晰。过去认为，木素是由苯基丙烷（Phenyl Propane）结构单元通过醚键和碳-碳键连接而成的具有三度空间的高分子聚合物。现代研究发现木素结构单元间尚存在酯键连接，与碳水化合物（主要是半纤维素）也有多种形式的化学键连接，构成木素碳水化合物复合体（LCC）。所以，木素一词不是代表单一的物质，而是代表植物中具有共同性质的一类物质。木素主要存在于木本植物和草本植物中，还存在于所有维管植物中，自然界中其数量仅次于纤维素和甲壳素（chitin），是位居第三位的天然大分子有机物质。造纸工业中木素大多被作为热源烧掉了，一位化学家曾说过 "将木素作为燃料烧掉，是人类对资源最大的浪费"，因为木素经深加工后可以替代石化资源制备多种高附加值的产品。

二、木素的生物合成

（一）木素先驱体的生物合成

研究结果证明，木素的先驱体有三种——对-香豆醇（P-coumaric alcohol）、松柏醇（coniferyl alcohol）和芥子醇（sinapis alcohol），这三种木素先驱体分别被称为 H-结构单元、G-结构单元和 S-结构单元，其生物合成过程如图 2-1 所示。生成的三种先驱体结构单元会进一步发生聚合生成木素，根据结构单元类型不同，木素被称为愈创木基型（guaiacum lignin，简称 G 型）、紫丁香基型（syringa lignin，简称 S 型）、对-羟苯基型（P-hydroxyl phenyl lignin，简称 H 型）、GS 型素、GH 型和 GSH 型等多种型式木素。

从图 2-1 可以看出三种木素结构单元都具有苯基丙烷的基本结构骨架，即 C_6—C_3（有时直接简称为 C_9）结构，为方便研究木素，人们对木素苯基丙烷结构上的碳原子进行编号（见图 2-2）。具体方法是：苯环上碳原子用阿拉伯数字编号，侧链用希腊字母编号，苯环上与侧链连接的碳原子为 C_1，根据苯环上取代基加和最小原则依次对苯环上的其他碳原子编号（C_2 至 C_6），侧链上与苯环直接连接的碳原子为 C_α，剩下的两个碳原子依次为 C_β 和 C_γ。

（二）木素先驱体的脱氢聚合

木素的三种先驱体是通过脱氢聚合（dehydro oligomerization）成为木素大分子的，键合过程见图 2-3。木素的先驱体在过氧化物酶（peroxidase）或脱氢酶（dehydrogenase）的

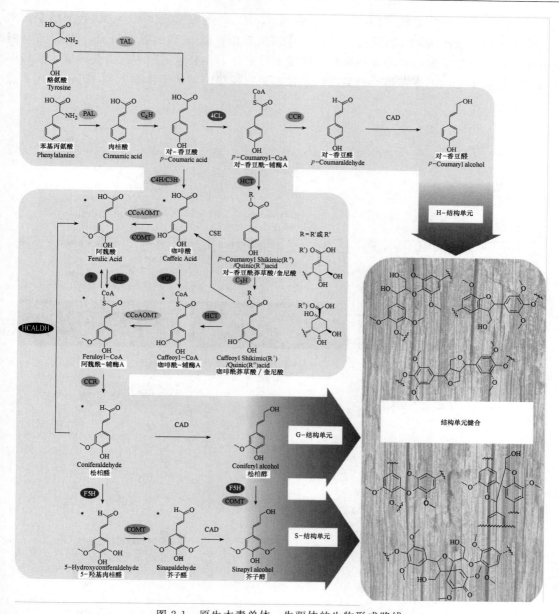

图 2-1 原生木素单体、先驱体的生物形成路线

PAL—苯丙氨酸解氨酶 C₄H—肉桂酸-4-羟化酶 TAL—酪氨酸解氨酶 4CL—香豆酸（酰）-CoA 连接酶
C₃H—香豆酸-3-羟化酶 HCT—莽草酸羟基肉桂转移酶 CCR—肉桂酰-CoA 还原酶 CAD—肉桂醇脱氢酶
CSE—咖啡酰莽草酸酯化酶 COMT—咖啡酸甲氧基转移酶 CCoAOMT—咖啡酰-CCoA 甲基转移酶
F5H—阿魏酸-5-羟基化酶 HCALDH—羟基肉桂醇脱氢酶

作用下，脱氢后形成木素先驱体自由基共振体（free radical resonance structures），自由基共振体相互聚合生成木素二聚体。另外，木素形成是在纤维素和半纤维素形成之后，如果向自由基共振体加成的是碳水化合物则形成木素和碳水化合物复合体（lignin carbohydrate complexes，简称 LCC）。研究指出，由于自由基活性不同，木素结构单元间连接键的频率和键能大小也不同。这些自由基中，1-自由基（1-R）和 3-自由基（3-R）由于空间障碍和热力学上的不稳定很难与其他自由基发生聚合，而 4-氧-

图 2-2 苯基丙烷结构单元中碳原子标识法

自由基（4-O-R）、β-自由基（β-R）和5-自由基（5-R）间则容易发生聚合。键合的结果是木素结构单元间生成碳-碳键或醚键。从图 2-3 中可以看出，碳-碳键的键能较大，芳基-芳基醚键的键能高于一般醚键，键能大小影响连接键的稳定性。在制浆过程中，需要碎解木素，即破坏木素结构单元间的连接键，键能高的连接键则比较稳定，难于碎解。

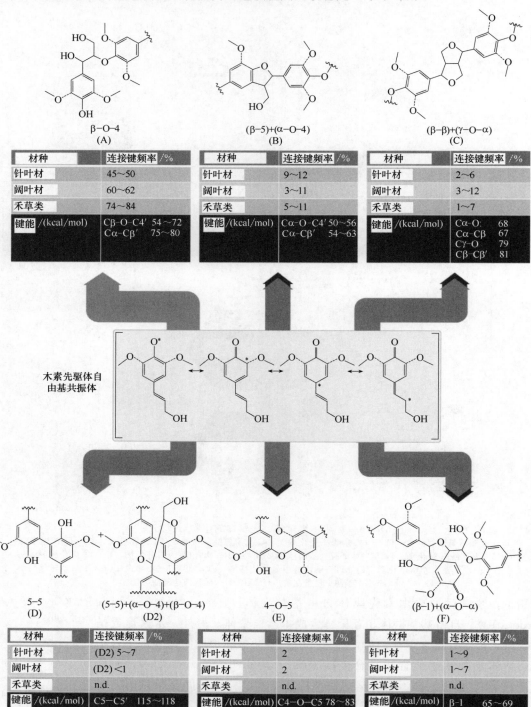

图 2-3　木素结构单元的键合情况

键合后的木素二聚体本身还可以进一步脱氢成为自由基，进而和别的自由基结合，并反复地进行类似的聚合反应，使木素分子不断变大。研究表明，在植物细胞壁中，木素大分子增长过程，单体或低聚合度的自由基主要是向已经堆积的木素末端"接枝"，也称之为"木素的末端聚合（end polymerization）"。这种"接枝"是三维空间的、随机的，这也是造成木素结构复杂的原因之一。

第二节 木素的分离与精制

木素的分离，根据分离对象的不同，可以分为从植物原料中分离、从纸浆中分离和从制浆废液中分离三类；根据分离木素目的不同，又可分为定量分离和定性分离；按分离原理分，以残渣形式分离的木素为沉淀木素，以溶解形式分离的木素为溶解木素。

一、从植物原料中分离木素

1. 磨木木素

Björklman 在 1953 年介绍了使用深度球磨-溶剂萃取分离木素的方法，得到了磨木木素（milled wood lignin，简称 MWL）。MWL 得率较低，一般用于木素的结构研究（定性研究）。

MWL 分离过程如下：

① 研磨。将木材（过 100 目木粉）样品（用 P_2O_5 真空干燥）悬浮在甲苯（用 Na 纯化）中，按照 Björklman 的方法，用水冷式振动球磨机研磨 48～72h，每个研磨罐充满 5～6g 木粉。用甲苯覆盖研磨罐（大约是容器体积的 80%，防止木粉膨胀），研磨罐的温度低于 35℃。

② 萃取。用离心作用除去甲苯，将残渣用二氧己环-水（96∶4，体积比）（5～10mL/g）萃取（不时搅拌）24h。再将萃取液离心，并用新制备的二氧己环-水混合物取代，第二天重复萃取液的除去和新制备的二氧己环-水混合物的加入步骤。两天后，将萃取液离心，并同先前的两次萃取液混合，旋转蒸发除去溶剂，萃取剩下的残渣用于制备木素碳水化合物复合体 LCC。

③ 纯化。将样品溶解在 28mL 的吡啶-乙酸-水（9∶1∶4，体积比）中，用 36 mL 氯仿萃取溶液，将混合物离心分离，直到有机层完全澄清。为了避免污染含水层，可用注射器抽出有机层。将 64mL 的吡啶-乙酸-水-氯仿（9∶1∶4∶18，体积比）混合物的含水层加到有机萃取液中，再加入氯仿（36mL）并摇动混合物，使用上面叙述的技术分离有机层，旋转蒸发除去溶剂（温度＜35℃）。重复加入和除去乙醇可以将吡啶完全除去。将残渣溶解在 10～20mL1，2-二氯乙烷-乙醇（2∶1，体积比）中，再将溶液逐滴加入到电磁搅拌下的无水乙醚（250mL）中，将沉淀了的木素进行离心，并用乙醚洗涤两次，用 P_2O_5 和 KOH 真空干燥。

图 2-4 给出改进的木素提取和纯化的详细过程。

2. 纤维素水解酶木素

磨木木素（MWL）获取量较少，在溶剂萃取前，如果用纤维素水解酶处理木粉，可以破坏 LCC 中木素与聚糖间的化学连接键，那么溶解的木素量会增大，得到纤维素水解酶木素（cellulolytic enzyme lignin，简称 CEL）。CEL 比 MWL 中的共轭羰基基团数量稍高，对

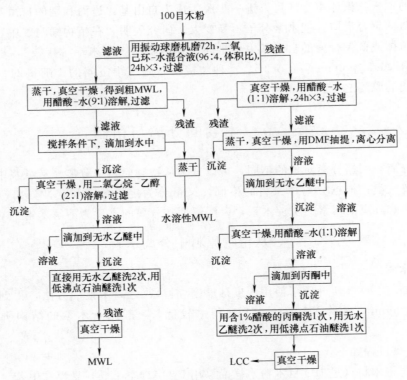

图 2-4　MWL 和 LCC 制备过程

于阔叶材，CEL 比 MWL 紫丁香基含量更高，说明 MWL 和 CEL 这两种木素在制备过程中，木素结构也发生了一定程度的改变。显然，CEL 比 MWL 更能代表木材中的木素情况，在木素研究中价值很大，可以用于木素定性研究。

3. 离子液法分离木素

离子液体由于低熔点、热稳定性好、不易挥发且具有良好的溶解性能、可回收利用等特点，被称为"绿色溶剂"，近年来，许多研究者利用离子液体来预处理木质纤维素，取得了良好的预处理效果，已成为国内外木质纤维素预处理技术的研究热点课题。Rogers 等首次发现纤维素无须活化就可直接溶解于室温下的离子液体，这一重大发现为纤维素新溶剂体系的研究提供了新的思路和发展方向。Vesa 等采用离子液体溶解木材、秸秆以及其他形式的木质纤维素，然后再进行组分分离，在微波或高压等辅助条件下，离子液体 1-丁基，3-甲基咪唑氯（［Bmim］Cl）可以溶解质量分数分别为 2％、5％的秸秆和木材。后续研究者陆续合成了室温离子液体 1-烯丙基-3-甲基咪唑氯盐（［Amim］Cl）和 1-丁基-3-甲基咪唑醋酸盐（［BMIM］［OAc］）等新型离子液体系。

离子液体不仅能破坏纤维素分子间或分子内的氢键，不同程度地破坏纤维素网状结构，还能促使糖苷键的断裂，有效降低纤维素的聚合度使其结构松散最终溶解，木素以残渣形式析出，部分溶解木素可以采用萃取技术加以回收。

二、从纸浆中分离木素

对化学浆，尤其是可漂级的化学浆，残余木素比较难分离，这是因为浆中的残余木素的含量相对较低，而且残余木素与碳水化合物有化学连接。从纸浆分离木素的方法建立在浆中碳水化合物的选择性水解和溶解上，采用纤维素酶水解碳水化合物，将浆中的木素变为不溶性残渣。这个过程是从 CEL 制备方法演变而来。

酶催化过程可以用来分离各种硬度化学浆中的残余木素，从而进行结构特性的研究。可漂浆、半漂浆中的残余木素几乎可以完全溶解在普通的木素溶剂中，如在二氧己环水溶液、二甲基甲酰胺和二甲基亚砜等。所以，酶催化过程可以用来分离可漂浆和半漂浆的残余木素。对于高得率化学浆，得到的木素难以完全溶解，研究价值降低。

下面介绍的是从纸浆中分离木素过程：

（1）纸浆处理

称取 80g 绝干化学浆用纤维素酶处理，处理前用浆筛筛去浆中的粗渣。经筛选的浆再用 PFI 磨打浆，打浆后的游离度应为 CSF200～300mL（或打浆度 40～50°SR），打浆能使纤维分丝帚化从而增大浆对纤维素酶的接触面积。打浆后将浆放入塑料袋中平衡水分并测定水分含量。

（2）酶溶液的准备

① 乙酸缓冲液的制备：称取 13.12g 乙酸钠（O.D.），量取乙酸溶液 9.28mL，然后加入蒸馏水调至 8L，调 pH 为 4.5。

② 溶液的制备：取 20g 纤维素酶加入到 200mL 的乙酸缓冲溶液中溶解，再用真空抽滤法去除其中的不溶物，得到的溶液用两个 100mL 的碘量瓶装好放入冰箱中备用。

（3）未漂浆残留木素的提取

① 分别称取未漂浆 20g（绝干）4 份（25%）后分别放入 4 个 500mL 的碘量瓶中，再分别吸取纤维素酶溶液 12mL 加入其中，然后分别加入乙酸缓冲溶液调至 400mL（5% 的浆浓）。最后将配制好的 4 个碘量瓶放入振荡培养器中，调温至 45℃，振荡培养 48h。

② 将上面振荡培养的溶液用离心机离心分离。把离心分离的残留物混合在一起，再各加入 12mL 的酶溶液用乙酸缓冲溶液调至 400mL（5% 的浆浓）。同样将两个碘量瓶放入 45℃ 的振荡培养器中振荡培养 48h。

③ 将上面两个培养液再离心分离，其分离残留物混合后放入一个碘量瓶中。加入 12mL 的酶溶液，并用乙酸缓冲溶液调至浓度为 5%。放入 45℃ 的振荡培养器中振荡培养 48h。

④ 再将上面的振荡培养液离心分离，残留物再进行第四次酶处理。其处理的条件除了只加入 6mL 的酶溶液外，其他条件同上。

⑤ 最后将离心分离的残留物用盐酸（pH 为 2.5）溶液洗涤两次，再用冷冻干燥机干燥至绝干。

（4）残余木素的净化

用酶的方法分离出来的所有残余木素都会有不同程度的酶污染，有时需要净化。

三、从制浆废液中分离木素与提纯

从烧碱法、硫酸盐法和亚硫酸盐法的制浆废液中分离溶解木素，并进行净化，现在已经有多种工艺。从废液中分离木素的方法应遵循三点要求：一是分离的木素应有一定的得率；二是分离的木素没有被污染；三是工艺简单，便于操作。

（一）分离木素

1. 从烧碱法、硫酸盐法制浆废液中分离木素

烧碱法、硫酸盐法制浆废液中的木素一般可以通过酸沉淀和热凝结获得。在 pH10.5～

11.0范围内中和木素中的酚羟基，会使浓缩液中的木素沉淀。浓缩过程很重要，因为当浓度很低时，只能沉淀出少量硫酸盐木素。黑液的酸化可以是一步调至 pH 为 2，这时几乎所有的木素都沉淀出来，也可以逐步酸化到不同的 pH，从而获得木素沉淀级分。另外，对黑液进行加热可以使木素微粒凝结从而有利于过滤。

另外，碱性制浆废液中加入 Ca^{2+}、Mg^{2+} 和 Fe^{3+} 后，木素在碱性条件下就可以析出。比如说在 100mL 7°Bé 黑液中加入 2.5gCaCl$_2$，适当加热木素回收率可达 90％以上。

2. 从亚硫酸盐法制浆废液中分离木素磺酸盐

亚硫酸盐废液首先用长链烷基胺处理，形成不溶于水的木素磺酸胺混合物，再用有机溶剂萃取，使其与碳水化合物、寡糖、无机盐和非木素杂质分开。混合物的酸溶液用碱性水溶液（如 NaOH、KOH 或者 NH_4OH 溶液）萃取，在水相中重新得到木素磺酸的钠盐，在醇相中得到烷基胺。

3. 从溶剂法制浆废液中分离木素

目前溶剂法制浆规模较小，溶剂木素年产量不足 20 万 t。从溶剂法制浆废液中分离木素一般通过降低 pH 沉淀或萃取的方法完成，木素可以达到 75％以上的回收率。由于溶剂法制浆不添加无机盐，且制浆环境多为酸性，因此回收木素含盐量、含糖量低，木素纯度一般都在 90％以上，无须提纯。

（二）工业木素提纯

工业木素中往往含有较多无机盐和还原糖，纯度低的产品，木素含量仅有 50％左右。脱盐一般采用离子交换树脂法，脱盐率可以达到 90％以上。采用酶解、弱酸水解或酶解—弱酸水解两步法处理，可显著降低糖杂质含量。此外膜分离法、凝胶色谱法在提纯或分级木素方面也有广泛应用。

四、木素-碳水化合物复合体的分离

前面谈到的木素分离方法中，得到的木素一般会含有少量的糖分，原因是木素与碳水化合物间有化学键连接（LCC）。木素-碳水化合物复合体的分离方法如前面图 2-4 所示，这里不再赘述。用松木制备的木素中含碳水化合物情况如表 2-1 所示。工业木素脱糖的方法也适合 LCC 中糖分的脱除。

表 2-1　　　　　　　　　　松木分离木素中所含碳水化合物情况

聚　糖	含量/％	聚　糖	含量/％
聚半乳糖	15	聚阿拉伯糖	13
聚葡糖糖	25	聚木糖	15
聚甘露糖	32		

第三节　木素的定量方法

木素的定量是为了评价木质纤维素原料，评估木素对原料的制浆化学、物理性质和生物处理等过程的影响，监控化学法制浆的废液以及估计漂白化学品的用量等。木素定量方法较多，包括湿法化学法、热化学法和光谱法等，详见表 2-2，但这些方法都有局限和误差。

经常使用的木素定量分析方法可分成 3 种：第一种方法是强酸或酶水解除去碳水化合物，使木素作为不溶物而分离出来（沉淀木素）；第二种方法是使木素溶解后（溶解木素）

用分光光度计法测定；第三种方法是用氧化剂分解木素并根据氧化剂消耗量来推测木素的含量。

表 2-2　　　　　　　　　　　　　　　　　　木素定量方法

湿法化学法	热化学法	光谱法	其他法
乙酰溴溶解	PY-GC/FID	Fluorescence	Color image analysis
酸溶木素	PY-MBMS	FTIR	
Klason 木素	TGA	FT-Raman	
高锰酸钾氧化法		NIR	
范式法		NMR	
Tappi 标准法		Photoacoustic	
		UV	

说明：pyGC/FID：裂解气相色谱/火焰电离探测器法；TGA：热重分析法；Fluorescence：荧光光谱法；FTIR：傅里叶变换红外光谱法；FT-Raman：傅里叶变换拉曼光谱法；NMR：核磁共振光谱法；NIR：近红外光谱法；Photoacoustic：光声光谱法；UV：紫外吸收光谱法；Color image analysis：彩色图像分析法。

一、Klason 木素和酸溶木素的测定

木素作为不溶物的定量方法是先将木质化原料中碳水化合物成分水解和溶解掉，然后对水解后的木素残渣进行质量分析与测定。在水解之前，用苯-醇混合物抽提原料，除去分析测定时可能产生干扰的物质。多聚糖水解要用强无机酸来催化。

1. Klason 木素

制备 Klason 木素包括两个基本步骤，先用冷的 72% 的硫酸在 20℃处理木质化原料一段时间，然后把硫酸稀释到 3.0%，煮沸至完全水解，过滤所得的残渣即为 Klason 木素。

上述步骤可用来测定纤维原料和所有等级的未漂浆中的酸不溶木素。对半漂浆，木素含量应不低于 1%，以便提供足够的木素（大约 20mg）来精确称量。这个方法不适合漂白浆，因为木素的量太少而不能准确称量。

大多数木材的灰分含量是很低的（大约 0.5% 或更低），以至于在酸不溶木素定量时可以忽略。但是，非木材硅含量通常很高，以至于在计算酸不溶木素量时要进行灰分校正。例如，草类原料中硅类灰分量可能高达 5%～10%，考虑到这个因素，上述步骤要指定一个灰分校正。

2. 酸溶木素

根据 TAPPI 测试方法（T222om—83），在针叶材和硫酸盐浆中酸溶解的木素量是很小的（0.2%～0.5%）。在阔叶材、非木材纤维、亚硫酸盐浆中，酸溶木素（acid soluble lignin）的量是 3%～5%。在半漂浆里，酸溶木素的量是总木素量的一半或更多。酸溶木素的测量一般采用紫外（UV）吸收分光光度法。

Klason 木素和酸溶木素含量之和，一般也被称为总木素。

二、溶解木素的测定

溶解到液体中的木素可采用紫外（UV）吸收分光光度法测定。一般利用木素在 205nm 和 280nm 下的特征吸收进行测量。溶液中木素也可以采用荧光分光光度法测定，对低浓木素的测定十分灵敏，将制浆废液稀释 $10^3 \sim 10^4$ 倍后，木素浓度与荧光强度会呈现良好线性关系。

木材和纸浆中的木素也可以采用乙酰溴法测定，乙酰溴高氯酸的乙酸溶液对木素有较强溶解能力，木素的含量通过对紫外光谱在 280nm 处的吸收强度进行计算。

三、基于氧化剂消耗量的木素定量方法

基于氧化剂消耗量的木素定量方法分析未漂浆，可以用于制浆过程的质量控制，是一种简单而且快速估计残余木素含量的方法，一般称为"纸浆硬度"测定。这个方法是基于纸浆中木素对氧化剂的消耗远远高于碳水化合物对氧化剂的消耗这一基本原理，将氧化剂在仔细规定的条件下的消耗量作为纸浆中木素浓度的一个量度标准。木素浓度是通过单位质量的纸浆所消耗的氧化剂的数量来测定的，如 R_{oe} 氯价或者高锰酸钾值（K 值）。K 值的测定是根据氧化剂的氧化原理，用高锰酸钾氧化木素，然而碳水化合物却相对稳定。虽然已经对这个基本方法做了许多改进，但是所有都是基于向纸浆试样的悬浮液中添加过量的 0.02mol/L 高锰酸钾并准确确定反应完成时间，同时对剩余的高锰酸钾进行滴定来测量高锰酸钾的消耗量。高锰酸钾值是指在测试条件下 1g 绝干浆所消耗的 0.02mol/L $KMnO_4$ 的量。高锰酸钾值还受纸浆试样的量和所用高锰酸钾的量的影响，有时会有较大偏差。改进方法是测定卡伯值，卡伯值测定方法已经被许多国家的制浆造纸技术组织定为标准的方法，我国许多工厂仍在使用的高锰酸钾值。

这些数值可以转化为酸不溶木素（Klason 木素）或通过合适的经验转化因子使其转化为其他木素含量。例如：

$$硫酸盐浆木素含量(Klason 木素 \%) = 卡伯值 \times 0.15 \tag{2-1}$$

第四节　木素的化学结构及其研究方法

研究高分子聚合物的化学结构，主要目的包括：a. 通过化学结构的研究来了解分子内和分子间相互作用的本质；b. 建立结构与性能间的内在联系；c. 改善现有聚合物的性能；d. 为高聚物的分子设计和材料设计打下科学基础。

对制浆造纸过程而言，研究木素的化学结构就可以了解木素的反应机理，这对研究木素的降解、溶出、漂白规律及木素的改性与利用，都具有非常重要的意义。由于天然木素大分子的复杂性，木素化学结构研究的进展较慢，至今为止对其结构的认识仍然有一些不够清楚的地方。木素的化学构造主要包括：a. 木素的结构单元的类型；b. 各种类型结构单元量的比例；c. 结构单元之间的连接方式；d. 官能团分布；e. 木素相对分子质量及其分布等内容。

一、木素的结构单元

木素除了结构单元类型不同，还有其侧链上连接不同类型、不同数量的官能团，单元之间不同的连接键以及它在细胞壁中与聚糖之间的复杂关系，使其成为自然界中最为复杂的天然高聚物之一。由于木素结构过于复杂，很多先进研究手段都被用于木素结构研究，详见表2-3。

实际应用中，往往几种方法组合使用效果会更好一些。同时在研究过程中往往需要借用模型物进行对比研究，即所谓的"模型物法"（model objects method）：用一些已知结构小分子化合物作参照（模型），与未知高分子聚合物在相同条件下进行行为比较，进而推断高分子聚合物结构的研究方法，下面对最常用的几种木素结构分析方法加以简明介绍。

表 2-3　　　　　　　　　　　　　**曾用于木素结构研究的方法**

分析对象	湿法化学法	色谱分析法	热化学法	光谱法	其他法
木素结构	二氧化氯法；肟化改进法	CZE；GC；GCMS；GLC-FID；GLC-MS；Headspace C；RP-HPLC	APPI-MS；DE-MS；ESI/MS；MALDI-MSI；MALDI-TOF-MAS；PY-GC/MS；PY-GC/FID；TOF-SIMS；TGA；Q-TOF-MAS	CRS Microscopy；Dispersive Raman；Ellipsometry；Fluorescence；FT-IR；FT-Raman；NMR；Optical absorption；NIR；Raman imaging；Resonance Raman；UV；UV-Raman	AFM；DFT；DSC；SEM；TEM
木素-碳水化合物间、木素-木素间连接	高碘酸氧化法；高锰酸钾氧化法；臭氧氧化法	GC；GCMS；GLC-MS；GLC-FID；LC；SEC	MALDI/TOF；PY-GC/MS；PY-TMAH	NMR	—
木素相对分子质量	乙酰基溴化反应	GPC；SEC	FT-ICR-MS；MALDI/TOF	—	Light scattering
木素结构单元	酸解法；氧化铜氧化法；高锰酸钾氧化法；硝基苯氧化法；硫代酸解法	CZE；DFRC/GC；GC-FID；UPLC-MS/MS	DE-MS；pyGCMS；PY-GC/FID；PY-MBMS；TOF-SIMS；MALDI-MSI；HS-SPME/GCMS；SVUVPIMS	Dispersive Raman；NIR；NMR；FT-Raman；UV-Raman；FT-IR	—

说明：CZE：电泳法；APPI-MS：大气压光电离-质谱法；GC：气相色谱法；GCMS：气质联用法；GLC-FID：气液色谱-火焰离子探测器；GLC-MS：气液色谱-质谱法；Headspace GC：顶空气相色谱法；RP-HPLC：反相高效液相色谱法；SEC：分子排阻色谱法；GPC：凝胶渗透色谱法；FT-ICR-MS：傅立叶变换离子回旋共振谱法；DE-MS：直接辐照-质谱法；ESI/MS：大气压电喷雾谱法；MALDI-MSI：基质辅助激光解析质谱成像法；MALDI-TOF-MAS：基质辅助激光解吸电离飞行时间质谱法；PY-GC/MS：裂解气相色谱质谱联用法；PY-GC/FID：裂解气相色谱/火焰离电探测器法；TOF-SIMS：飞行时间二次离子谱法；TGA：热重分析法；Q-TOF-MAS：超高速液相色谱四级杆飞行时间串联质谱法；CRS Microscopy：相干拉曼散射显微法；Dispersive Raman spectroscopy：拉曼分光光度法；Ellipsometry：椭圆偏振法；Fluorescence：荧光光谱法；FT-IR：傅里叶变换红外光谱法；FT-Raman：傅里叶变换拉曼光谱法；NMR：核磁共振光谱法；Optical absorption：光学吸收法；NIR：近红外光谱法；Raman imaging：拉曼光谱成像法；Resonance Raman：共振拉曼光谱法；UV：紫外光谱法；UV-Raman：紫外-拉曼光谱法；AFM：原子力显微镜法；DFT：离散傅里叶变换法；DSC：差示扫描量热法；SEM：扫描式电子显微镜法；TEM：透射电子显微镜法；Light scattering：光散射法。

（一）湿法化学法

1. 硝基苯氧化降解

硝基苯氧化法是研究木素苯环结构的有效手段之一，该方法基于木素中 β-芳基醚键的断裂而形成芳环单体，进而反推木素的组成（如 S/G/H 比例）。由于硝基苯氧化无法断裂木素中的 C—C 键，因此，该方法只能测定非缩合木素（β-芳基醚）中的愈创木基丙烷、紫丁香基丙烷和对羟基苯丙烷的比例，见表 2-4。

高锰酸钾氧化法则对木素侧链进行选择性氧化，产物为芳香羧酸及其他脂肪族羧酸的混合物。通过分析降解产物，可以得到木素苯环结构以及苯丙烷结构单元间的连接方式、出现频率等信息，但高锰酸钾氧化法只能对样品进行定性分析。

表 2-4 若干种木素硝基苯氧化产物的定量分析

项 目	含量					
	木素氧化产物/%			分子比例		
	香草醛	紫丁香醛	对-羟苯甲醛	香草醛	紫丁香醛	对-羟苯甲醛
黑松（*Pinus thunbergii* Parl.）	15.1	—	+	1	—	+
日本柳杉（*Cryptomeria* Japonica.）	21.9	—	+	1	—	+
日本山毛榉（*Fagus crenata* B1）	7.2	16.1	+	1	1.9	+
日本泡桐［*Paulownia tomentosa*（Thunb.）steud］	10.1	13.5	0.5	1	1.2	0.05
刚竹（*Phyllostachys reticulata*）	20.0	13.3	6.7	1	0.6	0.4
毛竹（*Phyllostachys pubesens*）	15.0	13.8	7.1	1	0.9	0.7
小麦属的一种（*Triticum sativum*）	3.0	7.6	1.7	1	0.8	0.3
芦竹（*Arundo donax*）	16.1	22.1	8.0	1	1.1	0.6
禾本科薏苡属的一种（*Coix fachryma*）	10.7	10.6	7.5	1	0.8	0.9
菝葜（*Smilax china*）	11.8	23.2	1.8	1	1.6	0.2
露兜树（*Pandanus tectorius*）	6.0	24.5	2.4	1	2.1	0.1

注：—：没有检测到；+：小量化合物。

臭氧氧化法主要通过臭氧氧化降解木素，然后通过分析木素降解产物确定木素侧链的立体化学。臭氧氧化法是将芳环氧化断裂，通过与模型物比较，从而得到侧链赤型与苏型的比例，该法主要对木素 β-O-4 连接型的立体结构进行分析。

酸水解法是在含 0.2mol/L HCl 的体积分数为 90% 的二氧六环-β-芳基醚水溶液中回流得到系列木素降解产物，以此确认木素中存在 β-5 和 β-O-4 连接。

硫醇酸解法为酸解法的改良方法，其优点在于可发生选择性较强的断裂反应，并能形成高得率且可辨别的产物。但硫醇酸解法对实验室条件要求较高，且需用到有恶臭气味的乙硫醇，而且只能检测 β-O-4 键型连接的结构单元。衍生化还原降解法（DFRC）可以选择性地断裂木素中芳基醚键，得到乙酰化的木素单体，该方法没有硫醇酸解法的恶臭味，是对硫醇酸解法的改进，但该法采用 GC-MS 定量测定木素降解产物时受到较大限制，每个降解产物均需合适的校正因子才可实现定量。校正因子需要用每一个降解产物的标准样做标准曲线校正，增加了操作难度，但上述降解方法均只反映非缩合木素部分的结构特点，对木素缩合部分结构的推断仍存在一些问题。

2. 木素的乙醇解和酸解

木素的乙醇解反应是由加拿大木素化学家希伯特（H·Hibbert）于 1939 年开始研究的。对于证实木素的结构很有帮助。方法是：木素 3g 或木材 10g 在含 3% 盐酸的 300mL 无水乙醇中，在 100℃回流反应 48h，对木素进行乙醇解。其分解生成物是被称为希伯特酮的多种酮类化合物。

用氯化铁氧化希伯特油，可得到较高收获率香草酰乙酰（ⅡA）。因为氯化铁氧化后，不仅主要的（ⅠA）变成了香草酰乙酰，而且（ⅣA）、（ⅤA）都全部转变成香草酰乙酰（阔叶木情况下的丁香酰乙酰的形成亦同）：

$$ⅠA、ⅠB: R \cdot CO \cdot CH(OC_2H_5) \cdot CH_3$$
$$ⅣA、ⅣB: R \cdot CO \cdot CH(OH) \cdot CH_3 \xrightarrow{FeCl_3} ⅡA、ⅡB: R \cdot CO \cdot CO \cdot CH_3$$
$$ⅤA、ⅤB: R \cdot CH \cdot (OC_2H_5) \cdot CO \cdot CH_3$$

希伯特油氯化铁氧化产物见表 2-5。

表 2-5			若干种木素乙醇解产物的定量分析		

试样种类	乙醇解的木（草）粉	镍二肟	分子比例		
			香草酰乙酰	紫丁香酰乙酰	对-羟苯甲酰乙酰
黑松（*Pinus thunbergii* Parl.）	150	1.63	1	—	+
日本柳杉（*Cryptomeria Japonica.*）	120	1.33	1	—	+
日本山毛榉（*Fagus crenata* B1）	120	1.25	1	2.9	+
日本泡桐［*Paulownia tomentosa*（Thunb.）steud］	100	1.05	1	1.5	+
刚竹（*Phyllostachys reticulata*）	100	2.05	1	0.6	—
毛竹（*Phyllostachys pubesens*）	100	2.48	1	1.6	+
芦竹（*Arundo donax*）	90	0.81	1	1.5	+
禾本科薏苡属的一种（*Coix fachryma*）	120	0.5①	1	1.2	+
菝葜（*Smilax China*）	180	2.40	1	2.7	—
露兜树（*Pandanus tectorius*）	100	2.71	1	2.2	+

注：① 约60%的产物因事故而损失；＋小量的化合物；—没有检测到。

由表 2-5 可见，不同植物品种的针叶木和禾本科植物只获得很少量的对羟基苯甲酰乙酰且含量差别不大，说明在针叶木与禾本科植物中，对羟基苯基结构的含量大致相同。而从阔叶木（如山毛榉）中获得的对-羟基苯甲酰乙酰的量更少，说明在阔叶木中对羟基苯基结构的含量更少。

把这些木素乙醇解的结果和上述植物木素硝基苯氧化的结果相比较（见表 2-4），发现两者紫丁香醛与对香草醛的分子比例不同，木素硝基苯氧化的略低于乙醇解的。例如：对泡桐前者是 1：1.2，后者是 1：1.5，山毛榉前者是 1：1.9 后者是 1：2.9，毛竹前者是 1：0.9 后者是 1：1.6。禾本科植物在硝基苯氧化所得到的对-羟基苯甲醛要比在乙醇解时所得到的对-羟基苯甲酰乙酰要多得多。产生上述现象的原因是：在禾本科植物硝基苯氧化所生成的对-羟基苯甲醛大部分不是来自木素本身的对-羟基苯基-甘油-β-芳基醚结构，而是来自于与木素成酯结合的对香豆酸。因为在草粉碱溶分的醚抽提物中发现有大量的对香豆酸和部分阿魏酸，它们在碱性硝基苯氧化时分别生成对羟基苯甲醛和香草醛，如图 2-5 所示。

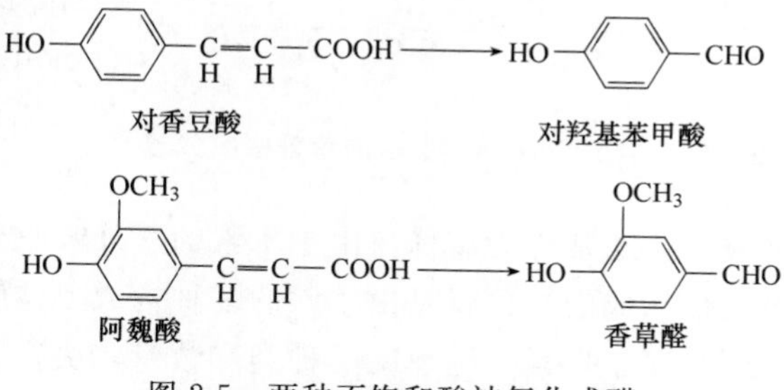

图 2-5　两种不饱和酸被氧化成醛

综合木素硝基苯氧化和乙醇解实验，可以得知木素的 3 种主要结构单元在针叶木、阔叶木和禾本科植物木素存在的比例各不同：在针叶木木素中主要存在愈创木基丙烷结构单元，有少量的对-羟基苯基丙烷结构单元；在阔叶木木素中，主要存在紫丁香基丙烷与愈创木基丙烷结构单元，极少量的对-羟基苯基丙烷结构单元；禾本科植物木素中，主要存在紫丁香基丙烷与愈创木基丙烷结构单元，大量的对-羟基苯基丙烷结构单元，但是很多对-羟基苯基丙烷结构单元是以酯键而不是以碳-碳键或醚键形式连接到木素大分子上的。

不同品种的针叶木的木素在结构和性质上没有显出多大差别。不同品种阔叶木的木素在结构、组成和化学反应性能等方面差异较大。表 2-6 列举了不同品种针叶木、阔叶木的木素中，相对于每个 C$_9$（C$_6$—C$_3$）单位的甲氧基含量以及它们在硫酸盐蒸煮中第一阶段的反应速度常数。从表中可以看出，不同品种的针叶木木素甲氧基含量基本一致，脱木素速度也一致；但阔叶木木素甲氧基含量差别较大，在同样条件下，槭木的脱木素速度为针叶木的 2 倍多，麦当娜树的脱木素速度为针叶木的 5 倍，这是阔叶木木素甲氧基含量不同造成的，甲氧基含量高，木素反应活性大。

表 2-6　　　　　　　　　　　脱木素速度常数和木素甲氧基含量的关系

试样	MeO/C$_9$	速度常数/h^{-1}	试样	MeO/C$_9$	速度常数/h^{-1}
针叶木：西方真杉	0.97	0.028	阔叶木：槭树	1.34	0.067
西方铁杉	0.97	0.028	麦当娜树	1.59	0.147

（二）光谱分析法

构成有机化合物的原子状态不同，其对各种不同能量的光以及电磁波的吸收能力不同。利用这种能力来分析化合物的结构，便是光谱分析方法。光谱分析具有迅速、灵敏、直接测定及要求试样量少等优点，在木素的研究领域得到了广泛应用。

1. 紫外吸收光谱法

通常采用波长在 200～700nm 的紫外光及可见光范围内研究木素对光的吸收，获得木素的紫外吸收光谱及可见光吸收光谱。

芳香族化合物对紫外光有特性吸收，木素是典型的芳香族化合物，分离木素常用溶剂以及木素中的杂质（醛类物质除外），在紫外光区不会引起吸收，因此用紫外光研究木素具有独到优势。所以，可以把木素溶于适当的溶剂中进行紫外光谱分析。利用木素是芳香族化合物，对紫外线有很强的吸收，而碳水化合物几乎不吸收紫外光的原理，选择适当的测定条件，可以在碳水化合物存在的状态下，测定木素紫外吸收光谱，对木素进行定性、定量分析以及结构和性质的研究。图 2-6 所示为红松 Bjorkman 木素的紫外吸收光谱。

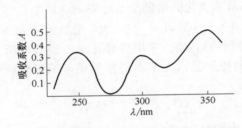

图 2-6　红松 Bjorkman 木素的紫外吸收光谱

通常木素在 205nm 及 280nm 附近有极大吸收，在 230nm 及 310～350nm 附近，能看到弱的吸收，这通常称为肩峰。由于木素的紫外吸收光谱是由对应于分子的电子跃迁能量的各自的吸收带加成的，也就是由木素的多种构成单位吸收光谱加合而成的，因此表现出比较单调且钝而圆润。木素结构单元的种类和数量，决定了其吸收光谱的形状及吸光系数。因此，木素的化学构造和其紫外吸收光谱形状和位置有直接的关系。

一般认为，255～300nm 是苯环（对羟苯基）的吸收带，如苯环上增加 1 个甲氧基变为愈创木基，会出现深色效果（吸收带向波长长的一侧移动）和浓色效果（吸光系数增大），而再进一步引入一个甲氧基变成紫丁香基，就会发生浅色效果（吸收带向波长短的一侧移动）及淡色效果（吸光系数减小）。这也就是造成针叶木木素和阔叶木木素的紫外吸收光谱有所差异的原因之一。

在侧链上引入和苯环共轭的双链和羰基，或者是成为联二苯结构而造成共轭体系的延长，都会出现深色及浓色效果。在碱性溶液介质中，会造成苯环的酚羟基离子化，也会发生显著的深色及浓色效果。因此，各种官能团都给予木素的紫外吸收光谱以这样那样的影响，这就为我们利用各种示差紫外吸收光谱的测定方法，提供了理论基础。

2. 傅里叶红外吸收光谱（FT-IR）法

傅里叶红外吸收光谱（FT-IR）是定性和定量木素非常有效的方法，但用于木素官能团分析更多一些。木素在分离或反应过程中，其结构及官能团会发生很大变化，导致其吸收光谱变得非常复杂，正确地判断各吸收带的归属就变得非常困难，有时不同结构木素的红外吸收光谱也非常相似。因而，分析木素结构时，需要采用多种手段进行综合分析。

红外光谱的测定，多用 KBr 压片法。从木粉或纸浆的红外光谱减去综纤维素红外光谱，即使木素不经分离也可得到它的红外光谱。根据红外吸收光谱可以研究木素的结构及变化，确定木素中存在的各种官能团及各种化学键，例如羟基、羰基、甲氧基、C—H 键、C—C 键等。这些官能团和化学键的红外光谱特定吸收频率都可以查到，也可以通过参考标准图谱或已知模型物的图谱作比较，来确定木素基团及其结构的变化。

图 2-7 中的红松和山毛榉磨木木素的红外吸收光谱是针叶木和阔叶木的典型图谱，其主要吸收带的归属如表 2-7 所示。

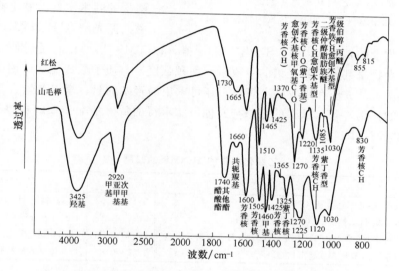

图 2-7　红松和山毛榉磨木木素的红外吸收光谱（KBr 压片法）

表 2-7　　　　　　　　　　　　**木素的红外吸收光谱及其归属**

波数/cm^{-1}	归　　属
3450～3400	OH 的伸展振动
2920	甲基、亚甲基、次甲基的吸收
1735	与芳香环非共轭的羧酸及其酯、内酯的吸收
1700～1645	与芳香核共轭的羰基吸收
1625～1610	侧链 α,β-碳原子之间共轭双键结合的吸收
1600,1510,1425	芳香环的吸收带
1325	紫丁香核吸收
1270	愈创木核甲氧基吸收

在比 1300cm^{-1} 更低的波数区域，属于木素指纹区域振动。木素上芳香核上带有各种官能团的振动以及 C—C、C—O—C、C—H、O—H 等的伸展振动和变角振动的吸收带都可能在这一区域出现，有时由于重合而变得复杂。所以比 1300cm^{-1} 更长的波长处的吸收带，是非常复杂的，常用作物质鉴定的特征区域。

3. 核磁共振光谱法

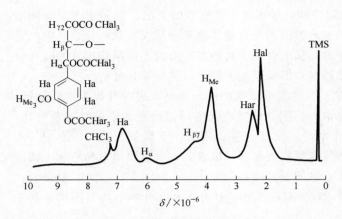

图 2-8　鱼鳞松木材乙酰化磨木木素的 ^{1}H-NMR 光谱

TMS：四甲基硅烷（CH$_3$）$_4$Si（内部标准物）

核磁共振光谱法在木素结构研究中应用较多，技术也比较成熟，为了得到准确的结构信息，木素的纯化十分重要，碳水化合物等杂质对图谱解析影响很大。

（1）氢质子核磁共振光谱（^{1}H-NMR）法

氢的原子核，具有磁能，也就是可以看作是个小的磁铁，将它放在磁场中使其受到电磁波的作用，就能引起核磁共振。在图 2-8 中示出的是鱼鳞松的磨木木素乙酰化物的氢质子核磁共振光谱（^{1}H-NMR）。

根据各吸收带的 δ 值（以 TMS 为零）和 τ 值（以 TMS 为 10）的质子种类的归属，由众多的模型化合物来判断，其光谱的吸收量（面积强度）与质子数成比例。因此，分子中各种氢质子的数量可从 δ 值和吸收强度算出，还可求出酚羟基的量、全羟基量、缩合度（缩合型芳香核所占的比例）等。求得的结果与其他方法求得的数值基本一致。表 2-8 中列出的是乙酰化木素的 ^{1}H-NMR 的归属。

表 2-8　乙酰化木素的 ^{1}H-NMR 的归属

δ/×10^{-6}	氢质子的种类	δ/×10^{-6}	氢质子的种类
11.5～8.00	羧基(COOH)、醛基(CHO)	5.18～2.50	H$_{OMe}$、侧链 H$_\alpha$、H$_\beta$H$_\gamma$大部分
8.00～6.28	芳香核 H$_{ar}$、侧链 H$_a$（α、β 共轭双键结合）	2.50～2.19	H$_{OAC}$（芳香族）
6.28～5.74	侧链 H$_\alpha$（β-O-4、β-1 型构造）、H$_\beta$（α、β 共轭双键结合）	2.19～1.58	H$_{OAC}$（脂肪族、联二苯结合邻位）
5.74～5.18	侧链 H$_\alpha$（苯基香豆满型构造）	1.58～0.38	被高度遮蔽的脂肪族 H

注：溶剂：CD$_3$Cl。

图 2-9 中示出的是山毛榉及红松的磨木木素乙酰化物的 ^{1}H-NMR 光谱。

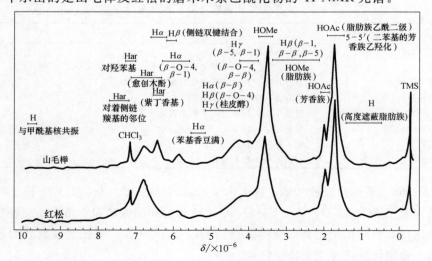

图 2-9　山毛榉及红松的磨木木素乙酰化物的 ^{1}H-NMR 光谱

（2）^{13}C-核磁共振光谱（^{13}C-NMR）法

^{13}C-NMR法自1973年用于木素研究后，很快就成为研究木素的重要手段之一，^{1}H-NMR可以了解化合物的氢原子的状态，而[13]C-NMR可以测定碳原子的状态，用于化合物构造的解析，^{13}C-NMR得到的光谱的吸收峰锐利，木素的[13]C-NMR光谱可以观察到50多种甚至70种以上的不同信号，信号重叠情况较少，容易判断其归属，这对木素定性分析起着很大的作

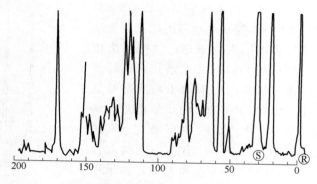

图2-10　乙酰化云杉磨木木素的[13]C-NMR
R—四甲基硅烷（TMS）　S—溶剂（六氘代丙酮∶重水＝9∶1）

用。^{13}C-NMR除研究木素的基本结构单元的相对比例外，还用于各种木素官能团的定量及结构单元间主要连接形式的测定。图2-10和图2-11分别是乙酰化云杉、山毛榉磨木木素的[13]C-NMR图，相关信号归属见表2-9。

表2-9　　　　　　　　　　　　乙酰化木素的[13]C-NMR的归属

化学位移 δ/（×10⁻⁶）及其强度		归　　属
云杉	山毛榉	
171.7（VS）	171.7（VS）	羰基（乙酰基、伯醇羟基）
170.5（VS）	171.0（VS）	羰基（乙酰基、仲醇羟基）
169.5（M）	170.0（VS）	羰基（乙酰基、酚羟基）
153.5（VM）	153.8（VS）	紫丁香环 C_3，C_5
151.4（S）	152.0（VM）	酚性愈创木环 C_3　非酚性愈创木环 C_4
123.6（S）	123.3（VM）	酚性愈创木环 C_5
120.7（VS）	120.5（M）	非酚性愈创木环 C_6
112.9（VS）	112.4（M）	愈创木环 C_2
	106.9（M）	酚性紫丁木环 C_2，C_6
	105.0（VS）	非酚性紫丁木环 C_2，C_6
80.7（S）	81.4（VS）	β-O-4 型结构 C_β
75.5（M）	75.5（VS）	β-O-4 型结构 C_α
64.1（VS）	63.6（VS）	β-O-4 型结构 C_γ
56.4（VS）	56.4（VM）	甲氧基
20.5（VS）	20.5（VS）	甲基（乙酰基）

注：VS极强；S强；M普通；W弱；VW极弱。（溶剂：CD_3COCD_3/D_3O（9∶1））。

最近发展起来的固体样品[13]C-NMR，能直接研究木材中的木素的结构，不需要溶剂提取木素，因而不会引起任何结构变化。固体样品的[13]C-NMR是一种很有前途的分析手段。

（3）^{31}P-核磁共振光谱（^{31}P-NMR）

[31]P是一种核自旋量子数不为0（$I=1/2$）的原子核，其自然丰度为100%，因此，它是一种可用核磁共振技术分析含磷化合物结构的理想的原子核。近年来由Argyropoulos等人成功将此技术应用于木素结构分析，准确测定木素中羧基、酚羟基和醇羟基的含量，并且从不同结构的酚羟基的测定，可以了解愈创基型、紫丁香基型和对-羟基苯基型的酚羟基在制浆过程中的溶出情况，从不同伯羟基的变化情况可以了解木素的聚合度和β-O-4键的断裂情况。

不稳定氢的化合物（如含有 OH、SH、COOH 等基团）与磷化试剂反应生成含磷的衍生物来标记这些活泼中心，然后用 ^{31}P-NMR 光谱技术进行测定。由于衍生物中磷原子周围都是氧原子，因此 ^{31}P-NMR 的信号都是无偶合的单峰，并且没有 NOE 效应（在核磁共振中，当分子内有在空间位置上互相靠近的两个核 A 和 B 时，如果用双共振法照射 A，使干扰场的强度增加到刚使被干扰的谱线达到饱和，则另一个靠近的质子 B 的共振信号就会增加），对于定量测定官能团极有利。这样就能够对木素中这些重要的基团用磷化物标记后进行定量测定。

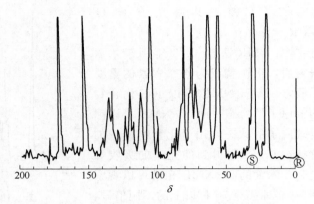

图 2-11　乙酰化山毛榉磨木木素的 ^{13}C-NMR

R—四甲基硅烷（TMS）　S—溶剂（六氘代丙酮：重水 = 9：1）

常用的磷化试剂有 1,3-二氧磷基氯化物、四甲基-1,3-二氧磷基氯化物、2-氯-4,4,5,5-四甲基-1,3,2-二氧磷杂环戊烷（TMDP）等，低场处出现的是官能团的吸收峰，高场处出现一些结构单元及官能团的吸收峰。白毛杨纤维素酶解木素 ^{31}P-NMR 吸收峰的归属见图 2-12。

（4）二维 HSQC-NMR 谱图

由于 2D-HSQC 核磁谱图可以很好地区分开 ^{1}H 和 ^{13}C 谱中重叠的信号峰，可以得到木素更具体的结构信息。在通常的木素核磁分析中，为了提高木素在氘代试剂中的溶解度都将样品进行乙酰化处理。木素的二维谱图可以分为三个区域，分

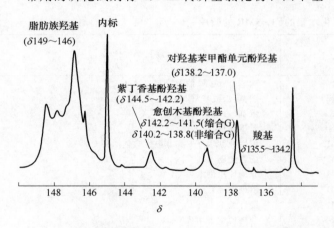

图 2-12　白毛杨纤维素酶解木素（CEL）的 ^{31}P-NMR

磷酸化试剂：TMDP；内标：环己醇

别为脂肪族区、侧链区和芳香环区，但是一般情况下脂肪族区域并不能够提供有价值的结构信息，在此不再加以讨论。木素的侧链区（δ_C/δ_H 50～95/2.5～6.0）和芳香环区（δ_C/δ_H 100～160/5.5～8.5）的相关信号见图 2-13。2D-HSQC 谱图中主要信号的归属见表 2-10，主要典型连接结构及结构单元如图 2-14 所示。

表 2-10　　　　　　　　　　杨木乙醇木素 2D-HSQC 谱图中的 ^{13}C-^{1}H 归属

连接键符号	$\delta_H/\delta_C/\times10^{-6}$	归属
pCA$_\alpha$	7.59/145.6	对香豆酸酯（pCA）中的 C$_\alpha$—H$_\alpha$
PB$_{2,6}$	7.47/130.7	S 型对羟基苯甲酸酯(PB)架构中的 C$_{2,6}$—H$_{2,6}$
E$_\alpha$	6.49/130.6	对羟基肉桂醇末端基中的 C$_\alpha$—H$_\alpha$
E$_\beta$	6.24/129.1	对羟基肉桂醇末端基中的 C$_\beta$—H$_\beta$
H$_{2,6}$	7.17/128.3	H 型结构单元中的 C$_{2,6}$—H$_{2,6}$
F$_\beta$	6.78/126.9	肉桂醛末端基 C$_\beta$—H$_\beta$

续表

连接键符号	$\delta_H/\delta_C/\times10^{-6}$	归属
G_6	6.77/119.8	G 型结构单元中的 C_6—H_6
D_6	6.07/119.5	β-1 与 α-O-α′ 连接构成的二烯酮结构中的 C_6—H_6
G_5	6.71/115.2	G 型结构单元中的 C_5—H_5
D_2	6.28/114.3	β-1 与 α-O-α′ 连接构成的二烯酮结构中的 C_2—H_2
G'_2	7.46/113.1	α 位被氧化的 G 型结构单元中的 C_2—H_2
G_2	6.95/111.4	G 型结构单元中的 C_2—H_2
$S'_{2,6}$	7.22/107.1	α 位被氧化的 S 型结构单元中的 $C_{2,6}$—$H_{2,6}$
$S_{2,6}$	6.71/104.7	S 型结构单元中的 $C_{2,6}$—$H_{2,6}$
C_α	5.46/87.6	β-5 与 α-O-4 连接构成的苯基香豆满结构中的 C_α—H_α
$(A_1,A_2,A_3)_{\beta(S)}$	4.13/86.6	S 型单元中 α 位被乙酰化的 β-O-4 结构中的 C_β—H_β
B_α	4.67/85.6	β-β′、α-O-γ 连接成的树脂醇结构中的 C_α—H_α
$(A)_{\beta(G/H)}$	4.29/84.3	G，H 型单元 γ 位为羟基的 β-O-4 结构中的 C_β—H_β
D_α	5.07/81.9	β-1 与 α-O-α′ 连接构成的二烯酮结构中的 C_α—H_α
$(A_1,A_2,A_3)_\alpha$	4.86/72.6	α 位被乙酰化的 β-O-4 醚键结构中的 C_α—H_α
B_γ	3.82/71.7；4.19/71.7	β-β′ 与 α-O-γ 连接成的树脂醇结构中的 C_γ—H_γ
$(A_1,A_2,A_3)_\gamma$	4.65~4.80/64.8	α 位被乙酰化的 β-O-4 醚键结构中的 C_γ—H_γ
C_γ	3.82/63.2	β-5 与 α-O-4 连接构成的苯基香豆满结构中的 C_γ—H_γ
E_γ	4.10/62.1	对羟基肉桂醇末端基中的 C_γ—H_γ
D_β	2.77/60.5	β-1 与 α-O-α′ 连接构成的二烯酮结构中的 C_β—H_β
A_γ	3.40/60.2	γ 位为羟基的 β-O-4 结构中的 C_γ—H_γ
—OCH_3	3.75/56.3	甲氧基中的 C—H
B_β	3.07/54.2	β-β′ 与 α-O-γ 连接成的树脂醇结构中的 C_β—H_β
C_β	3.44/53.7	β-5 与 α-O-4 连接构成的苯基香豆满结构中的 C_β—H_β

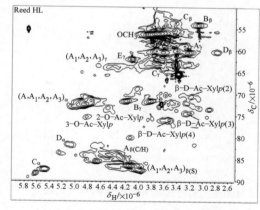
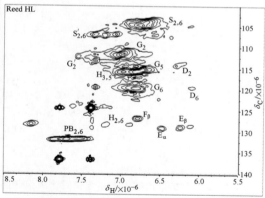

图 2-13 杨木乙醇木素的二维 HSQC-NMR 谱图

注：侧链区：δ_C/δ_H 50~90/2.5~6.0；芳香环区：δ_C/δ_H 100~160/5.5~8.5。

从表 2-10 和图 2-14 中可以看出，杨木乙醇木素中含有 β-O-4、β-5、β-β′、β-1 等典型连接结构。其中 β-5（C）结构中 α 和 β 位的相关信号分别为（δ_C/δ_H 87.6/5.46）和（δ_C/δ_H 53.7/3.44），而 γ 位的相关信号为（δ_C/δ_H 63.2/3.82）且与其他信号峰有重叠，并且从两信号强度可以判断其含量很低。而 β-β′（B）结构中 α 和 β 位的相关信号分别为（δ_C/δ_H 85.6/4.67）和（δ_C/δ_H 54.2/3.07），而两个 γ 位的相关信号为（δ_C/δ_H 71.7/3.82、4.19）。从信号强度可以判断其含量稍高于 β-5（C）结构。此外，β-1（D）结构的信号虽很弱，但是也能检测到，其 α 和 β 位的相关信号分别为（δ_C/δ_H 81.9/5.07）和（δ_C/δ_H 60.5/2.77）。当然，

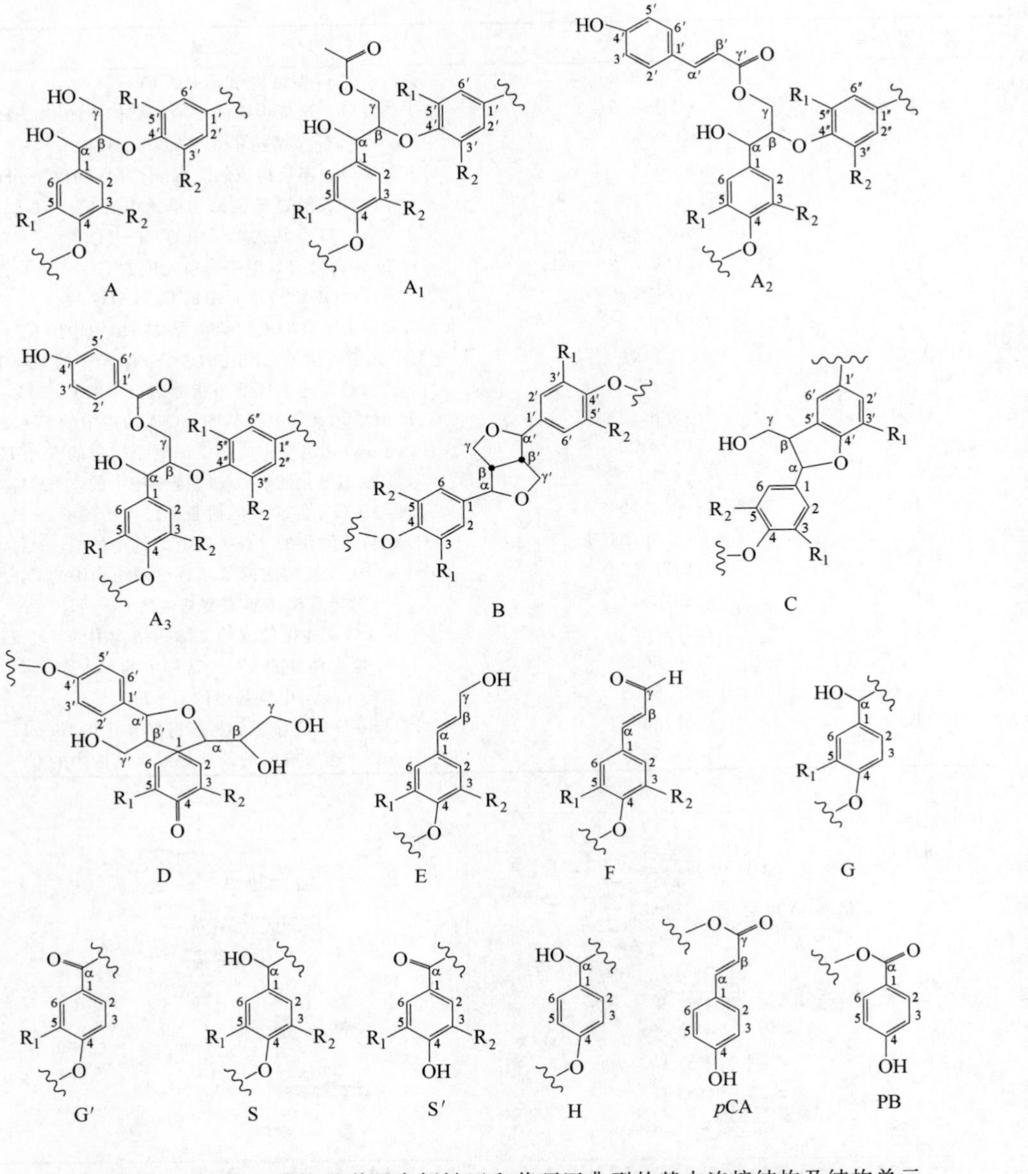

图 2-14　杨木乙醇木素二维核磁谱图中侧链区和芳环区典型的基本连接结构及结构单元

注：A：β-O-4 醚键结构（γ 位为羟基）；A₁：β-O-4 醚键结构（γ 位为乙酰基）；A₂：β-O-4 醚键结构（γ 位为酯化的对香豆酸酯）；A₃：β-O-4 醚键结构（γ 位为酯化的对羟基苯甲酸酯）；B：树脂醇结构（β-β′、α-O-γ）；C：苯基香豆满结构（β-5、α-O-4）；D：二烯酮结构（β-1、α-O-α′）；E：对羟基肉桂醇末端基；F：肉桂醛末端基；G：愈创木酚基结构；G′：氧化的愈创木基结构（α 为羰基）；S：紫丁香基结构；S′：氧化的紫丁香基结构（α 为羰基）；H：对羟基苯基结构；pCA：对香豆酸酯结构；PB：对-羟基苯甲酸酯结构。

还可以从中得到其他很多结构信息，限于篇幅，不再赘述。

4. 电子旋转共振吸收光谱（顺磁共振，ESR）

化合物中的不成对电子（自由基）具有常磁性，其受到磁场中电磁波作用时，能吸收某种电磁波产生电子旋转共振吸收（常磁性共振吸收）。不管是有机物、无机物，还是络合物等，只要是有不成对电子，都能成为测定对象。

木材中的原本木素中不存在自由基，通常不用 ESR 进行研究。当木素受到光、磨碎、加热、酶、化学处理等作用后就会生成自由基，用 ESR 就可以研究木素的化学反应、生物合成以及生化分解的反应机理等。图 2-15 中示出云杉由于粉碎前后 ESR 吸收光谱的变化。

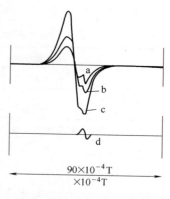

图 2-15　云杉粉碎前后 ESR
吸收光谱的变化
a—未处理云杉　b—粉碎至 40 目
c—进一步以球磨机微粉碎
d—高白度漂白浆以球磨机粉碎

5. 拉曼光谱（Raman spectra）

拉曼光谱和傅里叶红外光谱均依赖于分子振动光谱，在木素分析方面和傅里叶变换红外光谱相互补充。1999 年研究人员采用傅里叶变换拉曼（FT-Raman）对木素进行分析，可以对磨木木素和不同原料（山杨、松木、云杉和甘蔗）酶解木素的结构进行定性研究。Larsen 等将 FT-Raman 光谱学和密度泛函理论（DFT）相结合，并通过木素模型物单体得出了 S、G、H 型木素单体的振动模式库，他们发现溶剂和实验条件也会影响拉曼光谱带的形状和位置。Meyer 等采用近红外拉曼分光光度计（NIR Raman）分析原料和醇提取过的原料，得到抽提物存在对木素峰位置影响的规律。共聚焦拉曼显微镜可以在没有染色或化学预处理条件下揭示木素在生物质细胞壁中的空间分布规律。近年来，Saar 等使用受激拉曼散射（SRS）显微镜研究原料中木素在不同的预处理条件下降解规律。紫外共振拉曼光谱（UVRR）能原位地分析细胞壁中木素结构和变化情况，研究人员采用其定性地研究温度和 pH 对木素降解的影响。相干反斯托克斯拉曼（CARS）显微镜不受荧光干扰，且能够提供较强的木素信号，目前，研究者通过 CARS 研究了桦木、橡树和云杉样品的木素化学结构。拉曼技术的进步使木质纤维素样品的结构研究得到进一步发展。

（三）色谱分析法

近年来，裂解气相色谱/质谱（Pyrolysis-GC/MS）、液相色谱/质谱（LC/MS）技术也被应用到木素的结构分析中。用于木素结构研究的色谱分析方法较多，详见表 2-3 中所列色谱分析方法。比如说 GC/MS 技术，就是在无氧条件下，将木素样品快速裂解气化并通过 GC 分离，然后被 MS 识别来确定木素裂解单体结构，进而反推出木素的 S/G 比例。这种方法对仪器的灵敏度要求较高，且在不同条件下裂解的木素产物有所不同，难以对木素进行准确定量分析，只适合对木素 S/G 比例的快速分析。

二、木素的官能团

木素分子中存在多种官能团，既包括苯环上的，也包括侧链上的，如苯环上的甲氧基（—OCH_3）、酚羟基（—OH）；侧链上的羰基（—C＝O）、脂肪族羟基（—OH）和碳-碳双键（C＝C）等。木素的化学性质和反应性能与官能团密切相关。

（一）元素分析

表 2-11 中列出了云杉和山毛榉磨木木素的元素组成分析结果。

从表 2-11 中可以看出，相对于 1 个木素结构单元（C_9 结构），针叶木木素甲氧基含量为 0.96，比值约等于 1∶1，阔叶木甲氧基含量为 1.43，比值接近 1∶1.5，说明阔叶木木素除含愈创木基外，还含有较多的紫丁香基。甲氧基是木素最有特征的官能团，一般情况下甲氧基含量高木素苯环的活性就大［见本章第四节一、（一）湿法化学法相关内容］。针叶木木素甲氧基含量 14％～16％，阔叶木 19％～22％，禾草类 14％～15％。

表 2-11　　　　云杉和山毛榉木素的元素分析值、甲氧基含量与示性式

木素	元素分析值/%				典型分子式*
	H	C	O	OCH₃	
云杉 MWL	64.77	6.39	28.85	16.13	$C_9H_{8.83}O_{2.37}(OCH_3)_{0.96}$
山毛榉 MWL	60.58	6.23	33.19	21.46	$C_9H_{8.49}O_{2.86}(OCH_3)_{1.43}$

注：* 每个木素结构单元含有 9 个碳（C_6～C_3），元素及官能团含量均相对于 C_9。

（二）羟基

1. 羟基的类型

羟基（hydroxyl）是木素的重要官能团之一，按其存在的状态可分为有两种类型：一种是存在于木素结构单元苯环上的酚羟基（phenolic hydroxyl，PhOH），另一种是存在于木素结构单元侧链上的脂肪族羟基（aliphatic hydroxyl，AlOH），也称作醇羟基。

酚羟基存在于苯环上的 4 位上，一小部分以真正羟基形式存在，称之为游离酚羟基（图 2-16 之 A），这种木素结构单元，称为酚型结构单元（free phenolic structures or none-therified phenolic structures）；大部分酚羟基与其他木素侧链或苯环生成醚键，称之为醚化酚羟基，这种木素结构单元，常称之为非酚型结构单元（nonphenolic structures）。分别相当于 4 位上连接着烷氧基（图 2-16 之 B 与 A 的连接）或苯氧基（图 2-16 之 C 与 A 的连接）。

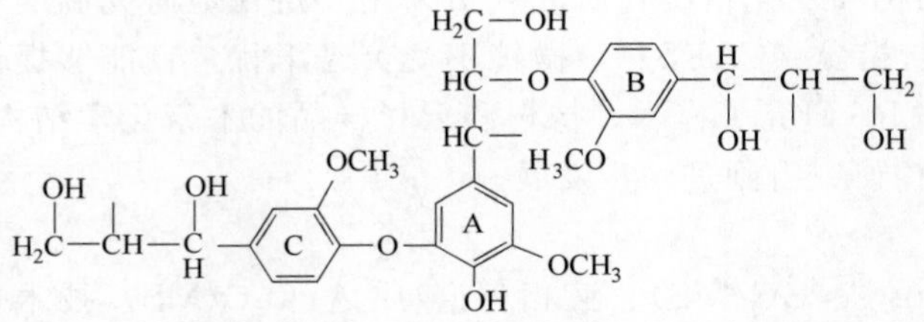

图 2-16　木素结构单元上 C_4 上的游离羟基及生成醚键情况

存在于木素结构单元侧链（C_α、C_β 和 C_γ）上的脂肪族羟基，也分为游离羟基和醚化羟基两种形式，所谓醚化羟基，相当于侧链上连有烷氧基（与其他木素侧链连接，如 α-O-γ'）或苯氧基（与其他木素苯环连接，如 β-O-4）。

2. 羟基的测定方法

用硫酸二甲酯［$(CH_3O)_2SO_2$］进行木素的甲基化反应，可以使木素中几乎全部游离羟基甲基化。若用重氮甲烷（CH_3N_2）进行甲基化，它只能使游离的酸性酚羟基进行甲基化，但不能使位于侧链上的脂肪族羟基甲基化。因此，木素通过甲基化反应，不仅可以证明木素中羟基的存在，而且通过不同的甲基化试剂的作用可以区别两种羟基各自的含量。据实验，云杉木素用硫酸二甲酯甲基化得到的甲氧基含量为 32.4％，用重氮甲烷甲基化得到的甲氧基含量为 21.9％，据此可以分别换算出总的羟基和酚羟基的量。总的羟基的量，也可以用吡啶-无水醋酸，进行乙酰化来定量。云杉和鱼鳞松 MWL 的总羟基的量分别为 10.59％ 和 9.97％，以表 2-11 中的分子式进行换算，得式（2-2）：

$$C_9H_{7.68}O_{1.22}(OCH_3)_{0.96}(OH)_{1.15} \tag{2-2}$$

酚羟基量的测定方法有多种，例如离子化示差紫外吸收光谱法、电位差滴定法，过碘酸法以及 NMR 法等。各种测定方法有各自的特点，应根据试料的性质和测试目的，选择最适当的测定方法。表 2-11 中云杉 MWL 的酚羟基的量（PhOH）为 0.30/OMe，据此，可计算出脂肪族羟基的量（AlOH）为 0.85 个/C_9（1.15－0.30＝0.85）。根据上式，分子式可写成如式（2-3）所示的形式：

$$C_9H_{7.68}O_{1.22}(OCH_3)_{0.96}(PhOH)_{0.30}(AlOH)_{0.85} \tag{2-3}$$

在脂肪族羟基含量的0.85个/C_9当中，还含有位于侧链α碳原子上的羟基。这个羟基相当于苯甲醇羟基，是侧链上最活泼的部位，可以与制浆药液发生化学反应。具有游离的酚羟基的苯甲醇羟基（也称为α-羟基）可用对苯醌单氯亚胺的呈色反应定量，其量为0.07～0.10个/C_9。

羟基的存在对木素的化学性质有较大的影响，如能反映出木素的醚化程度和缩合程度，同时也能衡量木素的溶解性能及反应能力。例如，在温和条件下制备的盐酸木素每5.0～5.3个木素单元中含有1个酚羟基，木素磺酸中每3.9个木素单元含1个酚羟基，而充分缩合了的酸木素几乎不含酚羟基。

（三）羰基

木素中的羰基（carbony），可以分为与苯环共轭的羰基和非共轭羰基两种。两种羰基之和为全羰基量。全羰基量可通过用硼氢化钠还原，以容量分析法根据氢的消耗量来定量。云杉MWL全羰基量为0.20个/C_9，鱼鳞松MWL全羰基量为0.22个/C_9。共轭羰基可以用还原示差紫外吸收光谱法（$\Delta E\gamma$）定量。云杉MWL的羰基测定值示于图2-17中。

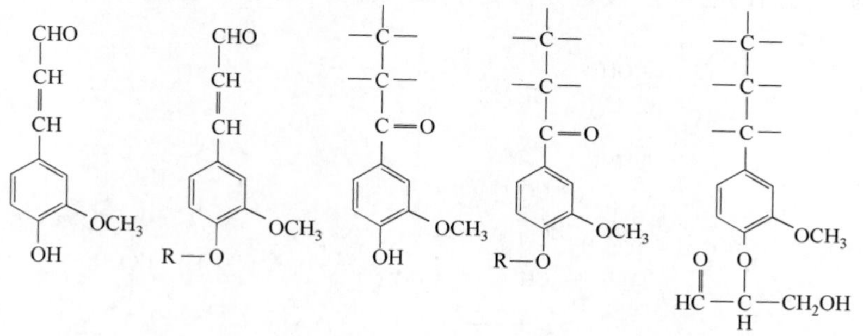

I　<0.01/OMe　　II　0.03/OMe　　III　<0.01/OMe　　IV　0.06/OMe　　V　0.10/OMe

图2-17　羟基存在的形式及数量

（四）羧基

一般认为木素中不存在羧基（carboxyl），但在云杉磨木木素中发现存在0.01～0.02个/C_9数量的羧基，可能是制备过程中生成的，也可能是酯键受到破坏形成的。电位滴定法可以检测羧基含量。

（五）碳-碳双键

苯环本身就是个由大的不饱和键组成的六元环，这里说的碳-碳双键指的是侧链上的不饱和键，已经证实针叶材木素侧链存在肉桂醇（$-C_\alpha H=C_\beta H-C_\gamma H-OH$）、肉桂醛（$-C_\alpha H=C_\beta H-C_\gamma HO$）结构。木素在制浆时侧链会生成更多的碳-碳双键结构（如二苯乙烯），该基团与其他离子作用，是木素呈色的原因之一。侧链上的碳-碳双键是木素聚合反应的重要官能团。

（六）木材类天然木素官能团含量

木材类原料天然木素官能团含量列于表2-12中。

（七）工业木素官能团含量

工业木素因原料及制浆工艺不同，官能团的含量也表现出较大不同。表2-13为几种工业木素的官能团含量情况。

表 2-12　　　　　　天然木素官能团的情况（每 100 个木素 $C_6 \sim C_3$ 单元）

官能团的类型	针叶木	阔叶木	官能团的类型	针叶木	阔叶木
酚羟基	20～30	10～20	甲氧基	90～95	140～160
脂肪族羟基	115～120	110～115	羰基	10～15	15
苯甲醇（苄醇）	28～30	32～50	碳-碳双键	3～4	—

表 2-13　　　　　　工业木素官能团的情况

木素类型	M_n	羧基/%*	酚羟基/%*	甲氧基/%*
甘蔗渣烧碱法	2160	13.6	5.1	10.0
麦草烧碱法	1700	7.2	2.6	16.0
针叶木硫酸盐法	3000	4.1	2.6	14.0
阔叶木有机溶剂法	800	3.6	3.7	19.0
甘蔗渣有机溶剂法	2000	7.7	3.4	15.1

* 质量分数比。

三、木素结构单元间连接键类型

木素结构单元间的主要连接键是醚键和碳-碳键。根据碳原子是在苯环上还是侧链上，

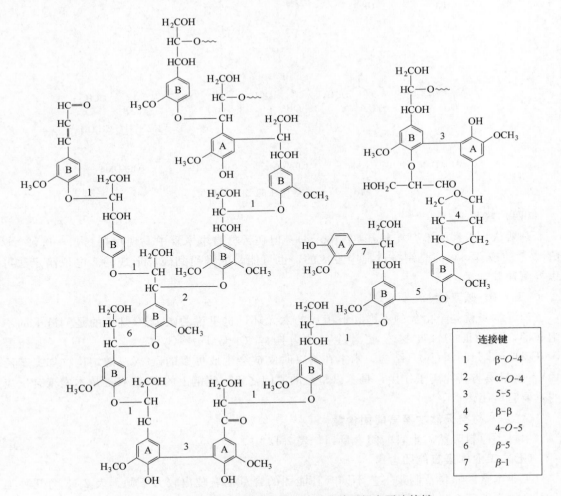

连接键	
1	β-O-4
2	α-O-4
3	5-5
4	β-β
5	4-O-5
6	β-5
7	β-1

图 2-18　木素酚型与非酚型结构单元及单元间主要连接键

区分为"芳基-芳基""烷基-烷基"和"芳基-烷基"等连接类型。图 2-18 中右下角标有"1，2，5"号连接键就是重要的醚键连接，标有"3，4，6，7"号连接键就是重要的碳-碳键连接。

此外，木素结构单元之间尚有少量酯键存在，在禾草类原料中存在较多，见图 2-19。该键对化学药品的稳定性较差，在碱性条件下更加容易断裂。

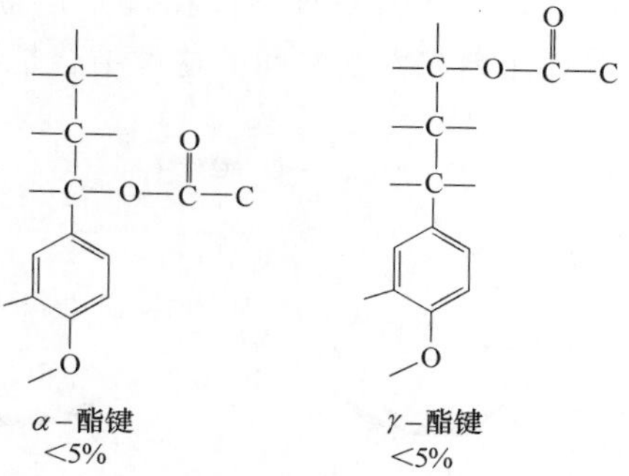

四、木素-碳水化合物复合体

（一）木素-碳水化合物复合体的存在

除了木素结构单元间有化学键链接，木素与碳水化合物间也有化学键链接。目前主流观点是木素与半纤维素存在化学键，习惯上把木素和碳水化合物间通过化学键连接到一起的结合体称为木素-碳水化合物复合体（lignin-carbohydrate complex，简称 LCC）。

（二）木素-碳水化合物之间的连接键类型

能与木素形成化学键连接的糖基有：半纤维素侧链上的 L-阿拉伯糖，D-半乳糖，4-氧甲基-D-葡萄糖醛酸，木聚糖主链末端的 D-木糖基，聚葡萄糖甘露主链末端的 D-甘露糖（或 D-葡萄糖）基。这些糖基的空间结构利于与木素键合，从分离的天然木素中也分别发现含有较多上述糖基，说明上述糖基与木素存在牢固的化学键结合，难以分离。

（1）α-醚键结合

苯丙烷结构单元的 C_a 位最有可能与半纤维素形成醚键。连接位置主要有：L-阿拉伯糖的 C_3（C_2）位以及 D-半乳糖的 C_3 位；复合胞间层中的果胶质类物质（聚半乳糖和聚阿拉伯糖）半乳糖的 C_3 位、阿拉伯糖的 C_5 位；木聚糖主链末端的 D-木糖基 C_3（C_2）位、聚葡萄糖甘露主链末端的 D-甘露糖（或 D-葡萄糖）基的 C_3 位。α-醚键在酸性及碱性条件下都有一定的稳定性。图 2-20 是 α-醚键的两种连接形式。

（2）苯基糖苷键

半纤维素的苷羟基与木素的酚羟基或醇羟基形成苯基配糖键（图 2-21）。该键在酸性条件下容易发生水解，有时甚至在高温水解时，也会发生部分断裂。

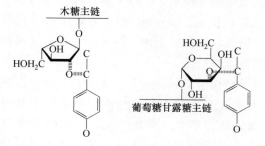

图 2-20　LCC 中 α-醚键的两种连接形式

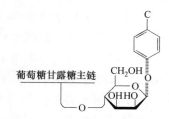

图 2-21　LCC 中苯基糖苷键

（3）缩醛键

它是木素结构单元侧键上 γ 碳原子上的醛基与碳水化合物的游离羟基之间形成的连接。γ 碳原子上的醛基与一个羟基形成半缩醛键，继而与另一个游离羟基（该羟基可能来自同一

图 2-19　木素结构单元间
连接中的酯键类型

α-酯键
<5%

γ-酯键
<5%

个糖基，也可能来自不同糖基）连接，形成缩醛键（图 2-22）。用类似的模型化合物作对比，证实糖与木素之间的这种结合是可能存在的较牢固的形式之一。

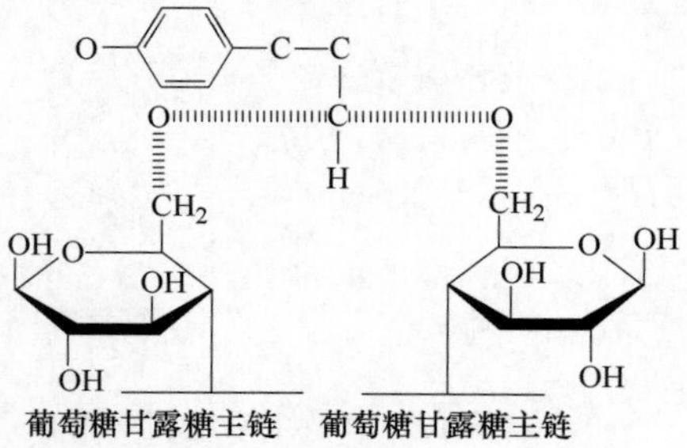

图 2-22　LCC 中缩醛键

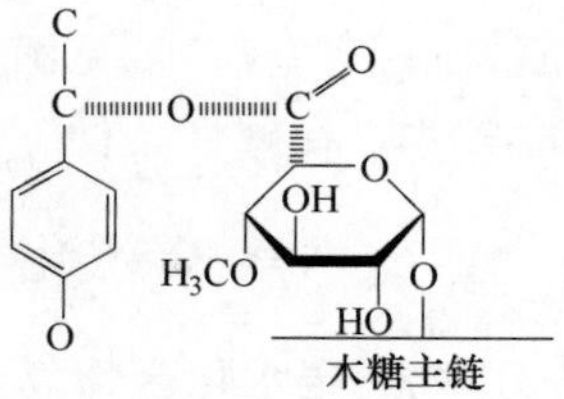

图 2-23　LCC 中酯键

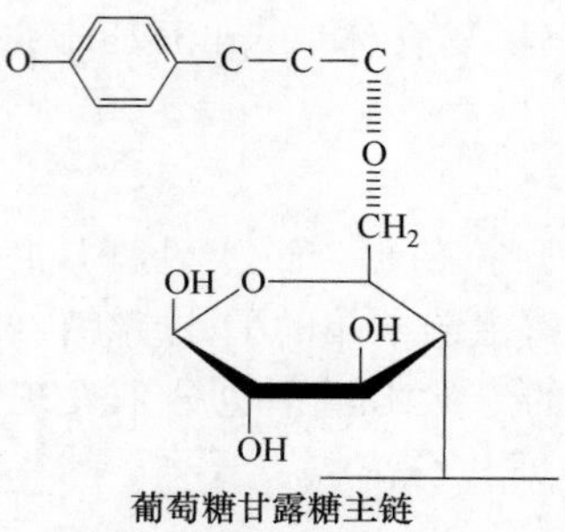

图 2-24　LCC 中由自由基结合而成的—C—O—结合

（4）酯键

木糖侧链上的 4-氧甲基-D 葡萄糖醛酸与 C_a 位连接成酯键（图 2-23），该键对碱是敏感的，即便是温和的碱处理，例如 1mol 氢氧化钠溶液，在室温下就很容易被水解。

（5）由自由基结合而成的—C—O—结合

这也是一种醚键结合（图 2-24），但它比 α-醚键及酯键结合对水解的抵抗性要强，另外它也不被糖苷酶所分解。因此，该键对酸性水解、碱性分解、酶分解等都具有抵抗性。

木素和碳水化合物之间连接，除了可能存在上述的化学键之外，还有大量氢键，因为木素结构单元上有一部分没有醚化的羟基，与碳水化合物糖基上的羟基能够形成氢键。虽然氢键键能较小，但数量较多，其总的键能将比共价键还要高。因此，木素与碳水化合物间的氢键作用也很关键。

五、木素结构模型图

综合上面对木素结构所进行的研究和对木素结构已有的了解，得到了一些典型造纸原料的木素的模型构造图。日本的柳原彰又在过去研究成果的基础上，根据水解产物以及加氢分解产物的鉴定，考虑到最近关于木素结构的最新见解，提出了一个由 28 个木素结构单元构成的针叶木木素模型构造图（图 2-25a）。这个构造图既与以往关于木素的见解一致，又可解释众多的木素化学实验结果，是个相当令人满意的模型构造图。

阔叶木木素与针叶木木素结构有所不同，尤其是结构单元，除了愈创木基外，尚存在较多的紫丁香基型结构单元，各种连接键的比例也有所差别。禾本科植物木素是愈创木基丙烷、紫丁香基丙烷与对-羟苯基丙烷的聚合物。过去曾认为草类木素的代表组分是对-羟苯基丙烷，但实验证明，草类木素硝基苯氧化所获得的对-羟基苯甲醛一半以上是由与木素成酯结合的对香豆酸所形成，故禾本科植物的木素与阔叶木木素的结构是相似的，仅有的差别是禾本科植物木素有较多量的对香豆酸酯基和少量的阿魏酸酯基。

随着木素结构研究的深入，研究者发现了一些新的木素结构单元，这些单元不是典型的 C_6—C_3 结构，包括二苯并二氧杂辛英、苯并二氧六环、螺环二烯酮结构，详见图 2-25b。

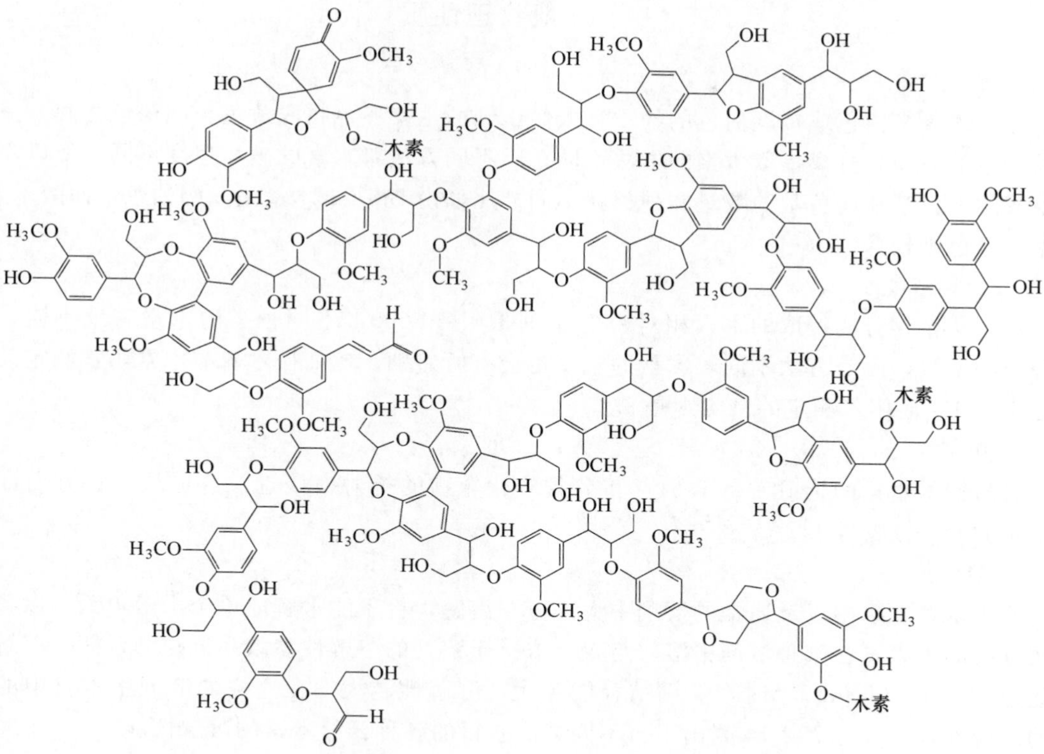

图 2-25a 针叶木木素模型构造图

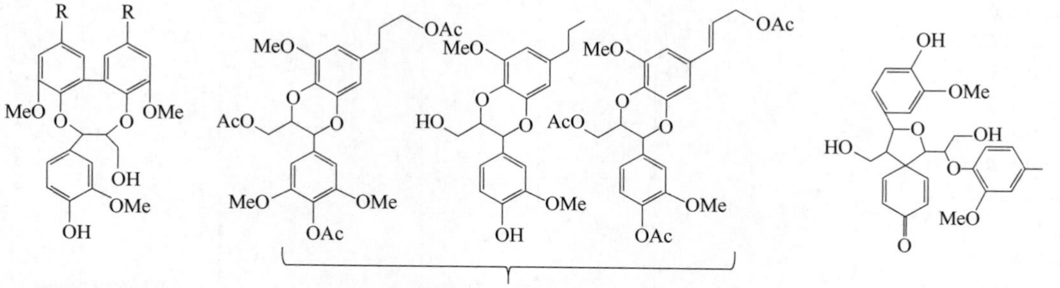

二苯并二氧杂辛英 　　　　　　　苯并二氧六环 　　　　　　　螺环二烯酮结构

图 2-25b 新发现的木素结构

第五节　木素的物理性质

木素的物理性质包括各种波谱性质（前已述及）、木素的相对分子质量及分子的聚集状态和木素的一般物理性质等。一般物理性能包括溶解性、热性质及电化学性质等多种内容。不同种类的木素其物理性质差别很大，其中植物的种类、木素的分离提取方法对木素物理性质的影响最大。原因是木素的化学构造及分子聚集状态决定了其物理性质，木素因原料不同、分离提取方法不同，化学构造及分子聚集状态会有很大不同。

一、一般物理性质

1. 颜色

原本木素是白色或接近白色的物质。人们得到的木素颜色在浅黄色至深褐色之间，呈现不同颜色的原因是分离提取木素的方法不同，因不同方法对木素的破坏程度不同，所以木素上生成的发色基和助色基的数量和种类就不同。比如说 Brauns 木素呈浅奶油色，而酸木素、碱木素颜色则较深。

2. 相对密度

从木化植物分离提取的木素相对密度在 1.300～1.500，不同种类的木素密度不同，相同种类的木素，测定方法不同，木素的密度也会有所差别。比如松木硫酸木素用水测定的密度是 1.451，而用苯测定的密度则是 1.436。

3. 折射率

云杉铜氨木素的折射率是 1.61，与芳香族化合物的折射率接近，这也从另一方面证明了木素的芳香族特性。

4. 溶解度

原本木素在水中以及通常的溶剂中大部分不溶解，也不能水解成单个木素单元。以各种方法分离的木素，在某种溶剂中溶解与否，取决于溶剂的溶解性参数和氢键结合能。溶解性参数为 42～46 $(J/mL)^{1/2}$ 时，氢键结合能越大，溶解性越大。在这样的溶剂中木材中的木素的反应性也越大。表 2-14 列出了自不同方法获得的各种云杉木素的溶解性能。

表 2-14 云杉木素在溶剂中的溶解性能

木 素 样 品	乙醇	丙酮	亚硫酸氢盐溶液	冷的稀碱	水
盐酸木素	－	－	－	－	－
硫酸木素	－	－	－	－	－
水解木素	－	－	－	－	－
铜铵木素	－	－	＋	－	－
乙醇木素（无 HCl，天然木素）	＋	＋	＋	＋	－
乙醇木素（加 HCl）	＋	＋	－	＋	－
碱木素	＋	＋	－	＋	－
硝酸木素	＋	＋	＋	＋	－
高碘酸木素	－	－	＋	－	－
木素磺酸	＋	＋	＋	＋	＋
生物木素（醇溶解的木素）	＋	＋	＋	＋	－
二氧己环木素	＋	＋	－	－	＋
酚木素	＋	＋	－	＋	－

注："＋"表示木素溶解，"－"表示不溶。

鉴于原本木素的溶解性较差，在制浆过程中为了把木材中的木素溶出，使纤维分离开来，往往要在木素大分子中引入亲液性基团。例如，导入磺酸基，就可以得到能溶解的木素磺酸；或是使用碱，在一定条件下从木素中导出新的酚羟基，进而转化为酚负离子，由于酚羟基的亲液性，也能使木素溶解出来，这也就是化学制浆的基本依据之一。图 2-26 表示制浆过程中木素的溶解并分离出纤维的示意图。

5. 黏度

木素溶液的黏度通常是把木素在溶剂中溶解后测定的。研究结果表明，木素溶液的黏度较低。表 2-15 列出了云杉木素在不同浓度条件下的比黏度。其三个试样是用含盐酸的氯仿-乙醇混合物连续三次抽提云杉木材而得的。木素的溶剂是二氧己环 $[(CH_2)_4O_2]$。由表内数据可知，在不同浓度下云杉乙醇木素的比黏度为 0.050～0.078，黏度值不大。原因是木素分子是非线性的刚性结构造成的。

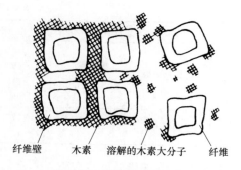

图 2-26　纸浆的蒸解示意图

从硫酸盐蒸煮的黑液中分离获得硫化木素，当浓度为每 1000g 溶液含木素 0.012～2.5g 时，测出溶液的比黏度相应为 0.026～0.330（20℃）（该木素的相对分子质量为 1000～5000）。

表 2-15　　　　　　　　　　　**云杉乙醇木素在二氧己环中的比黏度**

木素组分	浓度/(g/100mL)				
	4.00	3.20	2.56	2.05	1.64
1	0.0548	0.0576	0.0518	0.0498	0.0495
2	0.0692	0.0642	0.0616	0.0618	0.0567
3	0.0783	0.0740	0.0718	0.0722	0.0680

各种木素溶液的固有黏度比相同相对分子质量的多糖低，如表 2-16 所示。木素的特性黏度仅为聚糖的 1/40，为合成线性聚合物的 1/4，根据 Mark-Housink 方程（$[\eta]=KM^\alpha$），对木素来说，指数 α 的范围为 0.1～0.5，相当于爱因斯坦球形和紧密卷曲体的中间状态（表 2-17）。从木素溶液的扩散、沉降等种种流体力学性质也说明了木素分子处于刚性球模型和无规则卷曲体之间。

表 2-16　　**相当于相对分子质量**
（M）50000 的各种大分子的特性黏度

巨 分 子	溶 剂	特性黏度 $[\eta]/$ (dm^3/kg)
二氧杂环己烷-盐酸木素	吡啶	8
磺酸盐木素	0.1M NaCl	5
硫酸盐木素	二氧杂环己烷	6
碱木素	0.1M 缓冲液	4
聚木糖	己酰乙二胺	216
纤维素	己酰乙二胺	181
聚甲基丙烯酸甲酯	苯	23
聚甲基苯乙烯	甲苯	24

表 2-17　$[\eta]=KM^\alpha$ 方程中指数 α 值

试 样	溶 剂	α 值
二氧杂环己烷-盐酸木素	吡啶	0.15
碱木素	二氧杂环己烷	0.12
磺酸盐木素	0.1M NaCl	0.32
聚木糖	二甲亚砜	0.94
爱因斯坦球		0
紧密的卷曲体		0.5

6. 木素的热性质

木素的热性质指的是木素的热可塑性。木素的热可塑性对木材的加工和制浆，特别是机械木浆的制造，是一项重要的性质。各种分离木素的软化温度，也即常说的玻璃转化点，干燥的木素在 127～193℃，随树种、分离的方法、相对分子质量大小而异。吸水润胀后的木素，软化点大大降低。而随着相对分子质量加大，其软化点、玻璃转化温度上升。在木材加工和制浆时以水润湿木片，木片中木素的软化点在水的作用下降低，从而利于木材加工和纤维的分离。表 2-18 中列出木素的含水率和软化点。

表 2-18 木素的含水率和软化点

树种	木素	含水率/%	软化点/℃	树种	木素	含水率/%	软化点/℃
云杉	过碘酸木素	0.0	193	云杉	二氧己环木素 （低相对分子质量）	0.0	127
		3.9	159			7.1	72
		12.6	115		二氧己环木素 （高相对分子质量）	0.0	146
		27.1	90			7.2	92
桦木	过碘酸木素	0.0	179	针叶木	木素磺酸钠	0.0	235
		10.7	128			21.2	118

研究认为在玻璃转化点以下，木素的分子链的运动被冻结，而呈玻璃状固体，随着温度的升高，分子链的微布朗运动加快，到了玻璃转化点以上，分子链的微布朗运动开放，木素本身软化，固体表面积减少，产生了黏着力。深入研究了解木素的热性质对于木材的加工和制浆工程都是非常重要的。

除去木素的热可塑性，木素的红外光谱、广幅 NMR、电子自旋共振波谱（ESR）以及力学性质等都与温度有关，具有温度依存性。

7. 电化学性质

含有众多羰基的碱木素等的极谱波谱中，可以检出基于其还原性的极谱波。研究者以大量的模型物，研究了其构造和极谱性质的关系。发现在含有钴离子（Co^{2+}）的氨水缓冲液中，有更为敏锐的接触还原波出现。这是在苛性钠蒸煮中生成的特有的官能团群中氨和CO^{2+}发生反应，生成亚胺-钴螯合物的缘故。

作为高分子电解质的木素，在电泳时向阳极移动，因此可以与碳水化合物相分离。采用玻璃纤维滤纸的电泳法，可以研究木素与碳水化合物之间的结合的存在及其开裂的情况。另外用电泳法和电渗析法，可以从制浆废液中分离木素磺酸。

8. 燃烧热

木素因其主结构为苯丙烷结构单元（C_6—C_3 结构），燃烧热值相对较高，硫酸盐木素的燃烧热是 109.6kJ/g，是制浆黑液中热值的主要来源，是燃烧法碱回收蒸煮试剂最为主要的热源。

二、木素的相对分子质量及分子的聚集状态

1. 木素的相对分子质量

要获知原本木素相对分子质量，其试样只能在温和条件下采用惰性溶剂分离出来，例如磨木木素的分子就比较接近原本木素。表 2-19 中示出了云杉、落叶松、芦苇和杨木的磨木木素的质量平均相对分子质量和数量平均相对分子质量。

表 2-19 磨木木素的平均分子量

磨木木素试样	$\overline{M_{r,w}}$	$\overline{M_{r,n}}$	$\overline{M_{r,w}}/\overline{M_{r,n}}$
云杉	7050	4120	1.70
落叶松	6650	3760	1.78
杨木	5140	3440	1.53
芦苇	5350	3300	1.62

这 4 种磨木木素样品的相对分子质量分布积分曲线如图 2-27 所示。

从表 2-19 和图 2-27 可以看出，几种不同品种来源的磨木木素具有比较接近的平均相对

分子质量和聚合度，数均相对分子质量在 3300～4120 之间，相对分子质量分布的积分曲线也非常相似。这 4 种样品中，相对分子质量最大的组分，最高相对分子质量的数量级为 20000～25000。相对分子质量高于 25000 的级份很少。该研究者认为原本木素的相对分子质量不高于上面列出的数值。

表 2-19 中给出的质均相对分子质量和数均相对分子质量有一定的差别，它们的比值在 1.6～1.7。质均相对分子质量与数均相对分子质量之比，体现了木素的多分散性，说明木素相对分子质量存在一定的不均一性，这是天然高聚物的特点之一。

在某些条件下，例如在酸和碱的介质中，在温和的条件下会发生木素分子之间的"缝合"，因此，某

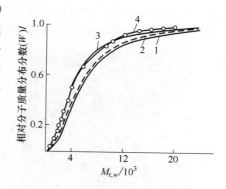

图 2-27　几种磨木木素样品的相对分子质量分布积分曲线
1—云杉　2—落叶松　3—杨木　4—芦苇

些经化学处理的分离木素样品其相对分子质量比接近于天然状态的磨木木素的相对分子质量要高。当然，也由于一部分木素大分子由于化学作用而降解，其相对分子质量比磨木木素要低，使这些分离木素的相对分子质量范围较大，如木素磺酸盐和碱木素。

表 2-20 中列出测得的各种木素的质均相对分子质量 $\overline{M_{r,w}}$、数均相对分子质量 $\overline{M_{r,n}}$ 及质均相对分子质量和数均相对分子质量之比 $\overline{M_{r,w}}/\overline{M_{r,n}}$。

表 2-20	各种可溶性木素的相对分子质量		
木　素	$\overline{M_{r,w}}/10^3$	$\overline{M_{r,n}}/10^3$	$\overline{M_{r,w}}/\overline{M_{r,n}}$
云杉布朗斯天然木素	2.8～5.7		
云杉 MWL	15.0～20.6	3.4～8.0	2.6～4.4
云杉二氧己环木素	4.3～8.5	—	3.1
云杉硫酸盐木素	11.4～19.3	5.0～6.1	2.3～3.1
云杉碱木素	10.0～14.0	5.5～5.8	1.8～2.4
松木硫酸盐木素	—	3.5	2.2
阔叶木硫酸盐木素	—	2.9	2.8
云杉木素磺酸	5.3～13.1	—	3.1
云杉亚氯酸盐木素	8.8～9.6	—	—

通常，以光散射 $\overline{M_{r,w}}$ 法，超速离心机的沉降速度法以及沉降平衡法等求得，$\overline{M_{r,n}}$ 以蒸汽压渗透法，凝固点下降法等测定，但对于木素磺酸那样的水溶性木素不适用。相对分子质量分布的测定，通常用基于分子筛原理的凝胶色谱法。

2. 木素分子的聚集状态

木素的 X-射线衍射图表明木素的结构是无定型的，自木化植物分离的木素大都是无定型的粉末。例如，分离的磨木木素是淡黄色的粉末，用克拉森法获得的硫酸木素为黄褐色粉末，从硫酸盐法黑液经酸化、沉淀分离，得到的硫酸盐木素或硫木素是一种棕色无定型粉末。

用电子显微镜研究木素的超分子结构状态表明，木素是以球状质点状态或块状质点状态聚集存在的，图 2-28 是云杉乙醇木素在高分辨率电子显微镜下观察到的木素粒状（或小球状）质点的情形。

原本木素和碳水化合物，在植物细胞中，以层状结构存在，制浆过程中以厚度约 2nm

宽度不等的碎片溶出。种种的实验结果证明了这种观点（图 2-29）。大的板状的碎片在溶液中不规则地折叠卷曲，而呈近于球状的木素的分子质点。

图 2-28　云杉乙醇木素的电子显微镜放大图

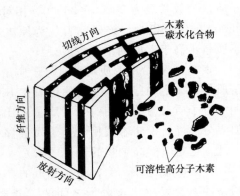

图 2-29　制浆过程中木素的碎化与脱出

第六节　木素的化学反应

一、木素结构单元的化学反应性能

有机化合物的化学结构决定其化学性质。木素是由苯基丙烷结构单元通过多种类型的键连接而成的复杂高分子化合物，主体结构单元、单元间连接键的类型以及结构单元上官能团的种类与数量差异性较大，上述内容在前几节中已进行了详细的叙述，特别是酚型结构单元和非酚型结构单元活性差别很大。

二、木素的亲核反应

（一）常用于木素亲核反应的试剂

表 2-21 为一些与木素反应有关的亲核试剂在水溶液中的亲核性参数 E（以水的 E 值 1.00 为参比）。

表 2-21　　　　　　　　　　　　　　一些试剂的亲核性能

亲核试剂	E	亲核试剂	E	亲核试剂	E
H_2O	1.00	H_2SO_3	1.99	CH_3O^-	2.74
$C_6H_6O^-$	1.46	HSO_3^-	2.27	S^{2-}	3.08
SO_2	1.51	$S_2O_3^{2-}$	2.52	$C_2H_5O^-$	3.28
OH^-	1.65	SO_3^{2-}	2.57		
SCN^-	1.83	HS^-	2.57		

亲核反应是植物原料蒸煮过程中的脱木素最为重要的反应。表 2-22 中列出了不同 pH 下蒸煮方法、蒸煮液的组成及其所产生的亲核试剂的种类。

由表 2-22 可以看出，不同的蒸煮方法蒸煮液中主要的亲核试剂有所差别，由于不同的亲核试剂的亲核性能不同（E 值），在脱木素反应中，其脱木素速度会有所差异。根据制浆 pH 不同，为机理归类及叙述方便，后面的讲述中将化学制浆分为碱性制浆［中性亚硫酸盐法、碱性亚硫酸盐法、硫酸盐法、氢氧化钠（烧碱）法］和酸性制浆（亚硫酸氢盐法、酸性亚硫酸盐法）。

表 2-22　　　　　　　　　　　　**各种 pH 下蒸煮方法及其蒸煮液的组成**

起始 pH	蒸煮方法	组成	亲核试剂
14	氢氧化钠(烧碱)法	MOH	OH^-
14	硫酸盐法	$MOH + Na_2S$	OH^-、HS^-、S^{2-}
>10	碱性亚硫酸盐法	$NSO_3 + MOH$(或 NaS_2)	OH^-(或 HS^-)、$SO_3{}^{2-}$
6~9	中性亚硫酸盐法	$NSO_3 + MCO_3$(MOH 或没有)	$SO_3{}^{2-}$、$CO_3{}^{2-}$(OH$^-$)
2~6	亚硫酸氢盐法	$MHSO_3$	$HSO_3{}^-$
1~2	酸性亚硫酸盐法	$H_2SO_3 + MHSO_3$	$H_2O \cdot SO_2$、$HSO_3{}^-$

注：M：一价盐基；N：二价盐基。

(二) 木素的结构单元在酸、碱介质中的变化规律

1. 碱性介质

（1）能形成 $C_4—O^-$ 结构单元的变化规律

酚型结构单元（Ⅰ），在碱性介质中容易生成 $C_4—O^-$ 结构单元（Ⅱ）。酚羟基中的氧原子是电负性很强的原子，它的未共用电子对和苯环上的 π 电子云形成 P-π 共轭体系，使氧原子的 P 电子云向苯环转移，因而又使酚羟基上氢氧原子之间的电子云向氧一方转移，这就削弱了酚羟基上的氧和氢原子之间的联系，使氢离子易于脱出（显出弱酸性），进而诱导 α-醚键断裂脱除形成双电极形式（Ⅴ），见图 2-30。

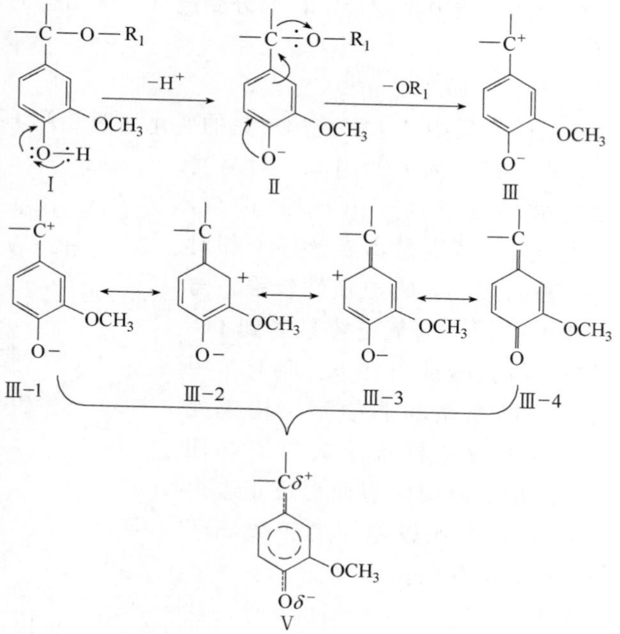

上述变化的意义主要有两个方面，一是木素 α-醚键发生了断裂，木素部分碎解，另一方面是 α-碳原子形成了亲核试剂所攻击的部位，导致木素进一步反应，同时氧负离子是强的供电基团，可使苯环活化，同时使木素亲液性提高，提高其在极性蒸煮液中的溶解度。

部分非酚型结构单元在碱性介质中也能形成 $C_4—O^-$ 结构。图 2-31 中 A 结构是酚型结构单元，B 结构是非酚型结构单元，当 A 结构在碱性介质中 α-醚键断裂后，B 结构则变为 $C_4—O^-$ 结构，可通过诱导效应脱去 OR。正因如此，虽然酚型结构单元在木素中含量较少，但碱法制浆木素仍能大量碎解。

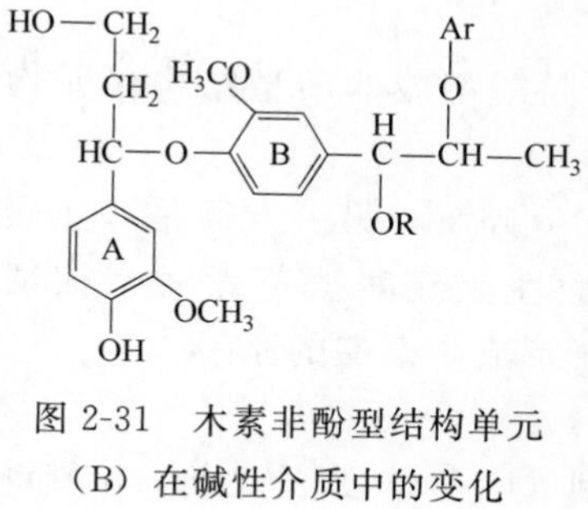

所以，非酚型结构单元在碱性介质中能否变化，要看与其连接的前序木素结构单元的状况，凡是在碱性介质中不能够转化成 $C_4—O^-$ 结构单元称为非酚负离子型结构单元（nophenolic anion type structures），能转化 $C_4—O^-$ 结

图 2-30　木素酚型结构单元在碱性介质中的变化

图 2-31　木素非酚型结构单元
（B）在碱性介质中的变化

构单元的称为酚负离子型结构单元（phenolic anion type structures）（包括酚型结构单元和

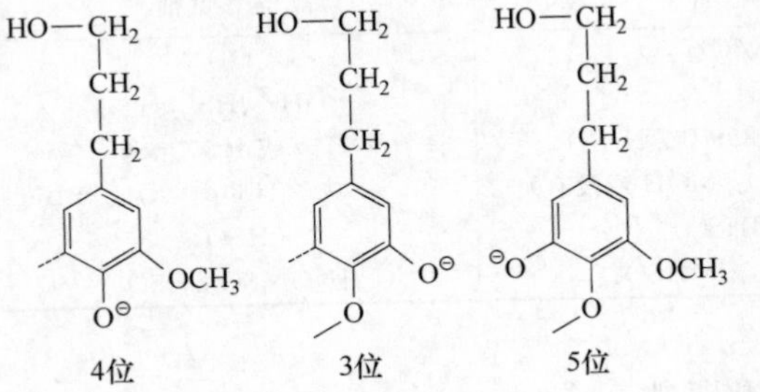

图 2-32　木素结构单元苯环上的氧负离子

部分非酚型结构单元），酚负离子型结构单元也有人称其为酚氧负离子（phenolic oxygen anion），本章中统一称为酚负离子型或 C_4—O^- 结构单元。其氧负离子（O^-）的部位主要是苯环 4 位、3 位和 5 位（见图 2-32），氧负离子的生成可以使苯环变为一个大的供电基团，同时增加木素的亲液性，对木素的碎解及脱除极其重要。如无特殊强调，文中叙述的"酚负离子型结构单元"均指 4 位酚负离子型（C_4—O^-）结构单元。

（2）不能形成 4 位酚负离子型（C_4—O^-）结构单元的变化规律

在碱性介质中比较稳定，部分侧链有特殊结构的木素单元可以发生反应，后续内容会有介绍。

2. 酸性介质

在酸性介质中，木素结构单元的变化如图 2-33 所示。

木素醚键上的未共用电子对易受到无机酸中的氢质子（H^+）进攻，能生成锌盐。特别是木素苯环上邻对位定位基的影响，C_α 电负性较强，与之相连的醚键上的氧更容易受到 H^+ 的进攻。故在酸性条件下，具有苯甲基醚结构的酚型和非酚型结构单元（Ⅰ），首先变成锌盐形式的醚基团（Ⅱ），然后 α-醚键断裂而形成正碳离子（Ⅲ），这种比较稳定的正碳离子亦呈 4 种形式存在。

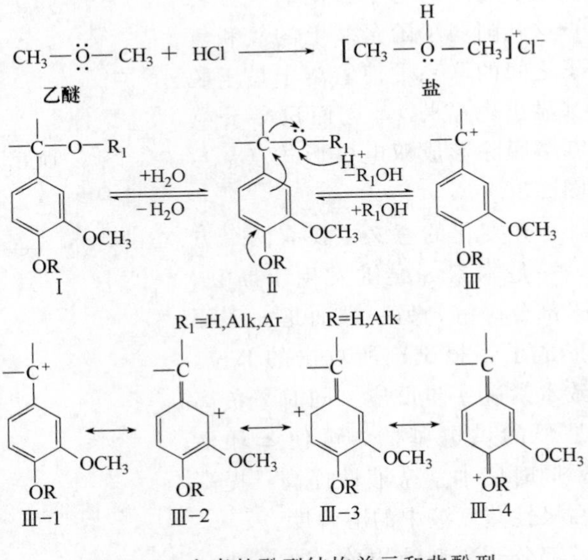

在图 2-33 中，当 R＝H 时，这种带游离酚羟基的正碳离子实际上就是正质子形式的亚甲基醌，但正碳离子是通过酸性介质中锌盐形成的，与上述碱性介质中亚甲基醌的形成过程不同。这种正碳离子和正氧离子（Ⅲ-4）的形成并不要求侧链的对位具有酚羟基，因此不论是酚型或非酚型结构单元均可形成。

图 2-33　木素的酚型结构单元和非酚型
结构单元在酸性介质中的变化

上述变化的意义：一是木素 α-醚键发生了断裂，木素部分碎解，另一方面是 α-正碳离子都是正电中心，是亲核试剂所攻击的位置，这也就是酸性亚硫酸盐蒸煮时亲核试剂（HSO_3^- 或水和二氧化硫 $H_2O \cdot SO_2$）往往首先进攻 α-碳原子形成 α-磺酸的原因。

由上可知，木素结构单元在酸碱性介质中的变化规律是：

① 在碱性介质中，木素结构单元中的能形成酚负离子型（C_4—O^-）的结构，α-醚键断

裂，可形成亚甲基醌结构，C_α 位是亲核试剂的进攻部位；

② 在酸性介质中，木素结构单元中无论是酚型结构还是非酚型结构，α-醚键断裂，可形成 C_α 正碳离子结构，C_α 位是亲核试剂的进攻部位；

③ 在碱性介质和酸性介质中，木素结构单元 α-醚键断裂的机理不同，碱性介质是酚负离子诱导作用造成的，而酸性介质是氢质子进攻 α-醚键上氧原子造成的。

④ α-醚键断裂的意义：一方面导致木素部分碎解，另一方面 α-位成为亲核试剂所攻击的位置，同时，如果木素结构单元上生成氧负离子结构，因其是强的供电基团，可使苯环活化，同时 O^- 的生成可使木素亲液性提高，易于木素的溶解、脱除。

（三）木素在碱性蒸煮中的反应

1. 碱性蒸煮的特点分析

碱性蒸煮的共性是蒸煮液中均含有 OH^- 离子，不同点是有些蒸煮方法还含有其他活性更强的亲核试剂，亲核能力可以用 E 值来衡量，E 值越大，亲核性越强，详见表 2-21。不同亲核试剂对木素大分子连接键的断裂能力也不同，木素的降解程度与降解速度也随之不同。

2. α-醚键的反应

（1）酚负离子型（C_4—O^-）α-醚键的断裂

① α-芳基醚键。C_4—O^- 结构单元的 α-芳基醚在碱性条件下容易断裂，示例见图 2-34。苯基香豆满结构在碱法蒸煮条件下生成 C_4—O^-（Ⅰ）后，通过诱导效应促进了 α-芳基醚键的开裂，进而转变成亚甲基醌中间体（Ⅱ）。上述反应与木素结构单元在碱性介质中的变化规律是一致的。由于亚甲基醌结构中 C=O 基的吸电子作用，通过诱导效应，使得 β-碳原子的电子云密度降低，它与 H 原子的连接力减弱，在 OH^- 作用下，于是脱去氢（β-质子消除反应），而得到 1、2-二苯乙烯结构产物（Ⅲ）。如在反应系统中存在氧，产物（Ⅲ）被氧化成成苯基香豆酮（Ⅳ）。反应中还可能发生脱甲醛现象（C_β—C_γ 断裂），即 γ-位的伯醇（—CH_2OH）变成甲醛而脱除。

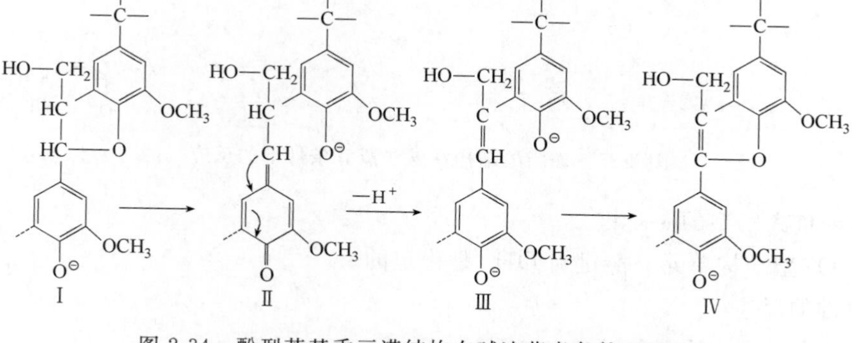

图 2-34　酚型苯基香豆满结构在碱法蒸煮条件下的反应

如果体系中含有更强的亲核试剂，如 HS^-（硫酸盐法制浆）、HSO_3^-（碱性亚硫酸盐法制浆）、AHQ^-（烧碱-蒽醌法制浆、硫酸盐-蒽醌法制浆）、CH_3O^-（烧碱-甲醇法制浆）、S_{n+1}^{2-}（烧碱-多硫化钠法制浆）等，这些强的亲核试剂会进攻 C_α 位，或者说在 C_α 位引入更强的亲核试剂，进而导致 β-消除反应，包括 β-质子消除反应，如果 C_β 位连接有醚键，则 β-醚键断裂。此过程在下面的内容中将详细叙述。

② α-烷基醚。酚负离子型（C_4—O^-）的 α-烷基醚结构以松脂酚为代表，图 2-35 表示了

其在氢氧化钠蒸煮条件下的反应。C_4—O^-形式存在的松脂酚（Ⅰ）中的α-烷基醚键断开后，形成二甲基醌结构（Ⅱ）。只有OH^-存在时，亚甲基醌中间产物γ-位伯醇负离子以甲醛形式脱除（β-甲醛消除反应），形成1,4-二芳基-丁二烯（1,3）产物（Ⅲ）。另外，由于亲核试剂OH^-对α-碳原子的攻击，随后脱出两个愈创木基负离子（Ⅳ），并得到木素的分解产物2,3-二羟甲基琥珀醛（Ⅴ）。反应脱出的2分子甲醛，一部分与脱出的愈创木基负离子缩合形成二芳基亚甲基产物（Ⅵ）。

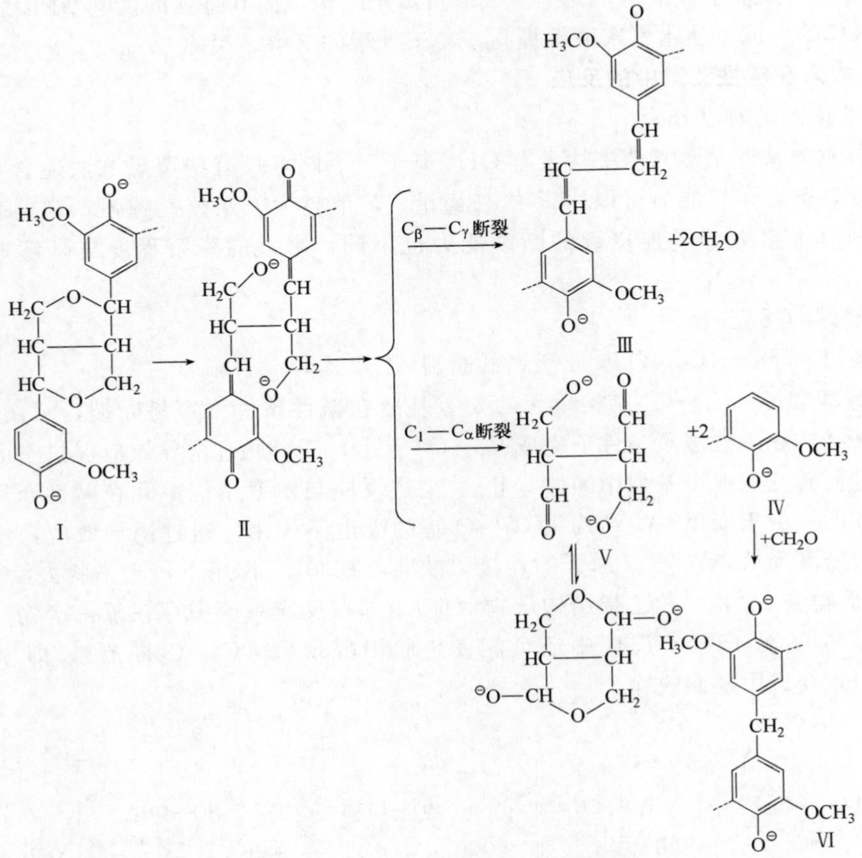

图 2-35　松脂酚结构在碱法蒸煮条件下的反应

（2）非酚负离子型的α-醚键

非C_4—O^-型结构单元α-醚键对OH^-是稳定的。

3. β-醚键的反应

（1）酚负离子型（C_4—O^-）

1）烧碱法：蒸煮液中含有OH^-

酚负离子型（C_4—O^-）β-芳基醚结构（Ⅰ）在碱液中，当α-醚键断裂后，变成亚甲基醌结构（Ⅱ）。由于β-质子消除反应，脱去氢质子，而变成苯乙烯芳基醚结构产物（Ⅲ），它在碱液中是稳定的。同时，一部分形成环氧化物（Ⅳ），并伴随着β-芳基醚键的开裂。环氧化物（Ⅳ）不稳定，开环后形成β-酮类产物（Ⅴ）。酚负离子型（C_4—O^-）β-芳基醚键结构基团在只有OH^-的碱法蒸煮中的反应过程，示于图2-36中。

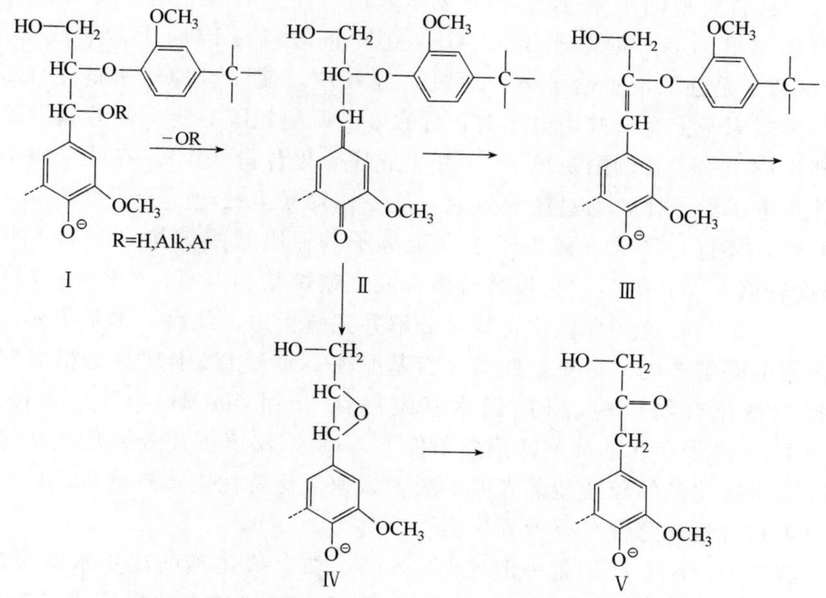

图 2-36 烧碱法蒸煮酚负离子型结构单元 β-芳基醚结构的反应

2）硫酸盐法：蒸煮液中含有 OH^-+HS^- 的反应

酚负离子型（C_4—O^-）β-芳基醚结构的木素结构单元聚合体在硫酸盐蒸煮中的反应，以木素模型化合物愈创木基-甘油-β-愈创木基醚与硫化钠水溶液的反应可以得到证明，反应过程示于图 2-37。

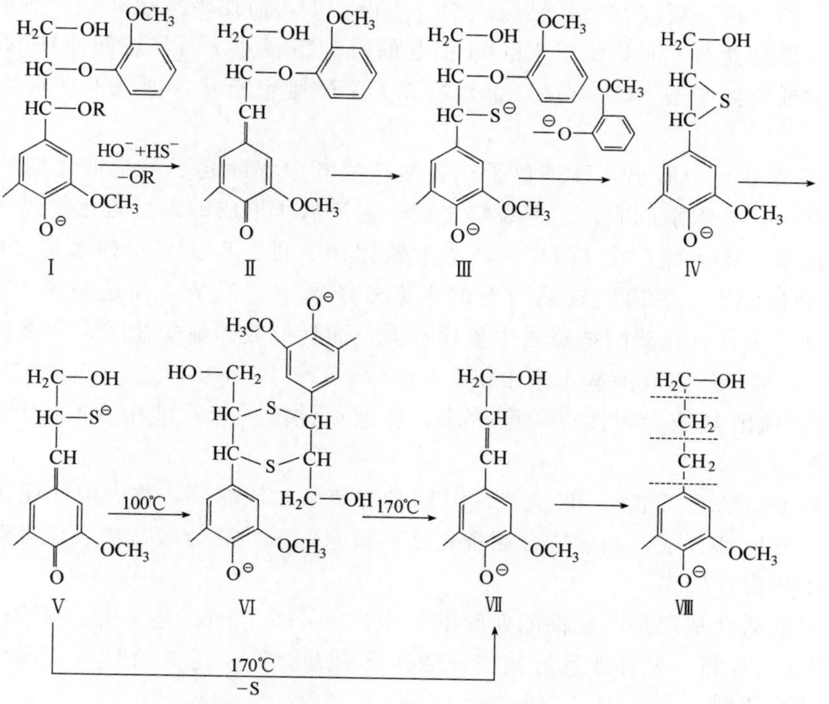

图 2-37 硫酸盐蒸煮酚负离子型结构单元 β-芳基醚结构的反应

由反应所示：首先愈创木基-甘油-β-愈创木基醚（Ⅰ）在碱性介质中，α-醚键裂开，形成亚甲基醌结构（Ⅱ），亲核试剂 S^{2-}、HS^- 立即进攻其 α-碳原子，形成苯甲硫基结构（Ⅲ）。由于 S^- 离子是强的电子给予体，通过诱导效应，使 α-碳原子上的电子云密度增大，加之 β-芳基醚键氧原子上有未共用电子对，导致 β-芳基醚键不稳定，使芳基以酚盐负离子形式被脱出（即生成了一个新的酚负离子），并生成环硫化合物（Ⅳ），在此结构中，酚负离子上的氧原子作为电子给予体，通过诱导效应，使 α-碳原子上的电子云密度增大，α-碳和硫原子间的作用减弱，环打开形成 β-碳原子上含硫离子的亚甲基醌结构（Ⅴ）（即木素的硫化物）；如果温度较低（<100℃），它很容易聚合成二噻烷结构（Ⅵ）（木素的二硫化物）；在较高温度下（>170℃），这些含硫化合物被分解并把硫析出，最后，木素单元的侧链也分解断开，形成木素的降解产物。可见，此类 β-芳基醚在 Na_2S 溶液中裂解是相当彻底而又十分迅速的。根据模型化合物试验，β-愈创木基醚键在 2mol NaOH、170℃ 条件下仅能裂开30%，而当有 HS^- 离子存在的硫酸盐蒸煮条件下，170℃ 温度下几分钟几乎全部裂开，从而可以理解为什么含硫化钠的硫酸盐蒸煮液的脱木素速度比苛性钠蒸煮液快，以及在同样条件下所得的浆料木素含量比苛性法要低等事实。

在硫酸盐蒸煮中，NaOH 用量一般比 Na_2S 高，加上硫化钠的逐步水解不断补充 OH^- 离子，可见 OH^- 离子比例很高，但对于木素中酚型 β-芳基醚键的反应来说，由于 HS^- 和 S^{2-} 离子的亲核性都比 OH^- 离子强，它们共同对亚甲基醌中间物进行竞争，必然是 HS^- 离子和 S^{2-} 离子获得主导地位。因此，此过程主要并不是 OH^- 离子引起的芳基消除反应，而是 S^{2-} 离子和 HS^- 离子在 α-碳原子上的亲核进攻形成苯甲硫基结构（Ⅲ），导致 β-芳基醚键断裂。这是硫酸盐蒸煮不同于苛性钠法蒸煮的一个特点。

β-芳基醚在木素结构中占有相当大的比例，因此它的断裂对导致木素大分子成碎片而溶出是很有意义的。这一反应在苛性钠蒸煮中发生得较少，而在硫酸盐蒸煮中则是一个主要反应。这样，在硫酸盐蒸煮时，除了 NaOH 引起的醚键断裂外，而且还能使在 NaOH 作用下很难起反应的酚负离子型（C_4—O^-）单元的 β-芳基醚键也断开，加速了木素反应和碎解溶出过程。

从图 2-37 中还可以看出，HS^- 离子在硫酸盐蒸煮中实际起了一个催化剂的作用，它开始加入到木素中，与木素反应；木素裂解之后，它又从所形成的木素硫化物或二硫化物中以硫的形式析出来。据实验，在 170℃ 时，木素硫化物（Ⅲ、Ⅳ、Ⅴ）和木素二硫化物（Ⅵ）中 70% 的硫会被脱出，脱出的硫能与新的木素分子再进行反应，在这系统中被循环利用。从这就可以理解为什么在硫酸盐蒸煮中硫耗不大，而且形成的硫酸盐木素含硫百分数较低等事实（析出 S^{2-} 离子后，硫酸盐木素中仅含硫 2%~3%）。

3）中性亚硫酸盐法、碱性亚硫酸盐法、烧碱亚钠法：蒸煮液中含有 OH^- + HSO_3^- + SO_3^{2-} 的反应

中性亚硫酸盐法蒸煮液的 pH 为 6~10 时的亚硫酸盐法制浆，称为中性亚硫酸盐法，其脱木素速度及程度都有限，一般适合制备化学机械浆，碱性亚硫酸盐法、烧碱亚钠法在禾本科原料蒸煮中用得比较多。

蒸煮液中的活性基团是亲核性的亚硫酸氢根离子 HSO_3^-（为主）和亚硫酸根离子 SO_3^{2-}（中性亚硫酸盐法少量，碱性亚硫酸盐法、烧碱亚钠法较多），它们在使木素磺化的同时，还使各种醚键结合断裂。

苯基香豆满结构的酚负离子型（C_4—O^-）型结构单元 α-芳基醚键断裂，生成亚甲基醌

结构。亲核试剂 HSO_3^- 离子进攻显出正电性的 C_α，进而形成 α-磺酸，在中性亚硫酸盐蒸煮中，木素单元上 α-碳原子的磺化是一个重要反应。α-芳基醚的反应过程示于图 2-38 中。

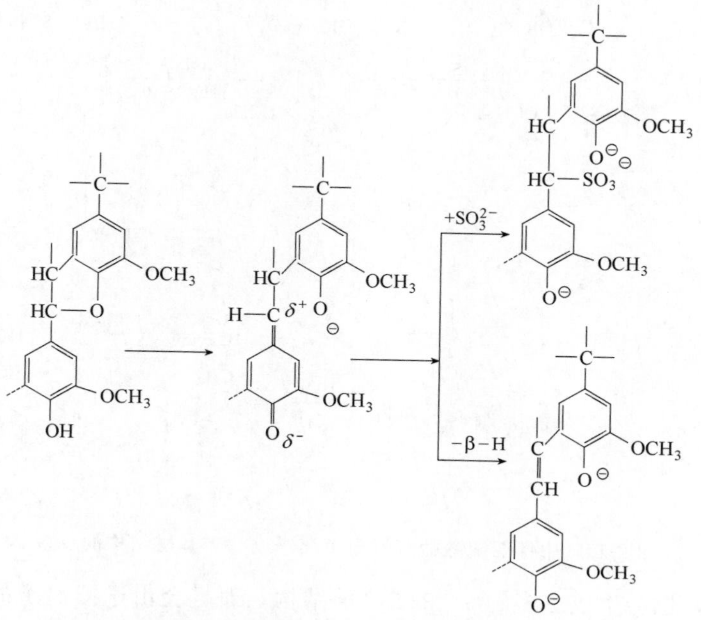

图 2-38 亚硫酸盐蒸煮酚负离子型苯基香豆满结构的反应

酚型松脂酚结构的酚负离子型（$C_4—O^-$）单元 α-烷基醚键，形成亚甲基醌结构后，γ-碳原子上的伯醇羟基以甲醛形式脱出，C_α 位被亲核试剂 SO_3^{2-} 离子进攻，α-位被磺化形成 α-磺酸。反应过程示于图 2-39 中。

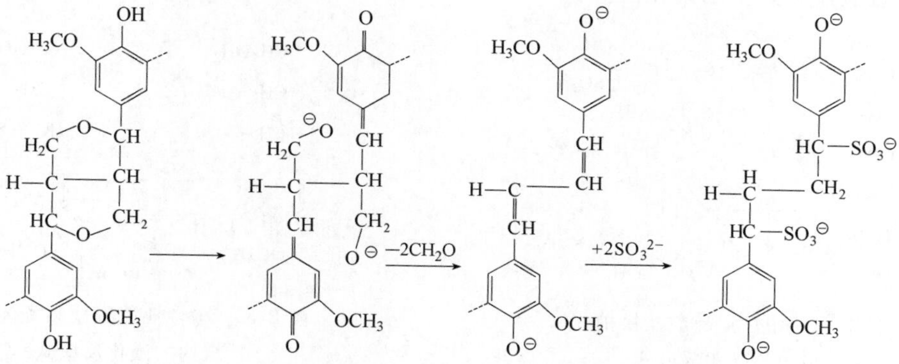

图 2-39 中性亚硫酸盐蒸煮酚负离子型松脂酚结构的反应

非酚负离子型（非 $C_4—O^-$）结构的 α-烷基醚、α-芳基醚，在蒸煮中比较安定的。

β-芳基醚键的反应：苯基香豆满结构和松脂酚结构的 β 位均是碳碳键（β-1，β-β'），$C_4—O^-$ 结构单元中的 β-芳基醚键的反应过程示于图 2-40 中。

形成 α-磺酸结构后，由于 α-位置导入了亲核的磺酸基，导致 β-芳基醚的断裂，脱去芳基而形成 α、β-二磺酸结构，最终形成苯乙烯 β-磺酸。这个反应取决于 pH，当蒸煮液的 pH 等于 6～9 时（中性亚硫酸盐法），例如蒸煮时间比较短的情况下，主要产物是 α-磺酸和 α、β-二磺酸；当这个反应的蒸煮液 pH 为 10～14 时（碱性亚硫酸盐法，烧碱亚钠法），不单 β-

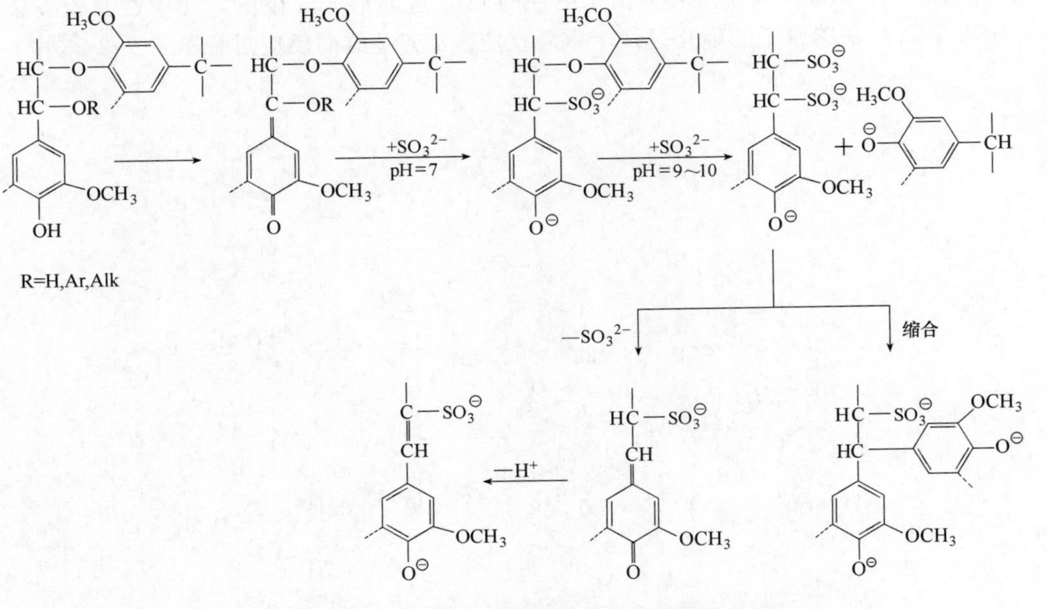

图 2-40　中性亚硫酸盐蒸煮酚负离子型 β-芳基醚结构的反应

芳基醚分解加速，也会生成更多的 α、β-二磺酸结构，而且会由于酚离子的供电子性质，经诱导效应使 α-位置上的—SO₃⁻ 不稳定而又脱出来，形成亚甲基醌结构，经 β-质子消除反应，脱去质子而形成苯乙烯 β-磺酸，同时还可能形成缩合的二芳基亚甲基结构作为最终产物。

　　侧链羰基和双键的反应：木素中的带羰基和双键的结构单元的反应，以松柏醛和肉桂醇为例，经磺化反应，形成 α、γ-二磺酸和 α-磺酸。图 2-41 和图 2-42 分别为松柏醛和肉桂醇在中性亚硫酸盐蒸煮中的磺化反应。

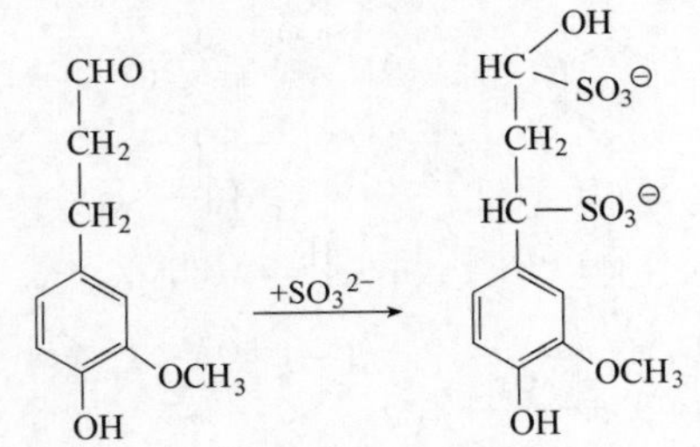

图 2-41　中性亚硫酸盐松柏醛
结构的磺化反应式

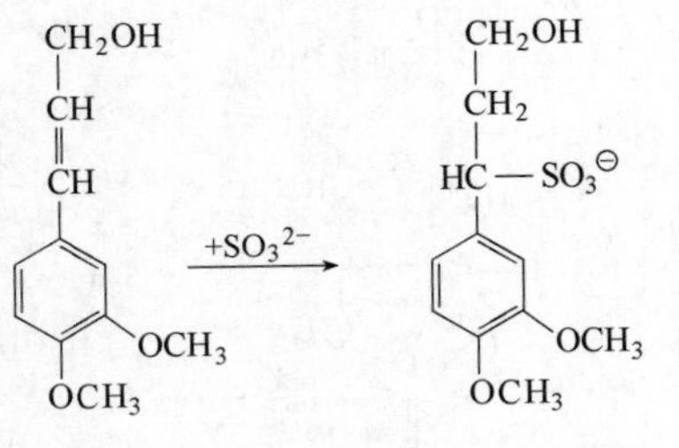

图 2-42　中性亚硫酸盐蒸煮肉桂醇
结构的磺化反应式

4）烧碱-蒽醌法：蒸煮液中含有 OH⁻＋AHQ⁻ 的反应

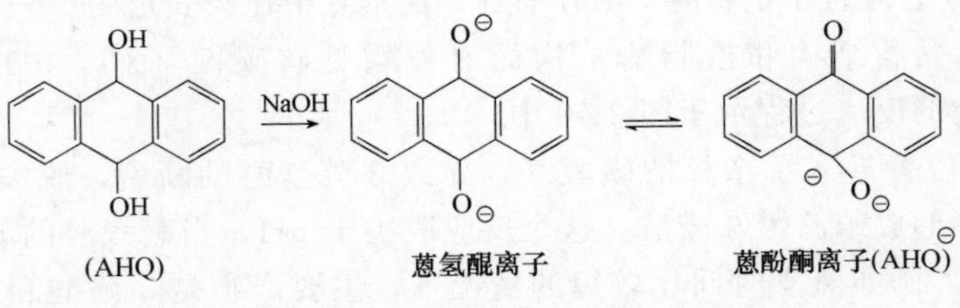

(AHQ)　　　　　蒽氢醌离子　　　　蒽酚酮离子(AHQ)

图 2-43　碱性条件下蒽氢醌成蒽酚酮离子的过程

在 NaOH 蒸煮过程中添加的少量蒽醌做蒸煮助剂，蒽醌能够氧化碳水化合物的还原性末端基，自身被还原成蒽氢醌（AHQ）。蒽氢醌溶解在碱液中变成蒽酚酮离子（AHQ⁻），AHQ⁻ 是强的亲核试剂，过程见图 2-43。

AHQ⁻ 的作用机理与 HS⁻ 一样，进攻亚甲基醌的 C_α 位，导致 β-醚键裂断，β-醚键裂断后 AHQ⁻ 再转化成 AQ。这样 AQ 既加速了木素的碎解与脱除又保护了碳水化合物，所以 AQ 是一种催化剂型的优良蒸煮助剂，其反应历程及作用机理分别示于图 2-44 和图 2-45 中。

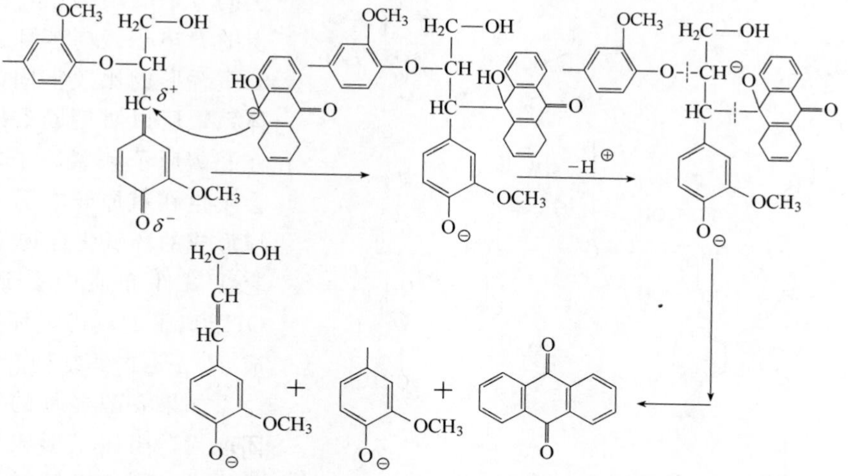

图 2-44　蒽氢醌在碱性条件下与木素 α-芳基醚结构的反应

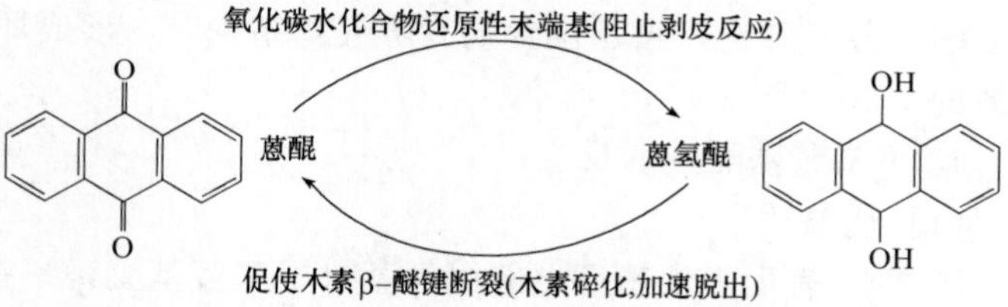

另外，也有研究指出，如果木素侧链还有脂肪族羟基，AQ 也可以将羟基氧化为羧基或醛基，自身变为 AHQ。也就是说没有碳水化合物的参与完成催化作用。

图 2-45　蒽醌在碱法蒸煮中的作用

木素结构单元连接键中 β-烷基醚键较少，其断裂机理与 β-芳基醚相同。

（2）非酚负离子型（非 C_4—O^-）

非酚负离子型的 β-芳基醚键很难断裂。当 α-位置上有醇羟基结构时，其在碱法蒸煮中发生的反应，示于图 2-46。

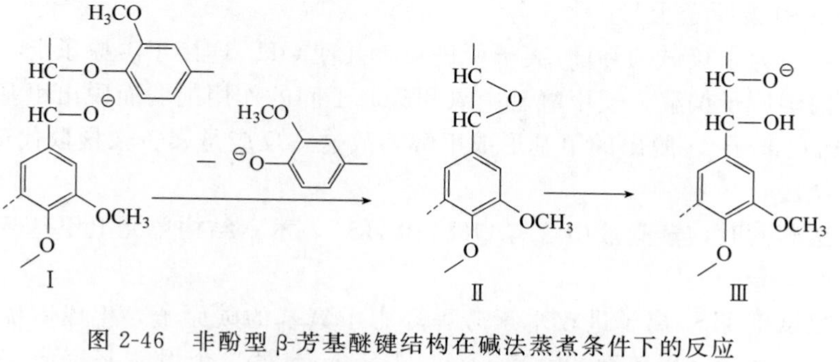

图 2-46　非酚型 β-芳基醚键结构在碱法蒸煮条件下的反应

由于 α-醇羟基中氢原子和电负性很强的氧原子结合，氢、氧原子间的电子云偏向氧方面，在碱性介质中，易离解出 H 质子而成为负氧离子（Ⅰ）。这时氧原子的电子云密度较大，通过诱导效应，导致 γ-碳原子上的电子云密度也增大，使得 β-碳原子与氧原子之间的作用削弱而断裂，使芳基作为酚负离子脱出，形成环氧化合物（Ⅱ）。要说明的是，在 β-碳原子上的芳基醚结构中，由于氧原子上的 P 电子云与苯环上的 π 电子云重叠形成比较牢固的 P-π 共轭体系，所以醚键断裂时，只发生在 β-碳原子和氧原子之间，而不会发生在氧原子与芳基之间。反应形成的环氧化合物是不稳定的，它在碱性介质中受到亲核试剂 OH⁻ 离子的攻击，环被打开而形成 α、β-乙二醇结构产物（Ⅲ）。

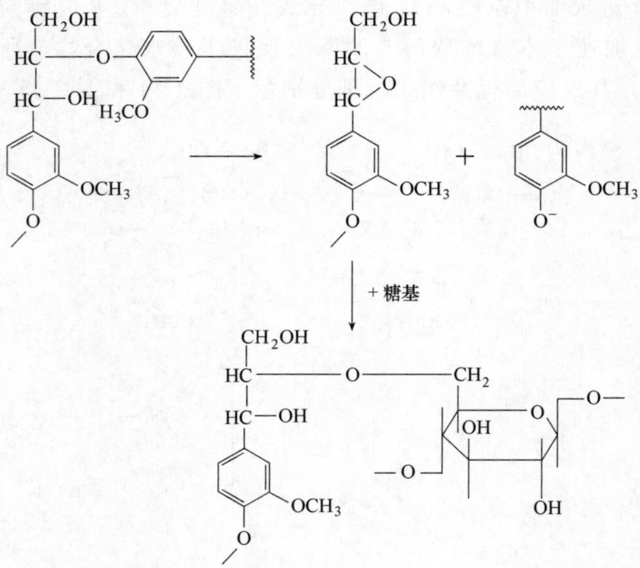

图 2-47　碱法蒸煮时 LCC 的形成

如果 α-醇羟基的氢为其他基团取代，阻碍了形成环氧化合物的途径，则 β-芳基醚键对碱完全稳定。现代研究表明，非酚负离子型的 β-芳基醚键，当 α-位置上有醇羟基结构时，形成环氧化合物后，可能与糖基反应，形成新的 LCC（图 2-47）。

4. 甲基芳基醚键的反应

（1）烧碱法

图 2-48 表示木素苯环上的甲氧基（甲基芳基醚键）在碱法蒸煮液中只有 OH⁻ 的脱甲基反应。

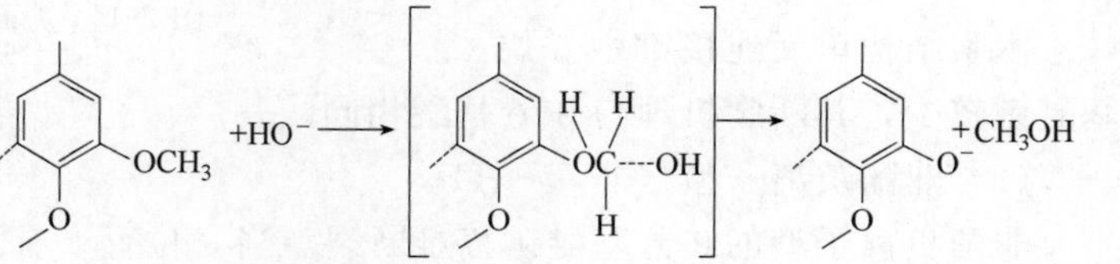

在甲基芳基醚结构中，氧原子和苯环由于电子云的重叠而形成 P-π 共轭体系，氧原子的电子云偏向苯环，导致甲基上的电子云也偏向氧原子一方，于是在甲基的碳原子上形

图 2-48　木素中甲基芳基醚键在碱法蒸煮中的断裂

成正电的中心，易为亲核试剂 OH⁻ 离子所进攻，并使 OH⁻ 连接于碳原子上。羟基上的氧原子的电子云亦向碳原子偏移，使甲氧基中氧和碳原子间的作用削弱而脱出甲基，形成新的酚负离子（3 位酚负离子），脱出的甲基形成甲醇，故这一反应是属于亲核取代反应过程。

（2）硫酸盐法

在硫酸盐法蒸煮时，蒸煮液中含有 OH⁻ 和 HS⁻，木素结构单元上甲基芳基醚结的反应过程示于图 2-49。

首先，亲核试剂 HS⁻ 离子进攻木素芳香环中甲氧基的碳原子，生成甲硫醇，并在苯环上导出酚负离子；然后，甲硫醇的负离子（CH₃S⁻）与第二个甲氧基反应，生成二甲基硫醚。两个反应均属于亲核取代反应。在硫酸盐蒸煮中，可以从蒸煮废气中获得甲硫醇和二甲硫醚。它们的生成量为 1～2kg/t 浆，由此可以推断木素中有 5％～6％ 的甲氧基被分解形成

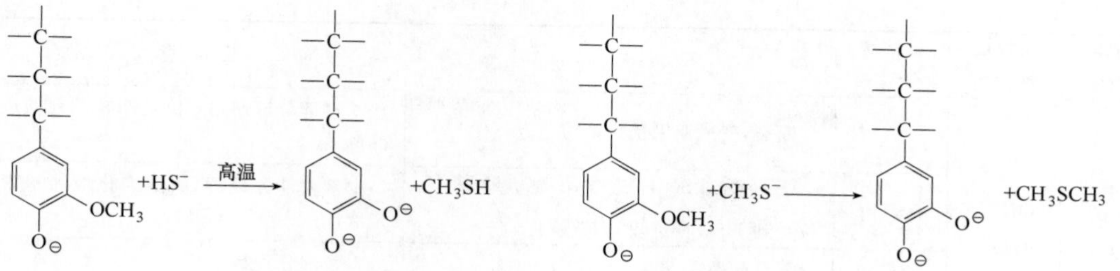

图 2-49　木素中甲基芳基醚结构在硫酸盐蒸煮条件下的反应

这些产物。它们是硫酸盐浆厂蒸煮放出气体臭味的主要成分。

（3）中性亚硫酸盐、碱性亚硫酸盐法

在中性亚硫酸盐、碱性亚硫酸盐法制浆时，蒸煮液中含有 $OH^- + HSO_3^- + SO_3^{2-}$，甲基芳基醚结构也可发生一定程度的醚键断裂，出现新的酚羟基，其甲基形成甲基磺酸，反应如图 2-50 所示。

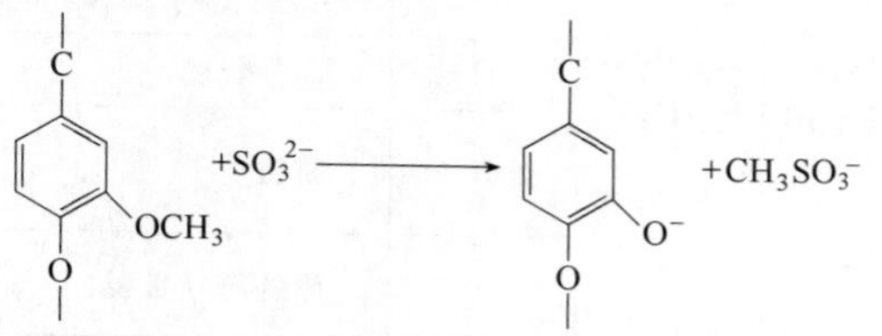

5. 少量碳-碳键的断裂

主要是侧链的碳-碳键在有些时候会发生少量碎解。如 C_β-C_γ 断裂脱甲醛（详见图 2-36），侧链碎解脱硫（详见图 2-38）。其他种类的碳-碳键则很少断裂。

图 2-50　木素中甲基芳基醚键结构在中性亚硫酸盐蒸煮条件下的反应

6. 木素在碱性条件下制浆降解反应总结

前面叙述的木素亲核反应主要是木素大分子的降解反应。为了对应各种主要蒸煮方法木素的反应情况。主要反应类型归结起来见表 2-23。

表 2-23　　　　　　　　　　　　　　木素在碱性蒸煮时的主要反应

制浆方法	亲核试剂种类	连接键类型*	反　　应	反　应　意　义
烧碱法	OH^-	A	断裂,变成亚甲基醌结构	木素部分碎解,C_α 位是亲核试剂的进攻部位
		B	稳定	
		C	断裂	木素部分碎解
		D	断裂	生成新的氧负离子,活化木素,木素亲液性增强
		E	稳定,亚甲基醌结构存在 C_β—C_β 稳定连接,且 C_γ 连有 CH_2OH 时,C_β—C_γ 断裂脱甲醛	生成二苯乙烯结构,与金属离子作用使浆料颜色变深,甲醛可交联木素碎片,对降解不利
硫酸盐法	OH^-,HS^-	A	断裂,变成亚甲基醌结构	木素部分碎解,C_α 位是亲核试剂的进攻部位
		B	C_α 位受到 HS^- 进攻,β-醚键断裂	木素大部分碎解
		C	断裂	木素部分碎解
		D	断裂	生成新的氧负离子,活化木素,木素亲液性增强;生成的硫醚类物质有刺激性臭气
		E	木素侧链碳-碳键部分断裂	木素碎解,释放出单质硫,单质硫在碱性条件下转变为 HS^-

续表

制浆方法	亲核试剂种类	连接键类型 *	反　　　应	反　应　意　义
烧碱亚钠法、碱性亚硫酸盐法	OH^-, HSO_3^-, SO_3^{2-}	A	断裂,变成亚甲基醌结构	木素部分碎解,C_α 位是亲核试剂的进攻部位
		B	C_α 位受到 SO_3^{2-} 进攻,β-醚键断裂,C_α 位受到 HSO_3^- 进攻,侧链磺化	木素大部分碎解,侧链磺化增加木素的亲液性
		C	部分断裂	木素部分碎解
		D	断裂	生成新的氧负离子,活化木素,木素亲液性增强
		E	比较稳定	木素碎解,释放出单质硫
烧碱-蒽醌法	OH^-, AHQ^-	A	断裂,变成亚甲基醌结构	木素部分碎解,C_α 位是亲核试剂的进攻部位
		B	C_α 位受到 AHQ^- 进攻,β-醚键断裂	木素大部分碎解
		C	部分断裂	木素部分碎解
		D	断裂	生成新的氧负离子,活化木素,木素亲液性增强
		E	侧链部分断裂	木素碎解,释放出 AQ,在碱性条件下转变为 AHQ^-

注：＊A：酚负离子型的 α-醚键结构；B：酚负离子型（C_4—O^-）的 β-醚键结构；C：非酚负离子型的 β-醚键结构，C_α 连有—OH 时；D：甲基芳基醚键结构；E：碳-碳键。

　　总体上来说，木素大分子苯丙烷结构单元如果能够形成酚负离子，会诱导 α-醚键（α-芳基醚键、α-烷基醚键）断裂，形成亚甲基醌中间物，而 C_α 位变为亲核试剂的进攻部位，强的亲核试剂（HS^-，HSO_3^-，SO_3^{2-}，AHQ^- 等）进攻 C_α 位后，会进一步诱导 β-芳基醚键断裂及部分侧链碳-碳键的断裂。反应过程中如果没有强的亲核试剂进攻，C_β 可能发生脱氢或脱甲醛（$HC_\gamma{=}O$）作用，形成苯乙烯结构。木素反应后生成的醌式结构、苯乙烯结构都是典型共轭结构，会导致木素呈现深色，这也是蒸煮后制浆废液和纸浆呈现深色的原因。

　　苯丙烷结构单元如果无法形成酚负离子（C_4—O^-），且 C_α 位如果有醇羟基，可导致 β-芳基醚键断裂。

　　主要醚键的断裂，包括甲基芳基醚键的断裂，都生成新的氧负离子（酚负离子，醇氧负离子），增加了木素碎片上的亲液基团，对极性溶液（蒸煮液）具有亲和力，利于木素溶出。

　　7. 木素碎片的缩合反应

　　在蒸煮过程中，随着木素的溶出反应的进行，也发生木素的缩合反应，反应过程是相当复杂的。木素碎片的缩合反应主要包括离子聚合反应和交联反应两种。

　　（1）离子聚合反应机理

$$A^+ + B^- \longrightarrow A : B$$

　　A 和 B 代表木素碎解后的两个片段。过程示于图 2-51 Ⅰ～Ⅶ，芳香核 C_1 位（Ⅰ）、C_5 位（Ⅱ）碳负离子与 C_α 带有部分正电荷亚甲基醌（Ⅲ）反应，经过环己二烯酮中间体（Ⅳ、Ⅴ），脱去侧链及质子（H），形成二芳基亚甲基结构（Ⅵ、Ⅶ）。

　　（2）交联反应的机理

　　木素碎片在交联剂的作用下，聚合到一起。碱法制浆中 C_β—C_γ 断裂，相当于 γ-碳原子上的伯醇羟基生成甲醛（图 2-38），脱除的甲醛就是苯酚制备酚醛树脂时常用的交联剂。木素碎片由于交联反应，而生成二芳基亚甲基结构，过程示于图 2-51 Ⅷ。

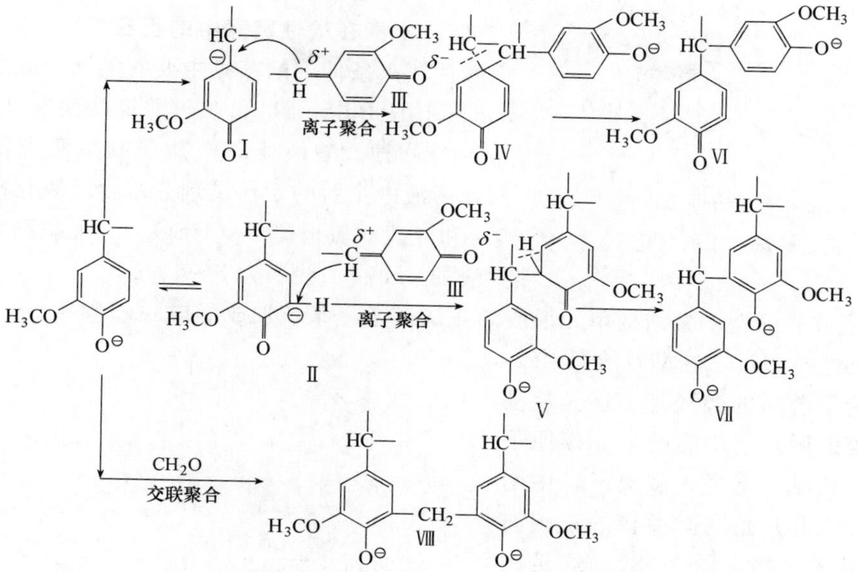

图 2-51　NaOH 蒸煮中木素的缩合反应

硫酸盐法蒸煮时，硫化钠对木素碎片缩合反应有抑制作用，过程示于图 2-52。

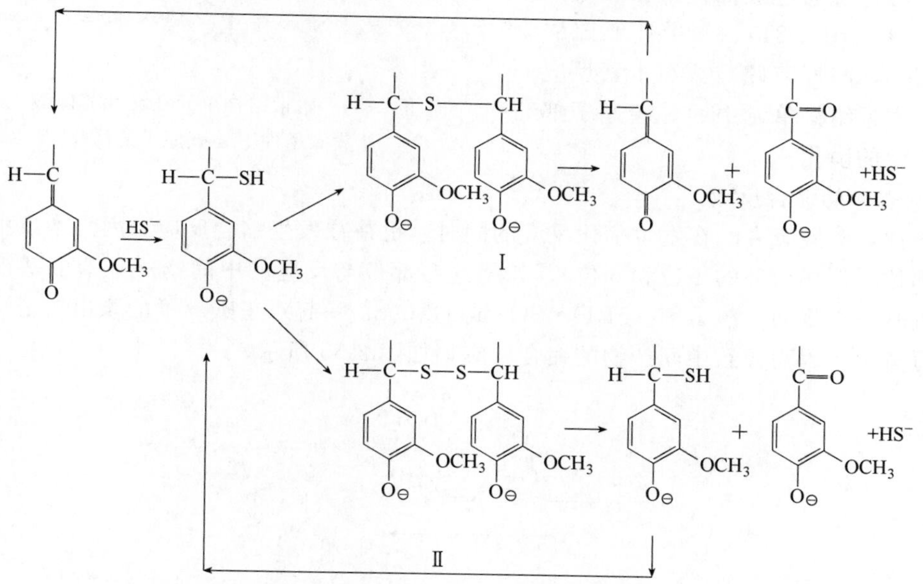

图 2-52　硫酸盐蒸煮中硫化钠对木素碎片缩合反应的抑制作用

在硫酸盐法蒸煮中，由于硫化钠的存在，其水解生成的 HS^- 离子与木素反应，生成木素的单硫化物（Ⅰ），一部分还生成二硫化物（Ⅱ）。生成的硫化物结合（Ⅰ、Ⅱ），能反复地分解和生成，这样就可以抑制木素结构单元间的二次缩合。

多硫化钠蒸煮时，多硫化钠将 C_α 上的羟基被氧化成羰基后，也可以阻止木素碎片的缩合反应。如图 2-53 所示。

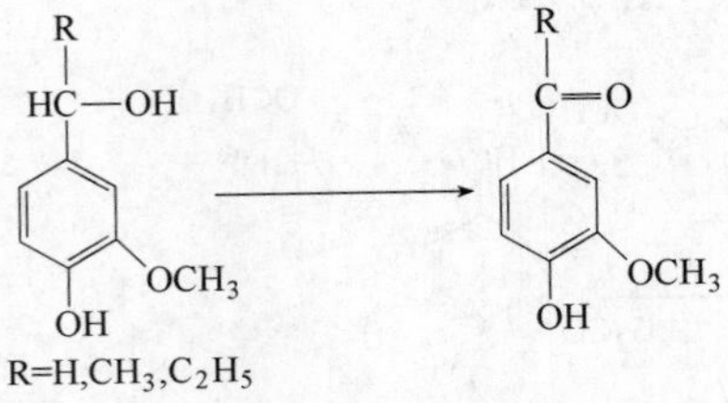

图 2-53 酚型结构单元 α-羟基
在多硫化钠蒸煮中的氧化

所以，硫酸盐法蒸煮、多硫化钠法蒸煮都能有效避免木素碎片的缩合反应，木素碎解程度深。

（四）木素在酸性蒸煮中的反应

酸性蒸煮条件下的蒸煮主要有酸性亚硫酸盐法制浆（Acid Sulfite Pulping）和亚硫酸氢盐法制浆（bisulfite pulping）两种。酸性亚硫酸盐法制浆蒸煮液的 pH 为 1～2，药液中主要的亲核试剂为水合二氧化硫（$H_2O \cdot SO_2$）和亚硫酸氢根离子（HSO_3^-），亚硫酸氢盐法制浆蒸煮液的 pH 高一些，为 2～6。

1. 酚型或非酚型木素结构单元形成 α-正碳离子，亲核加成形成 α-磺酸

前面已经介绍过，在酸性介质中 α-碳原子无论是游离的醇羟基，还是烷基醚和芳基醚的形式，均能脱去 α-碳原子位置上的取代基，形成正碳离子，中间物（Ⅰ）和（Ⅱ）是同时存在的正碳离子的两种形式（参考图 2-33），这是比亚甲基醌更强的亲电离子结构，极易和反应物中的亲核试剂反应，在 α-碳原子的正电中心位置通过酸催化亲核加成而形成 α-磺酸（图 2-54）。和中性亚硫酸盐蒸煮相比，酸性亚硫酸盐和木素反应的特点，木素结构单元中的 α-碳原子都被更为广泛的磺化。

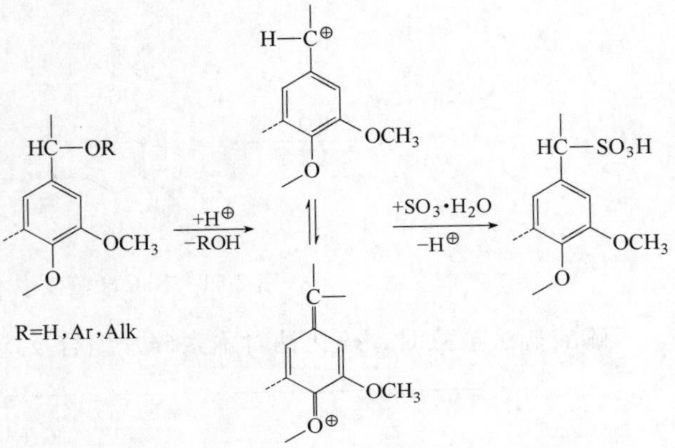

图 2-54 木素结构单元在酸性亚硫酸
盐蒸煮条件下 α-碳原子的磺化

2. 蒸煮中的缩合反应

在酸性亚硫酸蒸煮时在发生磺化反应的同时，也往往发生缩合反应。因为木素中存在某些亲核部位（例如苯环的 1 位和 6 位）。如果这些部位与反应的中间物——苯甲基正碳离子靠得很近时，它将和亲核试剂（$H_2O \cdot SO_2$ 或 HSO_3^-）一起对正碳离子的亲电中心（α-碳原子）进行竞争。因而导致中间产物的缩合反应，如图 2-55 所示。

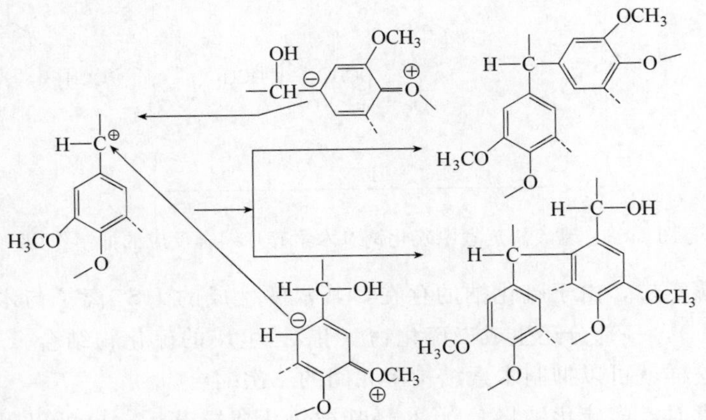

图 2-55 木素结构单元在酸性亚硫酸盐蒸煮条件下的缩合反应

从木素的磺化和缩合反应的机理可以看出，缩合反应也是离子聚合反应。磺化和缩合反应都发生在同一木素结构单元的 α-碳原子上，因此，缩合了的木素在缩合的部位难以再发生磺化反应，其化学反应能力很弱，因此亦称为木素的"钝化作用"。同时由于缩合反应，使木素分子变大，亲水性降低，木素不易溶出。此外，磺化了的木素在磺化了的部位亦不易发生缩合，故在酸性亚硫酸盐蒸煮时，必须严格控制工艺条件，H^+ 碎解 α-醚键后，形成的正碳离子必须得到及时磺化，防止缩合反应的发生。

3. 松脂酚结构和苯基香豆满结构的磺化反应

松脂酚结构在酸性亚硫酸盐中，首先是酚型结构的 α-烷基醚键断开，形成两个苯甲基阳离子（正碳离子），其中一个 α-碳原子与一个亲核试剂（HSO_3^-）作用而磺化，基团围绕 C_β—$C_{\beta'}$ 键旋转，与另一个 α-碳原子与已磺化了的单元苯环上的第六个碳原子发生分子内缩合反应，而得到木素磺酸产物（图 2-56）。

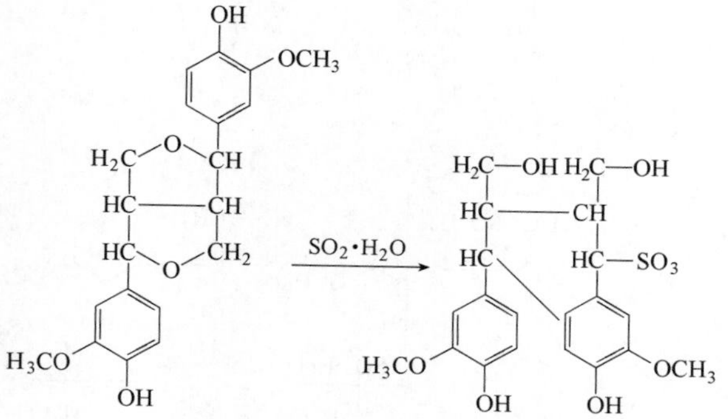

图 2-56 松脂酚结构在酸性亚硫酸盐蒸煮条件下的反应

木素苯基香豆满结构在酸性亚硫酸盐蒸煮中，发生 α-碳原子和 γ-碳原子的磺化反应，但 γ-碳原子磺化量较少。总的说引进了磺酸基，增加了亲液性能，有利于木素的溶出。反应过程示于图 2-57 中。

4. β-醚键结构在酸性亚硫酸盐蒸煮条件下的反应

在酸性亚硫酸盐蒸煮中，不论是酚型还是非酚型结构的 β-醚键始终是稳定的。这和氢氧化钠或硫化钠等碱性介质中以及中性亚硫酸盐中木素的降解反应不一样。酸性亚硫酸盐蒸煮中主要的亲核试剂是 HSO_3^- 离子，其亲核性比 SO_3^{2-}、HS^-、S^{2-} 离子要弱，当 HSO_3^- 离子引入到 α-碳原子上，形成 α-磺酸后，其诱导效应不足以使 β-醚键断裂。

图 2-58 表示 β-芳基醚结构在酸性亚硫酸盐蒸煮中的反应，式中 β-芳基醚键始终没有变化，所形成的正碳离子只能导致 α-位置上的磺化和缩合。

5. 酸性亚硫酸盐蒸煮中发生的其他反应

在酸性亚硫酸盐蒸煮过程中，蒸煮液中的单糖与亚硫酸氢根（HSO_3^-）负离子反应，生成硫代硫酸根离子（$S_2O_3^{2-}$）。硫代硫酸根离子能够阻止脱木素作用甚至抑制脱木素。硫代硫酸根离子可以和侧链上 α-位反应生成硫醚型的硫化物（图 2-59）。当 R 为烷基时，这个产物是稳定的，当 R 为氢时便成为磺酸基。

在酸性亚硫酸盐蒸煮中，不论酚型或非酚型结构单元上的甲基芳基醚键都是稳定的，因此不发生苯环上的脱甲基反应，所以苯环本身结构破坏较少，这也是酸性亚硫酸盐作用的一个特点。

从木素的反应规律来看，在化学反应过程中，从键的角度来分析，有些键比较稳定，有些键比较易裂开而参与反应。例如在化学制浆过程中，木素大分子中连接两个结构单元的碳-碳键是稳定的，醚键中的二芳基醚键比较稳定；α-芳基醚键、α-烷基醚键、β-芳基醚键和甲基-芳基醚键等，在木素大分子中不仅数量上占的比例大，而且易于裂开和参与化学反应。

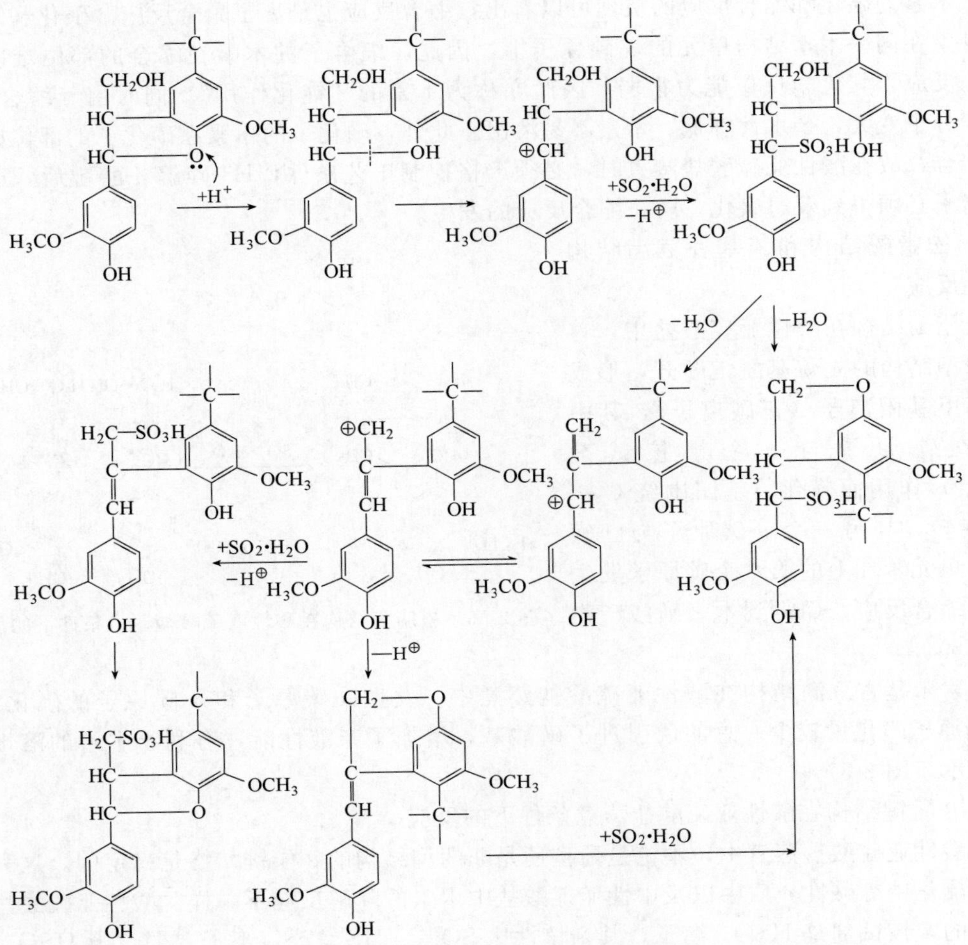

图 2-57　苯基香豆满结构的 C_α 和 C_γ 的磺化反应

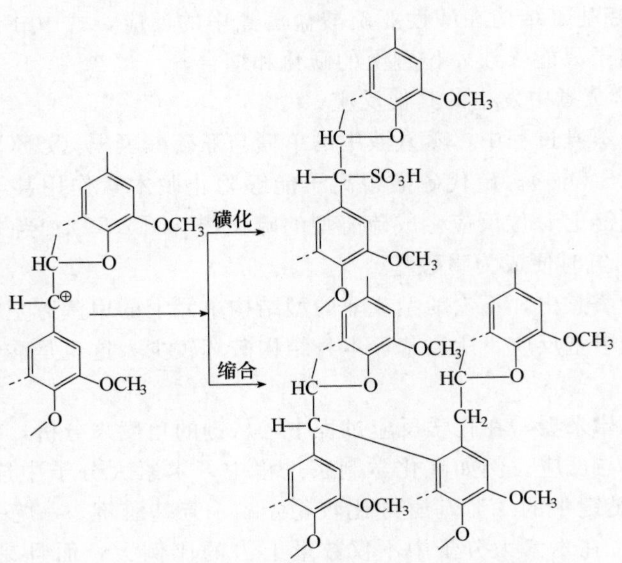

图 2-58　β-醚键在酸性亚硫酸盐蒸煮条件下的反应

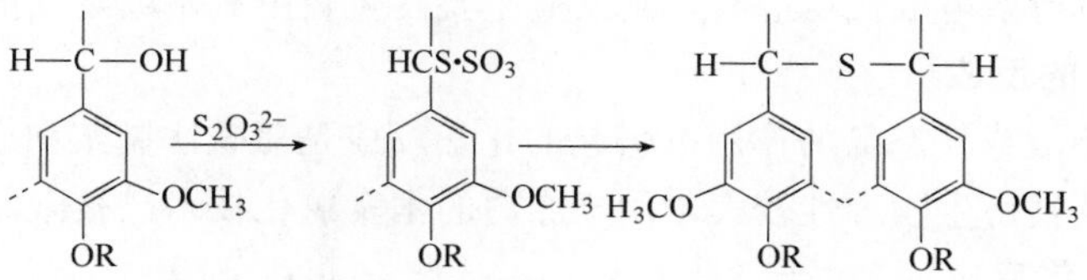

图 2-59　木素结构单元在硫代硫酸根离子作用下生成硫醚型化合物

6. 木素在酸性条件下反应总结

木素在酸性亚硫酸盐（或亚硫酸氢盐）法制浆中，木素有一定程度的碎解，但木素碎片引入强的亲液性基团（磺酸基），增加木素的亲液性更为重要。木素在酸性条件下的主要反应类型见表 2-24。

表 2-24　木素在酸性亚硫酸盐法蒸煮中的主要反应

结　　构	主 要 反 应	反 应 结 果
β-芳基醚键		
酚型	$C_α$ 磺化，$C_α$ 与 C_6 缩合	$C_α$ 磺化：木素部分碎解，引入磺酸基，亲液性变强，通过控制升温速度预防 $C_α$ 与 C_6 缩合
非酚型：$C_α$ 连有 OH	$C_α$ 磺化	$C_α$ 磺化：木素部分碎解，引入磺酸基，亲液性变强
$C_α$ 连有醚键	$C_α$ 磺化，$C_α$ 与 C_6 缩合	同酚型
苯基香豆满		
酚型	侧链氧环开环，$C_α$ 磺化	$C_α$ 磺化：木素部分碎解，引入磺酸基，亲液性变强
非酚型：$C_α$ 连有醚键	侧链氧环开环，$C_α$ 磺化	同酚型
松脂酚型结构		
酚型	侧链开环，$C_α$ 磺化，$C_α$ 与 C_6 缩合	$C_α$ 磺化：木素部分碎解，引入磺酸基，亲液性变强，通过控制升温速度预防 $C_α$ 与 C_6 缩合
非酚型：$C_α$ 连有醚键	侧链开环，$C_α$ 磺化	$C_α$ 磺化：木素部分碎解，引入磺酸基，亲液性变强
甲氧基	比较稳定	

三、木素的亲电取代反应

（一）木素亲电取代反应的特点

有机化学反应过程中，能从与之相互作用的体系得到或共享电子对者，称为亲电试剂。亲电试剂与有机化合物反应时，总是由试剂中带正电荷的原子或离子首先攻击化合物中电子云密度较大的位置。亲电试剂与有机化合物分子作用发生的取代反应称为亲电取代反应。木素结构单元的苯环上由于连接着羟基、甲氧基等供电子基团而使苯环得以活化，电子云密度增大，很容易和亲电试剂作用，发生亲电取代反应。木素与亲电试剂的反应中，最重要的是卤化反应和硝化反应，其特点是试剂中以正氯离子（Cl^+）或其他正卤离子、正硝基离子等首先作用于木素的苯环上，通过一个过渡状态，把氢原子取代出来，生成氯化木素、硝化木素等。木素的亲电取代反应往往还伴随着木素的氧化、降解等反应。

木素结构单元苯环上的亲电取代反应，其亲电试剂引入的位置，一般遵循着苯环取代反应的定位规律，由于木素苯环上的甲氧基、羟基等基团都属于邻、对位定位基，因此，当试剂中的亲电基团与木素进行亲电取代反应时，其反应主要发生在甲氧基或羟基的邻位或对位上。

（二）氯与木素的反应

木素在氯的水溶液或气态氯的作用下引起的化学反应是氯碱法制浆和纸浆漂白中的基本反应。由于氯化木素及其衍生物毒性较大，用于漂白的木素氯化技术已被限制使用，不再赘述。

（三）木素的硝化反应

木素能与硝酸及硝酸混合物发生硝化反应，所用的硝化剂有 $HNO_3 + H_2SO_4$，HNO_3 水溶液，$HNO_3 + CH_3COOH$，$HNO_3 + (CH_3CO)_2O$，浓 HNO_3 等。木素的硝化是植物原料脱木素作用的一种方法，测定植物原料纤维素含量的硝酸-乙醇法也就是利用木素硝化后能溶于乙醇的性质将木素分离，而测定其纤维素含量的。硝酸法制浆也应用此原理。将硝化木素的硝基还原还可以制造氨基木素，正在试验使木素的甲基化物、溴化物或者乙酰化物与芳香族胺类反应合成高分子偶氮羟基烷氧基化合物。

四、木素的氧化反应

有多种氧化剂能使木素发生氧化反应，科学研究上用的如过醋酸（CH_3COOOH）、偏高碘酸盐（$MeIO_4$）等氧化剂；工业上用的漂白剂 Cl_2（前已叙及，不再赘述）、二氧化氯（ClO_2）、次氯酸盐、过氧化氢、臭氧及空气中的氧等，它们均能与木素发生氧化反应。

造纸工业常用氧化性漂剂见表 2-25。

表 2-25　　　　　　　　　　　漂白段常用试剂种类及作用

试剂种类		分子式	代号	存在形态	主要作用
氧化剂	氯气	Cl_2	C	带压气体	氯化、氧化木素
	氧气	O_2	O	带压气体	氧化木素
	次氯酸钠 次氯酸钙	$NaOCl$ $Ca(OCl)_2$	H	40～50g/L 水溶液	氯化、氧化木素；漂白作用
	二氧化氯	ClO_2	D	7～10g/L 水溶液	氯化、氧化木素；漂白作用
	过氧化氢 过氧化钠	H_2O_2 Na_2O_2	P	2～5g/L 水溶液	氧化木素；漂白作用
	臭氧	O_3	Z	带压气体混合物（空气或氧气中）	氧化木素

次氯酸盐、二氧化氯与木素的反应，除了发生亲电取代反应之外，还发生氧化反应，将木素的苯环氧化成醌，醌进一步氧化导致环的破裂和降解。过醋酸、偏高碘酸盐、氧气和过氧化氢等氧化剂对木素的反应和此类反应相类似。

利用臭氧、氧气、过氧化氢等对木素的氧化降解作用，则成为全无氯（TCF）漂白技术，满足制取高白度纸浆和环境保护的要求。氧气还可被用于清洁的氧碱法制浆。这里介绍次氯酸盐、二氧化氯、过氧化氢、氧和臭氧对木素的氧化作用。

（一）次氯酸盐与木素的反应

次氯酸盐是常用的漂白剂，蒸煮后的纸浆为提高白度，进一步脱木素时，广泛采用次氯酸盐进行漂白。蒸煮后纸浆中的木素，有些已经变成具有更多发色基团结构（如苯醌结构和共轭双键结构）的木素或缩合了的木素，有些则是以原来的木素-碳水化合物复合体（LCC）状态存在的木素。这些木素有的在单段次氯酸盐漂白时，即能被除去绝大部分，有的则需通过多段漂白处理方能除去。在多段漂白中，纸浆经过氯化、碱处理后，木素含量降低了，结构也可能有所改变。这些木素在次氯酸盐漂白时，由于是在碱性条件下，与酸性条件下氯化时相比，纤维深层木素的发色基团更容易被破坏和除去。次氯酸盐漂白时主要是氧化作用，但也有氯化反应。次氯酸盐与木素的反应产物的毒副作用，导致次氯酸盐漂白技术被淘汰。

（二）二氧化氯与木素的反应

ClO_2 是一种自由基和强氧化剂，ClO_2 中的 Cl 是 +4 价的，与 0 价的元素氯（Cl_2）相比，氧化能力更强，它能够选择性地氧化木素和色素并将它们除去，而对纤维素的损伤较少，因此漂白后纤维具有高的白度、纯度，返黄少，机械强度亦不会下降。漂白过程中，ClO_2 可以被还原为多种价态的含氯化合物，所以漂液体系中含有 ClO_2、$HClO_3$、ClO_3^-、$HClO_2$、ClO_2^-、$HClO$、Cl_2 和 Cl^- 的复杂混合物。

1. ClO_2 与酚型结构的反应

ClO_2 容易攻击木素的酚羟基使之成为自由基，然后进行一系列的氧化反应。首先 ClO_2 掠夺酚羟基上的氢自由基后使之成为形成苯氧自由基和环己二烯自由基（图 2-60 中的 1A～

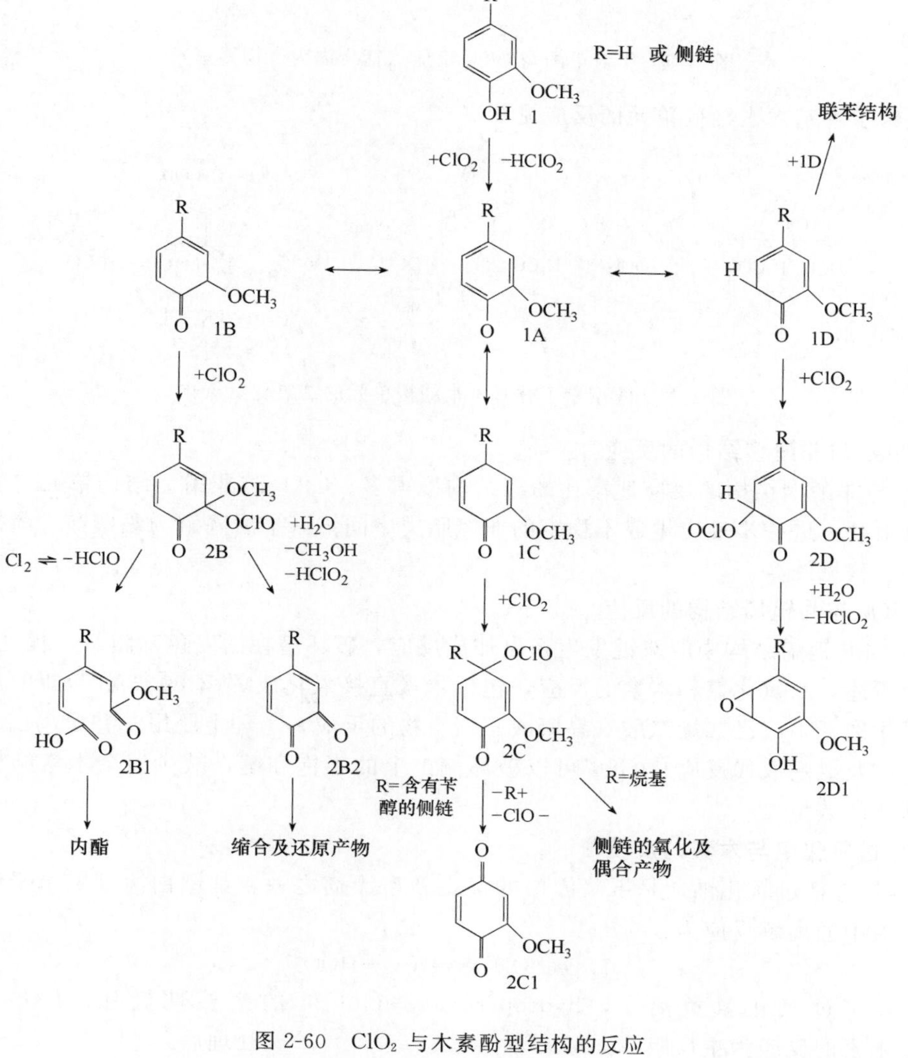

图 2-60　ClO_2 与木素酚型结构的反应

1D），1D 与 1D 间偶合可以生成联苯结构，大部分自由基进一步被 ClO_2 氧化，生成亚氯脂类物质（图 2-60 中的 2B～2D），这些脂类不稳定，进一步分解为黏康酸结构（2B1）、邻醌（2B2）、对醌（2C1）和氧杂环丙烷结构（2D1）。

用模型物甲氧甲酚与 ClO_2 反应得到的氧化、氯化产物见图 2-61。

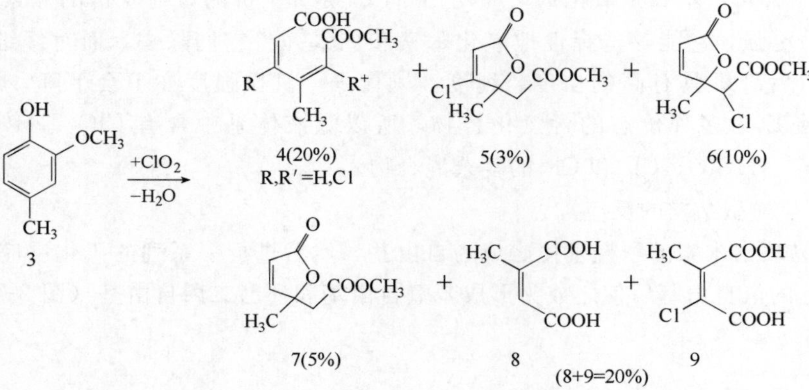

图 2-61　甲氧甲酚与 ClO_2 反应（括号内为产物得率）

酚型紫丁香基木素结构单元的反应见图 2-62。

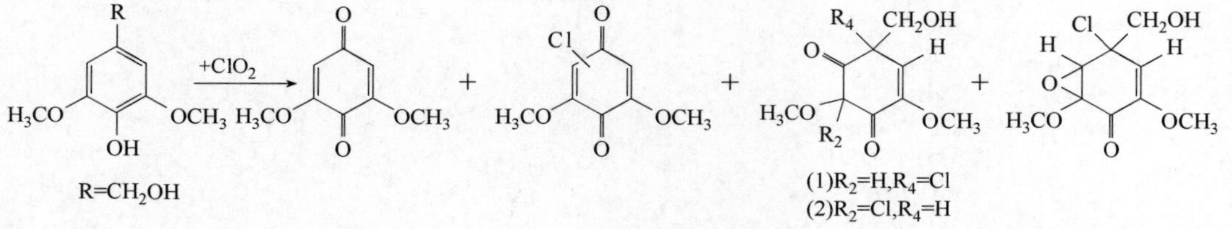

图 2-62　酚型紫丁香基木素结构单元的二氧化氯氧化

2. ClO_2 与非酚型结构的反应

ClO_2 与非酚型结构的反应速率比酚型结构慢得多。ClO_2 与非酚型结构单元先生成三种共振的自由基，进一步反应生成不稳定的亚氯脂类中间体，最后降解为黏康酸、醌类和芳香醛。详细过程见图 2-63。

3. ClO_2 与共轭烯结构的反应

ClO_2 与共轭烯结构中的双键发生亲电加成反应，破坏潜在的发色基团，过程见图 2-64。

综上所述，二氧化氯和木素的反应，包括木素直接氧化成邻-苯醌和对-苯醌的反应，使芳香环氧化裂开生成己二烯二酸（黏康酸）衍生物的反应，苯环上脱甲基并游离出新的酚羟基的反应以及氯的取代反应；ClO_2 可以破坏侧链上的不饱和键，减少残余木素结构中潜在的发色基团的数量。

（三）过氧化氢与木素的反应

H_2O_2（包括过氧化钠）是纸浆漂白的优良新型漂剂之一，其漂白速度随 pH 增加而增加，在溶液中的离解反应为：

$$H_2O_2 + OH^- \Longrightarrow H_2O + HOO^-$$

HOO^-（过氧化氢负离子，hydroperoxide anions）的亲核性极强，H_2O_2 漂白时 HOO^- 与木素的反应为主反应。

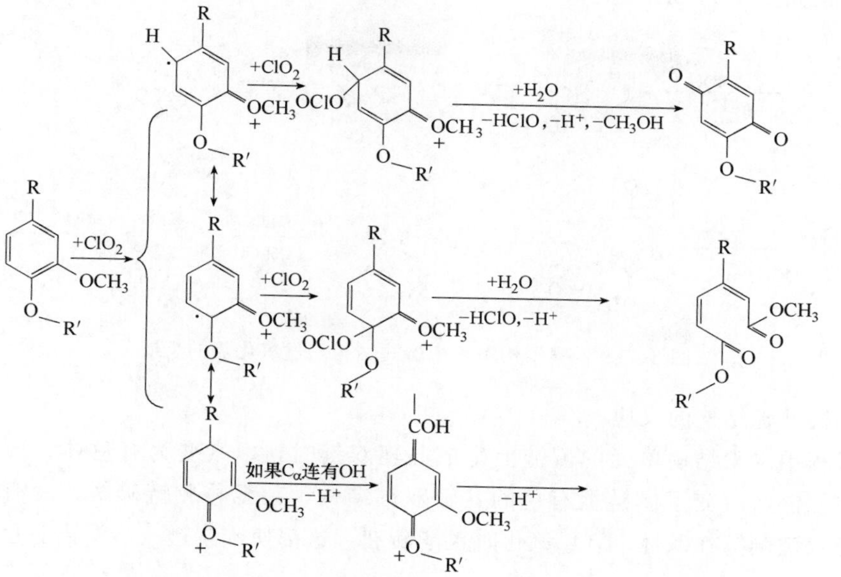

图 2-63　ClO₂ 与非酚型结构的反应

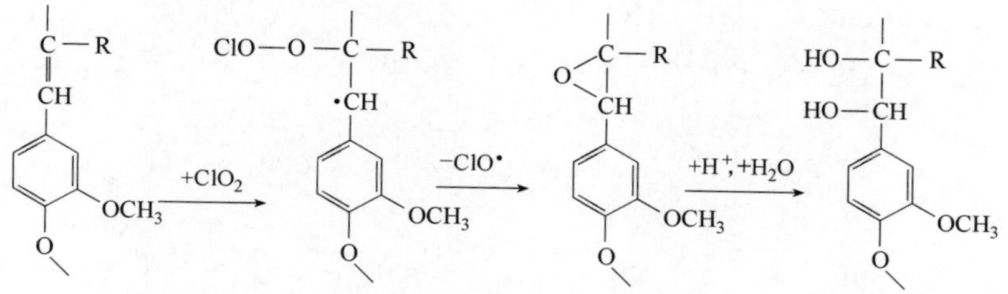

图 2-64　ClO₂ 与共轭烯结构的反应

H_2O_2 在过渡金属离子的催化下，还可以分解出 HO·（羟基自由基，hydroxyl radicals）、HOO·（过氧化氢自由基，hydroperoxide radicals）和 O_2^-·（超氧负离子自由基，super-oxide anion radicals）等自由基，特别是 O_2^-· 已被证实在漂白过程中发挥十分重要的作用。

增加 pH，则 HOO^- 离子增加，漂白能力增加，所以通常 H_2O_2 漂白是在碱性条件下进行，但 pH 超过 10.5 时，HOO^- 不稳定，自行分解，最终变为 O_2，失去漂白作用。

$$HOO^- + OH^- \longrightarrow O_2^{2-} + H_2O \longrightarrow O_2$$

H_2O_2 常用于机械浆和化学机械浆的漂白，也有用于多段漂（含氯漂系统）的终漂以稳定漂白浆的白度。近年来，随着对含氯漂剂危害认识的不断提高以及环保要求越来越严格，H_2O_2 使用越来越多，特别是用于全无氯漂白系统（TCF）的重要一段前景是非常好的。

H_2O_2 漂白时木素的反应可以概括如下两个大的方面：发色基团的消除反应和发色基团的生成反应。

1. 发色基团的消除反应

（1）有色醌式结构的反应

蒸煮过程中形成各种醌式结构后，就变成了有色体。H_2O_2 漂白过程中，破坏了这些醌式结构，变有色结构为无色的结构，甚至碎解为低分子的脂肪族化合物，就达到了漂白目的。反应过程如图 2-65 所示。

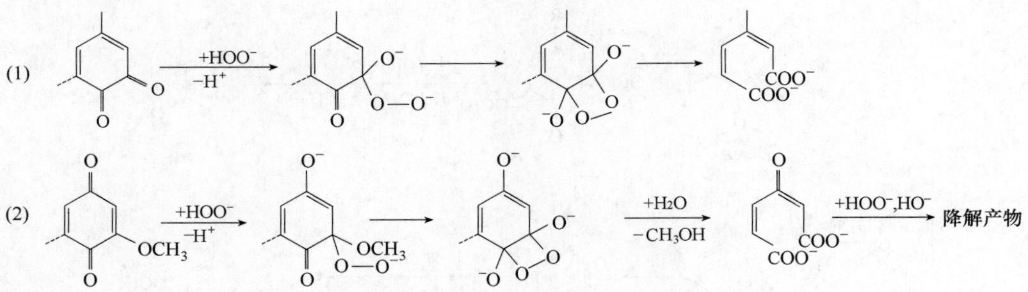

图 2-65　木素结构单元中醌式结构与过氧化氢的反应

（2）侧链共轭结构的反应

蒸煮过程中木素结构单元的侧链上生成共轭双键时，木素变为有色体，H_2O_2 漂白时，破坏了这些侧链，改变了侧链上有色的共轭双键结构，甚至将侧链碎解，变有色为无色基团。非共轭双键侧链在碱性 H_2O_2 氧化时也能断裂，这都使木素进一步溶出。已知的反应如图 2-66 所示。

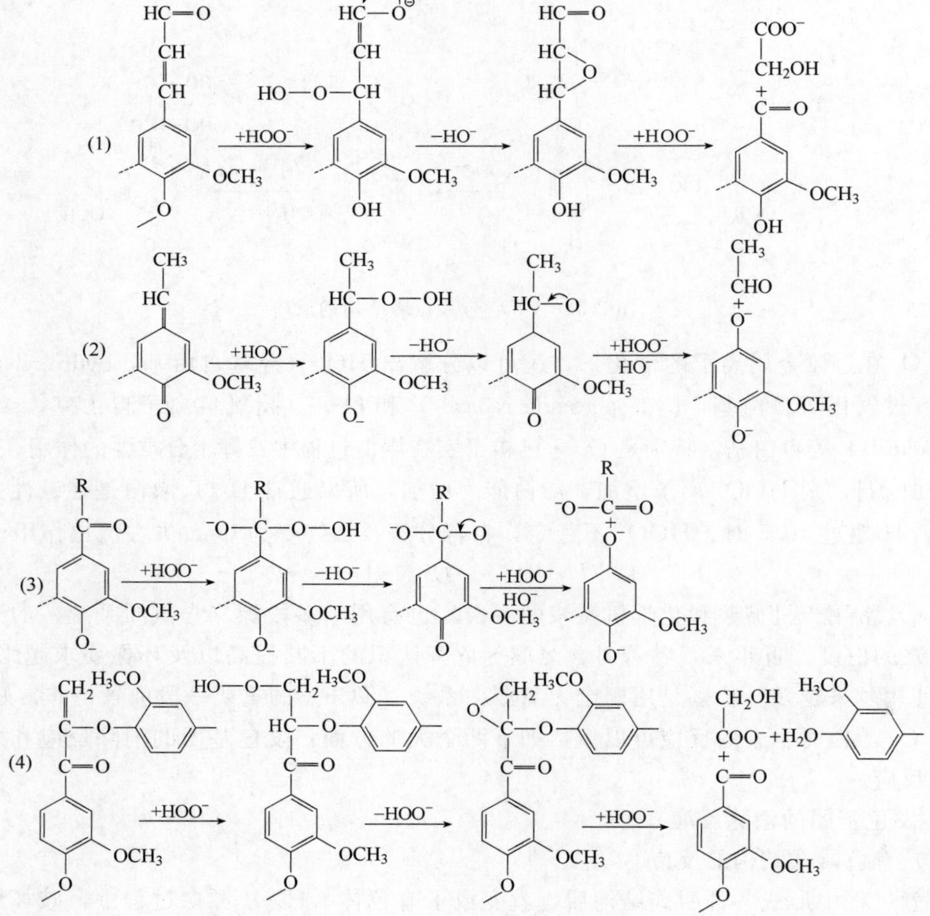

图 2-66

108

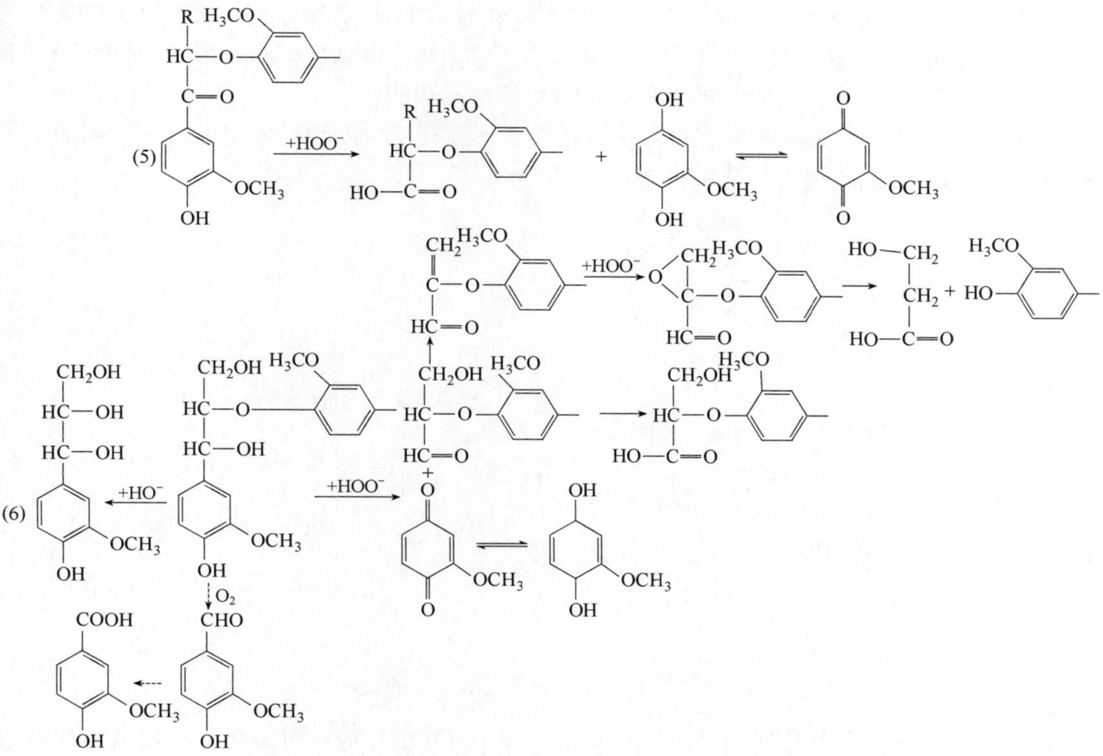

图 2-66 木素结构单元侧链与过氧化氢的反应

（3）木素结构单元苯环和侧链同时碎解的反应

通过木素模型物 α-甲基香草醇和碱性过氧化氢反应，用气相色谱鉴定其所获得的产物，得知此反应过程如图 2-67 所示：

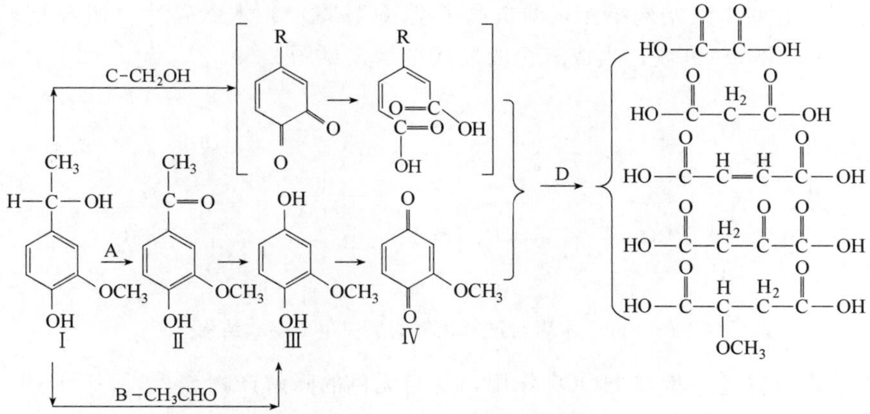

图 2-67 木素模型化合物和碱性过氧化氢的反应

它表明，针叶木木素模型物在过氧化氢作用下，有 4 种反应形式：

反应（A）产物为甲氧基对苯二酚（Ⅲ），随后继续氧化成甲氧基对苯醌（Ⅳ）；反应（B）为一部分 α-甲基香草醇受氧化后脱去乙醛直接生成甲氧基对苯二酚结构；反应（C）为苯环经氧化后，甲氧基的甲基以甲醇脱出，形成邻苯醌；反应（D）为生成的邻苯醌和对苯醌的环经进一步氧化裂开，生成丙二酸（HOOCCH₃COOH）、顺丁烯二酸（HOOCCH＝CHCOOH）、草醋酸（丁酮二酸 HOOCCH₃COCOOH）、甲氧基琥珀酸（HOOC·CH(OCH₃)·CH₂COOH）、草酸（HOOCCOOH）等二元羧酸。

云杉磨木木素和云杉磨木浆在碱性 H_2O_2 作用下，其反应产物经鉴定也为一系列的二元羧酸和芳香酸，与模型物实验结果相同，见图 2-68。

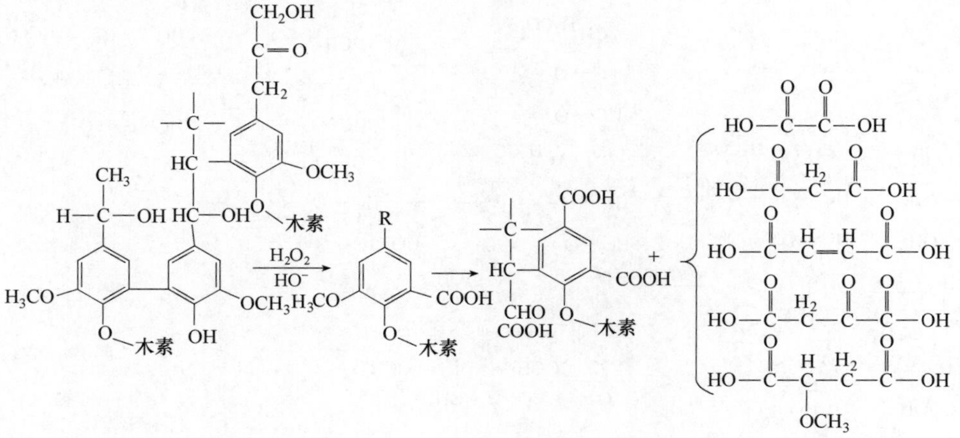

图 2-68　云杉木素与碱性过氧化氢的反应

综上所述以及综合其他实验结果，可知木素和 H_2O_2 的反应，过氧化氢主要消耗在醌型结构的氧化、木素酚型结构的苯环及含有羰基和具有 α、β 烯醛结构的侧链的氧化上。其反应结果，使侧链断开并导致芳香环氧化破裂，最后形成一系列的二元羧酸和芳香酸，同时，苯环上还发生脱甲基反应。在反应过程中，木素中一些带色的基团如对醌、邻醌以及侧链的共轭双键等被氧化裂开而成为无色结构，纸浆变白。

2. 发色基团的生成反应

漂白过程中有些木素结构单元，酚负离子型（C_4—O^-）木素碎片，如若 $C_α$ 连有羰基或羟基时，可能被 HOO^- 进攻，生成有色的醌式结构，见图 2-69。

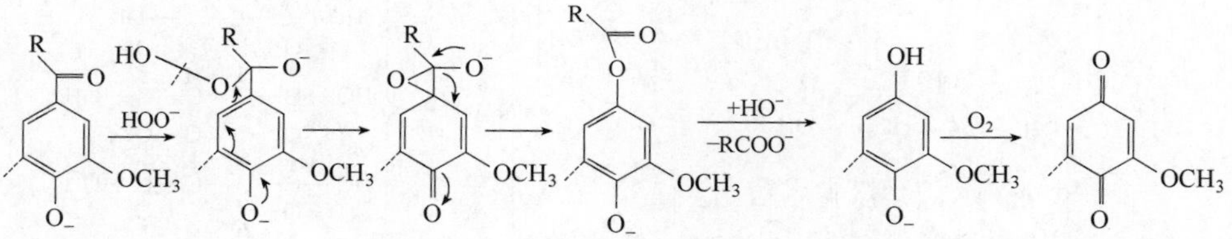

图 2-69　木素与过氧化氢的反应生成醌式结构

该醌式结构可以进一步与 HOO^- 作用，变为无色的降解产物。

（四）氧与木素的反应

在碱性介质中，以 $MgCO_3$ 或 $MgSO_4$ 作为保护剂，以氧为脱木素的漂白称为氧碱漂白。氧碱漂白具有无氯漂白和无污染漂白的特点，因此是目前漂白方法发展的一个方向。

分子氧掠夺电子自身被逐渐还原，经过单电子传递（四步）或双电子传递（两步）而最终变为水，过程如图 2-70 所示。氧掠夺电子的过程就是其发生氧化作用的过程，得到电子的同时自身被还原。

分子氧在碱性条件下可以生成负离子（HO⁻、HOO⁻、O_2^-·）及自由基（HO·、HOO·），变化过程如图 2-71 所示。

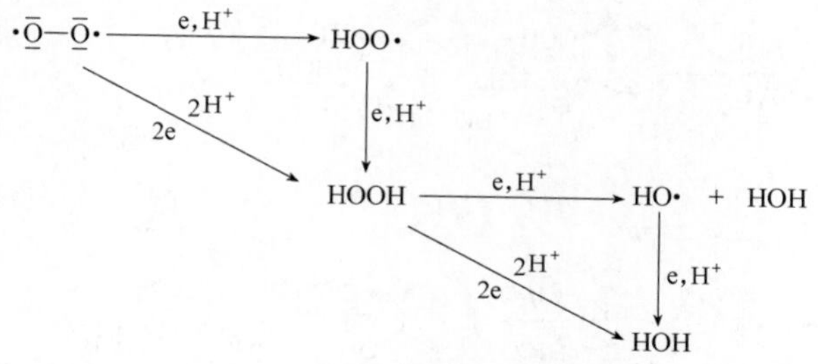

图 2-70　分子态的氧经过四步单电子
（或两步双电子）传递的变化结果

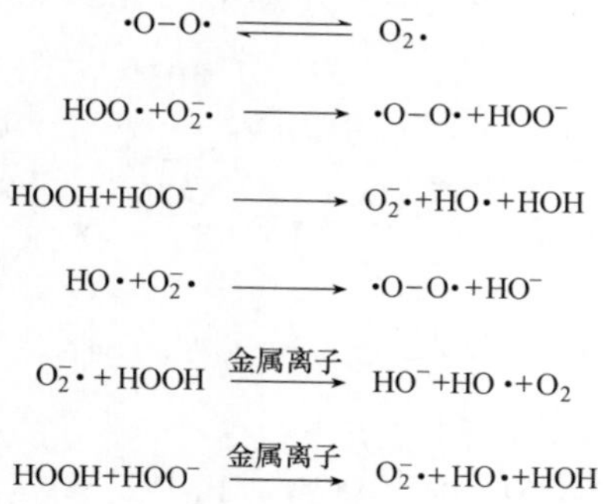

图 2-71　分子氧生成负离子及
自由基的变化过程

从图 2-70 和图 2-71 可以看出，无论哪种传递方式，都要经历 H_2O_2 中间产物阶段。所以 O_2 与 H_2O_2 漂白相比，两者的一些有效基团是一致的，与木素的反应过程也有很多一致的地方。羟基自由基（HO·）和分子氧双自由基（·O—O·，oxygen biradical）具有亲电性，过氧负离子（HOO⁻）和超氧负离子自由基（O_2^-·）具有亲核性。蒸煮后残留在浆中的木素碎片上部分 C 原子为富电子区（high electron densities），部分为缺电子区（low electron densities），见图 2-72。富电子 C 原子会成为亲电试剂进攻部位，缺电子 C 原子会成为亲核试剂进攻部位。

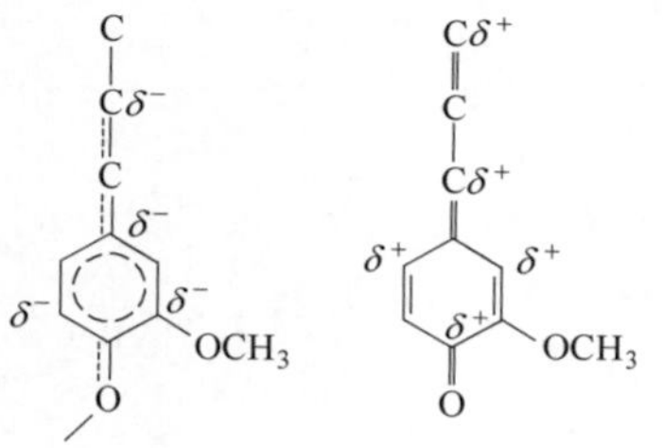

图 2-72　木素单元上的
富电子区和缺电子区

木素分子的复杂性及 O_2 漂白过程中存在众多氧的中间体（H_2O_2，自由基或负离子等），增加了氧漂反应的复杂程度，目前为止还不清楚究竟发生了哪些反应，比如说由于存在 H_2O_2 中间体，前面讲到的木素与 H_2O_2 的反应，在 O_2 漂白时均可能发生，所以有的学者把 H_2O_2 漂白也列入氧漂中。

虽然反应复杂，但是通过木素模型物与 O_2 的反应，还是可以推断出 O_2 与木素反应的一些规律。

1. 木素的亲核反应

在氧漂中，由于木素结构的自偶氧化反应所形成的过氧化氢负离子（HOO⁻），见图 2-73。HOO⁻作为一种亲核试剂，可以被加成到羰基和共轭羰基结构上，使木素脱色，该反应过程与 H_2O_2 漂白的反应过程基本一致。

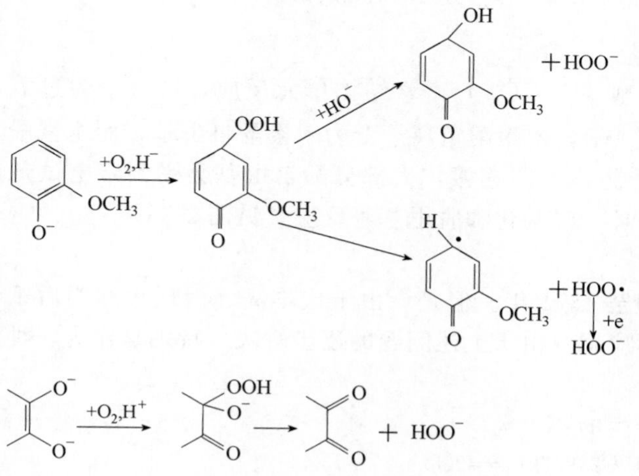

木素的苯环经分子氧氧化后，可形成环结构、形成糠酸衍生物以及醌

图 2-73　氧漂中酚型和烯醇式木素结构自偶
氧化形成过氧化氢负离子的过程

式结构，从而改变了木素的结构。如图 2-74 所示。

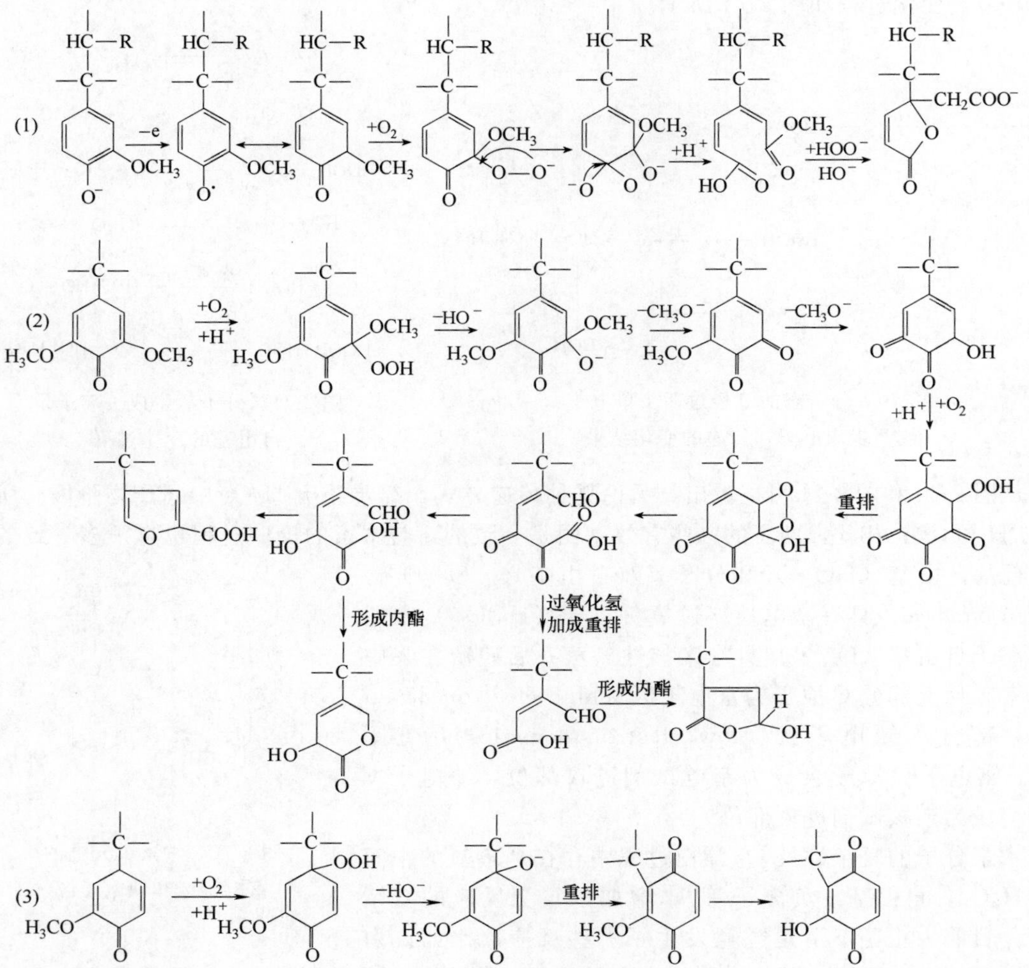

图 2-74　酚型木素结构单元苯环分子氧氧化过程

2. 木素自由基的生成与亲电反应

普遍认同的观点是 O_2 与酚负离子型（C_4—O^-）木素结构单元反应，自身变为过氧化氢负离子（HOO^-）或超氧负离子（O_2^-·），木素酚负离子变为木素酚自由基，而木素酚自由基少部分会发生缩合反应，比如说生成 C_5—C_5' 连接，大部分酚自由基会受到亲电试剂的进攻，导致木素侧链断裂脱除、苯环开环、羟基化和脱甲基等反应，见图 2-75。

（五）臭氧与木素的作用

臭氧用于漂白木浆，其研究可追溯至 1871 年。但是，由于成本高、消耗大和漂后纸浆强度降低等原因一直未能在生产上实际应用。由于上述问题的逐步解决，特别是作为一种无污染漂白工艺，臭氧漂白是有前途的。

臭氧是空气或氧气通过高压放电产生的：

$$3O_2 + 288.7kJ \rightleftharpoons 2O_3$$

臭氧在水中易分解，其分解速率随 OH^- 离子浓度的增加而增加，因此，要减少分解反应，一是要提高浆的浓度到 35%～40%，二是要降低 pH（1.5～2）以减少 OH^- 离子浓度。

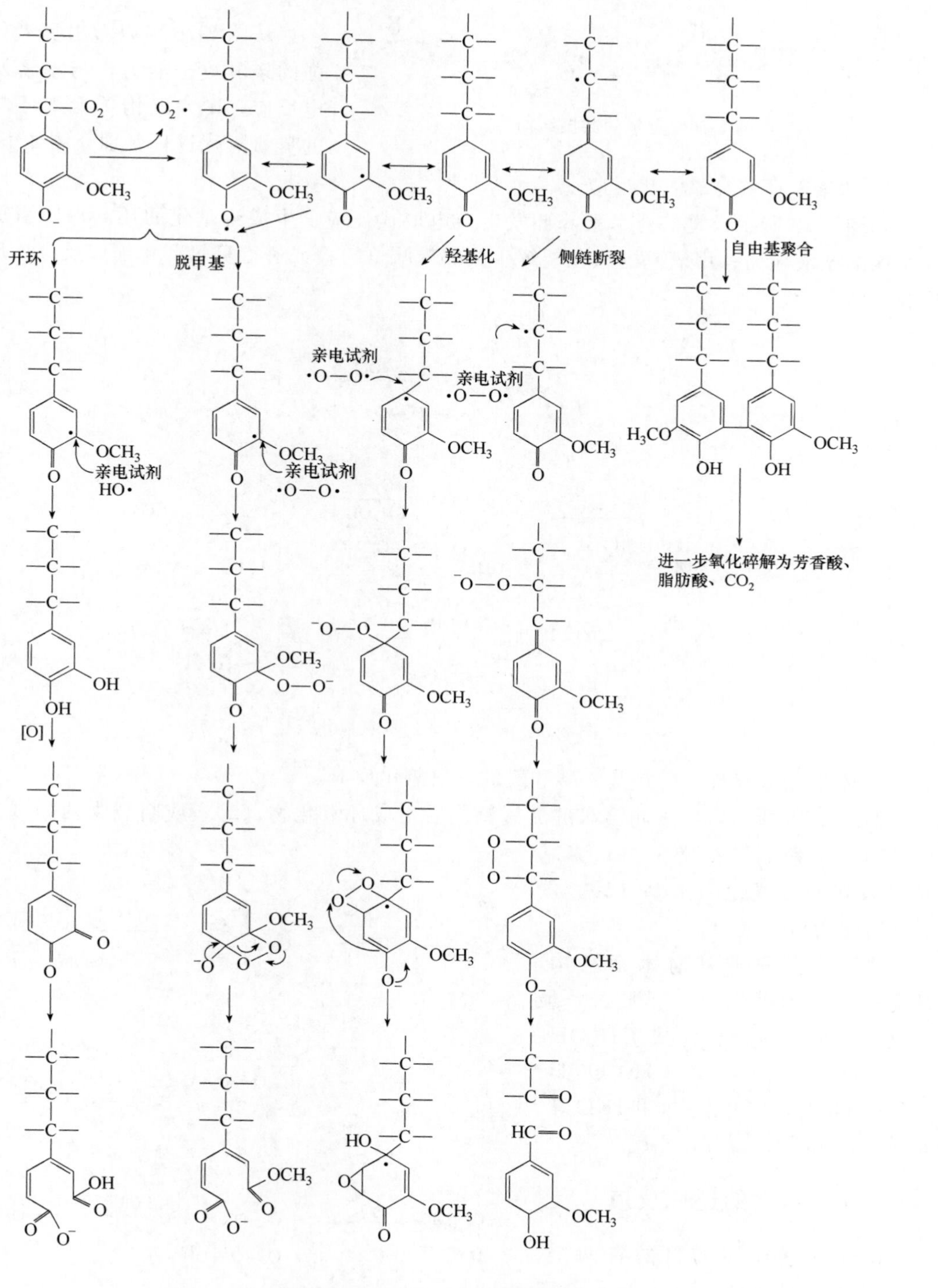

图 2-75　木素与 O_2 的亲电反应

此外，由于金属离子的存在，也会促进臭氧的分解，可以通过添加助剂，如硫酸镁、尿素甲醛、葡萄糖、糊精和甲酰胺、甲醇等，以减少金属离子的影响。

由于臭氧的结构中具有由 3 个氧原子的 4 个电子所形成的大 π 键，其共振结构如图 2-76

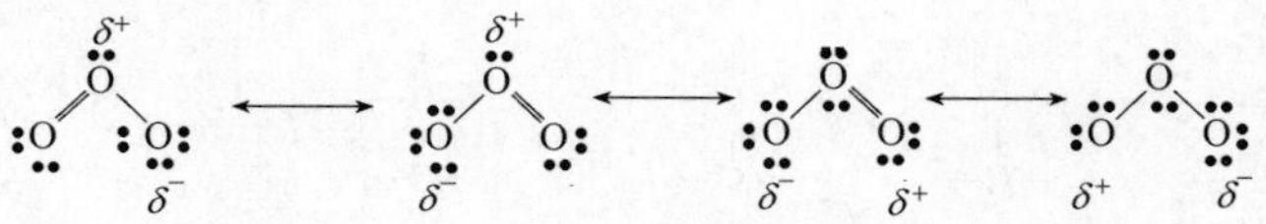

图 2-76　臭氧的共振结构

所示。

从图 2-76 可以看出臭氧具有较强的亲电攻击能力，与木素发生亲电反应。木素结构单元苯环与侧链的臭氧氧化过程分别介绍如下：

1. 木素苯环的臭氧氧化反应

如图 2-77 所示，臭氧对木素苯环发生亲电取代反应，生成羟基化的环（1），增加了木素结构的亲液能力；甲氧基的氧化裂解生成邻苯醌（2）；或进行臭氧环化加成反应，环破裂生成羧酸（3）。

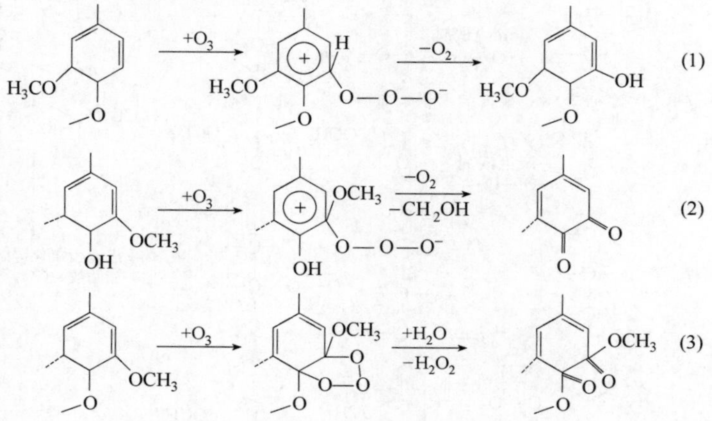

图 2-77　木素苯环的臭氧氧化反应

2. 木素侧链双键、醇羟基、醚和醛的臭氧氧化反应

如图 2-78 所示，木素侧链双键臭氧氧化后生成环氧化物（2），或断裂为两个羰基化合物（1），木素侧链的醇羟基、芳基或烷基醚等可氧化为羰基（3），羰基则氧化为羧基（4）。

非酚型的 β-芳基醚木素结构，经臭氧氧化则可生成一元羧酸，最后进一步氧化将生成 CH_3OH、$HCOOH$、$HCOOOH$、CH_3COOH、CH_3COOOH、CO_2、CO 和 H_2O 等。如图 2-79 所示。

五、木素的还原反应

研究木素还原的目的有两个，一个是通过对还原产物进行了分离与鉴定，推断木素结构，比如说，研究木素结构单元间存在醚键连接时采用的就是木素在液态氨中与金属钠作用证实的；另一个是增加酚

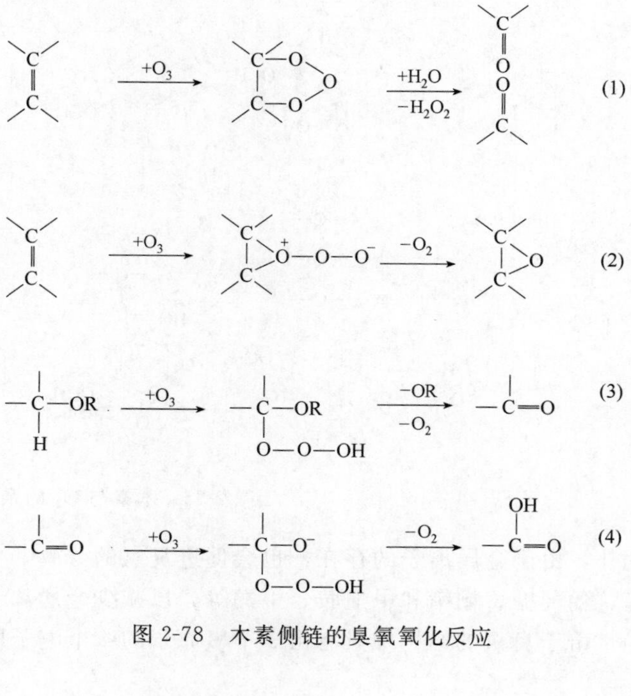

图 2-78　木素侧链的臭氧氧化反应

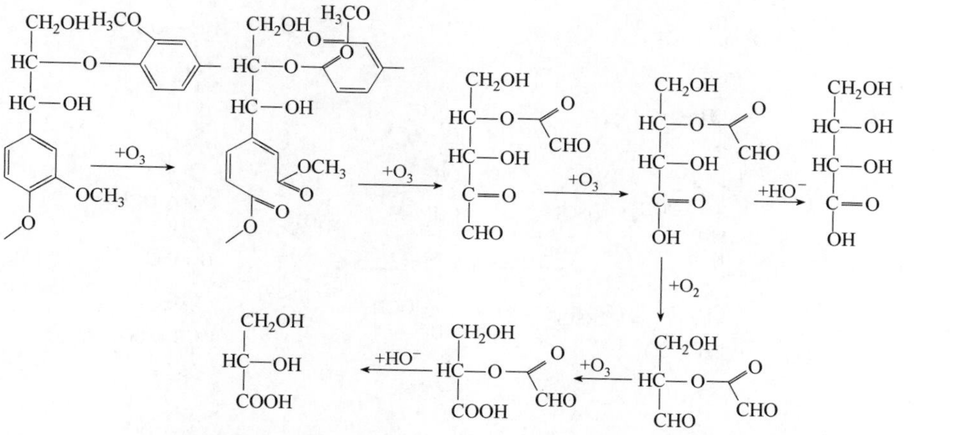

图 2-79　非酚型的 β-芳基醚木素结构的臭氧氧化和皂化生成一元羧酸的反应过程

羟基，提高木素反应活性，包括制备苯酚，比如说，木素分子结构中的羰基、醛基和羧基可以在 pd/C 或 CUO/C 的催化-还原体系的作用下还原为羟基，增加木素的反应活性。

此外，一些还原性漂剂也可以消除木素结构单元中的羰基，或通过破坏木素的共轭结构消除木素结构单元中的发色基与助色基。用于还原性漂白的试剂主要有甲脒亚磺酸、连二亚硫酸钠、硼氢化钠和烷基胺硼烷等。

（一）连二亚硫酸钠

连二亚硫酸钠，也称为保险粉、低亚硫酸钠，分子式为 Na_2SO_4，是一种白色砂状结晶或淡黄色粉末，熔点 $300℃$（分解），引燃温度 $250℃$，不溶于乙醇，遇水发生强烈反应并燃烧，在氢氧化钠溶液中比较稳定，近年来被 FSA 取代。

有关连二亚硫酸钠的漂白机理，传统的观点认为是靠 $S_2O_4^{2-}$ 水解产生新生态氢起到还原性漂白目的：

$$S_2O_4^{2-} + 4H_2O \longrightarrow 2HSO_4^- + 6H$$

现在普遍认为，在漂白过程中，连二亚硫酸根离子离解成二氧化硫自由基离子（SO_2^- ·）：

$$S_2O_4^{2-} \rightleftharpoons 2SO_2^- ·$$

二氧化硫自由基离子通过电子转移变为 SO_2 和 SO_2^{2-}（与甲脒亚磺酸水解后生成的 SO_2^{2-} 相同）。

$$2SO_2^- · \longrightarrow SO_2^- + SO_2 ·$$

SO_2^-、SO_2 和 SO_2^{2-} 都有很强的还原作用，可以与木素的醌式结构、松柏醛结构发生反应，破坏发色基团，使纸浆变白。可能发生的反应如图 2-80 与图 2-81 所示。

此外，硼氢化钠、烷基胺硼烷等也是较好的漂白试剂，可以作为纸浆的还原性漂剂。

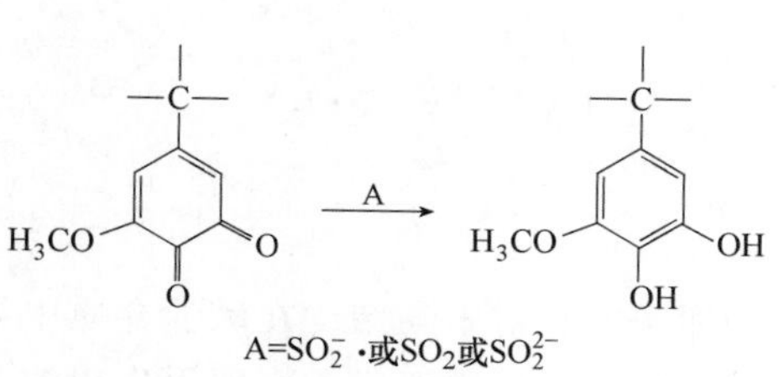

（二）甲脒亚磺酸

甲脒亚磺酸又称为二氧化硫脲（thiourea di-oxide），因此也有将其简称 TD 的，造纸行业多将其简称为 FSA（formamidine sulphinic acid，早期也简称为 FAS）。甲脒亚磺酸为白色粉末，微溶于水，饱和水溶液呈酸性（pH＝

A＝SO_2^- ·或SO_2或SO_2^{2-}

图 2-80　连二亚硫酸钠与木素醌式结构的反应

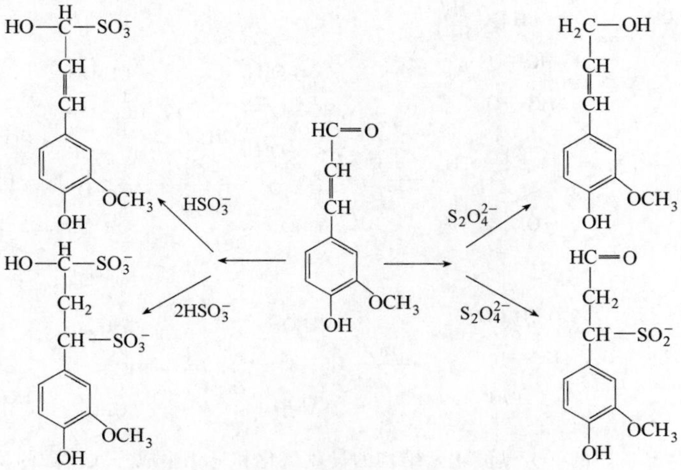

图 2-81　连二亚硫酸钠与木素松柏醇结构的反应

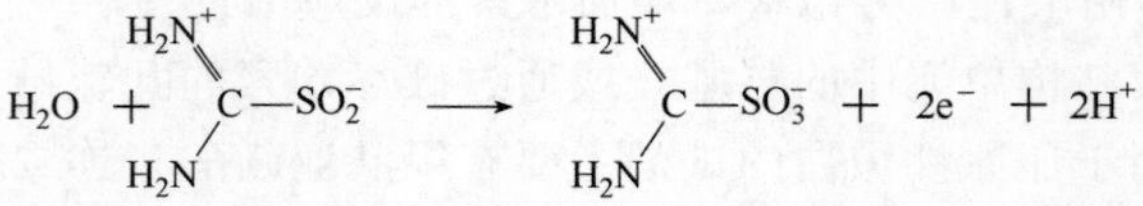

图 2-82　FSA 溶解于水中的情况

含有硝基、羰基及烯键的化合物。FSA 漂白温度一般控制在 70℃左右，FSA 被广泛使用于废纸脱墨浆及高得率浆漂白或化学浆多段漂白中的一段。

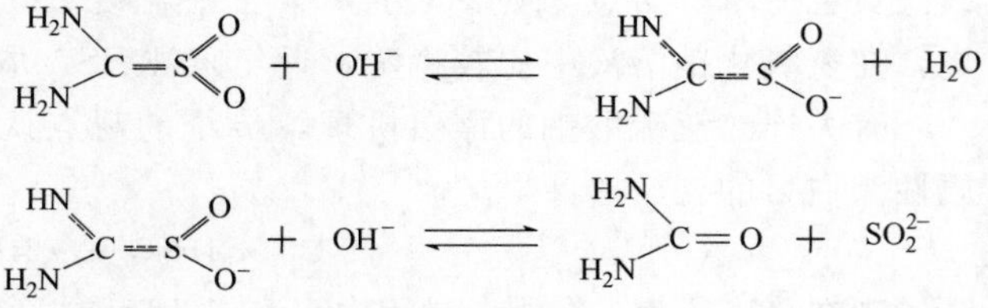

1. 与苯醌结构的反应

甲脒亚磺酸可以将残余木素结构单元中的邻苯醌结构和对苯醌结构还原为邻苯酚和对苯酚结构，使纸浆变白。可能的反应过程如图 2-84 所示。

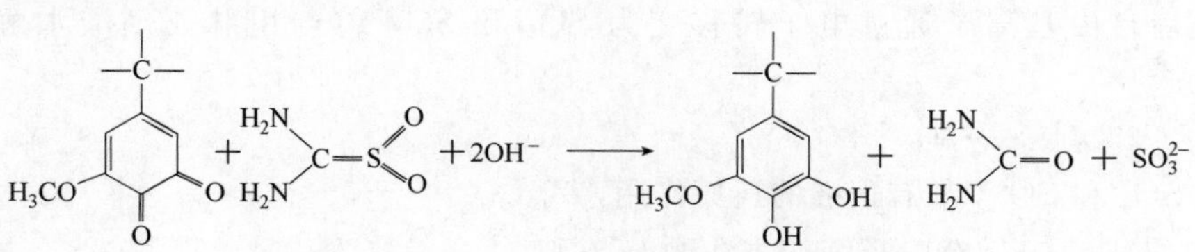

5.0），是一种新型无污染的还原性漂剂（图 2-82）。

FSA 在碱性溶液中分解为尿素及还原性极强的 SO_2^{2-}，如图 2-83 所示。因此，甲脒亚磺酸为强还原剂，可以还原

图 2-83　FSA 在碱性水溶液中的分解情况

图 2-84　FSA 与木素醌式结构的反应

邻苯酚和对苯酚结构在碱性介质中可以变为邻苯酚离子和对苯酚离子，变为无色结构且易于溶出，而甲脒亚磺酸水解后生成的 SO_2^{2-} 在此过程中被氧化为 SO_3^{2-}。

2. 与羰基（或醛基）结构的反应

甲脒亚磺酸可以将残余木素结构单元中的羰基（或醛基）还原为羟基。可能的反应过程如图 2-85 所示。

3. 与 C＝C 双键发生亲电加成反应

甲脒亚磺酸在碱性水溶液中水解生成 SO_2^{2-} 还原羰基等基团后被氧化为 SO_3^{2-}，SO_3^{2-} 进

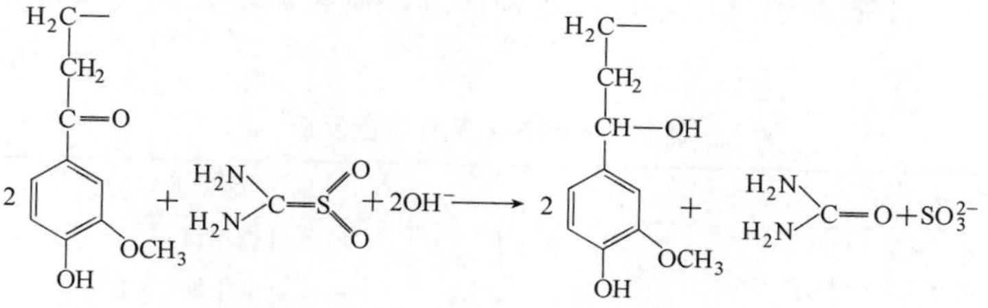

图 2-85 FSA 与木素羰基结构的反应

一步水解生成的 HSO_3^-，可以与残余木素结构单元中的 C═C 双键发生亲电加成反应，破坏不饱和键。可能的反应过程如图 2-86 所示。

所以说，FSA 与木素发生还原反应，破坏了潜在的发色基，比如醌式结构、共轭双键等，使纸浆变白。

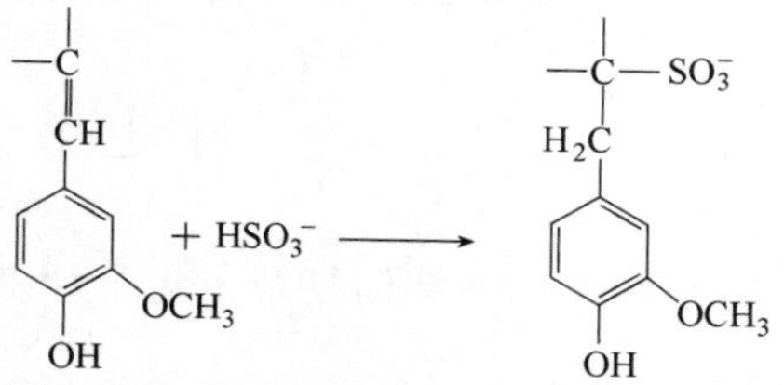

图 2-86 FSA 与木素侧链 C═C 的反应

六、木素的颜色反应及其呈色机理

木素的颜色反应，不仅对于了解树木木质化的进程、木素的分布非常重要，而且对定量地确定木素中的特定的构造也是非常重要的。因此，快速鉴定浆的种类、鉴定木材的种类均基于木素的颜色反应。此外，制浆过程中和贮存中纸浆颜色的变化，也多是起因于木素颜色的变化。因此，了解木素的颜色反应及其呈色机理对制浆造纸工作者是非常必要。

（一）呈色试剂

到目前为止已发现的颜色反应已达 150 种以上，其中多数是植物学家发现的。呈色试剂大致可分为链状化合物（脂肪族化合物）、酚类、芳香族胺类、杂环类化合物及无机化合物等 5 大类。

（二）呈色机理及呈色反应的应用

1. 呈色机理

木材及机械木浆具有一定颜色，意味着木材木素本身存在着某些生色基团，木素能和一些化学试剂形成特有的颜色反应，更说明木素中含有的某些基团经化学处理以后，能形成生色基显出颜色。

木素中哪些基团能引起颜色和颜色反应，黑格隆特根据木材各种显色反应的研究指出：木材中有 5 种类型的颜色反应：a. 和间苯三酚及其他酚的反应；b. 和芳香胺的反应；c. 和浓盐酸的反应；d. 和甲醇盐酸的反应（对某些品种的木材）；e. 和硫化氢与强硫酸的反应等。这些都是由于木素中存在的松柏醛基在起作用。

木素中含有羰基或者含有羰基及其共轭双键结构这样的生色基团，乃是导致木素生色的一种原因。

由无机试剂引起的木素呈色反应，大多数不能说是木素特有的呈色反应。例如，五氧化二钒-磷酸的呈色反应是由于酚羟基；硫酸亚铁-赤血盐和醋酸汞-硫化铵的呈色反应是由于半纤维素的糖醛酸残基。

2. 呈色反应在纤维鉴别中的应用

木素的呈色反应被广泛用于纸浆纤维的鉴别上。例如，利用氯化锌-碘染色液（赫兹波

117

格染色液）对木素产生的颜色反应，可以鉴别纤维的制浆方法及其脱木素程度。其颜色反应如表 2-26 所示。

表 2-26　　　　　　　　　　　氯化锌-碘染色液的颜色反应

纤 维 类 别	颜 色	纤 维 类 别	颜 色
破布浆纤维类（棉花、亚麻、大麻）	酒红色	白色机械木浆	草黄色
化学浆纤维类（针叶木、阔叶木、芦苇、甘蔗渣、稻草、麦秆）	蓝紫色	褐色机械木浆、半料浆	黄褐色

根据显出的颜色，还可以鉴别纸浆中是否含有机械木浆或破布浆等。

第七节　木素的生物降解反应

木素大分子结构复杂，与半纤维素存在化学结合，生物降解比较困难。现在已知担子菌中的白腐菌可降解木素。降解过程需要 3 个步骤，即木素大分子→二聚体→单体→简单的降解产物，其中前两步降解是由过氧化物酶引发的自由基反应，最后一步是由单加氧酶和双加氧酶催化完成，从木素大分子到二聚体的过程比较难，速度较慢。木素大分子的代谢途径见图 2-87。

图 2-87　木素大分子的代谢途径图

1. 木素大分子的直接降解产物

木素大分子的直接降解产物主要有单体、二聚体和寡糖体，产物种类较多。图 2-88 是木素大分子降解直接单体反应产物示例。

2. 木素几种主要连接键模型物的断裂

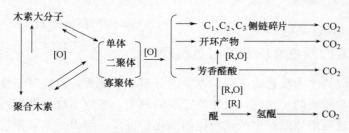

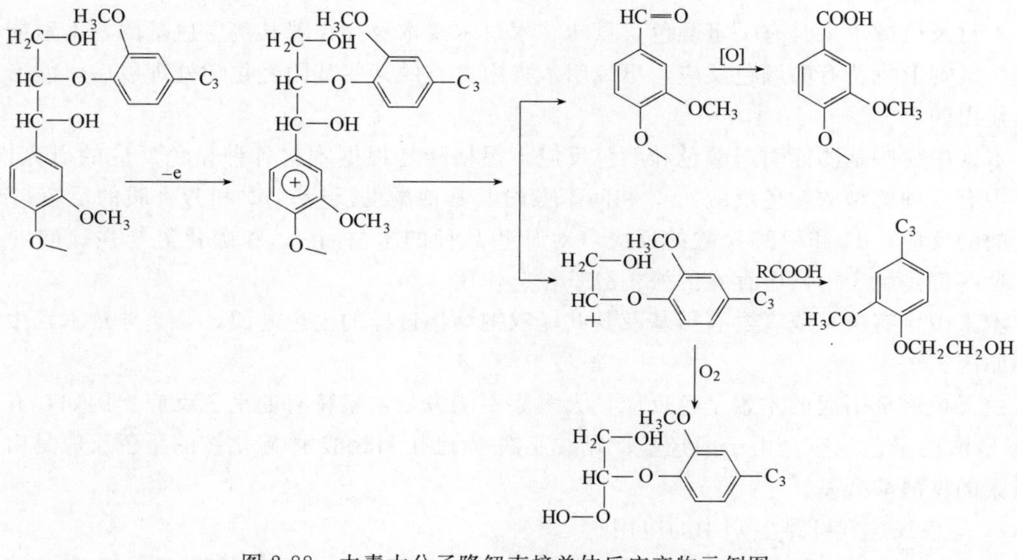

图 2-88　木素大分子降解直接单体反应产物示例图

（1）醚键断裂

酚型结构单元 β-O-4 的断裂方式，见图 2-89。苯环可生成醌式结构，侧链则转化为酮式或酸式。

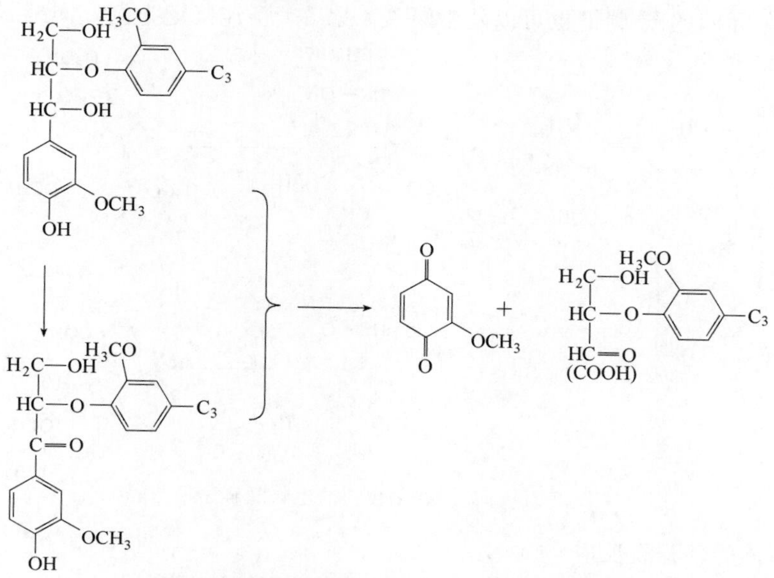

图 2-89　酚型 β-O-4 木素模型物的生物降解

非酚型结构单元 β-O-4 的断裂方式，见图 2-90。醚键与侧链间的碳-碳键可以发生一定

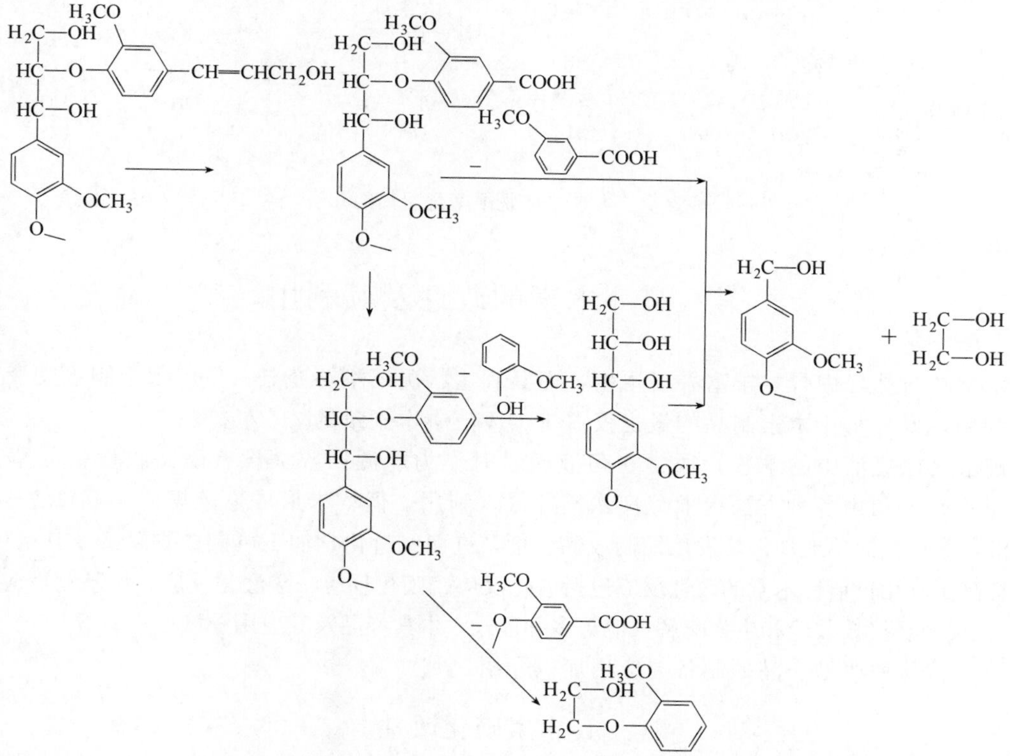

图 2-90　非酚型 β-O-4 木素模型物的生物降解

程度的断裂。

木素结构单元间的 α-O-4 醚键也可以发生类似的断裂。

（2）碳-碳键断裂

木素结构单元间的碳-碳键也可以发生断裂。以 β-1 型连接键为例，详见图 2-91。

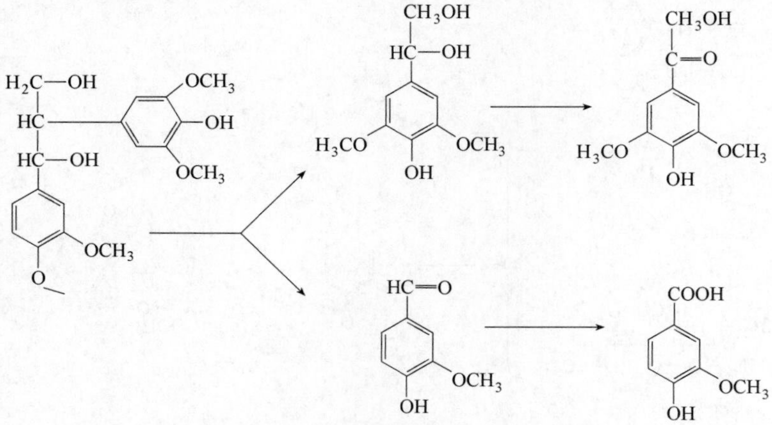

图 2-91 β-1 模型化合物的生物降解途径

3. 木素单体的环开裂反应

木素单体在白腐菌的作用下可以发生开环反应，条件是木素单体的侧链脱甲基化或氧化形成苯二酚或龙胆酸型化合物。图 2-92 为木素单体脱甲基化后环的开裂情况。

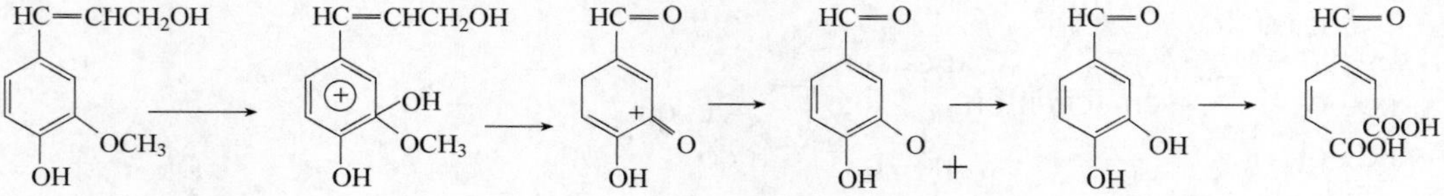

图 2-92 木素单体脱甲基化后环的开裂

第八节 木素的改性及其利用

木素在自然界中含量丰富并可再生，而其利用状况还不够充分，仅仅限于制浆废液中木素的利用，世界每年木素制品的量也仅占排出废液中木素量的 2％ 左右。

硫酸盐法废液中的木素，通常在药液回收时作为能源回收，没有碱回收设备的草浆废液，正在研究利用各种方法提取分离木素并寻求利用，但均未形成生产规模。亚硫酸盐法制浆废液，起初只简单地加以蒸发浓缩制成黏合剂，进而经过化学加工可制成香草醛及其衍生物，大大提高了利用价值。木素的改性反应包括氧化反应、磺化反应、羧酸化反应、烷基化反应、氨（胺）化反应、接枝共聚和生物酶解反应等多种形式。木素产品及其应用领域见表 2-27。

下面就几种典型产品的制备与应用加以介绍。

一、木素磺化改性

目前生产木素磺酸盐最大的跨国公司是挪威的 Borregard（宝利葛）公司，该公司在瑞

表 2-27　　　　　　　　　　　　　木素产品及其应用领域

应 用 领 域	产品名称或用途	应 用 领 域	产品名称或用途
农林业	肥料 农药缓释剂 植物生长调节剂 饲料添加剂 土壤改良剂 液体地膜	高分子树脂	木素-酚醛树脂 胶黏剂 木素聚氨酯 木素螯合树脂 木素环氧树脂
油田化学品	堵水剂和调剖剂 稠油降黏剂 驱油剂 钻井泥浆添加剂	建材助剂	混凝土减水剂 水泥助磨剂 沥青乳化剂
轻工领域助剂	染料分散剂 表面活性剂 合成鞣剂 活性炭和碳纤维 造纸化学品	其他工业中应用	香兰素 二甲硫醚 二甲亚砜 防垢剂 磨削液 水煤浆分散剂 絮凝剂
塑料、橡胶助剂	橡胶补强剂 塑料助剂		苯酚 电瓶电极保护剂

典、芬兰、西班牙、德国、英国、美国、中国等国家设有生产厂。

（一）亚硫酸盐法制浆废液中的磺酸盐

亚硫酸盐法制浆废液中的木素，以木素磺酸的形式存在，提取方法见第二节中木素的分离与精制相关内容。

（二）碱木素改性磺酸盐

从造纸黑液回收的碱木素，具有良好的理化特性，是一种重要的基本工业原料，越来越多的环境科技工作者投入了针对木素应用开展的技术研究。木素分子中缺乏强亲水性官能团，同时可发生反应的高活性位置不足，故其水溶性和化学反应性能不良，限制了回收木素的应用范围和实用价值。通过物理化学的改性方法，在木素结构中引入高活性基团，优化木素的结构性能，提高其产品的应用价值，已经成为木素利用研究关注的焦点。碱木素的磺化改性是应用最为广泛的改性方法。

在一定条件下，碱木素可以被磺酸基取代苯环或侧链上的氢、羟基、甲氧基等而变成木素磺酸盐，也称磺化木素。

1. 磺化

木素磺化改性，一般采用的是高温磺化法，即将木素与 Na_2SO_3 在 $150\sim200℃$ 条件下进行反应，使木素侧链上引进磺酸基，得到水溶性好的产品，反应过程如图 2-93 所示。

如果用亚硫酸钠和氧气对碱木素实现氧化磺化，可在苯环上引入磺酸基，反应过程如图 2-94 所示。

2. 磺甲基化

木素溶于碱性介质，其苯环上的游离酚羟基能与甲醛反应引入羟甲基。木素经羟甲基化以后，在一定反应温度条件下与 Na_2SO_3、$NaHSO_3$ 或者 SO_2 发生苯环的磺甲基化反应。此时，侧链的磺化反应则较少发生，见图 2-95。

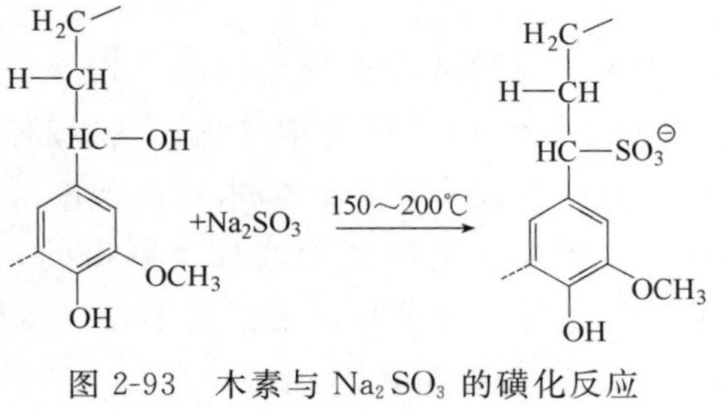

图 2-93　木素与 Na_2SO_3 的磺化反应

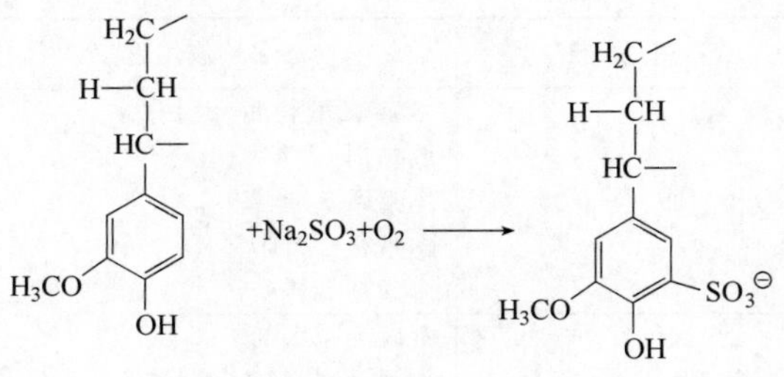

图 2-94 木素与 Na_2SO_3 和氧气的磺化反应 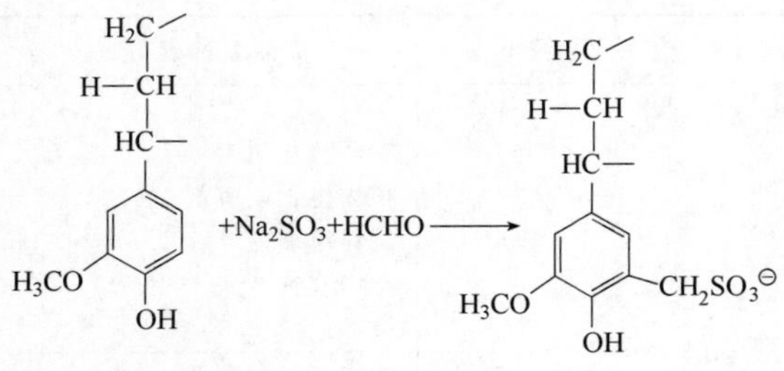　图 2-95 木素与 Na_2SO_3 和甲醛的磺化反应

（三）木素磺酸盐应用

木素磺酸盐是一种水溶性很好的负离子表面活性剂，呈淡黄色或黄褐色。木素磺酸盐具有非极性的芳香基团，又具有极性的磺酸基团，这就决定了其具有表面活性性质。木素磺酸盐可溶于各种不同 pH 的水溶液中，应用方便，但不溶于乙醇、丙酮和一般有机溶剂。

其主要应用领域见表 2-28。

表 2-28　　　　　　　　　　木素磺酸盐制品的利用途径

用　　途	主 要 效 果					需要量所占比例/％
	B	C	D	P	E	
水泥-混凝土混合剂		√	√			47
粉矿石造粒剂	√					25
肥料造粒剂、担体、土壤改良剂	√	√	√			6
陶土黏结剂、分散剂	√	√				5
农药造粒剂、分散剂	√					3
碳粉造粒剂、分散剂	√					2
染料、颜料分散剂、粉碎助剂			√			2
泥水调整剂		√				2
石膏板用添加剂			√			1
铸造翻砂添加剂、涂型剂	√			√	√	1
其他	√	√	√			6

注：B：黏结剂；C：螯合剂，D：分散剂，P：分型结构，E：高分子电解质特性。

二、木素聚合改性

木素的聚合改性，依据反应机理可将其分为两类：一类为木素游离酚羟基与多个官能团化合物的交联反应，交联剂为卤化物、环氧化物等；另一类为木素在非酚羟基位置的缩合反应，在适宜条件下，缩合反应后可以得到相对分子质量较高并具有一定水溶性的改性木素。

在碱的催化下，木素与甲醛产生缩合反应，生成木素酚醛树脂。在一定条件下，木素还能与苯酚缩合，生成木素-苯酚缩合物。碱性条件下，苯酚与甲醛缩合，生成甲基酚醛树脂。

1. 制备黏合剂

木素可直接或改性后与树脂共混来制备酚-醛黏合剂：木素经化学（羟甲基化、酚羟基化、脱烷基化等）、非化学（物理法以超滤法为主）或生物发酵等方法处理后再与酚醛反应制胶。直接法反应简单，但木素取代酚醛量较少；改性木素和其他树脂成分有较好的化学亲和性，木素取代的酚醛量增加，制得的木素胶有较强的交联固化性。木素应用于酚醛树脂（PF）黏合剂中的研究开始得较早，许多种类已经商品化。

2. 合成聚氨酯（PU）

代替多元醇合成聚氨酯也是木素在高分子材料应用领域中的研究热点之一。用木素制PU对环保大有好处，不仅综合利用资源，节省大量的化工原料，降低聚氨酯的生产成本，而且木素型的PU易于降解，可减少环境污染。

3. 合成环氧树脂

环氧树脂具有黏结、防腐蚀、成型性和热稳定性等性能，可用作涂料、胶黏剂和成型材料等；作为结构胶，常以液态和胶膜形态应用于航空和航天工业；因其综合性能优良，特别是绝缘性能突出，还广泛应用于电子、电气领域。

用木素合成木素环氧树脂的方法可以归纳为：木素衍生物直接与环氧树脂共混；直接用环氧树脂对木素衍生物如碱木素进行环氧化改性；也可以先对木素衍生物改性以提高其反应能力，然后进行环氧化合成。

4. 开发可降解塑料

塑料绝大多数是通过石油等不可再生的资源生产出的合成高分子材料，难以降解，造成环境污染。西南科技大学的黎先发、罗学刚以木素、25%的甘油共混造粒，造粒后的木素与淀粉母料、聚乙烯共混挤出成膜，木素配比高达55%。以木素为基体通过接枝聚合生产可完全降解高分子材料的技术，有望发展成为一类新品种工程塑料，从而解决白色污染问题。

三、木素胺化改性

自从1958年John C. B. Jr发表了制备木素胺的第一个专利以来，木素胺的研究日益增多，种类迅速增加，木素胺的种类繁多，主要有季铵型木素胺、仲胺与叔胺型木素胺、伯胺型木素胺、多胺型木素胺、磺甲基木素胺（两性离子木素）和氨化木素等几种，其应用范围不断扩大。我国这方面的报道不多。

（一）胺化木素的制备

1. 季铵型木素胺

这是一类很重要的木素胺，它的阳离子性强，可在酸性、中性、碱性介质中使用，各国合成和应用这一类化合物较多，具有代表性的合成方法是将环氧氯丙烷与等摩尔的二甲胺、二乙胺、三甲胺、三乙胺或类似的胺反应生成叔胺或季铵中间体，后者与木素在碱性条件下反应制成叔胺型或季铵型木素胺。反应过程如图2-96所示。

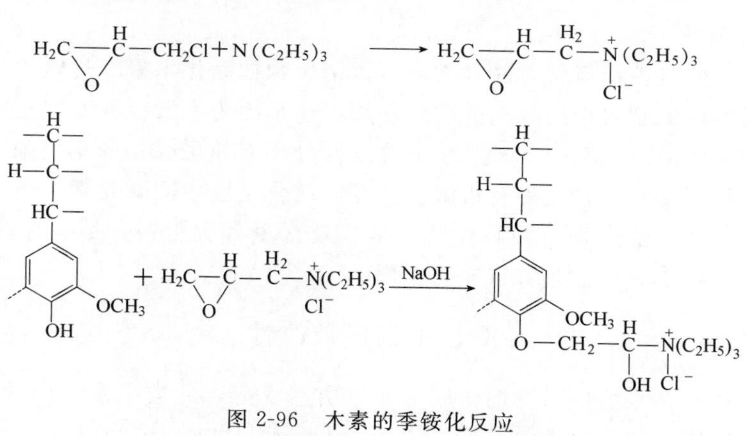

图 2-96 木素的季铵化反应

2. 仲胺与叔胺型木素胺

木素磺酸盐或者碱木素与伯胺、仲胺以及甲醛、丙醛、苯甲醛、乙烯醛等进行 Mannich

反应合成仲胺或叔胺型木素胺。这是最早发明的合成木素胺的方法。

Mannich 反应是指胺类化合物与醛类和含有活泼氢原子的化合物所进行的缩合反应，活泼氢化合物中所含有的活泼氢原子被胺甲基取代，所以又称胺甲基化反应。其反应通式如图 2-97 所示。

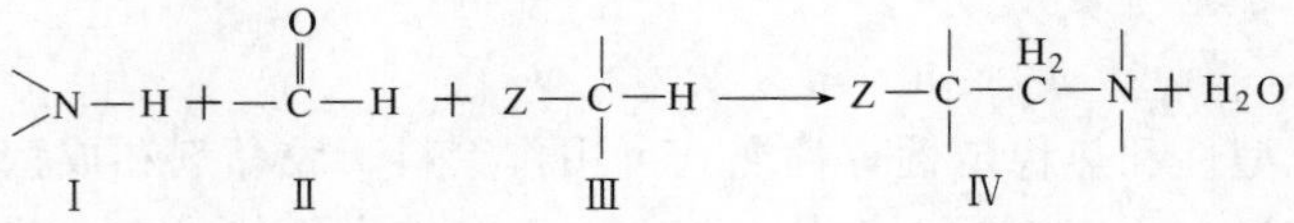

图 2-97 Mannich 反应通式

图 2-97 中，Ⅰ：伯、仲胺或氨；Ⅱ：甲醛或其他醛；Ⅲ：含有一个或多个活泼氢的化合物，如酮、醛、酸、酚、醚、腈、杂环化合物、不饱和烃以及硝基化合物等；Ⅵ：Mannich 碱，Z：吸电子基团。

Mannich 反应是三组分的缩合反应，它的中间过程究竟是甲醛首先与含活泼氢的组分缩合，生成甲醇基化合物，还是先与胺缩合，生成 N-甲基化合物，历史上曾出现过争论。目前普遍倾向于接受后一种观点，这已被许多研究所证实。Mannich 反应机理，见图 2-98。

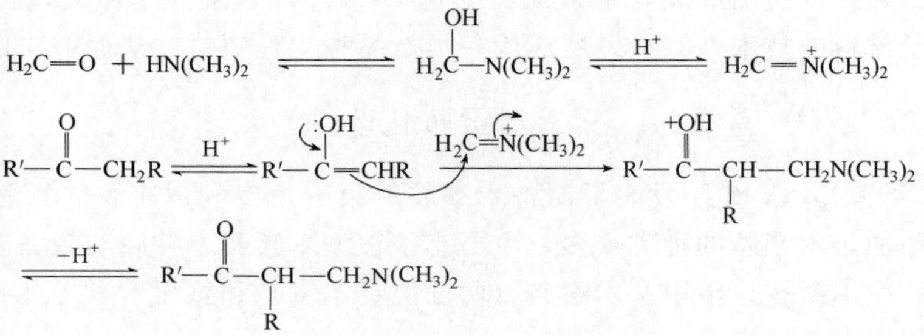

图 2-98 Mannich 反应机理

（二）胺化木素的应用

1. 木素阳离子絮凝剂

Mckague 报道了采用硫酸盐木素按 Mannich 反应，与二甲胺和甲醛作用，进行甲基化和胺甲基化后，生成的木素季铵盐衍生物可用作硫酸盐浆厂漂白废水的絮凝剂，效果显著。

2. 木素控释氮肥

目前研究较多的是控释氮肥，并且常由木素衍生物如磺化木素经过氨化氧化来制备。与尿素相比，木素控释氮肥表现出较高的肥效作用，这是因为木素控释氮肥是木素氨化氧化降解产物，含有较多的羧基，其中 NH_4^+-N 主要以低分子有机酸铵盐形态存在，这种 NH_4^+-N 比尿素中的氮释放缓慢，而且这种有机酸铵盐还能活化土壤中的磷元素。

氮化木素具有缓慢的生物可降解性能，是长效含氮有机肥料，是一种缓慢释放有机氮肥，同时对改良土壤中有机物起着重要的作用。

四、木素接枝改性

接枝合成多属于在水溶性引发剂作用下的自由基反应，此类引发剂应用较多的是铈盐、过硫酸盐 H_2O_2-$FeSO_4$ 和复合型引发剂，如 $K_2S_2O_8$-$NaHSO_3$、$K_2S_2O_8$-$Na_2S_2O_3$。常用的交联剂有 N,N-亚甲基双丙烯酰胺，金属盐类，如钙盐等。木素接枝共聚合成的单体包括丙烯酰胺、甲基丙烯酰胺、丙烯酸、丙烯腈和苯乙烯等。

五、木素降解

木素降解可以制备小分子平台化合物，其中加氢制备苯酚是近几年研究的热点。

（一）香草醛（香兰素）及其衍生物

香草醛［图2-99之（1）］，原料是针叶木的木素磺酸，因为其木素结构单元含有愈创木基。世界香草醛产量每年5000t。香草醛不仅用作香料，还是血管扩张剂甲基多巴和治疗帕金森氏病药物多巴（3,4-二羟基苯基丙氨酸）的原料。全世界用于制造香草醛的木素磺酸仅占全部木素磺酸的0.6%，远未达到真正充分的利用。

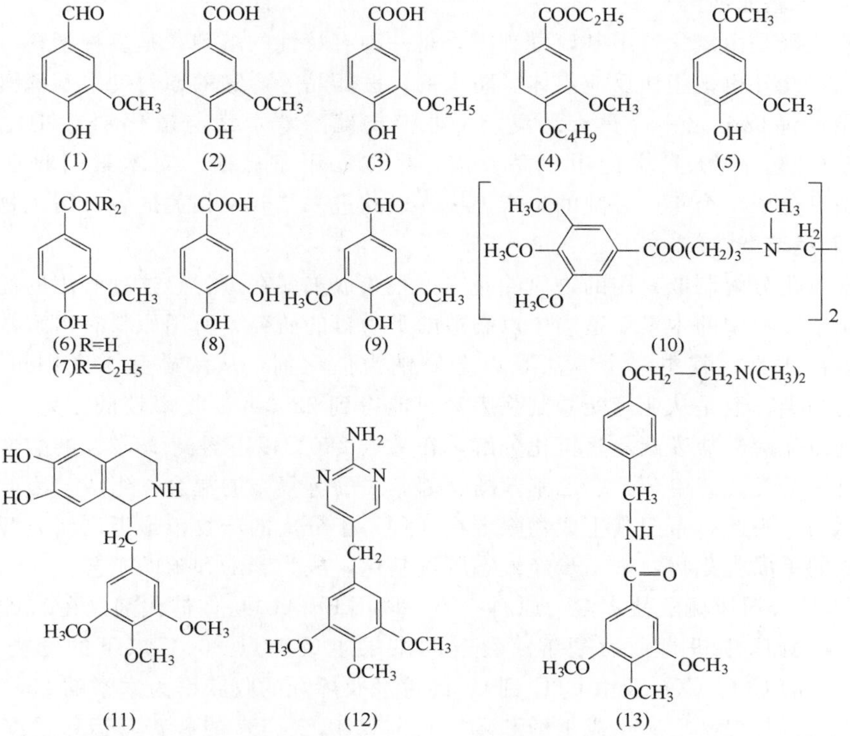

图2-99 香草醛及其衍生物的构造式

香草酸［图2-143之（2）］和乙基香草酸［图2-99之（3）］，作为香料和香草醛用途相同，但比香草醛具有香味更好、更强的优点。羟丁基香草酸乙酯［图2-99之（4）］，对好气性细菌有杀菌作用，特别对热敏感的细菌和丝状菌更为有效。甲基香草醚［图2-99之（5）］，系由木素经碱熔融而制得，用于合成麻醉剂帕帕倍林（papaverine）。此外，还用作摄影用药品、植物激素、抗氧化剂、染料等的中间体。香草酸胺［图2-99之（6）］，用作皮革厂的消毒剂，Kratzl对香草酰胺及其衍生物的合成和生理作用，进行过研究报道，指出其中仅有香草酸二乙胺［图2-99之（7）］具有药理作用，正以商品名Vandia进行工业生产。它可以使呼吸量增加，具有增高血压的作用。据说，比常用的安息香酸二乙胺的效果要高15倍。

原儿茶酸（3,4-二羟基苯甲酸）［图2-99之（8）］，由木素或者香草醛经碱融熔而制得，240～245℃以下，90%生成香草酸，在此温度以上，99%生成原儿茶酸。原儿茶酸可作为合成纤维的原料，它的酯具有杀菌性。此外，原儿茶酸乙基醚比香草酸乙基醚对杆菌（bacillus mycoides）具有强活性。

紫丁香醛［图 2-99 之（9）］系由阔叶木木素氧化分解制得，与香草醛同时得到且得率几乎相等。这个物质的用途至今尚未见报道，但它的甲基化物的三甲氧基苯甲醛用作医药中间原料。由它可以合成下述药品：这就是血管扩张剂克冠二胺（优心平）［图 2-99 之（10）］、镇咳止痰剂［图 2-99 之（11）］、化学疗法剂［图 2-99 之（12）］和催眠镇静·降压利尿剂［图 2-99 之（13）］。三甲基苯甲醛的制法虽已有多个路线方案，但以由紫丁香醛制造最为便捷。

（二）二甲基亚砜

二甲基亚砜是由氧化二甲基硫醚制得，是一种有特性的溶剂，是多种塑料特别是丙烯腈的优良溶剂。此外也被用作反应媒体、防虫剂、医药品等。它的原料二甲基硫醚，是硫酸盐法制浆时副产品成分之一，具有恶臭。工业上将硫酸盐木素与硫化钠、氢氧化钠一起在 $200 \sim 260 ℃$ 加热，与木素中的甲氧基反应，生成二甲基硫醚。对木素的收获率为 $5\% \sim 10\%$，美国已建了 1 个年产万吨的生产工厂，以此进一步开发相关的各种衍生物。

（三）制造苯酚

将木素氢化分解制取有用的物质的研究，很久以来就在进行。这种利用的优点在于可以大量利用制浆废液中的木素。这当中以制造酚类为目的研究，所用原料有水解木素以及亚硫酸盐制浆废液木素。其中一个方法是以金属钠为催化剂，从浓硫酸木素中可以蒸馏得到 40% 以上的酚类，但是从亚硫酸盐制浆废液只能得到 22.3%，收率较低。另一方法是以铁-硫系催化剂对亚硫酸盐废液木素氢化分解，在沸点 $280 ℃$ 以下得到 23.3% 的酸性油。但是其生成物都是甲酚类、二甲苯酚、乙基苯酚、邻苯二酚等复杂的混合物组成，因此这样作为产品其价值不高。为此，希望其生成物限定在几种易于分离的产物。最近已研究开发出一次氢化分解生成的单酚类化物，进一步经液态脱烷基化，成为苯酚和苯的工艺。

美国 HRI 公司以硫酸盐木素为原料，第一段用 $Fe-Al_2O_3$ 作催化剂，在 $7.0MPa$、$440 ℃$ 的温度下，沸腾床中进行液态裂解。裂解的结果生成沸点 $260 ℃$ 以下的酚类，收获率为 46.2%，生成的 CO、CO_2 及由 CH_4 到 C_5 的烷烃及烯烃的收获率为木素的 25.2%。接着生成的单酚类进行脱烷基反应生成苯酚和苯。目前日生产 $458t$ 的装置其运行情况比合成苯酚还要经济。从硫酸盐木素可以得到 20% 苯酚、14% 的苯、13% 的燃料油和 29% 的可燃性气体。

将来木素特别是制浆废液中木素的理想的利用法，应该是像这个制取苯和苯酚的方法，产品用途广、需要多。另外，还有预水解法工艺，先将半纤维素以容易利用的形式分离出来，再将木素从制浆废液中回收出来，实现"生物质精炼"。

六、木素制备碳纤维

制备木素碳纤维的基本工序包括：木素提纯与改性、纺丝液制备、纺丝、预氧化、炭化。

1. 木素提纯与改性

木素大都来自制浆造纸废液，含有大量的无机物灰分和糖分，需要提纯，提纯方法参照前述工业木素提纯方法。

木素单体之间主要由烷基醚键和碳-碳键以无规则状态连接，需要经过适当改性处理，

使之获得热熔性，才能进行熔体纺丝。改性处理方法主要有氢解法、酚解法和乙酰化法。

① 氢解法。醚键断裂，破坏芳香环的乙烯架桥，形成低相对分子质量的聚合物，采用氢解技术碳纤维得率低，能量高。

② 酚解法。在木素中引入酚类化合物，用酸做催化剂，使得其大分子变成小分子，具有可熔融的特性，具有操作简单、快捷等特点，是较为适用的木素改性方法。

③ 乙酰化法。木素中含有醇羟基和酚羟基，可与酰化试剂发生酰化反应，从而改变木素的热熔性。有机溶剂法制浆过程中，木素分子上引入了一定数量的乙酰基，从而具有多分散性和可熔融性，可直接用于生产碳纤维。碱木素较少应用乙酰法。

2. 纺丝液的制备

木素与玻璃化转变温度较低的高聚物混合，可以降低共混物的玻璃化转变温度，从而提高木素的可纺性。木素相容性较好的高聚物有：聚氯乙烯（polyvinyl chloride，PVC）、聚环氧乙烷（polyethylene oxide，PEO）和聚对苯二甲酸乙二醇酯（polyethylene tereph-thalate，PET）等。

3. 纺丝

原丝的制备方法和工艺参数，对原丝的结构性能有着重要的影响。目前纺丝的方法有：湿法、干法、干喷湿纺法、熔融法、静电法和气相沉积法等方法。木素基碳纤维多数采用熔融纺丝法。

4. 预氧化

原丝直接炭化，因温度较高，纤维容易黏结交联，因此，在炭化处理前，必须进行预氧化处理，使其具有热固性。预氧化处理一般在氧化气氛中进行，通过引入羰基、羧基等含氧官能团，使分子架桥，交联高分子化，从而形成不熔融的皮鞘层。

5. 炭化

炭化过程是碳纤维结构和性能转变的重要步骤。原丝在炭化过程中将发生交联、裂解、缩合等化学反应，最后转变成具有乱层石墨结构的碳纤维。炭化阶段分低温和高温两个阶段，前者温度一般为 $300 \sim 1000 \, ℃$ ，后者温度为 $1100 \sim 1600 \, ℃$ ，但标志性炭化温度在 $700 \, ℃$ 左右。制备木素基碳纤维时仍存在成丝困难、纤维强度低等问题，一些关键问题尚需解决。

习题与思考题

1. 概念与名词

（1）磨木木素；（2）Klason 木素；（3）酸溶木素；（4）木素-碳水化合物复合体（LCC）；（5）模型物法。

2. 木素结构单元有哪些类型？针叶木、阔叶木和禾本科原料木素结构单元组成的特点？

3. 木素结构单元是如何聚集成大分子的？木素结构单元间有哪些重要的连接键？从键能角度分析，哪些连接键容易断裂？

4. 从木素分子合成角度分析，为何 β-O-4 连接键是木素中最主要的连接键？

5. 木素分子上含有哪些重要的官能团？它们对木素的制浆特性有哪些影响？

6. 以针叶材为例说明木素的沉积规律。

7. 常用木素的分离方法有哪些？哪些方法适合定量木素，哪些方法适合定性木素？

8. 溶解木素的测定方法有哪些？

9. 了解光谱技术和色谱技术在木素研究中的应用。

10. 研究木素结构的化学降解法有哪些？并了解各种方法的基本原理。

11. 禾本科原料的对羟苯基结构单元主要是以哪种方式连接到木素大分子上的？

12. 木素与碳水化合物间可能存在哪些化学键连接？

13. 说明木素结构单元在碱性、酸性介质中的变化规律及变化的意义。

14. 制浆过程中经常用到哪些亲核试剂？比较主要亲核试剂的亲核性大小。

15. 何为"酚型结构单元"？何为"非酚型结构单元"？

16. 如何理解碱性介质中"酚负离子（苯氧负离子）型结构单元"的形成过程？非酚型结构单元能够形成"酚负离子型（C_4—O^-）结构单元"吗？

17. 为何紫丁香型结构单元比愈创木基型结构单元的反应活性强？

18. 化学法制浆时能否将浆中的木素全部脱除？为什么？

19. 烧碱法制浆时木素的基本反应有哪些？

20. 硫酸盐法制浆时木素的反应有哪些？为何木素的碎解程度比烧碱法深？

21. 酸性亚硫酸盐法制浆时木素的基本反应有哪些？

22. 木素碎片为何会发生缩合反应？对制浆有何危害？

23. 蒸煮后得到的纸浆中残留木素变少，为何浆的色泽反而变深？

24. 常用含氯漂剂有哪些，各自反应机理是什么？

25. 常用含氧漂剂有哪些，各自反应机理是什么？

26. 请说明常用还原性漂剂的种类及作用机理。

27. 木素有哪些基本物理性质？

28. 木素呈色反应有哪些方面的应用？

29. 说明木素微生物降解反应及其意义。

30. 木素有哪些应用途径？

主要参考文献

[1] 裴继诚，平清伟，唐爱民，等编. 植物纤维化学 [M]. 4 版. 北京：中国轻工业出版社，2012.

[2] 詹怀宇，李志强，蔡再生. 纤维化学与物理 [M]. 北京：科学出版社，2005.

[3] 中野準三编. 木质素的化学——基础与应用 [M]. 北京：中国轻工业出版社，1998.

[4] Johan Gullichsen, Hannu Paulapuro. Papermaking science and technology：Forest Products Chemistry（Book 3）[M/CD]. Finnish Paper Engineers' Association and TAPPI，2000.

[5] Louis Roy Busche. The Klason Lignin Determination as Applied to Aspenwood with Special Reference to Acid-Soluble Lignin [D]. Appleton，Wisconsin：The Institute of Paper Chemistry，1960.

[6] 蒋挺大. 木质素 [M]. 北京：化学工业出版社，2001.

[7] A. S. Ja¨a¨skela¨inen, Y. Sun and D. S. Argyropoulos. etal. The effect of isolation method on the chemicalstructure of residual lignin [J]. Wood Sci Technol，2003（37）91—102.

[8] 陈嘉翔. 制浆化学 [M]. 北京：中国轻工业出版社，1990.

[9] Fadi S. Chakar. Fundamental delignification chemistry of laccase-mediator systems on high-lignin-content kraft pulps [D]. Atlanta：Institute of Paper Science and Technology，2001.

[10] 高洁，汤烈贵. 纤维素科学 [M]. 北京：科学出版社，1996.

[11] 邬义明. 植物纤维化学 [M]. 2 版. 北京：中国轻工业出版社，1991.

[12] 林鹿，詹怀宇. 制浆漂白生物技术 [M]. 北京：中国轻工业出版社，2002.

[13] 陈嘉翔. 高效清洁制浆漂白新技术 [M]. 北京：中国轻工业出版社，1996.

[14] 赖玉荣，张曾，黄干强. 木素在过氧化氢漂白条件下的反应 [J]. 中国造纸学报，2007，20（2）：203—206.

[15] 钱学仁，安显慧编著. 纸浆绿色漂白技术 [M]. 北京：化学工业出版社，2008.

[16] 顾尚香，姚卡玲，候白杰，等. 二氧化硫脲对有机化合物的还原作用研究 [J]. 有机化学，19 98 (8)：157—161.

[17] Gierer J，Jansbo K，Reiberger T. Formation of hydroxyl Radicals from Hydrogen Peroxide and their Effect on Bleaching of Mechanical Pulps [J]. Wood Sci Technol，1993，13 (4)：561—581.

[18] Thomas E. Lyse. A Study on Ozone Modification of Lignin in Alkali-Fiberized Wood [D]. Appleton，Wisconsin：The Institute of Paper Chemistry，1979.

[19] Claudia Crestini，Dimitris S. Argyropoulos. Structural Analysis of Wheat Straw Lignin by Quantitative ^{31}P and [2D]NMR Spectroscopy. The Occurrence of Ester Bonds and r-*O*-4 Substructures [J]. J. Agric. Food Chem. 1997 (45) 1212—1219.

[20] Faraj Asgari and Dimitris S. Argyropoulos. Fundamentals of oxygen delignification. Part Ⅱ. Functional group formation/elimination inresidual kraft lignin [J]. Can. J. Chem. 1998 (76)：1606—1615.

[21] 刘华，张美云，臭氧漂白化学的现状 [J]. 西南造纸，2001 (5)：16—17.

[22] Lubo Jurasek，Dimitris S. Argyropoulos on the reactivty of lignin models with oxyen-centered radicals. Ⅰ. Computations of proton and electron affinities and O-H bond dissociation energies [J]. Cellulose Chem. Technol. 2006，40 (3-4)：165—172.

[23] Thomas E. Crozier. Oxygen-Alkali Degradation of Loblolly Pine Dioxane Lignin Changes in Chemical Structure as a Function of Time of Oxidation [D]. Appleton，Wisconsin：The Institute of Paper Chemistry，1978.

[24] 黄静，刘泽华. 环境友好型废纸浆漂白技术的研究进展 [J]. 天津造纸，2007 (4)：8—11.

[25] A. R. Fritzberg，D. M. Lyster，and D. H. Dolphin. Evaluation of Formamidine Sulfinic Acidand Other Reducing Agents For Use in The Preparation of Tc-99m Labeled Radiopharmaceuticals [J]. Journal of nuclear medicine. 1977，18 (6)：553—557.

[26] Peter M. Froass. Structural changes in lignin during kraft pulping and chlorine dioxide bleaching [D]. Atlanta：Institute of Paper Science and Technology，1996.

[27] 黄茂福. 略论双氧水漂白稳定剂（二）[J]. 印染，1999 (2)：53—55.

[28] 马永生，安显慧，钱学仁. 二氧化氯漂白技术的新发展 [J]. 中华纸业，2010，31 (80)：11—14.

[29] Dence C. W. Chemistry of Chemical Pulp Bleaching. Pulp Bleaching-Principles and Practices [M]. Atlanta：TAPPI Press，1990.

[30] 李新平，武胜. 木素醌型结构与过氧化氢反应特性的研究进展 [J]. 纤维素科学与技术，2006，14 (4)：52—56.

[31] 罗学刚. 高纯木质素的提取与热塑改性 [M]. 北京：化学工业出版社，2008.

[32] 廖艳芝，杨阿三，孙勤，等. 工业木素的氨化反应研究及其进展 [J]. 中国造纸学报，2007，22 (1)：109—112.

[33] 张永华，杨锦宗. 木素胺的合成及应用进展 [J]. 化学与粘合，1998 (10)：43—48.

[34] 杨建华，黄彪. 木素改性及高附加值应用研究进展 [J]. 亚热带农业研究，2006，2 (3)：226—229.

[35] 李忠正，乔维川. 工业木素资源利用的现状与发展 [J]. 中国造纸，2003，22 (5)：47—52.

[36] H. P. S. Abdul Khalil，A. F. Ireana Yusra，A. H. Bhat，et al. Cell wall ultrastructure，anatomy，lignin distribution，and chemical composition of Malaysian cultivated kenaf fiber [J]. Industrial Crops and Products，2010 (31)：113—121.

[37] Arthur J. Ragauskas，Gregg T. Beckham，Mary J. Biddy，et al. Lignin Valorization：Improving Lignin Processing in the Biorefinery [J]. Science，2014 (344)：1246843，1—10.

[38] Mikhail Balakshin，Ewellyn Capanema，Hanna Gracz. et al. Quantification of lignin carbohydrate linkages with high-resolution NMR spectroscopy [J]. Planta，2011 (233)：1097—1110.

[39] Roberto Rinaldi，Robin Jastrzebski，Matthew T. et al. Paving the Way for Lignin Valorisation：Recent Advances in Bioengineering，Biorefining and Catalysis [J]. Angew. Chem. Int. Ed.，2016 (55)：2—54.

[40] Hao Luo，Mahdi MAbu-Omar. Chemicals From Ligninm [M]. Encyclopedia of Sustainable Technologies，Volume 3，2017：573—585.

[41] Cyril Heitner Donald R. Dimmel John A. SchmidtLignin and Lignans Advances in Chemistry [M]. Taylor and Francis Group，LLC.，2010.

[42] Jason S. Lupoi，Seema Singh，Ramakrishnan Parthasarathi，et al. Recent innovations in analytical methods for the qualitative and quantitative assessment of lignin [J]. Renewable and Sustainable Energy Reviews，2015 (49) 871—

906.

[43] F. Xu，X. C. Zhong，R. C. Sun，Q. Lu c. Anatomy，ultrastructure and lignin distribution in cell wall of Caragana Korshinskii [J]. Industrial Crops and Products，2006 (24)：186—193.

[44] D Kai，MJ Tan，PLChee，et al. Towards lignin-based functional materials in a sustainable world [J]. Green Chem.，2016 (18)：1175—1200.

[45] E. P. Feofilova and I. S. Mysyakina. Lignin：Chemical Structure，Biodegradation，and Practical Application [J]. Applied Biochemistry and Microbiology，2016，52 (6)：573—581.

[46] Ruben Vanholme，Brecht Demedts，Kris Morreel，et al. Lignin Biosynthesis and Structure [J]. Plant Physiology，2010，153 (7)：895—905.

[47] Roberto Rinaldi，Robin Jastrzebski，Matthew T. Clough，et al. Paving the Way for Lignin Valorisation：Recent Advances in Bioengineering，Biorefining and Catalysis [J]. Angew. Chem. Int. Ed.，2016 (55)：2—54.

[48] 黄进，付时雨. 木质素化学及改性材料 [M]. 北京：化学工业出版社，2014.

[49] 邱学青，欧阳新平，杨东杰，等. 工业木质素高效利用的改性理论与技术 [M]. 北京：科学出版社，2014.3.

[50] Qiu Z H，Aita G M.，Pretreatment of energy cane bagasse with recycled ionic liquid forenzymatic hydrolysis [J]. Bioresource Technology，2013 (129)：532-537.

[51] Papa G，Rodriguez S，George A，et al. Comparison of different pretreatments for the production ofbioethanol and biomethane from corn stover and switchgrass [J]. Bioresource Technology，2015 (183)：101-110.

[52] Swatloski R P，Spear S K，John D，et al. Dissolution of cellulose with ionic liquids [J]. J. Am . Chem. Soc.，2002 (124)：4974—4975.

[53] 刘轩，张曾，迟聪聪等. 木素高值化利用制备碳纤维的研究进展 [J]. 中国造纸，2008，27 (7)：58—62.

[54] 尹江苹，赵广杰. 木素基碳纤维的工艺研究与应用进展 [J]. 中国造纸，2011，25 (1)：30—33.

第三章 纤 维 素

第一节 概 述

纤维素是地球上最古老、最丰富的天然高分子，是重要的生物可降解性和可再生性的生物质资源之一。它来源于绿色的陆生、海底植物和动物体内。根据来源植物纤维素又可分为棉花、木材、麻类、草类等，是植物细胞壁的主要成分（见表3-1）；另外一些是来自动物细菌、海底生物和各种动物体内的动物纤维素等。

表 3-1　　　　　　　　　　　　植物纤维原料中的纤维素含量

植 物 种 类	存 在 部 位	含量/%	植 物 种 类	存 在 部 位	含量/%
木材	树干、树枝	40～50	马尼拉麻	叶纤维	65
棉花	种毛	88～96	蔗渣	茎	35～40
亚麻	韧皮纤维	75～90	纸草	叶	40
大麻	韧皮纤维	77	竹材	茎	40～50
黄麻	韧皮纤维	65～75	芦苇	茎、叶	40～50
苎麻	韧皮	85	禾秆	茎、壳	40～50

在生物界中，结合于有机体中的碳高达 27×10^{10} t，其中 99% 以上的碳来自植物，约 40% 的植物中的碳是结合在纤维素中，这意味着植物界中纤维素总量为 21.6×10^{10} t，而且自然界中的植物原料是年复一年不断生长和更新着，可以说纤维素是取之不尽用之不竭、人类最为宝贵的可再生生物质资源。

纤维素是诸多工业的主要原料，与人类生活密切相关，在造纸工业、纺织工业和木材工业等领域有着多种重要的用途。关于纤维素化学与工业的研究始于 1838 年法国科学家 A. Payen 的工作，他将木头分成了不同的部分。1839 年纤维素（cellulose）这个名词被发明并引入科学文献中。纤维素是高分子化学诞生及其发展时期的主要研究对象，通过对纤维素的分离、提纯、结构、反应性能、衍生物等的研究，目前有关纤维素的结构、性质和反应状态等已较为清楚，相关的研究成果为高分子物理学和高分子化学学科的创立、发展和丰富也做出了重大的贡献。

除了传统的造纸、纺织和功能材料的应用外，纤维素还可通过水解反应或生物转化将大分子转变为葡萄糖，或通过进一步的化学、生物加工，制取乙醇或其他产品。此外，近年来，采用物理或化学处理从天然纤维素中分离制取的纳米纤维素，因其具有独特的结构及优越的性能而引起了学术和企业界的广泛关注与重视，日渐成为新材料和纤维素科学领域的研究热点。由于化石资源储量的不断减少，有关纤维素原料的转化和利用的研究受到全世界极大的关注，拓展以纤维素为主的天然资源的高附加值利用是国家可再生资源发展战略需要，是全球经济、能源和新材料发展的热点领域之一。

尽管人们对于纤维素的研究至今持续了 180 多年，但仍有许多有关纤维素的问题悬而未决，如纤维素的生物合成、结晶结构、化学合成、区域选择性取代反应、结构与功能的关系及其规律性，等等。

第二节　纤维素的结构

纤维素是天然高分子化合物，经过长期的研究，确定其化学结构是由很多 β-D-吡喃葡萄糖基彼此以 1,4-β-苷键连接而成的线形高分子（见图 3-1），其化学结构的实验分子式为 $(C_6H_{10}O_5)_n$（n 为聚合度），由质量分数分别为 44.44%、6.17%、49.39% 的碳、氢、氧三种元素组成。

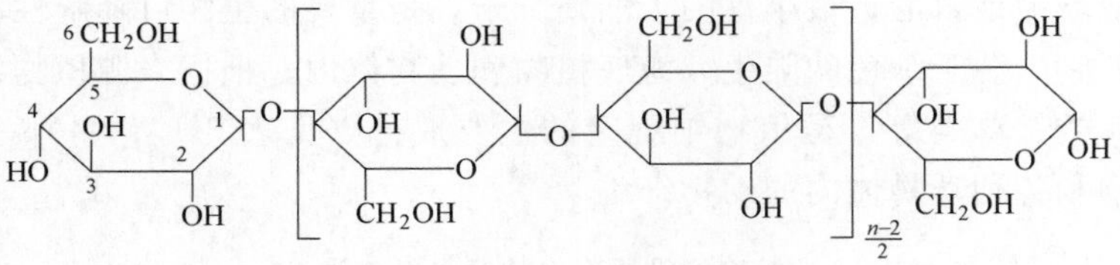

图 3-1　纤维素的化学结构式（Harworth 式）

注：n 为葡萄糖基的数目，即聚合度。

一、纤维素的分子结构——一次结构

纤维素的一次结构指的是纤维素的链结构或分子结构，按照高分子物理的定义，纤维素的链结构又分为近程结构和远程结构，近程结构属于化学结构，又称一级结构，包括链结构单元的组成和连接方式；远程结构包括分子的大小与形态、链的柔顺性及其分子在各种环境中所采取的构象。

（一）化学结构——近程结构

1. 纤维素大分子化学结构的确定——葡萄糖环形结构的确定

将纤维素完全水解，得到 99% 的葡萄糖，其分子式为 $C_6H_{10}O_5$，说明有一定的未饱和，其还原反应产物，证明相当于 6 个碳原子组成的直链，并存在着羰酰基。

葡萄糖的羰酰基是半缩醛基（hemiacetal group）。很多实验证明葡萄糖有一个醛基，这个醛基位于葡萄糖分子的端部，且是半缩醛的形式。

葡萄糖半缩醛结构的立体环为（1-5）连接。已证明葡萄糖的半缩醛基由同一葡萄糖分子中的两种基团—OH、—CHO 形成，所以是环状的半缩醛结构，位于 C_5 上的羟基优先与醛羰酰基起作用，形成 C_1—C_5 糖苷键（glycosidic bond）连接的六环（吡喃环）结构。

葡萄糖的 3 个游离羟基分别位于 2，3，6 的 3 个碳原子上。将纤维素试样先甲基化，然后水解成单个的链节，水解实验获得的主要产品是 2，3，6-三-O-甲基-D-葡萄糖，说明纤维素中的 3 个游离羟基位于 2，3，6 的 3 个碳原子上；3 个羟基的酸性大小按 C_2，C_3，C_6 位排列，反应能力也不同，C_6 位上羟基的酯化反应速度比其他两位羟基约快 10 倍，C_2 位上羟基的醚化反应速度比 C_3 位上的羟基快两倍左右。

2. 纤维素分子链上葡萄糖基间的连接

纤维素大分子的葡萄糖基间的连接是 1,4-β-苷键连接。其证明是纤维素水解实验得到的中间产物是纤维四糖、纤维三糖和纤维二糖等，说明纤维素的重复单元是纤维二糖（cellobiose）。业已证明纤维二糖的 C_1 位上保持着半缩醛的形式，有还原性，而在 C_4 上留有一个自由羟基，说明纤维二糖的葡萄糖基间为 1,4-β-苷键连接。因此纤维素的结构式可用

Haworth 式（环形结构式）表示（图 3-1）。

由于苷键的存在，使纤维素大分子对水解作用的稳定性降低，在酸或高温下与水作用，可使苷键断裂，纤维素大分子降解。但与 α-苷键相比，β-苷键的水解速率要小得多，约为前者的 1/3。

3. 纤维素大分子链的极性和方向性

纤维素大分子的两个末端基性质不同。在一端的葡萄糖基第 1 个碳原子上存在一个苷羟基，当葡萄糖环型结构变为开链式时，此苷羟基变为醛基而具有还原性，故苷羟基具有潜在的还原性，又有隐性醛基之称。用斐林试剂或碘液可以使它氧化，根据它所消耗的斐林溶液或碘液的量可以测定纤维素的相对分子质量，这也是纤维素"铜价"或"铜值"测定的基本原理，但目前此法已很少使用。

纤维素的另一端末端基的第 4 个碳原子上存在仲醇羟基，它不具有还原性。因此对纤维素整个大分子来说，一端存在还原性的隐性醛基，另一端没有，故整个大分子具有极性并呈现方向性。极性方向设定由自由的仲羟基向着半缩醛羟基（图 3-2）。

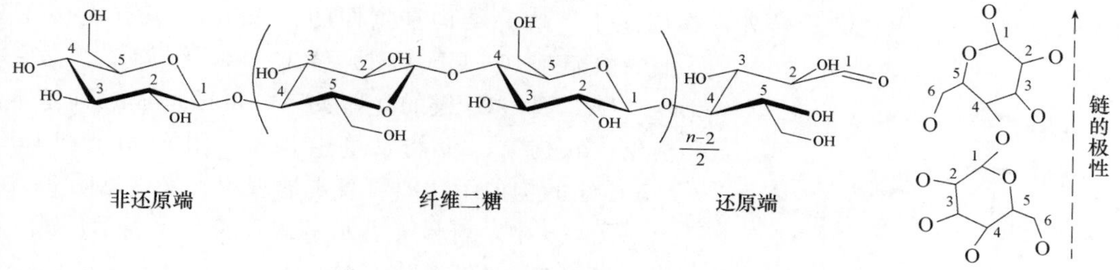

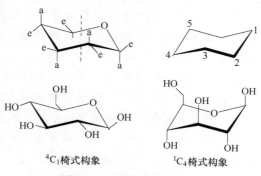

图 3-2　纤维素大分子链的极性和方向

注：n 为葡萄糖基的数目，即聚合度。

（二）远程结构——纤维素链的构象

构象（conformation）是指由于单键的内旋转而产生的分子在空间的不同形态。构象之间的转换通过绕单键的内旋转，分子热运动就足以使之实现，各种构象之间的转换速度极快，因而构象是不稳定的。根据定义，纤维素的构象包括以下 4 方面的含义：

1. 葡萄糖环的构象

吡喃葡萄糖为了保持结构的稳定，糖环不可能是一个平面，六环糖有 8 种不同的构象，其中两种为椅式构象（chair conformation），6 种为船式构象（boat conformation）。椅式构象比船式构象能量较低而稳定，所以吡喃葡萄糖环可能以 $^4C_1$ 或 $^1C_4$ 两种椅式构象之一存在（图 3-3）。因为 $^4C_1$ 构象中各碳原子上的羟基都是平伏键（e 键），而 $^1C_4$ 构象中各碳原子上的羟基都是直立键（a 键），所以 α 和 β-D-葡萄糖环为 $^4C_1$ 椅式构象，且较为稳定，已由 X 射线衍射和红外光谱所证实。纤维素分子结构中的葡萄糖环即为 $^4C_1$ 椅式构象。

在椅式构象中（图 3-3），中间的虚线表示环的中心对称轴，a 和 e 分别表示直立键和平伏键，直立键与中心对称轴平行，平伏键

$^4C_1$椅式构象　　　$^1C_4$椅式构象

图 3-3　葡萄糖的椅式构象

与中心对称轴成 $109°28'$。氧原子与 C_1、C_2 原子形成一个平面，C_3、C_4 和 C_5 原子形成一个平面，这两个三角形平面相互平行，氧原子与 C_2、C_3 和 C_5 原子位于同一平面上，并与两个三角形平面相交叉。

2. 纤维素大分子链的构象

纤维素是由葡萄糖通过 $1,4$-β 苷键连接起来的大分子，图 3-4 表示纤维素大分子的构象，其 β-D-吡喃式葡萄糖单元成椅式扭转，每个单元上 C_2 位—OH 基，C_3 位—OH 基和 C_6 位上的取代基均处于水平位置。

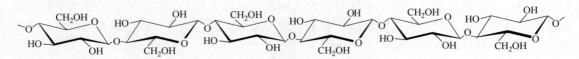

图 3-4　纤维素大分子链的构象

3. gt、gg 与 tg 构象

纤维二糖含有分子内氢键 O_3—H $\cdots$ O_5' 和 O_2'—H $\cdots$ O_6 氢键，所以除伯醇基（—

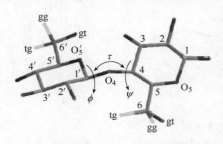

图 3-5　French 和 Johnson 的纤维素伯醇羟基（—CH₂OH）的构象示意图

CH_2OH）可绕 C_5—C_6 键旋转外，在固态下，这一结构是刚性的（rigid）。只有连接在 C_5 上的伯醇基（—CH_2OH）绕 C_5—C_6 键旋转。据它与 C_5—O_5、C_5—C_4 键的立体关系，可以形成三种基本的构象：gt 构象、gg 构象和 tg 构象，用 French 和 Johnson 描绘的构象示意图可直观地表示出来，见图 3-5。

图 3-5 中，符号 g 表示旁式，符号 t 表示反式。gt 构象表示 C_6—O_6 旋转到对 C_5—O_5 为旁式，对 C_5—C_4 为反式；gg 构象表示 C_6—O_6 旋转到对 C_5—O_5、C_5—C_4 均为旁式；tg 构象表示 C_6—O_6 旋转到对 C_5—O_5 为反式，对 C_5—C_4 为旁式。

天然纤维素中所有的—CH₂OH 都具有 tg 构象，而再生纤维素的—CH₂OH 则具有不同的构象（详见本节"纤维素的聚集态结构——二次结构"）。

4. 配糖角 τ、扭转角 ϕ 和 ψ

在堆砌分析中，纤维素链的构象分析还必须使用配糖角 τ 和葡萄糖苷分别绕 C_1—O 键（O 为配糖氧）和 O—C_4' 键的扭转角 ϕ 和 ψ（见图 3-5）。其中 $\tau = \angle(C_1'$—O_4—$C_4)$，$\phi = \angle(C_5'$—C_1'—O_4—$C_4)$，$\psi = \angle(C_1'$—$O_4 C_4$—$C_5)$。关于扭转角 ϕ 和 ψ 的确定，是基于对纤维素分子链模型的提出和验证。在纤维素化学结构的研究过程中，曾经提出过两种纤维素分子链模型：伸直链模型和弯曲链模型，其中地伸直链模型证实是错误的，目前已被放弃，而弯曲链模型才是正确的。

① 伸直链模型。1937 年 Meryer 和 Misch 对天然纤维素提出了第一个分子模型，称为伸直链模型［图 3-6 (a)］。该模型提出 β-D-纤维二糖的单元是笔直的构象，配糖键的平面与两个吡喃葡萄糖环成直角关系，重复距离为 $1.03 \sim 1.04 nm$。这种模型存在着立体化学上不可接受的构象：因为在一个纤维素重复单元中，O_6' 和相邻的 O_2 间有不良的接触，而且 C_4 和 C_1' 间有阻碍，O_2—O_6' 间距离太靠近，O_5—O_3' 间距离太张开，目前，这种模型已被放弃。

② 弯曲链模型。1943—1949 年期间，Hermans 提出了纤维素的弯曲链模型［图 3-6

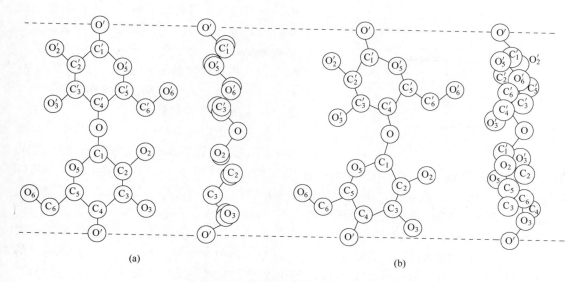

图 3-6　纤维二糖重复单元的构象

（a）伸直链构象　（b）弯曲链构象

（b）]，通过 ϕ 和 ψ 旋转到适当的非零角度，解决了 Meyer—Misch 模型中不符合立体化学和纤维素有关物理数据的问题。Jones、Ramadandran、Ress 和 Skerreth 等使用种种现代模拟方法研究纤维素的链构象，证明纤维素 I 和纤维素 II 都符合这种模型。

二、纤维素的聚集态结构——二次结构

纤维素的聚集态结构即所谓超分子结构，是指处于平衡态时纤维素大分子链相互间的几何排列特征，主要包括结晶结构（晶区和非晶区、晶胞大小及形式、分子链在晶胞内的堆砌形式、微晶的大小）和取向结构（分子链和微晶的取向）。

纤维素大分子是由 1，4-β 苷键连接的 D-葡萄糖单元构成的线形链。高等植物的细胞壁一般都含有纤维素，与其他聚合物比较，纤维素分子的重复单元是简单而均一的，分子表面较平整，使其易于长向伸展，加上吡喃葡萄糖环上有反应性强的侧基（羟基），十分有利于形成分子内和分子间的氢键，使这种带状、刚性的分子链易于聚集在一起，形成规整性的结晶结构。根据 X 射线衍射的研究，纤维素大分子的聚集，一部分的分子排列比较规整，呈现清晰的 X-射线图，这部分称为结晶区；另一部分的分子链排列不整齐，较松弛，但其取向大致与纤维轴平行，这部分称为无定型区。

为了深入研究纤维素大分子的聚集态结构，首先必须了解纤维素的复合晶体模型以及各种结晶变体，这些结晶变体都以纤维素为基础，有相同的化学成分，但其不同的聚集态结构影响到纤维素及其纤维的性质。另外，为了解释纤维素多晶型性的成因、纤维素生物合成及其机理方面热力学和动力学的差异、解释不同类型纤维素的力学性质，都必须了解纤维素晶体结构的特性。

（一）晶体的基本概念——晶胞和晶系

1. 晶胞和晶胞参数

任何一种晶体都有一定的几何形状，组成晶体的质点在空间作有序的周期性排列，即形成所谓的空间点阵。这些点阵排列所具有的几何形状叫结晶格子，简称晶格。晶胞是结晶体

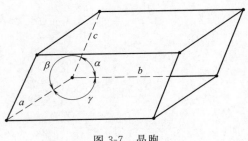

图 3-7　晶胞

中具有周期性排列的最小单元。为了完整地描述晶胞的结构，采用 6 个晶胞参数来表示其大小和形状。它们是平行六面体三晶轴的长度 a、b、c 及其相互间的夹角 α、β、γ，其关系式为：$\alpha = b \wedge c$，$\beta = a \wedge c$，$\gamma = a \wedge b$（参见图 3-7）。

2. 晶面和晶面指数

结晶格子内所有的格子点全部集中在相互平行的等距离的平面群上，这些平面叫做晶面，晶面的间距用 L_{hkl}（L 表示距离，hkl 为用米勒指数表示的晶面名称）表示。同一晶体从不同角度去分割可得到不同的晶面。标记这些晶面的参数叫作晶面指数。由于它是密勒（Miller）首先提出来的，所以也叫密勒指数。

根据密勒的建议，所有晶面可用该晶面在三晶轴 a、b、c 上截距的倒数来表征，如图 3-8（a）所示。图中划线的面，它在 a、b、c 三晶轴上的截距分别为 $3a$、$2b$、$1c$，取各自的倒数得 $1/3$、$1/2$、$1/1$，通分得 $2/6$、$3/6$、$6/6$，弃去公分母，添加圆括弧以表示一组晶面。所以该组晶面的晶面指数为（236）；图中未画线的晶面指数应为（230）。其他晶面的表示可见图 3-8（b）。

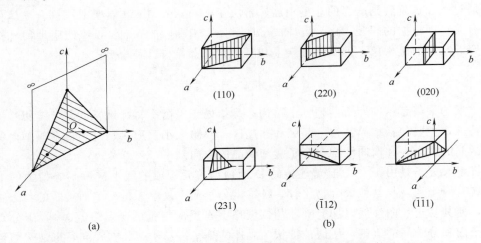

(a)

(110)　　(220)　　(020)

(231)　　($\bar{1}$12)　　($\bar{1}\bar{1}$1)

(b)

图 3-8　标记晶面指数的示间图及不同晶面的晶面指数

(a) 晶面指数示意图　(b) 不同晶面的晶面指数

3. 晶系

尽管晶体有千百万种，但组成它们的晶胞只有 7 种，即立方、四方、斜方、单斜等，构成 7 个晶系，不同晶系的晶胞及其参数如表 3-2 所示。

（二）纤维素的复合晶体模型及单元晶胞的结晶变体（Polymorphy）

结晶变体是指同一高聚物在不同外部条件下所得到的不同结晶结构。至今发现，固态下的纤维素存在着五种结晶变体，即天然纤维素（纤维素Ⅰ），人造纤维素Ⅱ、Ⅲ、Ⅳ和纤维素Ⅹ。这 5 种结晶变体各有不同的晶胞结构，并可由 X 射线衍射、红处光谱、Raman 光谱等方法加以辨认。

1. 纤维素Ⅰ

纤维素Ⅰ是天然存在的纤维素形式，包括细菌纤维素（如 acetobacter xylinum）、海藻

表 3-2   晶体的 7 种晶系及参数

图 形	晶系名称	晶胞参数	图 形	晶系名称	晶胞参数
	立方	$a=b=c,\alpha=\beta=\gamma=90°$		三斜	$a\neq b\neq c,$ $\alpha\neq\beta\neq\gamma\neq90°$
	四方	$a=b\neq c,\alpha=\beta=\gamma=90°$		六方	$a=b\neq c,$ $\alpha=\beta=90°$ $\gamma=120°$
	斜方（正交）	$a\neq b\neq c,\alpha=\beta=\gamma=90°$		三方（菱形）	$a=b=c,$ $\alpha\neq\beta\neq\gamma\neq90°$
	单斜	$a\neq b\neq c,$ $\alpha=\gamma=90°$ $\beta\neq90°$			

（如 valonia ventricosa）和高等植物（如棉花、苎麻、木材等）细胞中存在的纤维素。关于纤维素 I 的晶胞尺寸，至今提出了 3 种主要的晶胞模型，即 Meyer-Misch 模型、Blackwell-Sarko 模型和 Honjo-Watabe 模型。

（1）Meyer-Misch 模型

Meyer 和 Misch 提出了天然纤维素的单斜晶胞模型（图 3-9），所测定的晶胞参数为：

$a=0.835$nm；$b=1.030$nm（纤维轴）；$c=0.790$nm；$\beta=84°$。

这种结构是在一个两链单斜晶胞中含有反平行的链——即晶胞中两条链的极性方向相反，并采用伸直链的构象，这种结构后来由 Hermans 的弯曲链构象所代替，但仍采用反平行链的堆砌排列。至今认为，纤维素链的 Hermans 构象是正确的，但两链的方向直到 1974 年后才由 Blackwell 和 Sarko 基本确定下来是平行的。

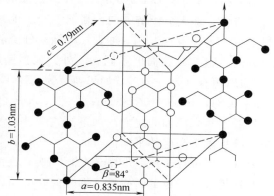

图 3-9 Meyer-Misch 单元晶胞模型

$1nm=10^{-9}m$

（2）Blackwell-Sarko 模型

1974 年 Blackwell 和 Sarko 以单球法囊藻（Valonia）纤维素试样研究单位晶胞内分子链排列情况，测得的晶胞参数为：

$a=1.634$nm；$b=1.572$nm；$c=1.038$nm（纤维轴）；$\gamma=97.0°$。

Blackwell 和 Sarko 认为葡萄糖基的平面几乎和 ac 平面是平行的，并且认为位于单位晶胞 4 个角上的分子链和位于中心的分子链是平行的，因此提出纤维素 I 单元晶胞的平行链模型（图 3-10）。目前这一模型和关于纤维素分子链是平行链的看法已得到普遍认同。

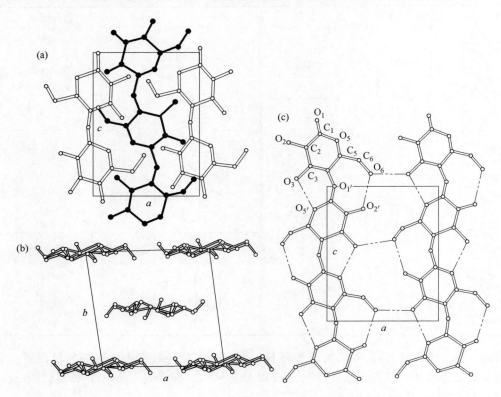

图 3-10 纤维素 I 平行链模型的投影图

（a）垂直于 ac 面上链的投影 （b）垂直于 ab 面上链的投影 （c）晶胞 020 面上分子链的氢键网

需要指出的是，Blackwell 和 Sarko 所用的符号是近代晶体学中常用的符号，c 轴表示纤维长轴方向，即大分子链方向，目前也较多地采用这种表示方法。但在纤维素结构研究中，习惯了按 Meyer-Misch 用 b 轴表示纤维素分子链的方向，由于两者采用的表示方法不同，因此得到的晶胞参数数据也不同。此外，根据密度测量结果，Blackwell-Sarko 模型的单元晶胞 ab 横断面有 8 个分子链，如果换算为两链单位晶胞，则其晶胞参数为：

$a=0.817$nm；$b=0.786$nm；$c=1.038$nm（纤维轴）；$\gamma=97.0°$。

依纤维素来源和测定方法的不同，纤维素 I 晶胞参数略有差异，目前一般采用各种研究者关于纤维素 I 晶胞的平均值，即：

$a=0.820$nm；$b=1.030$nm（纤维轴）；$c=0.790\times10^{-10}$m；$\beta=83°$。

对纤维素分子链的链极性（即方向）的问题，研究证明纤维素分子链的方向是平行排列的（见图 3-10）。即纤维素分子链在晶胞内是平行堆砌的，中心链与角链有相同的方向，中心链［通过 $(1/2, 1/2, z)$］与角链［通过 $(0, 0, z)$］相互错开 $0.266c$（c 为晶胞纤维轴方向长度），中心链和角链上的—CH_2OH 侧基有相同的 tg 构象。这里 $(1/2, 1/2, z)$ 和 $(0, 0, z)$ 表示链在晶胞中的空间位置情况，以坐标值 (x, y, z) 表示，分别对应于单元晶胞的三晶轴 a、b、c，其中 z 表示沿纤维轴向方向。纤维素链上所有的羟基都处于氢键之中，形成的氢键网位于晶胞内两个方向上：

① 沿分子链方向（包括角链和中心链），存在键长为 0.275nm 的 O_3—H$\cdots O_5'$ 氢键和键

长为 0.287nm 的 O_2'—H⋯O_6 氢键，这两个分子内氢键蔓生于纤维素分子链的两边；

② 每个葡萄糖基沿晶胞 a 轴的方向上，与相邻分子链形成一个键长为 0.279nm 的分子间氢键 O_6—H⋯O_3'，这种氢键键合的链片平行于 a 轴，位于（020）面上。链片之间和晶胞对角线方向上无氢键存在，结构的稳定靠分子间范德华力维持。

（3）Honjo-Watabe 模型

1958 年，Honjo-Watanabe 用低温电子衍射研究海藻（valonia ventricosa）的结构，在其衍射图上出现了大量的弱反射，这些弱反射在棉花和苎麻纤维素纤维中没有发现，也不能用 Meyer-Misch 的两链晶胞模型加以解释。因此他提出了适合实验结果的 8 链纤维素 I 晶胞模型，其 a 和 b 参数为 Meyer-Misch 晶胞的两倍，称为（H-W）晶胞。

1960 年，Fischer、Mann、Nieduszynski 等人确认了海藻纤维素的大晶胞结构，并得到（H-W）晶胞的晶胞参数为：

$a=1.634$nm；$b=1.570$nm；$c=1.033$nm（纤维轴）；$\gamma=96°58'$。

2. 纤维素 II

纤维素 II 是纤维素 I 经由溶液中再生或丝光化过程得到结晶变体，是工业上使用最多的纤维素形式。这种结晶变体与纤维素 I 有很大的不同。早期关于纤维素 II 的结构，普遍采用 Andress 提出的单斜晶胞模型，晶胞内含两条反平行链，空间群为 P2₁，晶胞参数为：

$a=0.814$nm；$b=1.030$（纤维轴）；$c=0.914$nm；$\beta=62°$。

空间群 P2₁ 是晶体学术语，对纤维素晶体其含义是：X 射线研究发现，晶体学上纤维素晶体的重复单元是两个葡萄糖基以二次螺旋维系在一起，重复距离为 $b=1.030$nm 左右。为了充分利用这个重复距离，两个葡萄糖基彼此绕螺旋轴旋转 180°，两个葡萄糖基的极性（轴）间形成一个钝角 θ_a，两个赤道平面间形成一个钝角 θ_e，在晶体学上记为空间群 P2₁（见图 3-11，P 为基本晶胞符号）。

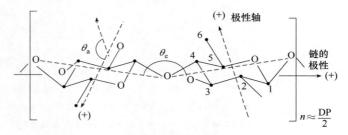

图 3-11 纤维素晶体的空间群 P2₁ 示意图

大量研究者研究了各种来源的纤维素 II 晶格结构，发现其晶胞参数有某些变化，a 轴在 0.738～0.806nm 间，c 轴在 0.908～0.938nm 间，β 在 61.75°～63.80° 间，b 轴（纤维轴）变化不大。通常可采用由多种来源得到的纤维素 II 尺寸参数的平均值：

$a=0.793$nm；$b=0.918$nm；$c=1.034$nm（纤维轴）；$\gamma=117.31°$。

许多研究者完成了对纤维素 II 晶胞的堆砌分析，得到的研究结果是：纤维素 II 晶胞中，存在着两条空间群为 P2₁ 的分子链，具有二次螺旋对称，是一种反平行链的结构。角链和中心链的构象不同，角链通过（0，0，z）上的—CH₂OH 基处于 gt 位，链的方向向上；中心链（通过 1/2，1/2，z）上的—CH₂OH 基处于 tg 位，与纤维素 I 分子链构象相似，但其方向是向下的。中心链相对于角链在纤维轴 c 的方向上相互错开 $0.216c$（c 为晶胞纤维轴方向的长度）。纤维素 II 中形成的氢键网较纤维素 I 中复杂（参见图 3-12）。其中向上的角链上，—CH₂OH 基接近于 gt 构象，形成键长为 0.269nm 的 O_3—H⋯O_5' 分子内氢键，且沿 a 轴方向与相邻的角链形成键长 0.273nm 的分子间氢键 O_6—H⋯O_2，处于（020）面内。沿

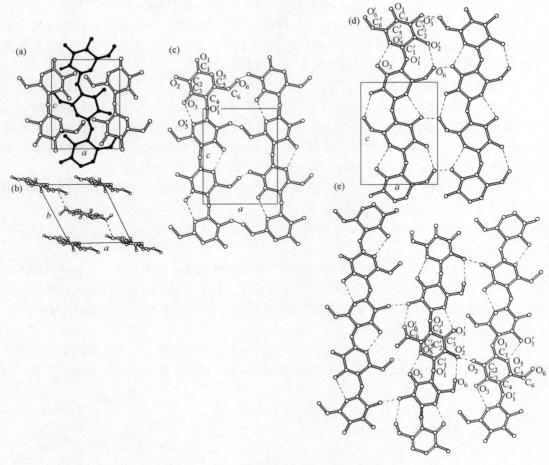

图 3-12　纤维素 II 反平行链模型的投影图

（a）垂直于 ac 面上链的投影　（b）垂直于 ab 面上链的投影　（c）向上的角链沿 020 面的分子链分子内、分子间氢键网　（d）向下的中心链沿 020 面的分子链分子内、分子间氢键网　（e）向上的角链和向下的中心链沿 110 面的分子内和分子间氢键

（110）面晶胞对角线方向上，角链（向上）与相邻的中心链（向下）间形成键长 0.277nm 的分子间氢键 $O_2—H\cdots O_2'$，这一附加的氢键链片是纤维素 II 与纤维素 I 的主要区别。

向下的中心链，其 CH_2OH 基为 tg 构象，除含有键长为 0.269nm 的分子内氢键 $O_3—H\cdots O_5'$ 外，还含有键长为 0.267nm 的第二种分子内氢键 $O_2'—H\cdots O_6$。在分子链间，这种链的 $O_6—H$ 基在沿 a 轴方向上与相邻（向下）的中心链形成键长为 0.267nm 的分子间氢键 $O_6—H\cdots O_3$，与纤维素 I 相似，这种分子间的氢键链片也位于（020）面上。故纤维素 II 在（020）面上的氢键链片是交错相同的，在氢键链片内，链的方向是相同的，但相邻氢键链片中链的方向是交变的。在晶胞对角线方向上的分子间氢键又使纤维素 II 形成了拐折分布的氢键链片，纤维素 II 中氢键的平均长度（0.272nm）比纤维素 I（0.280nm）短，堆砌较为紧密，所以，反平行链的纤维素 II 晶胞在热力学上较纤维素 I 稳定（见表 3-3）。

3. 纤维素 III

纤维素 III 是干态纤维素的第三种结晶变体，也称氨纤维素。将纤维素 I 或纤维素 II 用液氨或胺类（甲胺、乙胺、丙胺、乙二胺等）处理，再将其蒸发掉所得到的一种低温变体。

表 3-3　　　　　　　　　　　　　　　　　纤维素 Ⅱ 中的氢键

分子链	构象	分子内氢键	键长 /×10⁻¹⁰m	分子间氢键	键长 /×10⁻¹⁰m	位置
角链	gt	O_3—H···O_5	2.69	O_6—H···O_2	2.73	在(020)面上
				O_2—H···O_2'	2.77	在(110)面上
中心链	tg	O_2'—H···O_6	2.73	O_6—H···O_3	2.67	在(020)面上
		O_3—H···O_5'	2.69			

1936 年，Barry 等用无水液氨处理苎麻，然后将氨蒸发去，发现其 X 射线衍射图不同于纤维素Ⅰ和纤维素Ⅱ，称为氨纤维素。当时测定的晶胞参数为：

a＝0.983nm；b＝1.030nm（纤维轴）；c＝1.005nm；β＝53.5°。

晶胞体积为 0.81nm³，大于纤维素Ⅰ和Ⅱ的晶胞体积。

1951 年，Legrand 发现，由纤维素Ⅰ和Ⅱ制得的纤维素Ⅲ，与氨水作用后得到不同的 X 射线衍射图，注意到纤维素Ⅲ晶体结构随母体原料不同而有一定的差异，并将由纤维素Ⅰ得到的纤维素Ⅲ称为纤维素Ⅲα，由纤维素Ⅱ得到的纤维素Ⅲ称为纤维素Ⅲβ。后来 Marrinan 用红外光谱分析法、Hayashi 等用 X 射线衍射方法都发现这种区别，并分别称为纤维素Ⅲ Ⅰ 和纤维素Ⅲ Ⅱ。

纤维素Ⅲ的晶胞形式及参数曾有各种可能的测定，如单斜晶胞、四方晶胞、六方晶胞等。Sarko 等对由苎麻得到的纤维素Ⅲ Ⅰ进行堆砌分析，确定为单斜晶胞，晶胞参数为：

a＝1.025nm；b＝0.778nmm；c＝1.034nm（纤维轴）；γ＝122.4°。

对不同方法和原料来源得到的纤维素Ⅲ都采用单斜晶胞的模型，晶胞尺寸的平均值为：

a＝0.78nm；b＝1.03nm（纤维轴）；c＝1.00nm；β＝58°。

在纤维素Ⅲ Ⅰ中，存在着 O_3—H···O_5' 和 O_2'—H···O_6 的分子内氢键，沿 a 轴方向，存在着 O_6—H···O_3 链间氢键，这种情况与纤维素Ⅰ晶胞中氢键的排布相类似，链为 tg 构象，在晶胞内平行排列。

纤维素Ⅲ的形成有一定的消晶作用，当氨或胺除去后，结晶度和分子排列的有序度都下降了，可及度增加。利用这一性质，工业上已成功地用液氨处理棉织物以提高棉纱和织物的机械性质、染色性和尺寸稳定性。

4. 纤维素Ⅳ

纤维素Ⅳ（也称纤维素 T 或高温纤维素），是纤维素的第四种结晶变体。将纤维素Ⅰ、Ⅱ、Ⅲ经由不同的方法制得：

① 将黏胶纤维或丝光化棉在 250～290℃甘油中经不同时间加热处理；

② 将纤维素乙二胺配合物在甘油或二甲基甲酰胺中加热；

③ 将纤维素Ⅲ Ⅰ或Ⅲ Ⅱ在 260℃甘油中加热，分别得到纤维素Ⅳ Ⅰ和Ⅳ Ⅱ；

④ 在 100℃下将不能溶解的金属纤维素黄酸酯分解；

⑤ 将纤维素醋酸酯在 100℃下用 2mol/LNH_4OH 水解；

⑥ 由纤维素三醋酸酯或三硝酸酯水解。

如同纤维素Ⅲ的情况一样，依母体原料的不同，由纤维素Ⅰ（或Ⅲ Ⅰ）得到纤维素Ⅳ Ⅰ，由纤维素Ⅱ（或纤维素Ⅲ Ⅱ）得到纤维素Ⅳ Ⅱ。纤维素Ⅳ Ⅰ和Ⅳ Ⅱ的 X 射线衍射图是相同的，但纤维素Ⅳ Ⅰ的结晶性比纤维素Ⅳ Ⅱ好，衍射图比较清晰。红外光谱也不相同，纤维素Ⅳ Ⅰ的红外光谱与纤维素Ⅰ相似，纤维素Ⅳ Ⅱ与纤维素Ⅱ相似。纤维素Ⅳ Ⅰ和Ⅳ Ⅱ晶格中的分子排列及氢键网形成情况未被推定出来，但认为纤维素Ⅳ Ⅱ最可能的分子排列为反平行链堆砌。纤维素IV$_I$可能为平行链堆砌，但未被详细确定。

纤维素IV链的构象呈P2$_1$配置，晶胞为正方晶胞，Kubo测定的晶胞参数为：

$a=0.811nm$；$b=1.030nm$（纤维轴）；$c=0.790nm$；$\beta=90°$。

1978年，Sarko对纤维素IV$_I$和IV$_{II}$的研究也得到正交晶胞，其晶胞参数为：

$a=0.810\pm0.002nm$；$b=1.034nm$（纤维轴）；$c=0.812\pm0.001nm$；$\beta=90°$。

在工业上，早已发现，在一定条件下，湿纺的黏胶纤维或将不溶解的金属纤维素黄酸酯分解（如锌纤维素黄酸酯在80～100℃时分解）得到纤维素IV，在高湿模量黏胶纤维素黏胶帘子线中也发现这种变体。当转化为纤维素IV后，纤维的吸附能力下降30%左右，易于水解的部分由20%下降到10%左右，密度随之增加，在黏胶纤维结构性能研究中应引起注意。

5. 纤维素X

1959年，Ellefsen等第一次报道了纤维素X结晶变体，它是一种纤维素的再生形式。

将纤维素I（棉花）或纤维素II（丝光化棉）放入浓度为380～403g/L的盐酸中，于20℃处理2～4.5h，用水将其再生所得到的纤维素粉末即为纤维素X。其X射线衍射图与其他纤维素结晶变体不同，而与纤维素II的X射线衍射图类似，其区别是出现两个新的衍射峰（位于$d=0.631nm$和$d=1.3nm$处）。纤维素X的聚合度很低，用铜乙二胺溶液（cuen）进行黏度测定，聚合度只有15～20。1962年，Ellefsen将纤维素I用84.5%的磷酸在50℃下处理6～8h，也得到纤维素X，得率为85%。其他原料如再生纤维素II、无定型纤维素或纤维素IV也可经由类似的方法得到纤维素X。

纤维素X的晶胞大小与纤维素IV相近，晶胞形式可能是单斜晶胞或正方晶胞。因为这种变体没有任何实际用途，至今其晶胞结构没有更详细的报道。

（三）纤维素I$_\alpha$与纤维素I$_\beta$

1. 纤维素I$_\alpha$与纤维素I$_\beta$的发现

20世纪80年代以来，VanderHart、Atalla和Sugiyama等人相继研究发现，天然存在的纤维素并不是像原来公认的那样只有纤维素I一种结晶变体，而是两种结晶变体——纤维素I$_\alpha$与纤维素I$_\beta$的混合物。1984年Atalla对天然纤维素的CP/MAS^{13}C NMR（正交极化/幻角旋转^{13}C核磁共振）谱图研究发现，在两大类天然纤维素中，细菌—藻类与棉—苎麻的C$_1$、C$_4$的共振谱线明显不同，特别是C$_1$谱线差异很大，在棉—麻的CP/MAS^{13}C NMR谱图，C$_1$为双峰，中间的单峰很弱；而细菌-藻类的CP/MAS^{13}C NMR谱图，C$_1$为三峰，由一个增强的单峰和两个对称峰组成（图3-13）。1988年，Simon等人研究发现位于晶体表面的纤维素晶体与位于晶体中心内部的纤维素晶体不同，1989年Atalla和Vanderhart将它们命名为纤维素I$_\alpha$与纤维素I$_\beta$。

2. 纤维素I$_\alpha$与纤维素I$_\beta$的单元晶胞模型

1987年Horri等人根据CP/MAS^{13}C NMR谱图的差异，指出纤维素I$_\alpha$与纤维素I$_\beta$的单元晶胞分别对应于纤维素的两链（two-chain）和八链单元晶胞区（eight-chain unit cell regions）。1991年，Sugiyama根据对一种绿色海藻——Microdictyon纤维素的电子衍射图的研究结果，提出了单链三斜晶胞模型和两链单斜晶胞模型（见图3-14），分别对应于纤维素I$_\alpha$与纤维素I$_\beta$，并由衍射图数据和模型测定了晶胞参数如下：

纤维素I$_\alpha$是亚稳态的含一条链的三斜晶胞，其晶胞参数为：

$a=0.674nm$；$b=0.593nm$；$c=1.036nm$（纤维轴）；$\alpha=117°$；$\beta=113°$；$\gamma=81°$。

而纤维素I$_\beta$则是含两链的单斜晶胞，它的晶胞参数分别为：

$a = 0.801$nm；$b = 0.817$nm；$c = 1.03$nmm（纤维轴）；$\alpha = 90°$；$\beta = 90°$；$\gamma = 97.3°$。

由模型计算得到的纤维素 I_α 的三斜单元晶胞的密度为 1.582g/m^3，而纤维素 I_β 的单斜单元晶胞的密度为 1.599g/m^3。纤维素 I_β 的密度高于纤维素 I_α，说明在热力学上单斜晶胞比三斜晶胞稳定，这与在一定条件下纤维素 I_α 可以向纤维素 I_β 转化的现象相符。

3. 自然界中纤维素 I_α 与纤维素 I_β 的分布

研究指出天然存在的纤维素中，原始生物合成的纤维素以纤维素 I_α 为主，而高等植物中的纤维素以纤维素 I_β 为主。1984 年，Atalla 和 Vanderhart 发现，海藻 Valonia 中 $I_\alpha/I_\beta = 65/35$，动物纤维素（Tunicin）中仅含 I_β。海洋藻类、细菌纤维素富含纤维素 I_α，质量分数约为 0.63，如 Valonia macrophysa 其纤维素 I_α 的质量分数为 0.64，Valonia aegarropila 纤维素 I_α 的质量分数为 0.60；细菌纤维素依培养条件不

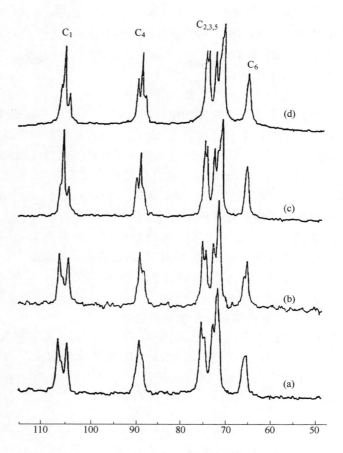

图 3-13　含结晶部分的不同来源天然纤维素的
CP/MAS ^{13}C NMR 谱图

（a）棉花　（b）苎麻　（c）细菌纤维素　（d）海藻纤维素

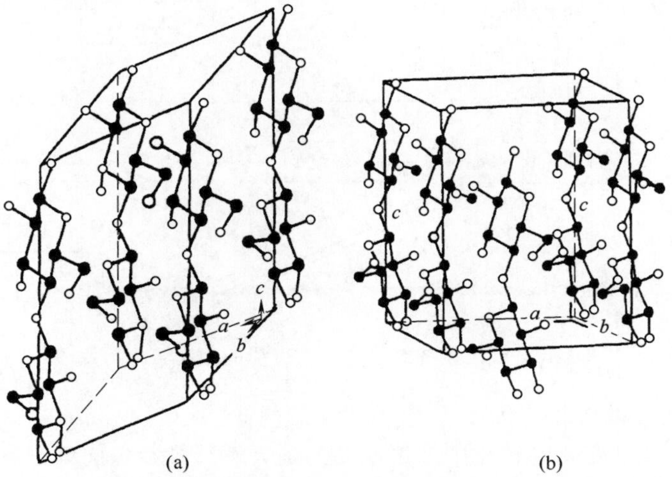

图 3-14　纤维素 I_α 和纤维素 I_β 的单元晶胞模型

（a）纤维素 I_α　（b）纤维素 I_β

同，纤维素 I_α 的质量分数为 0.64～0.71；高等植物如棉花、麻等则富含纤维素 I_β，其质量分数约为 0.8；高温下将这些天然纤维素包括藻类和细菌纤维素进行热处理，则它们的纤维素 I_β 含量会提高到 0.9。目前为止，未能从自然界中得到纯的纤维素 I_α，也不能采用任何人工合成方法得到。

4. 纤维素 I_α 向纤维素 I_β 的转变

自然界中至今未发现有纯的纤维素 I_α 存在。一些研究者发现，在不同介质中通过热处理，可以使亚稳态的纤维素 I_α 转化为更为稳定的纤维素 I_β，在 270℃ 几乎可以将大部分 I_α 转化为 I_β。已经发现通过下面 4 条途径可以使纤维素 I_α 向纤维素 I_β 转化。

① 用饱和蒸汽于高温下进行热处理。如于 255℃ 下蒸汽爆破处理日本枫木纤维素，处理前后样品的 CP/MAS^{13}C NMR 谱图发生明显变化，说明纤维素 I_α 向纤维素 I_β 的转化，但需要指出的是该处理条件下纤维素降解严重。

② 在碱溶液中于高温下进行热处理。如用 0.1mol/L 的 NaOH 于 260～280℃ 下热处理，可以使纤维素 I_α 向纤维素 I_β 转化而纤维素降解不明显。

③ 纤维素三醋酸酯在固态下再生。

④ 纤维素 III_I 在固态下再生。

（四）纤维素结晶变体的相互转化

纤维素的 5 种结晶变体都来源于纤维素 I，分子链的化学结构和重复距离（1.03nm 左右）几乎相同，并各有完好的晶胞和清晰的 X 射线衍射图，其区别在于晶胞大小和形式、链的构象和堆砌形式，在一定条件下，结晶变体可发生相互转化。纤维素各种结晶变体的转变途径如图 3-15 所示。

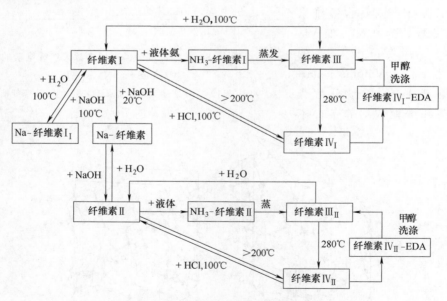

图 3-15 纤维素各结晶变体间可能的相互转化示意图

1. 纤维素 I 向纤维素 II 的转化

在所有纤维素结晶变体的转化中，最重要的是天然纤维素 I 向纤维素 II 的转化。纤维素 I 为平行链结构，纤维素 II 为反平行链结构，如图 3-10、图 3-11 所示，纤维素 II 有较多方面扩展的氢键，单胞结构较紧密，能量最低，成为最稳定的纤维素多晶型物。纤维素 I 易于向纤维素Ⅱ及其他3种结晶变体转化，而至今未发现纤维素Ⅱ向纤维素Ⅰ的转化，所以，纤维素Ⅰ向纤维素Ⅱ的转化是不可逆的。只有采用相当高的能量处理步骤，才能使纤维素Ⅱ向纤维素Ⅲ和纤维素Ⅳ转化。

纤维素Ⅱ除了在 Halicysis 海藻中存在外，主要存在于丝光化纤维素和再生纤维素中，可由如下方法获得：

① 以浓碱液（11%～15%NaOH）作用于纤维素生成碱纤维素，再用水洗涤、干燥处理，可以得到纤维素Ⅱ。这个过程称之为丝光化，生成的纤维素Ⅱ称之为丝光化纤维素。在棉织物及其印染工业中，丝光化作用可节省染料、增加纤维光泽、提高着色均匀度，并使织物表面平整、尺寸稳定。

② 将纤维素溶解后再从溶液中沉淀再生，或将纤维素酯化后再皂化，这样生成的纤维素称之为再生纤维素。

③ 将纤维素磨碎后用热水处理。

2. 纤维素Ⅰ、纤维素Ⅱ与纤维素Ⅲ间的相互转化

纤维素Ⅰ、纤维素Ⅱ用液氨、胺类及其氧化物处理，可以转化为纤维素Ⅲ。研究表明纤维素Ⅲ的结构特点是可以取平行链（Ⅲ$_Ⅰ$）或反平行链（Ⅲ$_Ⅱ$）的堆砌排列，并可在一定条件下转化成其母体纤维素的结构纤维素Ⅰ和纤维素Ⅱ。

Segal 等将棉花浸入乙胺中，在4h后完全转变为纤维素Ⅲ$_Ⅰ$，将所形成的纤维素Ⅲ$_Ⅰ$在100℃水中煮沸2h转化成原纤维素Ⅰ。Chidambareswaran 等将纤维素Ⅰ（棉花）和纤维素Ⅱ用75%（质量分数）乙二胺溶液处理，接着用甲醇洗涤，分别得到纤维素Ⅲ$_Ⅰ$和纤维素Ⅲ$_Ⅱ$，这种结晶变体用稀盐酸洗涤或用100℃水煮沸，可以分别转化成原纤维素Ⅰ或纤维素Ⅱ。

3. 纤维素Ⅳ与其他结晶体间的相互转化

纤维素Ⅳ这种高温变体可由纤维素Ⅰ、纤维素Ⅱ和纤维素Ⅲ经由不同的方法制得，依照母体纤维素或晶变体纤维素Ⅲ$_Ⅰ$或Ⅲ$_Ⅱ$的不同，分别得到纤维素Ⅳ$_Ⅰ$和Ⅳ$_Ⅱ$，并可通过某种处理再次转化回其母体纤维素（Ⅰ和Ⅲ$_Ⅰ$或Ⅱ和Ⅲ$_Ⅱ$）。

例如，将由棉花和黏胶纤维所制得的纤维素Ⅲ$_Ⅰ$和Ⅲ$_Ⅱ$在260℃甘油中制成纤维素Ⅳ$_Ⅰ$和Ⅳ$_Ⅰ$，再用乙二胺（EDA）将其分别制成纤维素Ⅳ$_Ⅰ$-EDA和纤维素Ⅳ$_Ⅱ$-EDA配合物，当用甲醇洗涤后，各自转化为纤维素Ⅲ$_Ⅰ$和Ⅲ$_Ⅱ$。所以，纤维素Ⅳ$_Ⅰ$和Ⅳ$_Ⅱ$可经由纤维素Ⅲ$_Ⅰ$和Ⅲ$_Ⅱ$转化回其母体纤维素（Ⅰ和Ⅱ）。另一个方法是将纤维素Ⅳ$_Ⅰ$和Ⅳ$_Ⅱ$在100℃的2.5mol/L盐酸中水解，可直接转化为纤维素Ⅰ和Ⅱ。

纤维素Ⅳ一个值得注意的结构特点是：认为它是由纤维素Ⅰ和纤维素Ⅱ两种多晶型物构成的。如纤维素在 DMSO/PF 溶剂系统中的溶液，老化三至四星期后用磷酸再生得到的纤维素Ⅳ。但随着再生温度的改变得到不同的结晶变体：在室温下再生时，沉淀的样品为高度结晶的纤维素Ⅱ；在100℃再生时基本上转化为纤维素Ⅳ及部分纤维素Ⅱ；在140℃再生时，已完全为纤维素Ⅳ；在160℃再生时，X射线衍射图呈现出高结晶度纤维素Ⅰ的特征。在解释纤维素Ⅳ的 Raman 光谱时，认为纤维素Ⅳ是由纤维素Ⅰ和纤维素Ⅱ同时共存所构成的混合晶体，因为其 Raman 光谱与不完全丝光化得到的纤维素Ⅰ和Ⅱ混合试样几乎完全相同。

Hayashi 等将苎麻制得的纤维素Ⅳ$_Ⅰ$用12%的 NaOH 溶液，在张力下使纤维长度固定进行丝光处理，然后用水再生，当再生温度为20℃时，得到纯的纤维素Ⅱ，在100℃再生时，得到80%的纤维素Ⅱ和20%的纤维素Ⅰ，说明纤维素Ⅳ$_Ⅰ$可经由不同的条件向纤维素Ⅱ或

Ⅰ转化。

关于纤维素Ⅳ晶体中链的方向并未最后弄清楚，纤维素Ⅳ$_{\text{Ⅱ}}$只能向纤维素Ⅱ和Ⅲ$_{\text{Ⅱ}}$转化，所以被推定为反平行链排列，但纤维素Ⅳ$_{\text{Ⅰ}}$可依实验条件不同转化为纤维素Ⅱ或纤维素Ⅰ，所以纤维素Ⅳ$_{\text{Ⅰ}}$是否为平行链的结构至今还是一个问题。

纤维素X可由纤维素Ⅰ、Ⅱ和Ⅳ用磷酸（或盐酸）处理得到，并认为可转化回纤维素Ⅱ和Ⅳ，由于纤维素X是聚合度极低（DP＝15～20）的粉末，没有任何用途，至今未见进一步的报道。

结晶的纤维素变体是纤维素结构研究的一个重要课题，纤维素4种主要的结晶变体几乎有相同的分子链，因为都有相同的重复周期1.03nm左右，它们间的区别在于链构象和在晶胞内堆砌的不同。纤维素各结晶变体间转化的研究使我们可将其分为两个"家族"：

纤维素Ⅰ族（Ⅰ，Ⅲ$_{\text{Ⅰ}}$，Ⅳ$_{\text{Ⅰ}}$），由纤维素Ⅰ转化得到；

纤维素Ⅱ族（Ⅱ，Ⅲ$_{\text{Ⅱ}}$，Ⅳ$_{\text{Ⅱ}}$），由纤维素Ⅱ转化得到。

它们间可以进行如图3-15所示的转化，但任何纤维素Ⅱ族中的结晶变体不能转化回纤维素Ⅰ族。

（五）纤维素的聚集态结构模型

纤维素分子聚集态的特点是易于结晶和形成细纤维（fibril）结构。在结晶结构方面，涉及晶胞参数、分子链在晶胞中的排列堆砌、结晶变体及其相互转化，并由此引申出结晶度、微晶大小和取向等概念和测定方法。在聚集态结构方面，涉及纤维素纤维的细纤维结构和各种结构理论。

纤维素纤维的结构理论以晶区-无定形区两相理论为基础，但两相之间并无明显界限，在三维空间中，晶区到无定形区间存在着分子链间一系列不同层次的有序度（序态），称为亚晶区或介晶区（mesomorphous）。对于纤维素分子在晶区中的排列（伸直链或折叠链，平行排列或反平行排列等），沿细纤维方向上晶区和非晶区的聚集连结，已提出各种理论和模型，由于实验技术的限制和研究方法的不同，至今纤维素聚集态结构理论还存在着争议，下面介绍几种主要的结构理论及其模型。

1. 缨状微胞结构理论

缨状微胞结构理论（theory of fringed-micelle structure）是在微胞理论的基础上发展起来的。1928年前后Meyer和Mark等提出微胞（胶束）理论，他们用X射线衍射确定了苎麻中微胞的大小为长60nm，宽5nm，黏胶纤维中的微胞大小为长30nm，宽4nm，这与当时大多数研究者测定的分子长度相适应。所以认为微胞是纤维素分子的聚集体，是有真正界面的棒状物，长为100～150个葡萄糖残基（50nm左右）的50～60条纤维素分子链结合在微胞中，微胞沿纤维轴排列，由无定形的微胞间物借助于微胞间力"黏固"在一起。1930年前后，不少研究者由黏度法测定的天然和再生纤维素的聚合度都比微胞长度大得多，而且这种理论始终解释不了润胀时，微胞之间借助什么机理仍维持在一起。所以，经过1933年在英国曼彻斯特召开的Faraday Society的论证后，微胞理论就被放弃。与此同时，发展了缨状微胞理论，其结构要点是：纤维素纤维是由晶区和非晶区构成的，同一大分子可以连续地通过一个以上的微胞（晶区）和非晶区，晶区和非晶区间无明显的界面，分子链以缨状形式由微胞边缘进入非晶区。已提出各种可能的模型描述这一结构理论。

例如，Howsman和Sisson指出，在缨状微胞中，晶区和非晶区间并无严格的界面，大分子的相互接近和排列可以从很高的结晶有序逐渐过渡到几乎完全无序的状态，其有序度

（the degree of order）能满足发生 X 射线衍射要求的部分为晶区，反之，为非晶区（无序区），在晶区和非晶区间有无数有序度不同的结构，可人为地分为 $\bar{O}_1$ 到 $\bar{O}_n$ 级的侧序分布（lateral order distribution，图 3-16）。采用侧序分布的概念，可以认为纤维素结构是由大分子形成的连续结构，分子排列致密的部分，分子平行排列，取向良好，分子间结合力大，致密度小的部分，结合力小成为无定形区，"微胞"是链的个别部分，这一部分分子链距离小，具有很高的结晶有序和极大的键能。

Hess 等用电镜观测了天然和黏胶纤维素纤维的结构，当添加碘或铊时，观测到不规则的纵向周期，大周期为 30～70nm，小周期为 10～50nm，并假设了有代表性的缨状微胞结构模型（图 3-17），这个模型描述了纤维中横向和长向晶区-非晶区相互交替的结构，解释了微晶区的 X 射线衍射、晶区（微胞）间的溶胀现象和与两相结构有关的一些物理、化学性质，成为后来各种修正的缨状微胞结构（modified fringed micelle structure）的根据。

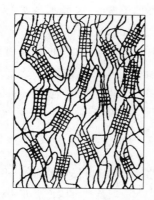

图 3-16　纤维素聚态结构中的侧序分布

2. 缨状细纤维结构理论

1940 年后，电子显微镜开辟了直接观测纤维素微细结构的方法，大量的观测证明，某些人造纤维存在着直径为 25nm 左右，长度很长的细纤维结构。1958 年，Hearle 提出缨状细纤维结构理论（theory of fringed fibril structure，图 3-18），这种结构模型放弃了缨状微胞理论中微胞有限长度的设想。由于大分子聚集过程中的缠结和局部无序，晶区中的分子不在同一位置上逸出，也不可能无限地结合在同一结晶的细纤维中，而可在晶区不同的部位上离开，造成细纤维中晶区的弯曲、扭变和分叉，所以细纤维在横向和长向上都可不断地分裂和重建，构成网络组织的晶区和非晶区。这种理论认为缨状微胞是长的缨状细纤维的极限情况，即当结晶期间成核频繁，细纤维中的晶区变得很短的情况。

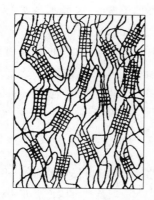

图 3-17　纤维素缨状微胞结构示意图

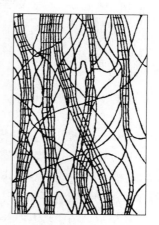

图 3-18　纤维素缨状细纤维结构示意图

缨状微胞和缨状细纤维结构模型可用以解释天然纤维素、普通黏胶纤维的性能。例如，用水解方法测得的微晶平衡聚合度只有 15（高强力黏胶纤维）到 300 左右（苎麻等天然纤维素），这相当于 7.5～150nm 左右的微胞长度，而且可以解释纤维素及其纤维的物化性质。

在普通黏胶纤维的制备中，当黏胶进入凝固浴时，由于强酸的作用，结晶速度快，成核频繁，形成体积小、尺寸短小的微晶，很少发现细纤维结构，所以纤维强度低、伸长大，易于为水或其他化学试剂所润胀，湿态时强度迅速下降，可用缨状微胞结构理论加以解释。高湿模量黏胶纤维将纤维素黄酸酯的凝固和再生分开进行，再生在很高的牵伸条件下缓慢进行，所以形成类似棉花的细纤维结构，大大强固了纤维的结构，使之具有较高的强度、模量、耐碱性和韧性，这可以用缨状细纤维结构理论加以解释。

3. 折叠链结构理论

1957 年，在聚乙烯稀溶液中首先制备了单晶，其厚度为 10～50nm，认为长几百纳米以上的大分子是在垂直于单晶板面方向上（c 轴方向）来回折叠排列的，以后从聚甲醛、等规聚丙烯、等规聚苯乙烯、聚乙烯醇，尼龙-66、聚丙烯酸以及纤维素等物质都获得单晶（片晶）。另外，小角 X 射线衍射发现纤维素纤维的纵向上存在平均 10～20nm 左右的等同周期。使一部分研究者设想纤维素及其衍生物存在与合成线型聚合物相似的折叠链结构，并提出各种可能的折叠链结构（folded chains structure）模型。

1950 年，Tonnesen 和 Ellefsen 首先提出了原细纤维（elementary fibril）折叠链结构的设想，但当时并未有可靠的实验证据。他们认为纤维素在微晶区中每经 50nm 就折叠而转向相反的方向，形成宽度 10nm 左右的单分子层链片，位于晶胞的（101）面上。分子层厚度相当于葡萄糖单元的横向尺寸（0.5nm 左右），由 8 个这样相同的分子层在垂直于（101）面方向上结合成一个微胞（胶束），厚度为 4nm，这样折叠构成的结晶微胞的大小为 50nm×10nm×4nm。由于这个模型无法解释缨状微结构所能说明的各种实验证据，并未得到广泛的接受。

1964 年，Manley 发现直径 3.5nm 左右的原细纤维和周期结构，提出带状盘褶（pleated ribbon）的折叠链结构（图 3-19），在这种结构模型中，纤维素分子链通过折叠成为宽 3.5nm 的带，然后以 Z 字形盘褶成为螺旋状，分子链伸直的片段平行于螺旋（纤维）轴，这样形成的原细纤维有 3.5nm×2nm 左右的矩形横截面。微细纤维之间由氢键键合以解释 X 射线衍射图的弥散散射和各种形式的侧向不完整。

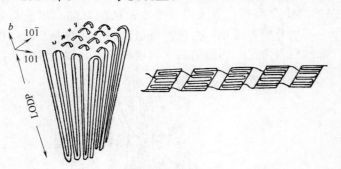

图 3-19　纤维素折叠链结构示意图

1971 年，Chang 提出另一种折叠链结构模型，并用这种结构模型解释纤维素丝光化过程中纤维素 I 向纤维素 II 结晶形态的转变和纤维素的水解。

Chang 折叠链模型的要点如下：

① 纤维素大分子链本身在（101）面内以分子间距来回折叠，折叠长度相当于平衡聚合度（LODP），形成大小约为 LODP×3.8nm×0.6nm 的薄片晶，作为纤维素最小的结构单元。

② 若干个薄片晶在垂直于（101）面的方向上堆砌构成原细纤维。

③ 薄片晶中的伸直链部分，葡萄糖基间为 β 构象型的连结，在折叠（弯曲）部分，葡萄糖基间为 β_L 构象型连结，由 2 至 4 个 β_L 苷键完成一次折叠，β_L 构象比 β 构象弱，易于被水

解而断裂，成为薄片晶中的"无定形"部分（图3-20）。

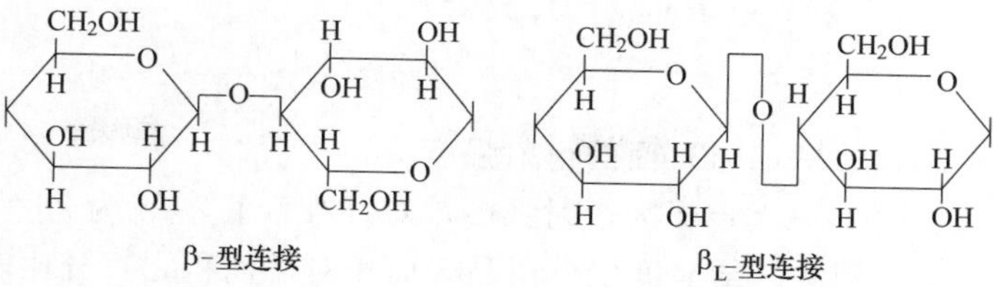

纤维素的折叠链结构理论可以解释纤维素及其衍生物的单晶结构、纤维素Ⅱ的反平行链结构、丝光化纤维素所观察到的串晶结构以及纤维素长方向上存在的小周期结构。但

图 3-20 纤维素葡萄糖残基的 β—型连接和 βL—型连接

是，对于纤维素Ⅰ，大量的研究特别是X射线衍射与计算机相结合的近代堆砌分析、纤维素生物合成机理的研究，都得出天然纤维素是平行排列、伸直链结构的结论。1969年Muggli设计了一个有趣的实验以确定苎麻中微细纤维的相对分子质量分布：将苎麻切成 $2\mu m$ 长。他设想，如果纤维素分子链是伸展的，随机切断之后，相对分子质量应有相当大的减少；如果是折叠链，只有少数分子被切断，相对分子质量应基本不变。实验结果表明，苎麻的聚合度由3900降到1600，这个结果说明纤维素Ⅰ分子的构象是伸展的。

目前，纤维素的结构理论主要采用改进了的缨状微胞模型和缨状细纤维模型加以解释。由于纤维素Ⅰ向纤维素Ⅱ转化的机理至今还有争议以及纤维素Ⅱ各种反平行链模型的提出，折叠链结构模型在解释纤维素Ⅱ形成机理和结构与性能关系方面仍应予以考虑。

（六）结晶度、取向度

1. 结晶度及测定

纤维素的结晶度（crystallinity）是指纤维素构成的结晶区占纤维素整体的百分率，它反映纤维素聚集时形成结晶的程度：

$$结晶度\ X_c = \frac{结晶区样品含量}{结晶区样品含量+非结构晶样品含量} \times 100\% \tag{3-1}$$

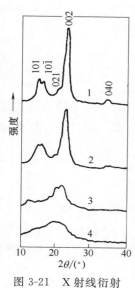

图 3-21 X 射线衍射强度曲线

1—棉短绒 2—亚硫酸盐浆
3—黏胶纤维 4—已疏解磨碎的棉短绒

测定纤维素结晶度常用的方法有X射线法、红外光谱法和密度法等。

（1）X射线衍射法

X射线衍射法测定纤维素的结晶度，是利用X射线照射样品，结晶结构的物质会发生衍射，具有特征的X射线衍射图。通过测定各入射角 θ 和相应的X射线衍射强度，以 2θ 为横坐标，X射线衍射强度为纵坐标，做出X射线衍射强度曲线（图3-21）。由X射线衍射图谱，可以计算纤维素的结晶度 X_c 及微晶大小。结晶度的计算方法，可采用面积法、曲线相对高度（峰强度）法等。

① 曲线相对高度（峰强度法）。由相应位置的衍射峰强度相对大小进行计算。

对各种天然纤维素（纤维素Ⅰ），结晶度的计算公式为：

$$结晶度\ X_c = \frac{I_{002} - I_{am}}{I_{002}} \times 100\% \tag{3-2}$$

式中 I_{002}——（002）晶面衍射强度

I_{am}——无定形区衍射强度，对纤维素Ⅰ，I_{am} 为 $2\theta = 18.0°$ 的衍射强度

对纤维素Ⅱ，结晶度的计算公式为：

$$结晶度 \ X_c = \frac{I_{101} - I_{am}}{I_{101}} \times 100\%$$ (3-3)

式中　I_{101}——（101）面的衍射强度

　　　I_{am}——无定形区衍射强度，对纤维素Ⅱ，I_{am}为 $2\theta = 15.0°$ 的衍射强度

② 面积法。结晶度也可用晶区面积对总面积之百分比表示：

$$结晶度 \ X_c = \frac{A_K}{A_K + A_A} \times 100\%$$ (3-4)

式中　A_K——晶区面积

　　　A_A——无定形区面积

在纤维素的 X 射线衍射图中，（002）面衍射强度代表了结晶区的强度，因此晶区面积 A_K 等于（002）峰的峰面积，总面积 $= A_K + A_A$。

③ 晶体尺寸的测定。纤维素的微晶尺寸 L_{hkl} 可利用 X 射线衍射的强度曲线宽度由谢乐公式计算：

$$L_{hkl} = \frac{K\lambda}{\beta\cos\theta}$$ (3-5)

式中　λ——X 射线波长，对铜靶，$\lambda = 1.54 \times 10^{-10}$ m

　　　θ——布拉格角（度）

　　　β——对某晶体面径向强度分布曲线半高宽度所对应的角度，以弧度表示

　　　K——常数，通常称为微晶的形状因子，与微晶性质及 L_{hkl}、β 的定义有关，其值在 0.9～1.0 之间，对纤维素通常 K 取 0.94

（2）红外光谱法

用红外光谱法测定纤维素的结晶度，常用 Nelson 和 O'connord 的方法，是以红外结晶指数 $O'KI$ 和 $N.O'KI$ 来表示结晶度的大小，以公式表示如下：

$$O'KI = \frac{a_{1429cm^{-1}}}{a_{893cm^{-1}}}$$ (3-6)

$$N.O'KI = \frac{a_{1372cm^{-1}}}{a_{2900cm^{-1}}}$$ (3-7)

式中 a 为红外谱图中相应谱带的谱带强度。其中 1429cm^{-1} 谱带属于 CH_2 的剪切振动，893cm^{-1} 谱带属于糖苷键的振动和 C_1 变形振动，1372cm^{-1} 谱带属于 CH 弯曲振动，2900cm^{-1} 属于 CH 和 CH_2 伸缩振动。

$O'KI$ 仅适用于纤维素Ⅰ，$N.O'KI$ 对纤维素Ⅰ和纤维素Ⅱ均适用。

2. 取向度

成纤高聚物在外力如拉伸作用下，分子链会沿着外力的方向平行排列起来而产生择优取向。因此纤维素分子产生取向后，分子之间的相互作用力会大大增强，结果对纤维的物理机械性能如断裂强度、断裂伸度、杨氏模量及原纤化过程，都有显著的影响。因此测定纤维的取向度具有重要的实际意义。

所谓取向度（degree of orientation）是指所选择的择优取向单元相对于参考单元的平行排列程度。取向单元可以选择一个面或一个轴。对纤维而言，一般是指单轴取向，也就是取向单元取分子链轴，参考单元方向取纤维轴方向。由于纤维素超分子结构中含有晶区和非晶区，所以，分子链的取向一般分为三种：全部分子链的取向、晶体的取向和非晶区分子链的

取向。全部分子链的取向，可用光学双折射方法测定。晶体的取向，可用 X 射线法测定。非晶区分子链的取向，可通过前两种测定进行换算。

三、纤维素纤维的形态结构——三次结构

所谓形态结构，是指纤维中尺寸比超分子结构更大一些单元的敛集特征。它们在光学显微镜或电子显微镜下能被直接观察到，诸如纤维的多重细纤维结构、纤维断面的形状、结构和组成，以及存在于纤维中的各种裂隙、空洞等。图 3-22 的光学显微镜照片显示，木浆纤维细胞的形状为细长状，纤维管胞和木纤维壁上纹孔稀少或没有纹孔［图 3-22（a）（b）］；阔叶木导管分子两端开口，有舌状尾部，尾部细而长，管壁上布满纹孔［图 3-22（a）］；而棉纤维的细胞壁光滑［图 3-22（b）］，壁上无纹孔结构。扫描电镜（图 3-23）显示，木棉纤维纵向外观呈圆柱形，表面光滑，无纹孔［图 3-23（a）］；横截面图［图 3-23（b）］显示木棉纤维的胞腔中空，壁很薄，壁腔比很小；阔叶木纤维和针叶木纤维的表面不规则并有裂纹［图 3-23（c）（d）］；横截面图［图 3-23（e）（f）］显示两种木材纤维的细胞腔形状，其中的阔叶木细胞壁较厚，壁腔比相对较大。

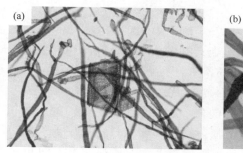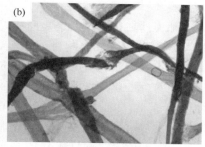

图 3-22　光学显微镜下观察到的纤维素纤维的形态结构
染色剂：Herzberg
（a）硫酸盐漂白浆（阔叶木）纤维（LM×200）　（b）一种香纸的纤维形态（LM×400）

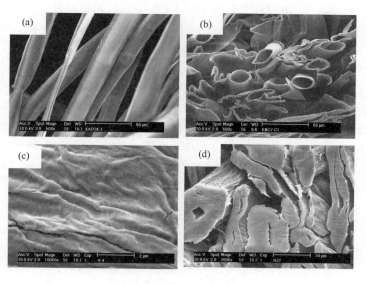

图 3-23

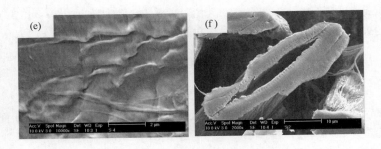

图 3-23　电子显微镜下观察到的纤维素纤维的形态结构

注：木棉纤维的（a）表面和（b）横截面；

硫酸盐漂白浆（阔叶木）纤维的（c）表面和（d）横截面；

硫酸盐漂白浆（针叶木）纤维的（e）表面和（f）横截面。

第三节　纤维素的相对分子质量和聚合度

一、概　　述

　　纤维素是一种天然高聚物。高聚物的相对分子质量有两个特点：a. 它具有比小分子远远大得多的相对分子质量；b. 其相对分子质量具有多分散性。因此高聚物的相对分子质量具有统计意义，用实验方法测定的相对分子质量只是具有统计意义的平均值，若要确切地描述高聚物试样的相对分子质量，除应给出相对分子质量的统计平均值外，还应给出试样的相对分子质量分布。

　　纤维素的聚合度表示分子链中所连结的葡萄糖单元的数目，在分子式 $(C_6H_{10}O_5)_n$ 中，n 为聚合度，通常用 DP 表示。纤维素的基本结构单元——葡萄糖单元的相对分子质量为162，由于分子链两个末端基环比链单元多出两个氢和一个氧原子，即相对原子质量多了18，纤维素大分子的聚合度 $DP=n+2$，故纤维素的相对分子质量 M_r 为：

$$M_r = 162 \times DP + 18 \tag{3-8}$$

　　当 DP 很大时，上式中 18 可以忽略不计，因此纤维素的相对分子质量和聚合度之间的关系为：

$$M_r = 162 \times DP \text{ 或 } DP = M_r/162 \tag{3-9}$$

　　根据相对分子质量的测定，天然纤维素的平均聚合度很高，例如单球法囊藻（thealga valonia ventricosa）平均聚合度为 26500～44000，棉花纤维的次生壁为 13000～14000，韧皮纤维为 7000～15000，木材纤维为 7000～10000，细菌纤维素（acetobacter xylinum）为 2000～3700。由于纤维素原料纯化过程和聚合度测定过程中引起的降解，这些聚合度也是最低的估计。此外由于来源和测定方法不同，各种文献中关于纤维素的平均聚合度的数据会有差异，表 3-4 是 Zugenmaie 在其 2008 年编著的 *Crystalline Cellulose and Derivatives Characterization and Structures* 一书中关于部分纤维素和纤维素衍生物的聚合度数据。

二、常用的统计平均相对分子质量和平均聚合度

　　由于统计方法的不同，纤维素有各种平均相对分子质量。常用的统计平均相对分子质量有：数均相对分子质量 $\overline{M}_{r,n}$、质均相对分子质量 $\overline{M}_{r,w}$；Z 均相对分子质量 $\overline{M}_{r,z}$；黏均相对分子质量 $\overline{M}_{r,\eta}$。它们的定义是：

表 3-4 部分纤维素和纤维素衍生物的 DP 范围

原 料	DP	原 料	DP
各种木材纤维素	6000~10000	细菌纤维素	4000~6000
木浆	500~2000	苎麻	10000
硫酸盐浆	950~1300	亚麻	9000
漂白化学浆	700	黏胶纤维	300~500
棉花	10000~15000	玻璃纸	300
漂白棉短绒	1000~5000	纤维素酯	200~350
法囊藻	25000		

1. 数均相对分子质量 $(\overline{M}_{r,n})$

$$\overline{M}_{r,n} = \sum_i \frac{n_i M_{r,i}}{n_i} \tag{3-10}$$

式中 n_i——指 i 级分的分子数

$M_{r,i}$——指 i 级分的相对分子质量

2. 质均相对分子质量 $(\overline{M}_{r,w})$

$$\overline{M}_{r,w} = \frac{\sum_i m_i M_{r,i}}{\sum_i m_i} \tag{3-11}$$

式中，m_i 指 i 级分的分子质量。

因为 $m_i = n_i M_{r,i}$

所以

$$\overline{M}_{r,w} = \frac{\sum_i n_i M_{r,i}^2}{\sum_i n_i M_{r,i}}$$

3. Z 均相对分子质量 $(\overline{M}_{r,z})$

$$\overline{M}_{r,z} = \frac{\sum_i n_i M_{r,i}^3}{\sum_i n_i M_{r,i}^2} \tag{3-12}$$

4. 黏均相对分子质量 $(\overline{M}_{r,\eta})$

$$\overline{M}_{r,\eta} = \left[\frac{\sum_i n_i M_{r,i}^{\alpha+1}}{\sum_i n_i M_{r,i}} \right]^{1/\alpha} \tag{3-13}$$

式中，α 系指 $[\eta] = K M_{r,\eta}^{\alpha}$ 关系式中的幂指数，一般为 $0.65 \sim 0.85$，对纤维素及其衍生物，由于刚性和空间阻碍较大，α 值通常在 $0.7 \sim 1.00$ 之间。

对一般的高聚物样品来说：

$$\overline{M}_{r,z} > \overline{M}_{r,w} > \overline{M}_{r,\eta} > \overline{M}_{r,n}$$

当已知测试的样品为单分散性试样时：

$$\overline{M}_{r,z} = \overline{M}_{r,w} = \overline{M}_{r,\eta} = \overline{M}_{r,n}$$

三、纤维素的相对分子质量和平均聚合度测定方法

纤维素的平均相对分子质量是在溶液中测定的，采用的方法有：a. 化学方法，如端基分析法；b. 热力学方法，如渗透压、蒸汽压、沸点升高、冰点下降；c. 动力学方法，如超速离心沉降速度法；d. 光学方法，如光散射法；e. 其他方法，如凝胶渗透色谱法等。

各种测定方法都有其优缺点和适用范围的局限性，测得的相对分子质量的统计平均值也不相同（见表 3-5）。

表 3-5　　　　　**各种平均相对分子质量的测定方法及其适用范围**

测 定 方 法	适用相对分子质量范围	平均相对分子质量类型	方 法 类 型
端基分析	3×10^4 以下	数均	绝对法
沸点升高	3×10^4 以下	数均	相对法
冰点下降	5×10^3 以下	数均	相对法
气相渗透压	3×10^4 以下	数均	相对法
膜渗透压	$2\times10^4\sim1\times10^6$	数均	绝对法
光散射	$2\times10^4\sim1\times10^7$	质均	绝对法
超速离心沉降速度	$1\times10^4\sim1\times10^7$	各种平均	绝对法
超速离心沉降平衡	$1\times10^4\sim1\times10^6$	质均、Z 均	绝对法
黏度	$1\times10^3\sim1\times10^7$	黏均	相对法
凝胶渗透色谱	$1\times10^3\sim5\times10^6$	各种平均	相对法

下面主要对黏度法进行介绍。黏度法可测定高分子在溶液中的黏均相对分子质量 $\overline{M}_{r,\eta}$ 和形态，方法简易、快捷，精度较高，是使用最为广泛的测定相对分子质量的一种间接方法。

（一）黏度的基本概念

液体在流动时，在其分子间产生内摩擦的性质，称为液体的黏性。黏度是流体黏滞性的一种量度，是流体流动力对其内部摩擦现象的一种表示。内摩擦力较大时，流动显示出较大的黏度，流动较慢。反之，黏度较小，流动则较快。黏度法测定纤维素的相对分子质量，就是将纤维素或其衍生物溶解成溶液，然后通过测定溶液的黏度来计算纤维素的相对分子质量和聚合度。溶液的黏度与纤维素的相对分子质量有关，同时也取决于分子的结构、形态和在溶剂中的扩张程度。

黏度法测定纤维素的相对分子质量时所用的黏度常以下列几种形式表示：

（1）相对黏度 η_r

表示同温度下溶液黏度 η 与纯溶剂黏度 η_0 之比。

$$\eta_r=\frac{\eta}{\eta_0} \tag{3-14}$$

（2）增比黏度 η_{sp}

表示相对于纯溶剂黏度而言，溶液黏度增加的分数。

$$\eta_{sp}=\frac{\eta-\eta_0}{\eta_0}=\eta_r-1 \tag{3-15}$$

（3）比浓黏度 η_{sp}/c

表示增比黏度 η_{sp} 与浓度 c 之比，其单位是浓度单位的倒数，一般用 cm^3/g 表示。

（4）比浓对数黏度 $\ln\eta_r/c$

表示增比黏度的自然对数值与浓度 c 之比。

（5）特性黏度 $[\eta]$

表示比浓黏度在浓度趋于 0 时的极限值，即单位质量纤维素大分子在溶液中所占流体力学体积的相对大小。$[\eta]$ 的单位是 mL/g。

$$[\eta]=\lim_{\rho\to0}\frac{\eta_{sp}}{c} \tag{3-16}$$

（二） 纤维素相对分子质量和聚合度与黏度之间的关系

聚合物溶液的特性黏度 $[\eta]$ 与聚合物相对分子质量 M_r 之间的关系，可用 Mark—Houwink 方程表示：

$$[\eta]=KM_r^\alpha=K'DP_\alpha \tag{3-17}$$

K（或 K'）和 α 是两个参数，与聚合物性质、溶剂性质、溶液温度、聚合物在溶液中形状有关。纤维素及其衍生物是半刚性的线状大分子，由于其刚性和空间阻碍较大，α 值通常在 $0.7\sim1.00$ 之间。D. N. S Hon 对文献报道的纤维素及其衍生物的 K（K'）及 α 值测定结果进行了汇总，见表 3-6。

表 3-6　　几种溶剂体系中纤维素及其衍生物的 Mark-Houwink 公式的参数 K 和 α 值

溶剂体系	K /(dL/g)	K'/(dL/g)	α	测定方法	测定者及测定时间
铜氨溶液		6.8×10^{-3}	0.9	离心沉降	Marx，1955 年
铜乙二胺		9.8×10^{-3}	0.9	离心沉降	Marx，1955 年
镉乙二胺	3.38×10^{-4}		0.75	离心沉降	Henley 等，1961 年
	3.85×10^{-4}		0.76	离心沉降、光散射	Brown 等，1965 年
	3.15×10^{-4}		0.93	凝胶渗透色谱/黏度法	Daňhelka 等，1974 年
铁-酒石酸-钠		6.6×10^{-3}	1.01	离心沉降	Claesson，1959 年
NH_3/NH_4SCN	6.86×10^{-4}		0.95	黏度法	Dalbee 等，1990 年
纤维素三苯氨基甲酸酯					
四氢呋喃	5.3×10^{-5}		0.84	凝胶渗透色谱/黏度法	Daňhelka 等，1974 年
纤维素硝酸酯					
丙酮		5.3×10^{-3}	1.0	黏度法	Holtzer 等，1954 年
乙酸乙酯		13×10^{-3}	1.0	黏度法	Alexander 等，1949 年

特性黏度 $[\eta]$ 的数值可以通过实验作图用外推法求得，也可以采用一点法从实际测定所得到的经验公式通过计算而得。

外推法的测定原理是：在一定温度下，某一浓度范围内聚合物溶液的比浓黏度 η_{sp}/c 或比浓对数黏度 $\ln\eta_r/c$ 与浓度 c 呈线性依赖关系，以 η_{sp}/c 对 c 或 $\ln\eta_r/c$ 对浓度 c 作图，分别得到两条直线，这两条直线的延线必定交于纵坐标的同一点上，该点的纵坐标值就是该溶液的特性黏度 $[\eta]$。所以实验上只要测定几个浓度下聚合物溶液的黏度 $\eta(t)$ 和纯溶剂的黏度 $\eta_0(t_0)$，就可以由 η_{sp}/c 对 c 或 $\ln\eta_r/c$ 对 c 的关系图上，将直线外推至 $c\to0$ 而求得特性黏度 $[\eta]$（图 3-24），并代入 $[\eta]=KM_r^\alpha$ 公式求得该聚合物的相对分子质量。

一点法测定纤维素的特性黏度 $[\eta]$ 的经验公式，我国国家标准方法中引用了 Martin 公式：

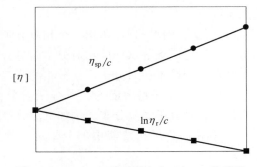

图 3-24　$\eta_{sp}/c\to c$ 关系图和 $\ln\eta_r/c\to c$ 关系图

$$\eta_{sp}=[\eta]ce^{k'[\eta]c} \tag{3-18}$$

通过经验数据表（见国家标准分析方法），由已测出的 η_r 值即可查出 $[\eta]c$ 值，已知测定时加入的样品量，即浓度 ρ 已知，可求出特性黏度 $[\eta]$。

（三）黏度计

在纤维素的黏度测量中，最常用的是毛细管黏度计，例如乌氏（Ubbelohde）黏度计和奥氏（Ostwald）黏度计。目前我国对浆粕纤维素相对分子质量测定的标准方法，引用了北欧的标准，其黏度计的形式如图 3-25 所示。

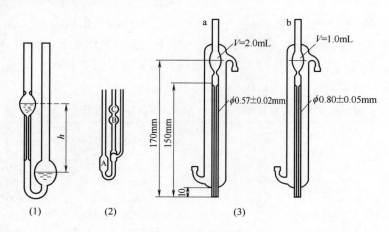

图 3-25　毛细管黏度计

（1）奥氏黏度计　（2）乌氏黏度计　（3）北欧标准黏度计

a—校核管　b—测量管

四、纤维素的多分散性与相对分子质量分布及其测定

（一）纤维素的多分散性与相对分子质量分布

纤维素是由很多长度不同的线形高分子所组成，即其相对分子质量是不均一或多分散的，这种性质称为多分散性（polydispersity）或不均一性。实验测定的相对分子质量是一种统计平均值。纤维素的相对分子质量及其分布影响到纤维素材料的物理机械性能（强度、模量、耐折度等）、纤维素性质（溶解度、黏度、流变性等）以及纤维素材料的降解、老化及各种化学反应，所以纤维素相对分子质量及其分布的测定，在科研和生产中都具有重要的理论和实际意义。

与其他高聚物一样，单用一个相对分子质量的平均值不足以描述纤维素的多分散性。最理想的是知道高聚物试样的相对分子质量分布曲线。因此必须对纤维素的相对分子质量分布进行测定。纤维素相对分子质量分布的测定方法大致可以分为以下 3 类：

① 利用高分子溶解度的相对分子质量依赖性，将试样分成相对分子质量不同的级分，从而得到相对分子质量分布。例如沉淀分级、柱上溶解分级和梯度淋洗分级。

② 利用高分子在溶液中的分子运动性质得出相对分子质量分布。如超速离心沉降速度法。

③ 利用高分子颗粒大小（流体力学体积）的不同得到相对分子质量分布。例如凝胶渗透色谱法。

纤维素的多分散性也可以采用多分散系数 U 来表征。

$$U = \frac{M_{r,w}}{M_{r,n}} \quad （或 U = \frac{M_{r,Z}}{M_{r,n}}）$$

(3-19)

（二）凝胶渗透色谱法（GPC）测定纤维素的相对分子质量分布

凝胶渗透色谱法（GPC）测定聚合物的相对分子质量分布是利用高分子溶液通过填充有特种多孔性填料（常用交联聚苯乙烯凝胶或硅胶）的柱子，依相对分子质量大小在柱上进行连续分级的方法。它可快速、自动测定聚合物的相对分子质量及其分布、制备窄分布高聚物、纯化各种天然聚合物等。它的最大特点是速度快、重复性好。因此该技术自 20 世纪 60 年代出现后，获得了飞速发展和广泛的应用，目前已成为测定相对分子质量分布的主要方法。

对于天然纤维素，通常将其制成纤维素硝酸酯、醋酸酯、三苯胺基酯等，再将其溶于有机溶剂中，在 GPC 上进行分级、测定。

凝胶渗透色谱的分离机理比较复杂，目前有体积排斥理论、扩散理论和构象熵等。下面着重介绍体积排斥理论。

（1）分级原理

可以认为，GPC 的分离作用首先是由于大小不同的分子在多孔性填料中所占据的空间体积不同造成的。在色谱柱中，所装填的多孔性填料的表面和内部有着各种各样大小不同孔洞和通道。当被分析的聚合物试样随着溶剂引入柱子后，由于浓度的差别，所有溶质分子都向填料内部孔洞渗透。较大的分子就只能进入较大的孔；而比最大孔还要大的分子就只能停留在填料之间的空隙中。随着溶剂洗提过程的进行，最大的聚合物分子从载体的粒间首先流出，依次流出的是尺寸较大的分子，然后是尺寸较小的分子，最小的分子最后被洗提出来，这样就达到了大小不同的聚合物分子分离的目的，见图 3-26。

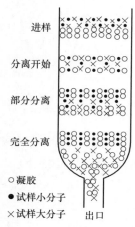

进样

分离开始

部分分离

完全分离

○凝胶
●试样小分子
×试样大分子　出口

图 3-26　GPC 分离
机理示意图

以上为 GPC 分离机理的一般解释。根据这一观念，色谱柱的总体积应由三部分体积所组成，即 V_0、V_i 和 V_s。V_0 为柱中填料的空隙体积或称粒间体积；V_i 为填料小球内部的孔洞体积，即柱内填料的总孔容；V_s 为填料的骨架体积。$V_0 + V_i$ 相当于溶剂的总体积。柱子的总体积 V_t 即为此三项之和：

$$V_t = V_0 + V_i + V_s \tag{3-20}$$

按照一般的色谱理论，试样分子的保留体积 V_R（或淋出体积 V_e）可用式（3-21）表示：

$$V_e = V_0 + K_d V_i \tag{3-21}$$

式中 $K_d = c_p / c_0$。c_p、c_0 分别为表示平衡状态下凝胶孔内、外的试样浓度。

因此，K_d 相当于在填料分离范围内某种大小的分子在填料孔洞中占据的体积分数，即可进入填料内部孔洞体积 V_{ic} 与填料总的内部孔洞体积 V_i 之比，称为分配系数。

$$K_d = \frac{V_{ic}}{V_i} \tag{3-22}$$

大小不同的分子，有不同的 K_d。当高分子体积比孔洞尺寸大，任何孔洞它都不能进入时，$K_d = 0$，$V_e = V_0$。当试样分子比渗透上限分子还要大时，没有分辨能力；当高分子体积很小，小于所有孔洞尺寸，它在柱中活动的空间与溶剂分子相同，则 $K_d = 1$，$V_e = V_0 + V_i$ 相当于柱的下限。对于小于下限的分子，同样没有分辨能力；只有 $0 < K_d < 1$ 的分子，在此 GPC 柱中，才能进行分离。

溶质分子体积越小，其淋出体积越大，这就圆满地解释了大量的实验结果。这种解释，不考虑溶质和载体之间的吸附效应，也不考虑溶质在流动相和固定相之间的分配效应，其淋出体积仅仅由溶质分子尺寸和载体的孔洞所决定，分离过程的产生完全是由于体积排斥效应所致，故称为体积排除机理。所以凝胶渗透色谱又被称为体积排除色谱（Size Exclusion Chromatography，SEC）。

（2）GPC谱图与校正曲线

聚合物分子被凝胶色谱柱按相对分子质量大小分级后，需要对各级分的含量和相对分子质量进行测定和标定才能得到相对分子质量分别情况。在凝胶渗透色谱技术中，淋出液的浓度直接反映级分的含量，只需要采用适当的方法检测淋出液浓度，就可确定各级分的含量。

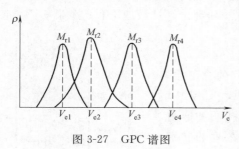

图3-27　GPC谱图

测定淋出液浓度常用示差折光仪，用示差折光仪可测得溶液折光指数 n 和纯溶剂折光指数 n_0 之差 Δn，由于在稀溶液范围内，Δn 正比于溶液浓度 c，所以 Δn 值直接反映了淋出液的浓度，即反映了各级分的含量。图3-27是典型的GPC谱图，图中纵坐标是淋出液和纯溶剂的折光指数之差，它反映了淋出液的浓度，横坐标是淋出液体积 V_e，它反映了溶质分子淋出的次序，表征着溶质分子尺寸的大

小。淋出体积小，分子尺寸大；淋出体积大，分子尺寸小。所以GPC谱图本身就反映了试样的相对分子质量分布概貌。

将横坐标 V_e 转换成聚合物的相对分子质量 M_r 可以有直接和间接两种方法。直接法是将淋出体积不同的各级分样品用各种测定平均相对分子质量的方法直接进行相对分子质量测定，从而得出相对分子质量分布，这种方法目前有所发展，如用GPC与小角激光光散射联机测定，可直接得到相对分子质量分布曲线。但总的来说，由于直接法要求的仪器较为复杂，不如间接法应用广泛。

间接法，又称曲线校正法。它采用一组相对分子质量已被确定、相对分子质量分布很窄的聚合物为标准样品，在与未知试样相同的条件下进行测定，得到一系列标准的GPC谱图（图3-28），以这些谱图峰值位置的淋出体积 V_e 对其相对分子质量对数作图（图3-29），得到的曲线称为相对分子质量—淋出体积校准曲线（$M_r—V_e$ 关系）。从这一校准曲线，很容易将未知样品测定得到的谱图上的横坐标 V_e 换算成聚合物的相对分子质量 M_r，求出待测试样的淋出体积—相对分子

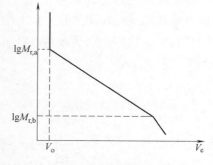

图3-28　标准的GPC谱图

质量关系。相对分子质量—淋出体积校准曲线方程可用式（3-23）表示：

$$\lg M_r = A - BV_e \qquad\qquad (3-23)$$

式中 A、B 为常数，与溶质的性质、测试温度、载体及仪器结构有关，可从校准曲线的截距和斜率分别求得。

从图3-28可看到，当 $M_r > M_{r,a}$ 时，校准曲线与纵轴平行，表明此时淋出体积与相对分子质量无关。实际上，根据体积排斥理论，当 $M_r > M_{r,a}$ 时，高分子无法进入凝胶中的任何孔洞，此时的淋出体积为凝胶的柱间体积 V_0，色谱柱对溶质高分子无分离作用，故 $M_{r,a}$ 被

称为该载体的排斥极限（即大于 $M_{r,a}$ 的分子全部被排斥）。当 $M_r < M_{r,b}$ 时，曲线向下弯曲，此时，淋出体积对溶质相对分子质量改变已不敏感，原因是当 $M_r < M_{r,b}$ 时，溶质分子几乎可进入凝胶的所有孔洞，故 $M_{r,b}$ 被称为渗透极限（即小于 $M_{r,b}$ 的分子全部渗透），这时，淋出体积接近 $V_0 + V_i$。所以，$M_{r,a}$ 和 $M_{r,b}$ 分别称为凝胶载体可分离的聚合物相对分子质量的上限和下限，也就是 GPC 方法在该体系的工作范围，常称为选择性渗透，这一范围取决于凝胶载体的结构。

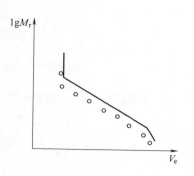

图 3-29　相对分子质量—淋出体积校准

GPC 的分离机理是体积排斥，它是根据溶质分子的体积大小进行分离的。而高分子的体积与相对分子质量只存在间接关系。不同的高分子，虽然其相对分子质量相同，但分子体积并不一定相同。因此，在同一根柱子和相同的测试条件下，不同的高分子试样所得到的校正曲线并不重合。为此，在测定某种聚合物的相对分子质量分布时，都需要有这种聚合物的单分散（或窄分布）试样所求得的专用的校正曲线，这将给测试工作带来极大的不便。所以，人们希望校准曲线对各种聚合物具有普适性，即只要制备一种聚合物的标样，用它测出的校准曲线可普遍适用于各种聚合物的淋出体积—相对分子质量换算。由凝胶色谱的分离原理可知，流体力学体积相同的高分子具有相同的淋出体积。Einstein 黏度公式指出：

$$[\eta] = 2.5 \frac{N_A V_h}{M_r} \tag{3-24}$$

式中 N_A 为阿伏伽德罗常数，其值为 6.022×10^{23}，V_h 就是溶质分子的流体力学体积，改写式（3-24）可得

$$V_h = \frac{[\eta] M_r}{2.5 N_A} \tag{3-25}$$

可见，$[\eta] M_r$ 表征了高分子的流体力学体积，如用 $\lg [\eta] M_r$ 对 V_e 作图，得到的校准曲线将与聚合物的品种无关，即不同种类的聚合物的 $\lg [\eta] M_r$—V_e 校准曲线相互重合，校准曲线对各种聚合物具有普适性，所以称之为"普适校准曲线"，如图 3-30 所示。

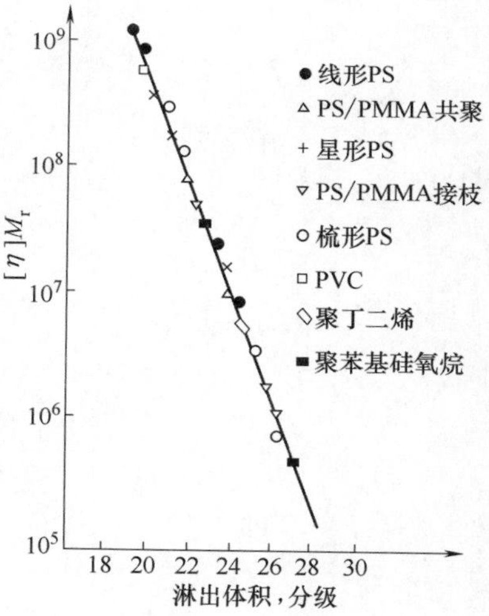

图 3-30　校准曲线

图例：
● 线形PS
△ PS/PMMA共聚
+ 星形PS
▽ PS/PMMA接枝
○ 梳形PS
□ PVC
◇ 聚丁二烯
■ 聚苯基硅氧烷

这样只要知道在 GPC 测定条件下特性黏度方程中的参数 K 和 α，利用 $[\eta_1] M_{r1} = [\eta_2] M_{r2}$，即可由标定试样的相对分子质量 M_{r1} 计算被测试样的相对分子质量 M_{r2}，

因为　　　　$[\eta]_1 = K_1 M_{r1}^{\alpha_1}$，$[\eta]_2 = K_2 M_{r1}^{\alpha_2}$，$\lg [\eta]_1 M_{r1} = \lg [\eta]_2 M_{r2}$

所以　　　　$$\lg M_{r2} = \frac{1+\alpha_1}{1+\alpha_2} \lg M_{r1} + \frac{1}{1+\alpha_1} \lg \frac{K_1}{K_2} \tag{3-26}$$

用式（3-26）可以从标准样的淋出体积—相对分子质量关系，求出待测试样的淋出体积—相对分子质量关系，并可以从谱图求出试样的各种平均相对分子质量：$M_{r,w}$、$M_{r,n}$ 及 $M_{r,\eta}$。

第四节 纤维素的自然生物合成

一、纤维素的自然生物合成

植物细胞壁生物合成的过程包括：细胞壁中聚合物母体的形成；聚合物的生物合成；细胞壁中聚合物的聚集。

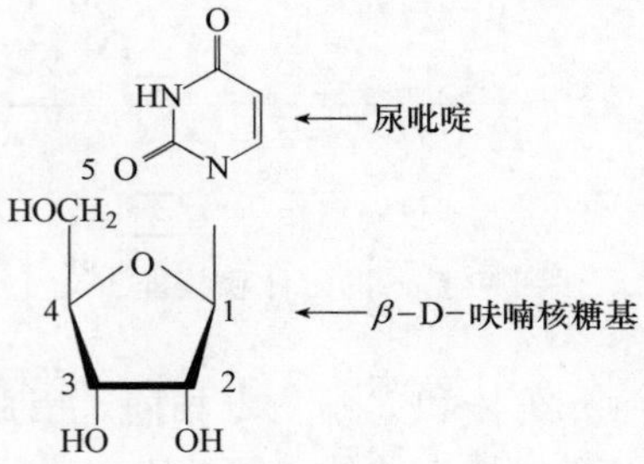

图 3-31 尿苷的化学结构式

目前已经查明，糖核苷酸是碳水化合物的母体，由它形成细胞壁的聚糖。核苷酸是由嘌呤或吡啶基结合到磷酸酯化了的糖上形成的。Leloir 发现了一种十分重要的核苷酸——UDP-D-葡萄糖［5'-D-(α-吡喃式葡萄糖焦磷酸酯)］，此糖核苷酸的核苷部分是尿苷（Uridine），它含有 β-D-呋喃核糖基，配基部分来自嘧啶基。纤维素就是由 UDP-D-葡萄糖合成的。尿苷的化学结构式见图 3-31。

UDP-D-葡萄糖是在细胞质中靠胞质酶合成的，其形成过程如图 3-32 所示。

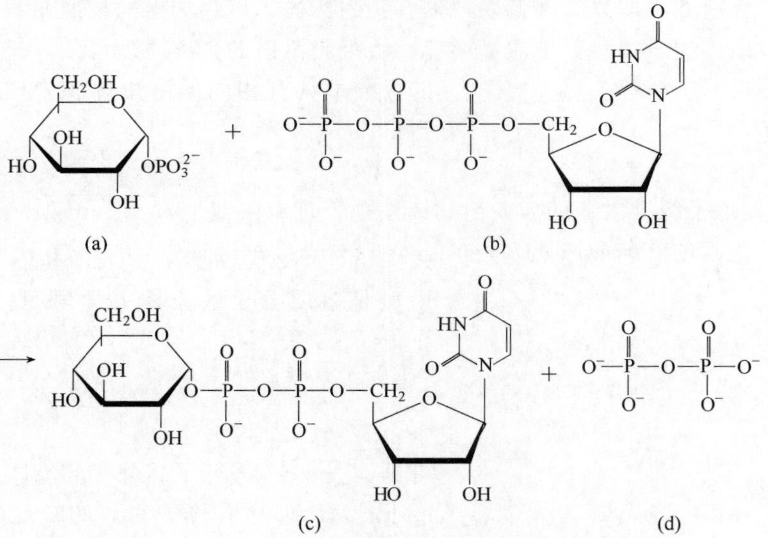

图 3-32 UDP-葡萄糖的形成

α-D-吡喃式葡萄糖基-1-焦磷酸酯（a）和尿吡啶-β-D-呋喃核糖苷三磷酸酯（b）形成尿苷二磷酸酯葡萄糖（c）（UDP-葡萄糖）并释放出焦磷酸酯（d）

UDP-葡萄糖是一种活化的形式，由它合成纤维素的过程为：

UDP-D-葡萄糖＋[(1-4)-β-D-葡萄糖基]$_n$→[(1-4)-β-D-葡萄糖基]$_{n+1}$＋UDP

已经有研究者指出，在细胞原生质膜旁或其上，葡萄糖基单元从核苷-D-葡萄糖焦磷酸酯转换成葡萄糖类酯化合物，然后由类酯化合物的那一部分将此 D-葡萄糖单元再迁移到细胞的外面。即：葡萄糖类酯化合物起了中间体的作用，把 D-葡萄糖从细胞的里面带到了外面，在那里，D-葡萄糖基单元就聚合成纤维素。关于细胞中多糖合成位置的大量研究也表明，纤维素的合成，发生在细胞质的外面，在原生质膜和细胞壁的界面上，亦即在微细纤维沉积的位置上。

细胞壁次生壁中的纤维素具有较为精确的度量，纤维素分子和微细纤维都有定向排列，细胞壁中聚糖的聚合必定是通过一个复杂的控制系统来控制微细纤维的大小和排列方向。有研究者指出，植物细胞含有某种类型的模板（template），微细纤维即在里面聚集而成，而这种模板可能是植物细胞壁内的微管（microtubles）。图 3-33 是 muhlethaler 对于纤维素原纤维生源学说提出的一个假设模型。

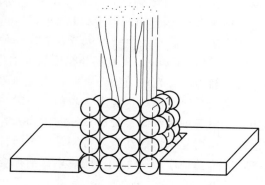

图 3-33 muhlethaler 的纤维素原纤维生源学说假设模型

总之，涉及细胞壁、纤维素的生源说过程，以及纤维素聚糖的聚合控制体现问题，对纤维素分子链和由它们构成的微细纤维、细纤维的有序排列，得到了一些较好的解释，但目前对于在分子水平上这些过程是如何进行和受到控制的问题尚有待于进一步研究和认识。

二、细菌纤维素

前已述及，纤维素主要来源于植物，包括绿色的陆生、海底植物。除此之外，人们在一些微生物中也发现了纤维素，如真菌、细菌和藻类。这些由细菌合成的纤维素称为细菌纤维素（bacterial cellulose）。

细菌纤维素的历史最早可以追溯到 1886 年，英国科学家布朗在木醋杆菌（acetobacter xylinum）中发现了纤维素。随后人们陆续发现，细菌纤维素可以由不同的细菌产生。目前能合成细菌纤维素的有醋酸菌属（acetobacter）、土壤杆菌属（agrobacterium）、假单胞杆菌属（pseudomonas）、无色杆菌属（achromobacter），产碱杆菌属（alcaligcncs）、气杆菌属（aerobacter）、固氮菌属（azotobacter）、根瘤菌属（rhizobium）和八叠球菌属（sarcina），这九个属中，真正能大批量工业化生产细菌纤维素的只有醋酸菌中的几个种，它们是木醋杆菌（acetobacter xylinum）、醋化醋杆菌（acetobacteraceti）、产醋醋杆菌（acetobacter acotigenum）、巴氏醋杆菌（acetobacter pastcurianum），其中木醋杆菌是合成纤维素能力最强的细菌，已被用于生产商用细菌纤维素。

木醋杆菌（acetobacter xylinum）是革兰式阴性好氧菌，是最早发现也是研究最为透彻的纤维素产生菌，是纤维素生物合成机制的模式菌株。关于木醋杆菌合成纤维素的机制，目前认为大致可分为 4 个步骤：

① 在葡萄糖激酶的作用下，将葡萄糖转化成 6-磷酸-葡萄糖；

② 在异构酶作用下将 6-磷酸-葡萄糖转化成 1-磷酸-葡萄糖；

③ 在二磷酸尿苷葡萄糖（UDPG）焦磷酸化酶的作用下由 1-磷酸-葡萄糖生成 UDPG；

④ 由纤维素合成酶将 UDPG 合成 β-1,4-葡萄糖苷链，再装配形成纤维素。其中 UDPG 是纤维素生物合成的直接前体物质，纤维素合成酶和 UDPG（二磷酸尿苷葡萄糖）焦磷酸化酶是纤维素合成过程中的关键酶。

关于细菌纤维素微纤丝形成的机制，一种说法是：木醋杆菌细胞壁侧有一列 50～80 个轴向排列的小孔，在适宜条件下每个细胞每秒钟可将 200000 个葡萄糖分子以 β-1,4-糖苷键相连成聚葡糖，从小孔中分泌出来，最后形成直径 1.78nm 的纤维素微纤丝（cellulose microfibrils），并随着分泌量的持续增加平行向前延伸，相邻的几根微纤丝之间由氢键横向相互连接形成直径为 3～4nm 的微纤丝束（bundle），微纤丝束进一步伸长，相互之间仍由氢键相互连接，最后多条微纤丝束聚合形成一种长度不定，宽度为 30～100nm，厚度 3～8nm 的纤维丝带（ribbon），其直径和宽度仅为棉纤维直径的 1/1000～1/100。

与自然界中存在的植物纤维素相比，细菌纤维素具有更优越的特性，如高的纯度、高结晶度、高长径比、高保水能力、高杨氏模量、高抗张强度、超细（纳米级）、高纯纤维网状结构等。由于细菌纤维素具有良好的生物相容性和生物可降解性，细菌纤维素在食品、医药方面的应用引起人们的注意，特别是以木醋杆菌为生产菌株已经实现了细菌纤维素的工业化生产，并成功地应用于人造皮肤，用来治疗烧伤和烫伤等疾病。

第五节　纤维素的化学合成

自 Schubach 于 1943 年首次尝试了纤维素的化学合成以来，目前纤维素的化学合成仍然是重要而艰巨的难题。纤维素化学合成的出发点，是从研究纤维素结构与性质关系以及纤维素先进材料的分子设计角度，希望找到一种纤维素衍生物的制备方法，该方法能够在纤维素的重复结构单元——吡喃葡萄糖环的 2,3,6 位羟基的特定位置上引入官能团。因为许多重要的纤维素功能衍生物具有非常重要的性质，如纤维素酯、醚具有液晶性质及手性识别能力，纤维素磺酸酯具有像肝素一样的抗凝血能力，一些接枝的纤维素衍生物具有抗癌作用，等等。但是关于纤维素衍生物的结构与性质的关系目前还不是很清楚，比如在这些取代的纤维素衍生物中，是 2,3 位取代还是 6 位取代产物的功能更强或活性更高，等等。

Husemann、Müler 和 Hirano 报道，在三异氰酸酯/二甲基亚砜混合液中，将 2,3,6-葡萄糖三异氰酸苯酯与五氧化磷进行缩合反应，得到了类似纤维素的聚合物，该聚合物含支链聚合物及 1% 的磷。Micheel 等人以及 Uryu 等人尝试的是另外一种方法，他们以不同的路易斯酸为引发剂，将 1,4-脱水-2,3,6-三-O-苄基-α-D 葡萄糖进行阳离子聚合反应（cationic polymerization），但未能得到立体规整性（stereo-regular）的（1→4)-β-D-吡喃葡萄糖。随后，Uryu 等人将 1,4 脱水-α-D 吡喃核糖衍生物通过阳离子开环聚合反应，首次合成出纤维素型的吡喃葡萄糖，即（1,4)-β-D-吡喃核糖。他们的合成策略对于采用核糖通过羟基化方法合成葡萄糖非常有效，但不适于纤维素的合成。Nakatsubo 及其合作者采用分步合成（stepwise synthetic）法、阳离子开环聚合（ring-opening polymerization）法以及通过保护基团（protective groups）的移去向纤维素的转化等方法在纤维素的化学合成方面取得了成功，目前这些合成方法已引起了全世界的关注。这些方法主要遵循以下两条途径来合成纤维素：一是通过纤维寡糖的合成，二是通过开环反应合成纤维素。下面对这两种方法进行介绍。

一、纤维寡糖的合成

纤维寡糖是一系列多糖的总称，包括纤维二糖，一直到纤维十糖。它们在低相对分子质量商品化葡萄糖及纤维二糖与高相对分子质量纤维素之间起着非常重要的桥梁作用。纤维寡糖是纤维素合成研究中非常重要的模型化合物。

有关纤维寡糖合成的报道较少。1930 年，Helferich 等人及 Freudenberg 等报道了纤维二糖的合成。1971 年，Takeo 等人对三糖的合成取得了成功。1980 年，Schmidt 等发展了一种新的糖基化方法——亚氨化法（imidate method），用三氯亚胺基团作为 C_1—异头碳的离去基团，将之应用于纤维四糖的首次合成。目前研究的重点和难点是如何获得更高相对分子质量的纤维寡糖。

（一）纤维寡糖的合成策略

原则上，纤维素的合成似乎很简单，要解决的合成问题只有三个：配向性（区选性）控制、立体定向控制（图 3-34）以及相对分子质量的提高。

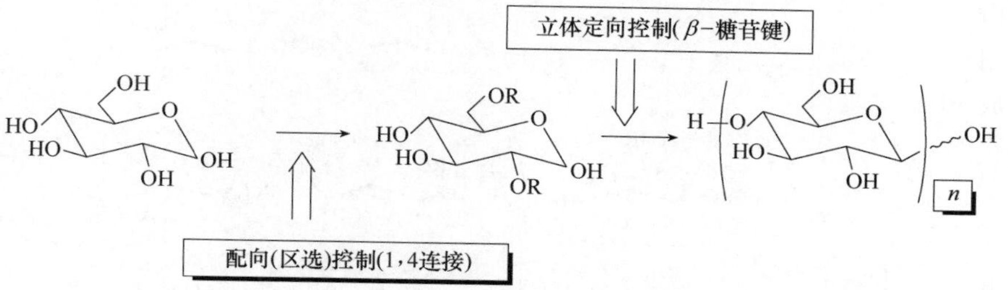

图 3-34 纤维寡糖和纤维素合成的配向性和立体定向控制

配向性（区选性）控制是指控制 1,4 键结合的形成，可以通过选择 2,3,6-三-O-取代的吡喃葡萄糖作为原料来实现。立体选择性控制是指控制 β-糖苷键的形成，可通过立体选择性的 β-糖基化实现。立体选择性控制是相对困难的关键问题，在不考虑相对分子质量问题的前提下，可以通过纤维寡糖的合成获得立体选择性 β-糖基化的有用信息。

（二）纤维寡糖的合成方法

有两种基本的合成方法来合成纤维寡糖和纤维素，即：线性合成（linear）及会聚（convergent）合成，见图 3-35、图 3-36。这些合成方法的设计思路是：为了保证合成产物的立体选择性，作为原料的 D-葡萄糖应该有三种保护基团：X，Y 及 R（图 3-37）。这里，X 和 Y 基团是"临时性"的保护基团，而 R 基团是永久性保护基团。三种保护基团选择的先决条件是：Y 和 R 基团或 X 和 R 基团分别在临时保护基团 X 和 Y 移去时不能发生变化。也就是说，最重要的是在对其他官能团不产生任何影响的情况下，要分别将这些保护基团移去。

1. 线性合成法（或逐步加成法）

图 3-35 的线性合成法（linear synthetic method）路线中，经过重复两次反应，Y 基团的去保护（deprotection）和-β-糖基化后，可以得到一系列的纤维寡糖，其聚合度（DPs）分别为 2，3，4，…。

Kawada 等确立了第一条从 2-烯丙基 2,3,6-三-O-苄基-4（对位-甲氧苄基）-β-D 葡萄糖苷（1）为起始单体的纤维八糖乙酸酯的线性合成路线（图 3-38）。在该法中单体的保护基团 X、Y 和 R 基团分别选择烯丙基（allyl）、对位-甲氧苄基（PMB）和苄基（Bn）基团。起始单体中 PMB 基团可以通过氧化反应条件控制，由丙烯腈-水中的硝酸铈胺提供糖基化给体（2）而选择性地移去；烯丙基基团（allyl）通过两步反应移去：在 DMSO 溶液中的 Ko-Bu 的双键转移反应；由丙酮溶液中的盐酸提供糖基化给体进行的烯醇醚水解反应，该反应可以进一步转化得到活性化合物——α-亚氨（α-imidate）。在二氯甲烷-BF_3 溶液中，以乙醚做催化剂，于 -70℃ 下受体（2）与给体（3）进行糖基化反应即可得到纤维二糖衍射物。得率为 85%，产物中没有 α-异头物，Schmidt 指出该反应机理是完全的 S_N2 反应。

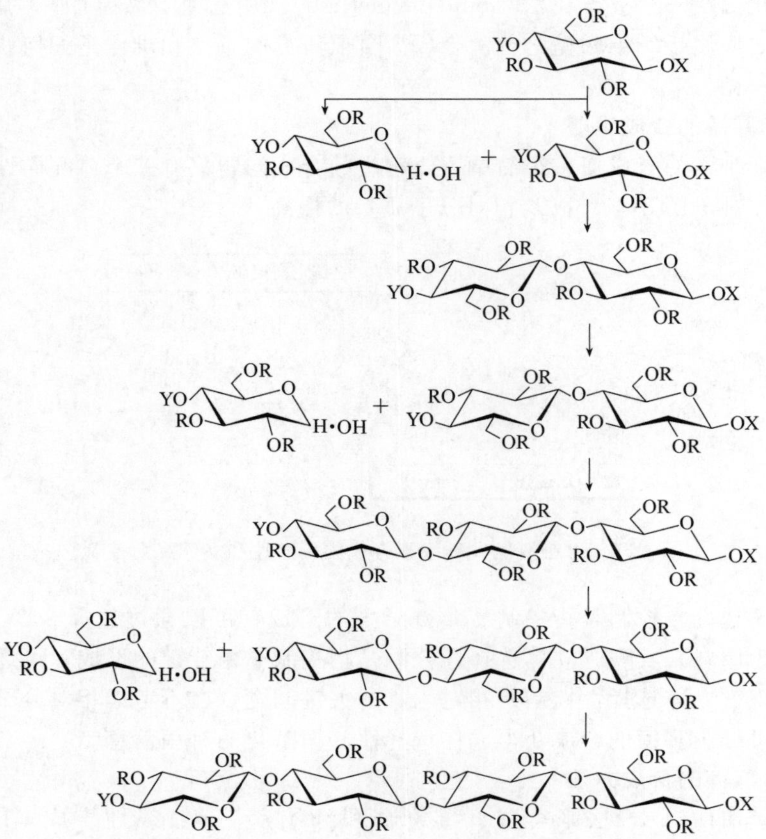

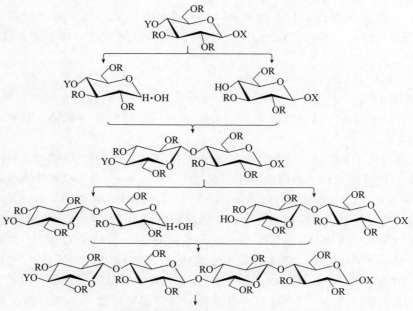

图 3-35　纤维寡糖（linear）线性合成法示意图

图 3-36　纤维寡糖的会聚（convergent）合成法意图

重复上述的两步反应［即 PMB 基团的去保护以及随后与给体（3）的糖基化反应］6 次后得到纤维八糖衍生物，去保护和酯化反应后转化为糖的酯衍生物。Buchanan 报道，该法得到的纤维八糖酯比由纤维素的水解得到的酯产物更有意义。

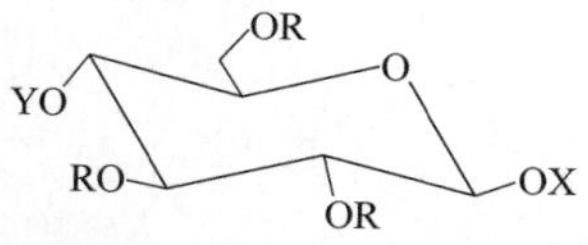

图 3-37 合成纤维寡糖的原料
D-葡萄糖的 3 种保护基团

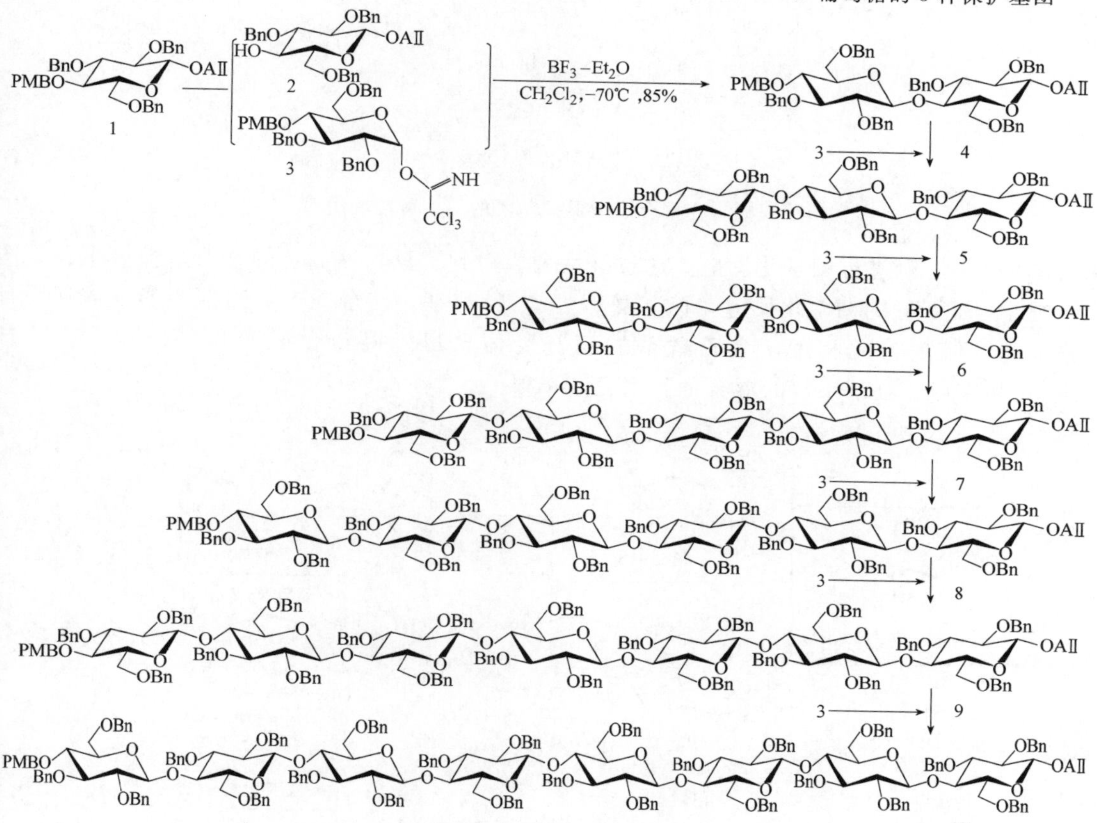

图 3-38 Kawada 等人的线性法合成纤维八糖乙酸酯的路线图

2. 会聚合成法（convergent synthetic method，或共聚加成法）

图 3-36 的会聚法合成路线中，由两个起始单体经过去保护和一β糖基化的两步反应，得到二聚体。两个二聚体再经过上述的两步反应，得到四聚体。这样经过一系列的两步反应即去保护（deprotection）和一β-糖基化，重复 n 次上述反应后，理论上可以得到聚合度为 2^n 的纤维寡糖。会聚合成法更有利于以最少的反应步骤得到更高聚合度的纤维寡糖。因此三种保护官能团的选择及一β-糖基化方法是非常重要的。保护基团的一些可能的组合见图 3-39。

在线性合成法中，通过选择保护基团烯丙基、PMB 及 Bn 的适当组合，以 β-糖基化法（亚氨法）合成纤维寡糖是适宜的方法。但是在会聚合成法中，由于二聚体、三聚体等中间体不稳定，保护基团的选择不适用，因此由纤维二糖和纤维四糖衍生物给体的亚氨化反应得到的产物通常是 α-异头物和 β-异头物的混合物，得不到纯的化合物。

通常，电子给体保护基团如苄基（Bn）能加速糖基给体的反应活性，而电子受体基团如烯丙基其作用相反。因此考虑用一些苄基来部分取代化合物（1）中的烯丙基，从而对原料进行适当的设计，使其同时具有理想的反应活性和稳定性。Takano 等人用最适宜的糖基

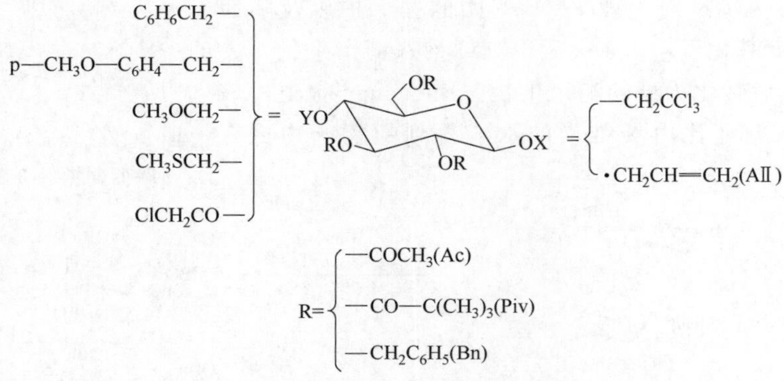

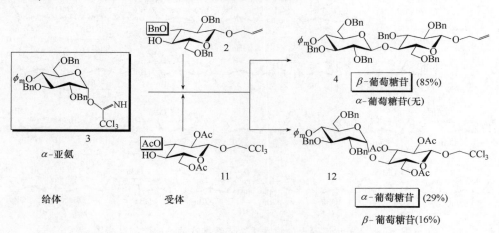

图 3-39　会聚合成中保护基团的一些可能的组合

化给体——α-亚氨进行糖基化反应，通过线性合成得到了只含 β-糖苷的纤维八糖衍生物。图 3-40 显示，α-亚氨的糖基化反应，糖基受体（2）带苄基，使合成产物为期望的 β-糖苷而且产率很高，但是与此相反，带乙酰基的糖基受体（11）得到合成产物（12）是 α-糖苷（29％）和 β-糖苷（16％）的混合物，而且产率很低。

图 3-40　取代基对糖基化产物的影响

　　Takano 等系统地研究了糖基受体、糖基给体的保护基团对糖基化反应的影响。结果见表 3-7。表 3-7 表明，要得到高产率、高立体选择性的 β-糖基化，3-O-Bn 基团是必需的。而在 6-O 位置引入苄基似乎对 α/β 比率的影响较小。因此，对会聚合成法来说，化合物（1）（图 3-39）中被酰基取代的保护基团位置对 α-亚氨的稳定作用有限，对 2-O 和 6-O 位置的分子设计更为有效。Nishimura 等人提出了在 2-O 和 6-O 位置的糖基受体和给体的保护基团的最佳组合，汇总于表 3-8。

表 3-7　　取代基效应对糖基受体与 α-亚氨（3）的糖基化反应的影响

反应编号	R3	R6	反应时间/h	产率/%	
				β-糖苷	α-糖苷
1	—Ac	—Ac	2	16.4	29.0
2	—Ac	—Bn	2	13.0	33.0
3	—Bn	—Ac	1	94.2	—
4	—Bn	—Bn	1	96.0	—

表 3-8 　　　　　　　　　　　　　　2-O 和 6-O 取代对 β-糖基化的影响

反应编号	给体		受体		β-糖苷产率/%	亚氨的稳定性
	R3	R6	R2	R6		
1	-Ac	-Ac	-Ac	-Ac	15	◎
2	-Piv	-Ac	-Ac	-Ac	17	◎
3	-Piv	-Piv	-Ac	-Ac	32	◎
4	-Piv	-Piv	-Piv	-Piv	51	◎
5[a]	-Piv	-Piv	-Piv	-Piv	85	◎
6[a]	-Bn	-Piv	-Bn	-Piv	60	○
7[a]	-Piv	-Bn	-Piv	-Bn	86(α20)	○
8	-Bn	-Bn	-Bn	-Bn	84	×

注:[a] 反应在简单真空系统中进行。◎—采用 TLC 和色谱柱纯化　○—只采用色谱柱纯化　×—只采用结晶纯化

根据以上研究结果，得到会聚合成法中适宜的原料单体是（图 3-41）：烯丙基 3-O-苄基-4-O（对位-甲氧苄基)-2,6-二-O-三甲基乙酰-β-D-吡喃葡萄糖（13）和烯丙基 3,6-二-O-苄基-4-O-(对位-甲氧苄基)-2-O-三甲基乙酰-β-D-吡喃葡萄糖（14）。原因是由这些化合物出发得到的中间体在反应中有适宜的稳定性，得到的 β-糖基化产率高。特别是化合物（13）其稳定性更好，更适合用于纤维寡糖的大量合成。

图 3-41　会聚合成法合成纤维寡糖最适宜的原料单体

3. 分步合成法合成纤维二十糖

在纤维寡糖的合成中，也可以是上述两种方法的结合。例如，以烯丙基 3-O-苄基-4-O-（对位-甲氧苄基)-2,6-二-O-三甲基乙酰-β-D-吡喃葡萄糖为起始单体，先采用会聚合成法得到四聚体，然后以此四聚体为中间体采用线性合成路径，经过一系列的去保护和一β-糖基化反应，可以合成单分散性的纤维二十糖（stepwise synthetic method）。

二、通过开环反应合成纤维素

采用线性合成法合成的纤维二十糖虽然具有选择性好和单分散性特点，但需要的反应步骤很多。1996 年，Nakat Subo 和 Kamitakahara 借鉴高分子化学中的开环聚合反应原理，以适当的含糖单体如葡萄糖衍生物为原料，通过阳离子开环聚合反应首次以纯化学方式人工合成了纤维素。所用的单体为 3-苯甲基-D-吡喃型葡萄糖-1,2,4-新戊酸酯（图 3-42）。

采用 Lewis 酸做催化剂可解决开环聚合反应的选择性控制问题。例如 Uryu T 等人以五氯化锑为催化剂，以 1,4 失水 2,3-O-苯亚甲基-α-D-吡喃核糖为原料，通过立体选择性开环（1,4 开环）聚合反应，可得到类似纤维素多糖的 β（1-4)-D-吡喃核聚糖（ribopyranan），产物立体规整性好，相对分子质量最高可达 4.3×10^4，其反应机理见图 3-43。以 NbCl[5]、TaCl[5]、PhC+SbCl[6-] 作催化剂，也可得到立体选择性好的吡喃核聚糖。

图 3-42　3-苯甲基-D-吡喃型葡萄糖-1,2,4-新戊酸酯

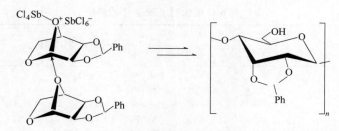

图 3-43　α-D-吡喃核糖开环聚合合成 β（1-4）-D-吡喃核聚糖的反应机理

以 3,6-2-O-苄基-D-葡萄糖 1,2,4-新戊酸酯为原料，通过阳离子开环聚合，还可以合成纤维素衍生物，而保护基团的组合应用可以保证反应产物高选择性的生成 β（1-4）连接，因此 2—O 上新戊酰的存在以及 3—O 位置苄基的存在促使产物在相对分子质量较高情况下仍然具有 β 构象（图 3-44）。

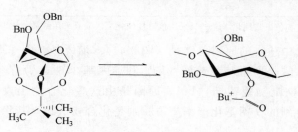

图 3-44　阳离子开环聚合合成 β（1-4）
连接的纤维素衍生物

目前采用开环聚合反应合成的纤维素的聚合度在 20～50 之间。但开环聚合反应合成纤维素面临的难点问题仍然是：在聚合过程中如何同时解决区选性控制和立体选择控制的问题，目前有关这方面的研究仍在继续。

第六节　纤维素的物理和物理化学性质

一、纤维素纤维的吸湿与解吸

纤维素纤维自大气中吸取水或蒸汽，称为吸附（adsorption）；因大气中降低了蒸汽分压而自纤维素放出水或蒸汽称为解吸（desorption）。

纤维素吸附水的内在原因是：在纤维素的无定形区中，链分子中的羟基只是部分地形成氢键，还有部分羟基仍是游离羟基。由于羟基是极性基团，易于吸附极性水分子，并与吸附的水分子形成氢键结。纤维素吸附水蒸气的现象对纤维素纤维的许多重要性质有影响，例如随着纤维素吸附水量的变化引起纤维润胀或收缩，纤维的强度性质和电学性质也会发生变化；另外在纸的干燥过程中，产生纤维素对水的解吸。

纤维素纤维所吸附的水可分为两部分。一部分是进入纤维素无定形区与纤维素的羟基形成氢键而结合的水，称为结合水。这种结合水具有非常规的特性，即最初吸着力强烈，并伴有热量放出，使纤维素发生润胀，还产生对电解质溶解力下降等现象，因此结合水又叫作化学结合水。当纤维物料吸湿达到纤维饱和点后，水分子继续进入纤维的细胞腔和各孔隙中，形成多层吸附水，这部分水称之为游离水或毛细管水。结合水属于化学吸附性能，而游离水属于物理吸附范围。

图 3-45 是棉纤维素的吸着等温曲线。随着相对湿度增加，吸着水量迅速增加，吸湿后纤维发生润胀，但不改变其结晶结构，X-射线图没有变化，说明吸着水只在无定形区，结晶区并没有吸着水分子。相对湿度较低（20%～25%）时，水分子被吸附在原来无定形区的

游离羟基上，并形成氢键，这部分的吸水量相对较低，约 2%～4%；随着相对湿度增加（20%～60%），氢键破坏程度增加，更多羟基游离出来，因此吸附水缓慢增加；相对湿度增加至 60% 以上时，由于纤维的进一步润胀，将会出现更多的吸附中心；达到高相对湿度时，吸水量迅速增加，这是由于产生多层吸附而造成的。故纤维素的吸附等温曲线呈现"S"形曲线。如果吸湿达到饱和，然后相对湿度相对降低，则吸附水分百分数下降，但在任何一相对湿度下，其水分子含量都比吸湿的水分含量稍高。同一种纤维素纤维，在同一温度和同一相对湿度下，吸湿时的吸着水量低于解吸时的吸着水量，这种情况称之为滞后现象。

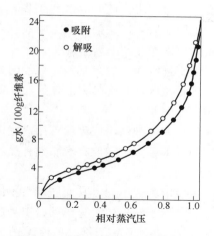

图 3-45 棉纤维素的吸着等温曲线

为什么会发生滞后现象呢？由于纤维素结晶区内链分子的羟基都形成了氢键，分子间结合紧密，而在无定形区链分子只有部分形成氢键，还有部分未形成氢键的游离羟基，分子间结合不牢，因而在水溶胀时容易破坏产生新的游离羟基。当纤维素吸湿时发生润胀，其无定形区的氢键不断打开，纤维素分子间的氢键被纤维素与水分子之间的氢键所代替。但由于内部应力的抵抗（即尽力保持原有的氢键），新游离出来的羟基较少，即吸着中心较少。在解吸过程中，润湿的纤维脱水收缩，无定形区纤维素分子间的氢键重新形成，同样也受到内部阻力的抵抗（即尽力使被吸着的水分子不挥发），使纤维素与水分子之间的氢键不能全部可逆地打开，故吸着的水较多，产生滞后现象，只有在相对湿度 100% 时，才回复到原来状态，此时吸附量与解吸量相等。滞后现象在印刷工业具有实际意义。纸张印刷（特别是套印）时，必须考虑纤维素吸湿的滞后现象带来的影响，否则会出现套印不清的情况。

在相对湿度为 100% 时纤维所吸着的水量称为纤维饱和湿分，也称纤维饱和点。绝干纤维素吸着水分会产生热量，此热量称为吸着热或润湿热。纤维素的吸着热以在绝干时为最大，随着吸着水量的增加而减少，当达到纤维饱和点时吸着热为零。纤维素吸收 1g 液态水所放出的热量称为微分吸着热。各种纤维物料在绝干时的微分吸着热基本相同，其数值为 1.2～1.26kJ/g H_2O 或 21～23kJ/mol H_2O，恰与氢键的健能相同，表明结合水是以氢键结合的。

二、纤维素的润胀与溶解

（一）纤维素的润胀

纤维素物料吸收润胀剂（swelling agent）后，其体积变大，分子间的内聚力减小，但不失其表观均匀性，分子间的内聚力减少，固体变软，这种现象称为润胀。

纤维素纤维的润胀可分为有限润胀和无限润胀。

有限润胀：纤维素吸收润胀剂的量有一定限度，其润胀的程度亦有限度，称为有限润胀。有限润胀又可分为结晶区间的润胀和结晶区内的润胀两种。前者指润胀剂只到达无定形区和结晶区表面，纤维素的 X 射线图不发生变化。后者则润胀剂占领了整个无定形区和结晶区，并形成润胀化合物，产生新的结晶格子，多余的润胀剂不能进入新的结晶格子中，只能发生有限润胀。此时原 X 射线图消失，出现新的 X 射线图。

无限润胀：润胀剂继续无限地进入到纤维素的结晶区和无定形区，就达到无限润胀。纤维素的无限润胀就是溶解。

由于纤维素上的羟基是有极性的，纤维素的润胀剂也多是有极性的。水是纤维素的润胀剂，各种碱溶液是纤维素的良好润胀剂，磷酸和甲醇、乙醇、苯胺、苯甲醛等极性液体也可导致纤维润胀。

纤维素纤维的润胀程度可用润胀度表示，指的是纤维润胀时直径增大的百分率。影响润胀度的因素很多，主要有润胀剂种类、浓度、温度和纤维素的种类。以碱液对纤维素的润胀作用为例说明如下。

碱液的种类不同，其润胀能力不同。溶液中的金属离子通常以水合离子的形式存在，半径越小的离子对外围水分子的吸引力越强，形成直径较大的水合离子，这对润胀剂进入无定形区和结晶区更为有利。几种碱的润胀能力大小为：LiOH＞NaOH＞KOH＞RbOH＞CsOH。

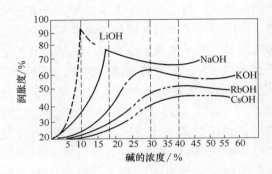

图 3-46　棉花润胀度与各种碱液浓度之间的关系（25℃）

纤维素在碱液中的润胀，有一最佳的碱浓度。图 3-46 为几种碱液的浓度与纤维润胀度的关系。

从图 3-46 看出，纤维润胀度在一定范围内随碱液浓度的增加而提高，但若碱液浓度过高，溶液中金属离子的密度过大，所形成的水合离子的半径反而减小，故润胀度下降。棉花纤维素在 NaOH 溶液中的润胀，以 18％ 浓度最佳。纤维素 S_{18} 的测定之所以选择 18％ 的 NaOH 浓度，是因为在此浓度下棉浆、木浆等浆粕纤维素能达到最大的润胀，而半纤维素等可溶部分能得到充分溶解而确定的。

（二）纤维素纤维的溶解

所谓溶解，是指溶质分子通过扩散与溶剂分子均匀混合成分子分散的均匀体系。纤维的溶解性取决于溶剂和纤维的相互作用，即与分子间作用力的强度有关，所以溶解性受化学结构所制约。

纤维素是一种高分子化合物。由于高分子结构的复杂性，它的溶解要比小分子的溶解缓慢而又复杂得多。由于高分子与溶剂分子的尺寸悬殊，两者的分子运动速度存在着数量级差别，溶剂分子能很快渗透入高聚物，而高分子向溶剂的扩散却非常缓慢。因此高聚物的溶解过程经历两个阶段：首先是溶剂分子渗入高聚物内部，使高聚物体积膨胀，称为溶胀；然后在高分子的溶剂化程度达到能摆脱高分子间的相互作用之后，高分子才向溶剂中扩散，从而进入溶解阶段，最后高分子均匀分散在溶剂中，达到完全溶解。

纤维素溶液是大分子分散的真溶液，而不是胶体溶液，它和小分子溶液一样，也是热力学稳定体系。但是，由于纤维素的相对分子质量很大，分子链又有一定的柔顺性，这些分子结构上的特点，使其溶解性能具有特殊性，例如溶解过程缓慢，其性质随浓度不同有很大的变化，其热力学性质和理想溶液有很大偏差，光学性质与小分子溶液有很大的不同。

由于纤维素的聚集态结构特点，分子间和分子内存在很多氢键和含有较高的结晶度，纤维素既不溶于水也不溶于普通溶剂。研究纤维素的溶剂，特别是新溶剂，一直是人们长期探索的。如果能将纤维素直接溶解变成溶液，工业上又可进行加工成形的话，那将给纤维素工业带来很大的变革。因此，研究纤维素的溶解和寻找新溶剂，具有重要的实际意义。有关纤维素溶剂和溶液的内容将在本章第九节详细介绍。

三、纤维素纤维的表面电化学性质

纤维素纤维具有很大的比表面，和大多数固体物一样，当它与水、水溶液或非水溶液接触时，其表面获得电荷。由于纤维本身含有糖醛酸基、极性羟基等基团，纤维素纤维在水中其表面总是带负电荷。由于热运动的结果，在离纤维表面由远而近有不同浓度的正电子分布。近纤维表面部位的正电子浓度大；离界面越远，浓度越小。如图 3-47 所示，纤维表面带负电荷厚度 a 以及其吸附着的浓度较大的正电荷层厚度 b 合称为吸附层，此层随纤维运动而运动。从吸附层界面向外延伸至电荷为零，厚度为 d 的一层称为扩散层，这一层不随纤维的运动而动。吸附层和扩散层组成的双电层称为扩散双电层。扩散双电层的正电荷等于纤维表面的负电荷。

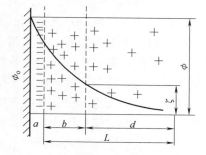

图 3-47 纤维素纤维表面的双电层

设在双电层中过剩正电子浓度为零处的电位为零。纤维表面的液相吸附层与液相扩散层之间的界面上，两者发生相对运动而产生的电位差叫作动电位或 Zeta 电位（ζ-电位）。它代表分散在液相介质中带电颗粒的有效电荷。ζ-电位的绝对值越大，粒子间的相互排斥越强，分散体系越稳定。相反，ζ-电位的绝对值越小，粒子间的相互排斥力越弱。ζ-电位趋向零时，分解体系很不稳定，出现絮凝。

加入电解质可以改变液相中带电离子的分布，电解质的浓度增大，吸附层内的离子增多，扩散层变薄，ζ-电位下降。当加入足够的电解质时，ζ-电位为零，扩散层的厚度也为零，此时称为等电点。

不同纤维素样品的 ζ-电位电位是不同的。就绝对值而言，纸浆越纯，ζ-电位越大。在 pH 为 6～6.2 的水中，棉花的 ζ-电位是 $-21.4\mathrm{mV}$，α-纤维素是 $-10.2\mathrm{mV}$，而未漂硫酸盐木浆是 $-4.2\mathrm{mV}$。

pH 对 ζ-电位也有很大的影响。pH 增大，ζ-电位绝对值增大；pH 降至 2 时，ζ-电位接近于零。

纤维素纤维表面在水中带负电形成双电层的特性和一些制浆造纸过程有很大的关系。施胶、染色及造纸助剂的应用均须考虑纤维悬浮液的 ζ-电位的变化。在施胶时，由于纤维素纤维表面带负电，而对加入的胶料负离子（松香的皂化物 $C_{19}H_{29}COO^-$）有排斥作用，达不到施胶效果。因此在施胶时加入电解质——矾土 $Al_2(SO_4)_3$，其水解出来的 Al^{3+} 带正电，会降低松香粒子的 ζ-电位直至为零，从而使松香沉积在纤维表面。在纸浆纤维染色时，可用碱性染料直接染色，因纤维表面带负电，而碱性染料带正电，染料粒子可以被直接吸附在纤维上。如用酸性染料染色，则由于染料在水中带负电，不能被纤维所吸附，因此必须加入媒染剂明矾，使纤维表面电负性改变，才能使染料被纤维吸附，达到染色的目的。

第七节　纤维素的可及度与反应性

一、纤维素的可及度与反应性

纤维素葡萄糖基环中的羟基既可发生一系列与羟基有关的化学反应，又可缔合成分子内和分子间氢键。它们对纤维素形态和反应性有着深远的影响，尤其是 C_3 位—OH 基与邻近分子葡萄糖基基环 C_6 位—OH 上的氢所形成的分子间氢键不仅增强了纤维素分子链的线性完整性（linear integrity）和刚性（rigidity），而且使其分子链紧密排列而成高侧序的结晶区，其中也存在分子链疏松堆砌的无定形区。

（一）纤维素的可及度

纤维素的可及度（accessibility）是指反应试剂抵达纤维素羟基的难易程度，是纤维素化学反应的一个重要因素。在多相反应中，纤维素的可及度主要受纤维素结晶区与无定形区的比率的影响。普遍认为，大多数反应试剂只能穿透到纤维素的无定形区，而不能进入紧密的结晶区。人们也把纤维素的无定形区称为可及区。

纤维素的可及度不仅受纤维素物理结构的真实状态所制约，而且也取决于试剂分子的化学性质、大小和空间位阻作用。由于与溶胀剂作用的纤维素真正基元不是单一的大分子，而是由分子间氢键结合而成的纤维素链片。因此，小的、简单的以及不含支链分子的试剂，具有穿透到纤维素链片间间隙的能力，并引起片间氢键的破裂，如二硫化碳、丙烯腈、氯代醋酸等，均可在多相介质中与羟基反应，生成高取代度的纤维素衍生物。具有庞大分子但不属于平面非极性结构的试剂，如 3-氯-2-羟丙基二乙胺和对硝基苄卤化物，即使与活化的纤维素反应，也只能抵达其无定形区和结晶区表面，生成取代度较低的衍生物。

（二）纤维素的反应性

纤维素的反应性（reactivity）是指纤维素大分子基环上的伯、仲羟基的反应能力。影响纤维素的反应性能及其产品均一性的因素如下。

1. 纤维素形态结构差异的影响

来源不同和纯制方法不同的纤维素纤维有不同的形态结构，导致其反应性能不同。例如，初生壁对化学试剂的浸透、润胀和反应能力低于次生壁；纯制方法不同，初生壁破坏程度不同，各种纤维素伴生物如多糖、木素、果胶等除去程度不同，使化学纯度和形态结构差异很大；此外纤维素样品中还含有数量和纯度不同的各种细小纤维、薄壁细胞，增加了纤维素形态结构、化学纯度的复杂性，并直接影响到纤维素的化学反应性。

2. 纤维素纤维超分子结构差异的影响

纤维素纤维的超分子结构，如结晶区—无定形区结构、细纤维结构、侧序及其分布、微孔大小及其分布、氢键及其分布等，对其反应性有重要的影响。在结晶区，分子堆砌紧密，氢键数量多，试剂不易进入，其可及度低，反应性能差；在无定形区，分子堆砌疏松，氢键数量少，孔隙多，易被试剂渗入，其可及度高，反应性能好。

3. 纤维素基环上不同羟基的影响

纤维素基环上的三个羟基，由于立体化学的位置不同，反应能力各不相同，多数情况下，伯羟基的反应能力比仲羟基高，尤其是与较庞大基团的反应，由于空间位阻小，伯羟基的反应能力显得更高，如与甲苯磺酰氯的酯化反应，主要发生在伯羟基。然而，取代基的直接测定又表明，对于不同类型的反应，纤维素各羟基的反应能力不同。可逆反应主要发生在

C_6—OH，而不可逆反应则有利于 C_2—OH。因此，对于纤维素的酯化反应，C_6—OH 反应能力最高；而纤维素醚化时，C_2—OH 的反应能力最高。

纤维素醚化的先决条件是羟基的离子化。由于邻位取代基的诱导效应，纤维素基环中羟基的酸性和离解倾向的排序为：C_2—OH＞C_3—OH＞C_6—OH。因此，C_2—OH 易于醚化，C_2—OH 被取代后增强了 C_3—OH 的反应性。由上述排序也可推断：在碱性介质中，主要进行纤维素仲羟基的化学反应；而酸性介质则有利于伯羟基的反应。

4. 聚合度及其分布的影响

一般来说，平均聚合度较高的纤维素原料反应性能较低；平均聚合度较低，反应性能较高；聚合度分布较窄的纤维素反应性能较好；聚合度太低（DP＜200）和太高部分的含量过大都将使反应性能变差。但在一定的聚合度范围内，其对反应速度的影响不大。

（三）取代度及取代基的分布

取代度（Degree of substitution，DS）是指纤维素分子链上平均每个失水葡萄糖单元上被反应试剂取代的羟基数目。取代基的分布包括取代基沿纤维素分子链的分布及取代基在每个葡萄糖单元的分布。取代基沿纤维素分子链分布的均一性影响产品的溶解度、对电解质、温度和添加物的稳定性，溶液的切变性质和流变性质。取代基在每葡萄糖单元上的分布的均一性影响产品的溶解度、溶液的稳定性和产品的溶解性质。由于纤维素分子链中每个失水葡萄糖单元上有 3 个羟基，所以取代度只能小于或等于 3。通常只能得到部分取代的产物，这是由于：

① 当葡萄糖单元上有 1～2 个羟基被取代时，立体位阻效应使余下的羟基无法完全反应；

② 对特定的反应试剂和反应条件，不是所有的羟基都是可及的；

③ 在所有可及的羟基上，不同的羟基的反应性和反应速率不同。

因此造成每个葡萄糖单元上 3 个羟基的取代比例不均一。

此外，由于纤维素多层次结构的复杂性，在不同的结构水平上，取代基分布的含义不同（见图 3-48）：

① 取代基在每个葡萄糖单元上 3 个羟基的分布；

② 取代基沿每条纤维素大分子链上的分布；

③ 取代基在纤维素大分子链间的分布；

④ 取代基在微细纤维或纤维上的分布。

二、纤维素的多相反应与均相反应

（一）纤维素多相反应的主要特点

天然纤维素的高结晶性和难溶解性，决定

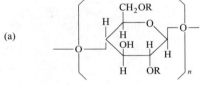
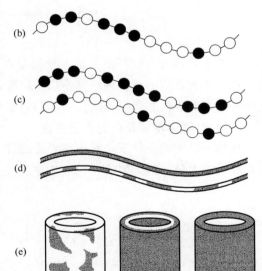

图 3-48　不同结构水平上纤维素取代基分布的含义

（a）在每个葡萄糖单元上 3 个羟基之间的分布

（b）单个分子链上的分布　（c）分子链间的分布

（d）在每条微细纤维上和微细纤维之间的分布

（e）在每条纤维上及纤维间的分布

了多数的化学反应都是在多相介质中进行的。固态纤维素仅悬浮于液态（有时为气态）的反应介质中，纤维素本身又是非均质的，不同部位的超分子结构体现不同的形态，因此对同一化学试剂便表现出不同的可及度；加上纤维素分子内和分子间氢键的作用，导致多相反应只能在纤维素的表面上进行（如图 3-49 所示）。只有当纤维素表面被充分取代而生成可溶性产物后，其次外层才为反应介质所可及。因此，纤维素的多相反应必须经历由表及里的逐层反应过程，尤其是纤维素结晶区的反应，更是如此。只要天然纤维素的结晶结构保持完整不变，化学试剂便很难进入结晶结构的内部。很明显，纤维素这种局部区域的不可及性，妨碍了多相反应的均匀进行。因此，为了克服内部反应的非均匀倾向和提高纤维素的反应性能，在进行多相反应之前，纤维素材料通常都要经历溶胀或活化处理。

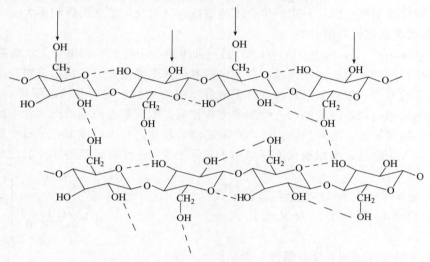

图 3-49　多相介质中纤维素分子的可及性

注：---表示氢键。

工业上，绝大多数纤维素衍生物都是在多相介质中制得的，即使在某些反应中使用溶剂，也仅作为反应的稀释剂，其作用是溶胀，而不是溶解纤维素。由于纤维素的多相反应局限于纤维素的表面和无定形区，属非均匀取代，产率低，副产物多。

（二）纤维素均相反应的主要特点

在均相反应的条件下，纤维素整个分子溶解于溶剂之中，分子间与分子内氢键均已断裂。纤维素大分子链上的伯、仲羟基对于反应试剂来说，都是可及的。如图 3-50 所示。

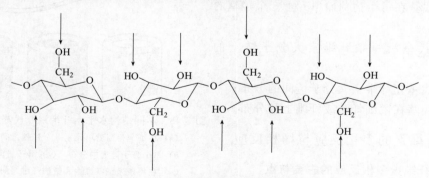

图 3-50　均相介质中纤维素分子的可及性

均相反应不存在多相反应所遇到的试剂渗入纤维素的速度问题，有利于提高纤维素的反应性能，促进取代基的均匀分布，而且均相反应的速率也较高。例如，纤维素均相醚化的反应速率常数比多相醚化高一个数量级。

在均相反应中，尽管各羟基都是可及的，但多数情况下，伯羟基的反应比仲羟基快得多。各羟基的反应性能顺序为：C_6—OH＞C_2—OH＞C_3—OH。

三、纤维素的预处理（提高纤维素可及度和反应性的途径）

为了提高纤维素的可及度和反应性，通常需要对纤维素进行预处理。按所用方法性质分类，纤维素预处理方法可分为：物理预处理、化学预处理和生物预处理。a. 物理预处理方法主要有机械粉碎、蒸汽爆破、微波处理、超声波处理、冷冻粉碎、高能辐射处理等；b. 化学预处理方法有：碱润胀处理、有机溶剂处理、无机酸润胀处理等，其中碱润胀处理是最为常用的化学预处理方法。c. 生物预处理方法有微生物处理、纤维素酶、半纤维素酶及纤维素酶/半纤维素酶混合酶处理等。

如大多数的纤维素酯化和醚化反应都是在多相介质中开始和完成的，为了提高纤维素酯化、醚化的反应能力，提高反应速度和反应均一性，改善纤维素酯、醚的质量，采用润胀处理方法来对纤维素进行预处理，采用的润胀处理方法有：

① 纤维素在浓碱液（常用 NaOH）中预润胀；

② 纤维素在冰醋酸中预润胀；

③ 纤维素的乙胺消晶润胀；

④ 酯化、醚化过程中发生润胀，例如当硫酸或磷酸存在时纤维素的硝化。

第八节　纤维素的降解反应

纤维素的化学反应主要有两类：纤维素链的降解反应及与纤维素羟基有关的反应，前者指纤维素的酸水解降解、氧化降解、微生物和酶水解降解等反应，后者是指由于纤维素链中每个葡萄糖基环上有 3 个活泼的羟基（一个伯羟基和二个仲羟基）而发生的一系列与羟基有关的化学反应，包括纤维素的酯化、醚化、脱氧卤代、接枝共聚和交联等化学反应。纤维素大分子链中能进行化学反应的位置及反应类型如图 3-51 所示。本节主要介绍纤维素的降解反应。

当纤维素受到化学、物理、机械和微生物的作用时，分子链上的糖苷键和碳原子间的碳-碳键断裂，引起纤维素的降解，并造成纤维素化学、物理和机械性质等的变化。纤维素的主要降解反应包括：酸水解降解、酶水解降解、碱性降解、热降解、机械降解、光化学降解、离子辐射降解和氧化降解。本节主要介绍前 7 种降解，氧化降解则在本章第九节中三介绍。

工业上纤维素的降解有利有弊，因此纤维素的降解及其控制是十分重要的，如黏胶纤维工业上碱纤维素的降解（俗称老化），用于调节碱纤维素聚合度和聚合度分布，以控制黏胶溶液的黏度和最后产品的性能；在制浆造纸工业，为了获得高的得率和保持较好的纤维物理机械性质，必须使纤维素的降解反应控制在最低限度；在纤维素水解工业，利用纤维素的部分（主要是无定形部分）水解反应可以生产水解纤维素和微晶纤维素，而利用纤维素的酸性水解和酶水解，使纤维素完全水解则可以生产葡萄糖，可作食品工业的甜味剂，并可进一步

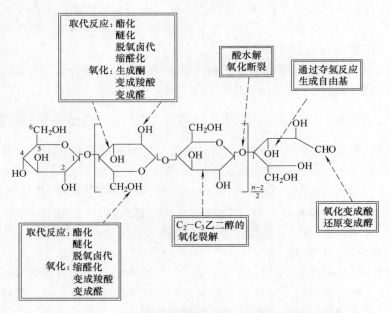

图 3-51　纤维素大分子链结构中能进行化学反应的位置及反应类型

通过发酵转变为燃料——乙醇。地球上每年通过光合作用产生的纤维素约为 21.6×10^{10} t，因此纤维素可作为燃料、食品和化学原料的一个重要来源，纤维素水解工业在国民经济中有重要的意义。

一、纤维素的酸水解降解

纤维素大分子中的 β-1,4-糖苷键是一种缩醛键，对酸特别敏感，在适当的氢离子浓度、温度和时间作用下，糖苷键断裂，聚合度下降，还原能力提高，这类反应称为纤维素的酸性水解，部分水解后的纤维素产物称为水解纤维素（hydrocellulose），纤维素完全水解时则生成葡萄糖。

（一）纤维素的酸水解反应机理

对于纤维素的酸水解机理，目前认为纤维素糖苷的酸水解断裂经历三个连续的反应步骤（见图 3-52）：

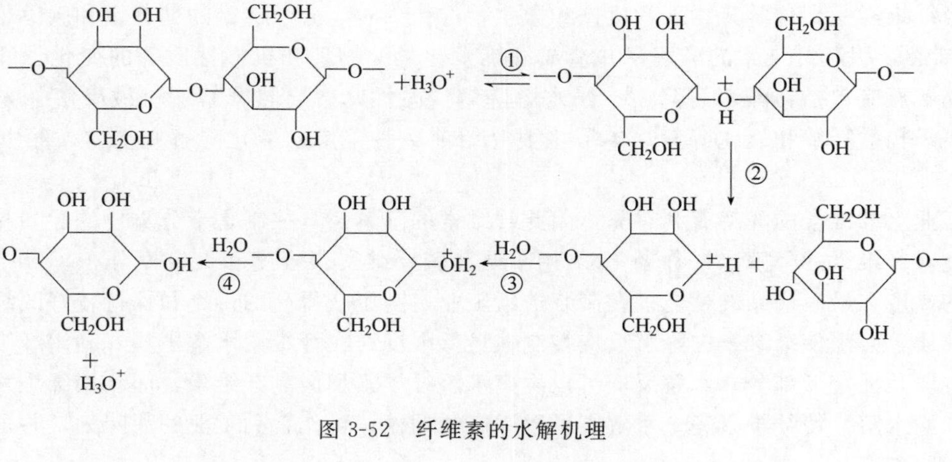

图 3-52　纤维素的水解机理

① 纤维素上糖苷氧原子迅速质子化；

② 糖苷键上的正电荷缓慢地转移到 C_1 上，接着形成碳阳离子并断开糖苷键；

③ 水分子迅速地攻击碳阳离子，得到游离的糖残基并重新形成水合氢离子。

上述过程继续进行下去引起纤维素分子链的逐次断裂。纤维素酸水解后聚合度下降，在碱液中的溶解度增加，纤维素还原能力提高，纤维机械强度下降。酸水解纤维素变为粉末时则完全丧失其机械强度。

（二）纤维素的酸水解方法

纤维素的酸水解方法根据所用酸浓度大小可分为浓酸水解和稀酸水解，而根据物料在反应过程中的相态变化又可分为均相水解和多相水解两种方式。

1. 浓酸水解

纤维素在浓酸（如 $41\% \sim 42\%$ HCl，$65\% \sim 70\%$ H_2SO_4 或 $80\% \sim 85\%$ H_3PO_4）中的水解是均相水解。

纤维素浓酸水解过程伴有葡萄糖的回聚作用。葡萄糖的回聚是纤维素水解的逆过程，水解液中单糖和酸的浓度越大，回聚的程度越大。葡萄糖的回聚生成二糖或三聚糖，为了提高葡萄糖的得率，在水解末期，必须稀释溶液和加热，使回聚的低聚糖再行水解。

纤维素在浓酸中的均相水解，是纤维素在酸中润胀和溶解后，通过形成酸的复合物再水解成低聚糖和葡萄糖，其变化过程为：纤维素→酸复合物→低聚糖→葡萄糖。不同酸与纤维素形成的酸复合物如下：

浓硫酸：$C_6H_{10}O_5 \cdot 4H_2O \cdot H_2SO_4$。

盐酸：$C_6H_{10}O_5 \cdot 4H_2O \cdot HCl$

磷酸：$C_6H_{10}O_5 \cdot 2H_2O \cdot H_3PO_4$

硝酸：$C_6H_{10}O_5 \cdot H_2O \cdot HNO_3$

2. 稀酸水解

稀酸水解属多相水解，水解发生于固相纤维素和稀酸溶液之间，纤维素仍保持纤维状结构。由于纤维素纤维存在晶区和无定形区的两相结构，对于多相水解，酸首先攻击无定形区的糖苷键，水解迅速，黏度下降和质量损失较大，以后水解主要在微晶区表面进行，反应逐渐减慢，当无定形区消耗完后，聚合度维持在某一固定值，称为平衡聚合度（Leveling-off-degree of polymerization，LODP），LODP 与纤维素类型和水解预处理方法有关，表 3-9 列出各种纤维素试样的 LODP 值。一般多相水解过程用来生产水解纤维素和微晶纤维素。酸降解的另一个例子是纸的强度随纸的老化而降低，特别是当纸的 pH 较低时，这种情况更为明显。

表 3-9		不同原料来源纤维素的 LODP*		
纤维素来源	平均 LODP	纤维素来源		平均 LODP
苎麻，大麻	$300 \sim 350$	漂白亚硫酸盐木浆		$200 \sim 280$
提纯棉花	$200 \sim 250$	丝光化纤维素（18% NaOH，$20℃$，2h）		$70 \sim 90$
未漂亚硫酸盐木浆	$250 \sim 400$			

注：* 水解条件：2.5mol/L，HCl，$105℃$，15min。

纤维素部分水解所生成的不溶于水的产物为水解纤维素。按大分子基本结构单元的组成来说，水解纤维素与纤维素并没有区别，但在性质上则发生各方面的改变，主要表现在：

① 纤维素酸水解后聚合度下降，下降的程度取决于酸水解的条件，一般降至 200 以下

则成粉末。

② 纤维素酸水解后吸湿能力改变，水解开始阶段纤维素的吸湿性有明显降低，至一定值后再逐渐增加。其原因可能是水解开始阶段无定形区水解，结晶度增大，而降解至一定程度后，纤维素微晶体可能纵向分裂为两个或两个以上的较小微晶体，聚合度不变而比表面积增加，因此吸湿率随之增加。

③ 酸水解纤维素由于聚合度下降，因而在碱液中的溶解度增加。

④ 酸水解时纤维素的苷健断开，还原性末端基增加，因此酸水解纤维素的还有能力增加，其碘值或铜价增加。

⑤ 酸水解纤维素纤维机械强度下降 在高温高压下，稀酸可将纤维完全水解成葡萄糖，反应历程为：纤维素→水解纤维素→可溶性多糖→葡萄糖。

二、纤维素的酶水解降解

酶是由氨基酸组成的具有特殊催化功能的蛋白质。能使纤维素水解的酶称纤维素酶。它能使木材、棉花和纸浆的纤维素水解降解。从原理上说，纤维素的酶解作用主要是导致纤维素大分子上的 1-4-β 苷键断裂，这对于制浆过程是不希望的，但有时又是不可避免的。对于纤维素水解工业，纤维素酶可将纤维素水解成葡萄糖。酶的水解作用选择性强，且较化学水解的条件温和，是一种清洁的水解方法。

纤维素酶是一种多组分酶，主要包括以下 3 种酶组分。

1. 内切-β-葡聚糖酶（endo-β-glucanases）

该酶又称 β-1,4-葡聚糖水解酶（系统命名编号为 EC3.2.1.4），可随机地作用于纤维素内部的结合键，使不溶性甚至结晶性纤维素解聚生成无定形纤维素和可溶性纤维素降解物。

2. 外切-β-葡聚糖酶（exo-β-glucanases）

该酶又称 β-1,4-葡聚糖纤维二糖水解酶（系统命名编号为 EC3.2.1.91）。主要作用于上述酶的水解产物，从纤维素大分子的非还原性末端起，顺次切下纤维二糖或单个地依次切下葡萄糖。

3. β-葡萄糖苷酶（β-glucosidases）

该酶也称为纤维二糖酶（系统命名编号为 EC3.2.1.21），能水解纤维二糖为葡萄糖。

纤维素酶对天然纤维素的水解，是上述几种酶协同作用的结果，其水解降解机理如图 3-53 所示。结晶纤维素（C_x）被内切-β-葡聚糖酶攻击生成无定型纤维素和可溶性低聚糖，然后被外切-β-葡聚糖酶作用直接生成葡萄糖（C_1），也可被外切-β-葡聚糖酶水解酶水解生成

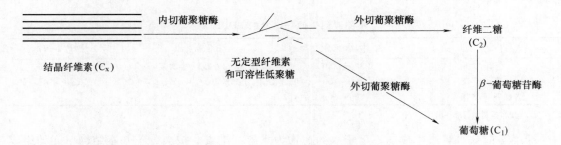

图 3-53　纤维素酶水解的模式

C_x—结晶纤维素　C_2—纤维二糖　C_1—葡萄糖

纤维二糖（C_2），接着被 β-葡萄糖苷酶水解得到葡萄糖。内切-β-葡聚糖酶主要作用是将纤维素水解成纤维二糖和纤维三糖，不能将纤维素直接水解成葡萄糖。整个反应可看成两个步骤，即将纤维素变成纤维二糖和将纤维二糖水解成葡萄糖。

增加纤维素在水中的溶解度和打开晶区结构的措施都可提高酶水解的速率，而存在取代基却可降低酶水解的速度。随着取代度的增加和取代基沿纤维素链分布均一性的提高，抗生物酶水解的能力提高。如果纤维素分子链上每个失水葡萄糖单元都牢固地结合一个取代基，即可完全阻止纤维素的酶水解。

三、纤维素的碱性降解

在一般情况下，纤维素的配糖键对碱是比较稳定的。制浆过程中，随着蒸煮温度的升高和木素的脱除，纤维素会发生碱性降解。纤维素的碱性降解主要为碱性水解和剥皮反应。

（一）碱性水解

纤维素的配糖键在高温条件下，例如制浆过程中，尤其是大部分木素已脱除的高温条件下，纤维素会发生碱性水解。碱性水解的机理与酸水解相同，是由于纤维素糖苷氧原子质子化，形成碳阳离子，导致键断裂。与酸性水解一样，碱性水解使纤维素的部分糖苷键断裂，产生新的还原性末端基，聚合度降低，纸浆的强度下降。纤维素碱水解的程度与用碱量、蒸煮温度、蒸煮时间等有关，其中温度的影响最大。当温度较低时，碱性水解反应甚微，温度越高，水解越强烈。

（二）剥皮反应

在碱性溶液中，即使在很温和的条件下，纤维素也能发生剥皮反应。所谓剥皮反应是指在碱性条件下，纤维素具有的还原性末端基一个个掉下来使纤维素大分子逐步降解的过程。反应式如图 3-54 所示。

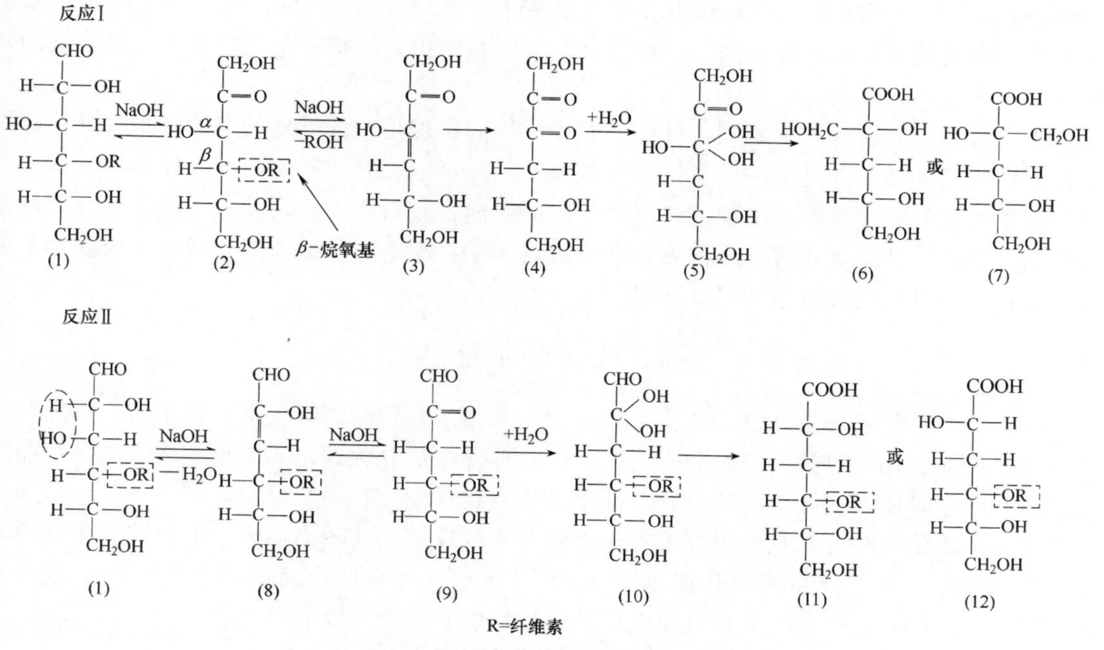

图 3-54 纤维素的碱性降解反应

注：反应 I：剥皮反应；反应 II：终止反应。

图 3-54 中反应 I 为剥皮反应，其解释如下：

(1)→(2) 醛酮糖互变：纤维素葡萄糖末端基在碱的作用下转变为果糖末端基。

(2)→(3) β-烷氧基消除反应，苷键断开，脱出了一个端基。在碱溶液中，果糖末端基配糖键对 $C=O$ 而言处于 β 位，由于 $C=O$ 基是强吸电子基团，可进行所谓 β-烷氧基消除反应，其结果是在碱性条件下迅速消去烷氧基（OR），一个具有烯醇式结构的单糖脱下来，即纤维素发生了剥皮反应。因脱除一个单糖的 HOR 具有新的还原性末端基，可继续进行上述反应。

(3)→(4) 互变异构，形成二羰基衍生物。脱下来的单糖，由于烯醇较为活泼，排斥 π 键，烯醇羟基氢加成到 π 键上，烯醇式转化为酮式，形成 $C_{(3)}=O$。

(4)→(5) 碳氧 π 键 $C_{(3)}=O$ 或 $C_{(2)}=O$ 被水加成形成同碳二元醇。

(5)→(6)(7) 异构化，形成 α-异变糖酸（6）或 β-异变糖酸（7）。同碳二元醇不稳定，进行分子重排，生成羧基（P-π 共轭稳定），剥皮反应脱下来的单糖在碱性溶液中最后转变为异变糖酸。

这样，在单根纤维素分子链上大约要损失 50 个葡萄糖单元，直至纤维素末端转化成偏变糖酸基的稳定反应而终止反应。

图 3-54 中反应 II 为终止反应，解释如下：

(1)→(8) 醛式变烯醇式。纤维素在碱性溶液中也可能进行另一种反应，即末端基脱除 $^{\alpha}C$ 上 H 和 $^{\beta}C$ 上 OH，脱去一分子水，在 C_2 和 C_3 之间形成新的 π 键（烯醇结构）。

(8)→(9) 烯醇式变成酮式。烯醇活泼，排斥 π 键，烯醇羟基的 H 原子加成到 π 键上，形成 $C_{(2)}=O$ 基。

(9)→(10) $C_{(2)}=O$ 与 H_2O 发生加成反应，生成同碳二元醇。

(10)→(11)(12) 同碳二元醇进行分子重排，生成羧酸，最后形成具有 P-π 共轭体系的 α-偏变糖酸末端基纤维素（11）或者 β-偏变糖酸末端基纤维素（12）。由于生成的偏变糖酸末端基纤维素其末端基不存在醛基，没有 β-烷氧羰基结构，不再产生剥皮反应，纤维素的降解因此而终止。

由上可见，与碱性水解不同，纤维素剥皮反应的机理是：纤维素的还原性末端基在碱性条件下形成了 β-烷氧羰基结构，发生了 β-烷氧基消除反应，导致苷键断开，端基脱落。

剥皮反应的速度与终止反应的速度是不同的，前者较后者大，因此，在碱法蒸煮时总是存在剥皮反应，其结果导致纤维素聚合度下降，纸浆得率下降，故在蒸煮后期尤应注意不要过分延长时间以致纸浆得率和强度下降。

四、纤维素的热降解

纤维素的热降解是指纤维素在受热过程中，尤其是在较高的温度下，其结构、物理和化学性质发生的变化，包括聚合度和强度的下降，挥发性成分的逸出，质量的损失以及结晶区的破坏。严重时还产生纤维素的分解，甚至发生碳化反应或石墨化反应。

对大多数化合物，在较低温度下的热降解是零级反应，在较高温度下的热降解是一级反应。平均来说，木素样品的活化能（20～100kJ/mol）比聚糖样品的活化能（50～300kJ/mol）低。表 3-10 为山毛榉及其组分在热处理过程中质量损失及活化能。

纤维素受热降解、分解和石墨化的过程是分阶段进行的。

第一阶段：纤维素物理吸附的水解吸，温度为 25～150℃。

表 3-10　　　　　　　　　　山毛榉及其组分在热处理过程中质量损失及活化能

试　　样	零 级 反 应			一 级 反 应		
	温度 /℃	质量损失 /%	反应活化能 /(kJ/mol)	温度 /℃	质量损失 /%	反应活化能 /(kJ/mol)
木材	170～220	5.5	63	248～310	47.3	130
综纤维素	120～300	5.4	54	—		
纤维素	220～300	5.0	78	300～380	55.1	243
木素	200～320	3.9	34	—		
聚 4-O-甲基葡萄糖醛酸木糖	100～160	3.5	46	180～290	43.2	100

第二阶段：纤维素结构中部分葡萄糖基开始脱水，温度范围是 150～240℃。

在低温（240℃以下）条件下，纤维素热降解会导致强度下降，但对纤维素质量的损失较少。此外，在热解过程中，除蒸发出水、二氧化碳和一氧化碳外，还形成羰基和羧基，氧的存在对羰基和羧基的形成及 CO_2、CO 和水的挥发有较大的影响。

第三阶段：纤维素结构中糖苷键开环断裂，并产生一些新的产物和低相对分子质量的挥发性化合物，温度范围是 240～400℃。

第四阶段：纤维素结构的残余部分进行芳环化，逐步形成石墨结构，温度在 400℃以上。

纤维素在高温条件下热解得到 CH_4、CO、CO_2 气体并产生大量的挥发性产物，超过 300℃时产生大量的 1,6-β-D-脱水吡喃式葡萄糖，继而变成焦油，其得率为 40% 左右，它是高温热解最重要的产物。此外，还有一些少量的分解产物，如酮、有机酸等。在高温条件下热解，纤维素的质量损失较大。当加热到 370℃时，质量损失达 40%～60%，结晶区受到破坏，聚合度下降。

图 3-55 示出了纤维素热解和转化为石墨的简化过程。应该指出，纤维素的热分解反应是很复杂的，反应产物的种类与反应条件有关，如升温速度，是否在氧气或惰性气体中反应，反应产物（挥发物）移去的速度等对反应都有影响。表 3-11 列出了纤维素的热解产物种类及其质量分数。

表 3-11　　　　　　　　　　纤维素的热解产物种类及其质量分数

热解产物名称	热解产物质量分数/%（以纤维素为 100%）	热解产物名称	热解产物质量分数/%（以纤维素为 100%）
水	34.5	二氧化碳	10.35
醋酸	1.39	一氧化碳	4.5
丙酮	0.07	甲烷	0.27
焦油	4.18	乙烯	0.7
其他液态有机物	5.14	碳	38.8

五、纤维素的机械降解

纤维原料加工过程中，机械应力的作用大大改变纤维素纤维的物理和化学性质，例如纤维束分散、长度变短、还原端基增加，聚合度、结晶度和强度下降，对化学反应的可及度和反应性提高。机械力引起纤维素纤维的机械降解对纺织、制浆、造纸、纤维素衍生物、纤维

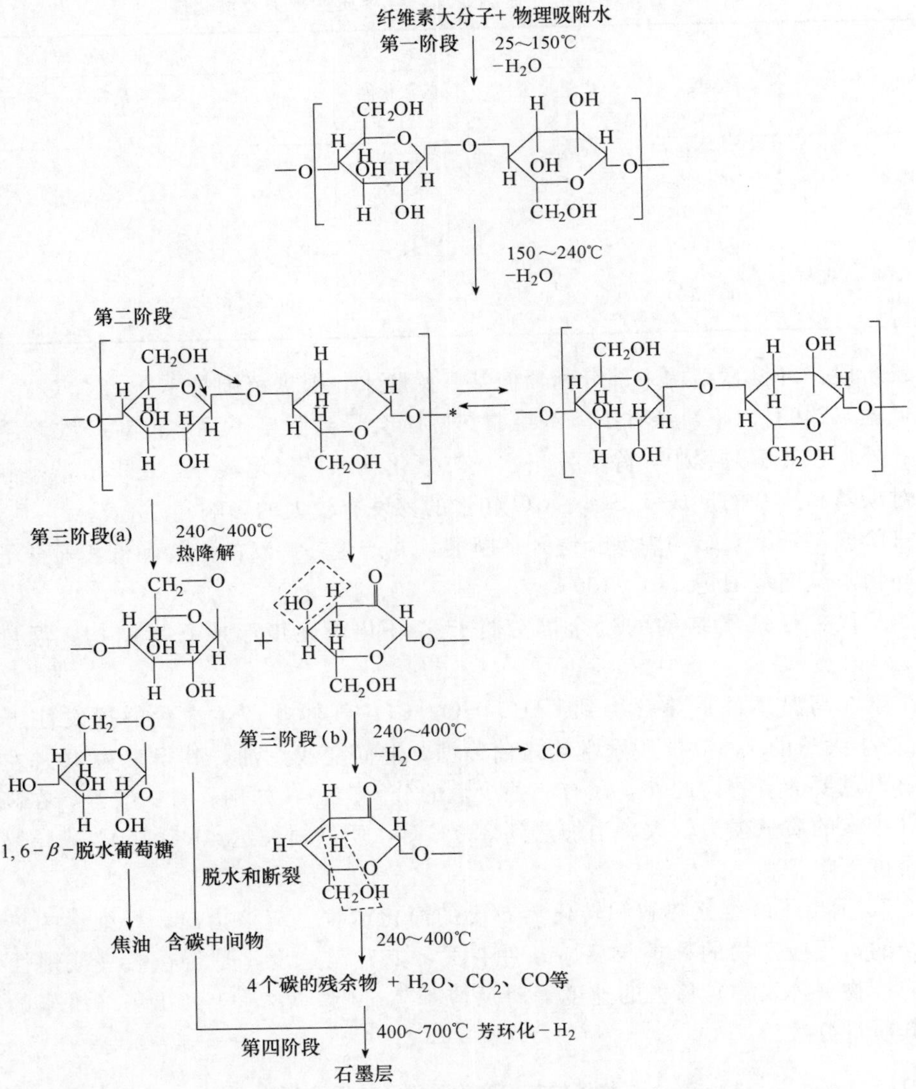

图 3-55　纤维素热解石墨化的简化过程

素水解等方面的影响是值得重视的。

（一）机械加工引起的降解

棉纤维原料加工成纺织用纱的过程中经受了大量的损伤和磨损，并造成一定程度的降解，主要发生在轧棉和清棉操作中，整个过程聚合度降低 26％左右，但对棉纤维的物理性质影响不大。造纸工业的打浆工序，以及将纤维素纤维经受超声振动，集中到纤维物料的机械力不足以断裂分子链上的共价键，因此，不引起纤维素聚合度大的改变。

（二）机械球磨引起的降解

与一般机械加工过程不同，纤维素纤维经受机械球磨处理将发生多方面的变化。球磨过程产生压缩和剪切相结合的应力，集中于某些分子链片中可超过共价键的强度，引起分子链的断裂。球磨作用还使纤维束分散，结晶度下降，还原端基和反应性增加。

在球磨过程中，机械能经由两个途径传递到纤维素材料中：吸收和扩散。如果球磨产生的动能只被有效地扩散，不引起纤维素材料聚合度的下降，还原端基增加等化学变化。如果能量被吸收，可有效地裂解纤维素的次价键（分子间和分子内氢键）和共价键，使纤维束分散，聚合度下降。例如，棉纤维和木纤维素经球磨磨后形成纤维和粉末两部分，且随着球磨时间增加，粉末部分含量也增加。

纤维素纤维在球磨过程中能有效地吸收机械能引起其形态和微细结构的变化，使结晶度下降，可及度明显提高。

棉纤维和木纤维经 Norton 球磨磨 50h 后，（002）晶面衍射完全消失（如图 3-56），说明结晶性消失。表 3-12 和表 3-13 分别是棉纤维和木纤维球磨过程中结晶度和可及度的变化（纤维素的可及度是指反应试剂抵达纤维素羟基的难易程度，详见本章第七节）。

六、纤维素的光化学降解

太阳光能使纤维素物质降解，生成氧化纤维素和有强还原性的有机物。当存在湿气和氧气时，棉纱和织物被光降解，引起强度下降，并产生羰基和羧基；用石英汞灯长时间辐射，可将纤维素变成粉末。

纤维素的光降解机理可概括为两种过程，即直接光降解和光敏降解。

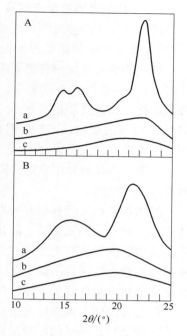

图 3-56　棉花（A）和木纤维素（B）经 Norton 球磨的 X-射线赤道衍射图

注：a 为 0h；b 为 1h；c 为 50h。

表 3-12　　　　棉纤维在空气中机械处理后结晶度和可及度的变化

磨碎时间/h	Norton 球磨				振动球磨			
	纤维部分		粉末部分		纤维部分		粉末部分	
	X	A	X	A	X	A	X	A
0	64.5	10.1	64.5	10.1	64.5	10.1	64.5	10.1
50	48.2	27.1	27.6	44.2	40.4	31.5	28.4	57.3
100	41.9	33.8	23.1	54.4	36.3	38.4	23.9	65.7
200	38.2	37.5	21.3	63.2	34.7	40.1	21.4	69.4
300	38.0	40.0	20.8	68.7	33.2	43.7	20.5	73.6
400	38.0	42.2	19.4	72.1	31.9	45.2	19.1	77.1

注：X 表示结晶度，%；A 表示可及度，%。

表 3-13　　　　木纤维在空气中机械处理后结晶度和可及度的变化

磨碎时间/h	Norton 球磨				振动球磨			
	纤维部分		粉末部分		纤维部分		粉末部分	
	X	A	X	A	X	A	X	A
0	51.6	38	51.6	38	51.6	38	51.6	38
50	38.5	46	—	—	29.4	54	—	—
100	32.4	51	—	—	24.1	62	—	—
200	25.1	54	—	—	18.3	64	—	—
300	21.7	59	—	—	18.3	64	—	—
400	19.8	60	14.2	83	14.8	67	8.7	89

注：X 表示结晶度，%；A 表示可及度，%。

（一）纤维素的直接光降解

纤维素受光的辐射吸收光能后使化学键断裂称为直接光降解。引起纤维素 C—C 键或 C—O 键断裂所需的能量为 $334 \sim 376 kJ/mol$，断裂 C—H 键所需的能量约为 $418 kJ/mol$。

氧气的存在可加快直接光降解速度。当排除氧气，在氮气环境中辐照纤维素，可引起聚合度下降、α-纤维素含量减少、铜值增加并放出一氧化碳和二氧化碳。当氧的含量增加时，降解增强。如果实验时纤维素放在没有氧气的玻璃容器中，由于玻璃可截留波长 3400×10^{-10} m 以下的辐射，不发生明显的直接光降解。另外，对波长为 2537×10^{-10} m 的光解作用，与氧的存在无关。

水蒸气能抑制纤维素的光降解，在干空气中直接光降解，强度损失、还原能力、流度都较在湿空气中大。

纤维素直接光降解引起强度下降、溶解度和还原能力增加、聚合度下降并形成羰基。气体降解产物有一氧化碳、二氧化碳和氢气。用紫外光辐射木质纤维，在初始阶段产生水溶性物，其中除挥发酸和不挥发酸外，60％的水溶性物为中性糖，已分离和辨认出木糖、木二糖、木四糖、D-阿拉伯糖、3-O-β-D 纤维二糖-D-阿拉伯糖。在针叶木和阔叶木经紫外光辐射的醇抽出物中也发现了木糖、阿拉伯糖、半乳糖、甘露糖和鼠李糖。

纤维素的光直接降解是十分复杂的，至今尚未完全探明，但必须具备两个条件，即光被纤维素所吸收且光子的能量足以引起 C—C 键和 C—O 键的断裂。

（二）纤维素的光敏降解

如上所述，波长大于 3400×10^{-10} m 的光不能引起纤维素的直接降解，但当纤维素中存在某些染料或化合物（例如 ZnO，TiO_2）时，能吸收近紫外或可见光，并利用所吸收的能量引发纤维素降解，称为纤维素的光敏降解（photosensitized degradation），纤维素和合成纤维织物用还原染料处理后，由于光敏作用而变脆属于这一类。

（1）还原染料的光敏降解

纤维素的光敏降解与氧气存在有关，染料起引发作用，氧和湿气增强这种降解作用。光敏降解反应过程的机理尚不十分明确，有的认为染料将所吸收的光能转移给周围大气中氧，产生活化氧。当存在水蒸气时，活化氧与水蒸气反应生成过氧化氢。活性氧或过氧化氢促进纺织材料的降解。也有学者认为染料分子首先激发为 D*，在存在湿气时按下列反应式产生羟基自由基（·OH）或氢过氧自由基（HOO·），再由两个羟基自由基或过氧化自由基形成过氧化氢。

$$D + h\nu \longrightarrow D^*$$
$$D^* + OH^- \longrightarrow D^- + \cdot OH$$
$$D^- + H^+ \longrightarrow \cdot DH \rightarrow D + HO_2 \cdot$$
$$2 \cdot OH \longrightarrow H_2O_2$$
$$2HO_2 \cdot \longrightarrow H_2O_2 + O_2$$

在不存在湿气时，被光激发的染料分子可从纤维素分子（RcellH）中除去一个氢，在纤维素分子骨架上产生自由基 Rcell·，并发生脆损作用。

$$D^* + RcellH \longrightarrow Rcell \cdot + \cdot DH$$
$$Rcell \cdot + O_2 \longrightarrow RcellO_2 \cdot$$
$$RcellO_2 \cdot + \cdot DH \longrightarrow RcellO_2H + D$$

当存在湿气时，可由羟基自由基使纤维素激发成 Rcell·，羟基自由基是水分子经光敏裂解产生的，形成的氢原子可与氧产生过氧化氢。

$$RcellH + \cdot OH \longrightarrow Rcell \cdot + H_2O$$

$$2H \cdot + 2O_2 \longrightarrow 2HO_2 \cdot \longrightarrow H_2O_2 + O_2$$

（2）金属氧化物的光敏降解

某些金属氧化物（例如 ZnO，ZnS，TiO$_2$ 等）能吸收可见光和近紫外光，对纤维素的光降解有敏化作用，但有关机理的研究甚少。TiO$_2$ 对于纤维素的光降解是一种催化剂，首先氧化葡萄糖环，进一步氧化才引起糖苷键的裂解；ZnS 在氧气中的作用机理类似于染料的光敏作用，在存在水蒸气时形成氢过氧自由基引起纤维素的光敏降解。

$$ZnS + O_2 \longrightarrow ZnS^+ + O_2{}^-$$

$$H^+ + O_2{}^- \longrightarrow HO_2 \cdot$$

$$2HO_2 \cdot \longrightarrow H_2O_2 + O_2$$

另外的可能是金属氧化物或硫化物首先引起水的光敏裂解，然后，通过水裂解的自由基从纤维素分子上直接脱去氢而产生光敏降解作用。

上述纤维素的光敏降解，在存在氧气和水蒸气时，都有加速降解的作用，光敏降解可看成为光化学作用的次级效应，由于光敏作用导致的纤维素的裂解主要是氧化裂解。

七、纤维素的离子辐射降解

离子辐射（Ionizing radiation）指辐射量子的能量大于 1 个电子的结合能，可从饱和分子中除去电子的辐射。离子辐射的辐射源主要有两类：γ-射线（如^{60}Co，^{137}Cs）和电子束辐射源。γ-射线源无须电能活化，易得，便宜，半衰期较长，使用温度高，具有实用价值。

离子射线（主要是 γ-射线）的应用主要是在木塑化合物的生产。这些高能的射线穿入厚的木材样品，在样品内引发聚合反应。木材纤维素和木素的辐射分解已考虑用于纸浆生产和废水净化。γ-射线辐射改变木材的结构和化学性质以及物理和机械性能。这些变化主要取决于辐射剂量和木材材种。

经过低剂量的辐射后，强度性质略有提高，水分达到平衡。增加辐射剂量，强度和平衡的水分含量连续下降，而对水蒸气吸收能力增加，润胀增大，霉菌侵蚀的可达度增大。

小于 1kGy 的低剂量 γ-射线辐射对木材结构在电子显微镜下看不出明显的变化，但经过磨碎分离或超声处理后，这些变化变得明显。细胞壁的细纤维在与纤维轴垂直的方向断裂。在温和的碱或酸处理后，也出现细纤维结构的变化。

当辐射剂量为 8kGy 左右时，纤维素分子链上即可产生自由基。自由基被定位在较高序态区或晶区中。辐射纤维素所产生的自由基可引发乙烯单体在纤维素自由基位置上的接枝共聚。在接枝共聚反应中，自由基的浓度、稳定性和位置与辐射类型、吸收的总能量、辐射穿透的深度、定位程度、材料对辐射的敏感程度有关。

高能离子辐射主要的影响是使纤维素分子脱氢和破坏失水葡萄糖单元，产生类似于氧化的降解。当辐射剂量较低时，纤维的物理性质（如断裂强度、伸长率）和化学反应性都观察不到明显改变。如表 3-14 所示，随着辐射剂量的增加，纤维素的聚合度下降，由 4400 降至 880 以下，纤维素中羰基和羧基的含量增加。

纤维素材料是很好的包装材料，大量产品用于保健、医疗、手袋、杀菌布等。在用 γ-射线对纤维素材料消毒时，纤维素会不可避免地发生降解，聚合度降低，从而使材料的强度发生损失。因此，对离子辐射的纤维素的保护问题值得重视。任何一种有效的保护方法，都必须在自由基形成之前被采用，或者能抑制自由基的连续反应过程。

表 3-14　　　　　　　　　　　γ 辐射对纤维素物理和化学性质的影响[a]

剂量 /kGy	纤维素聚合度 DP	X-射线结晶指数[b] /%	羰基含量 /(mol/kg)	羧基含量 (mol/kg)
0.0	4400	76	0.00	0.002
0.83	3100	—	0.01	0.002
8.3	880	75	0.05	0.005
42	320	—	0.22	0.015
83	210	77	0.36	0.023
417	79	—	1.30	0.070
833	56	77	2.66	0.139

注：a—纯棉纤维在温度 298K 氮气中辐射；b—固体残渣测定值（>90%纤维素开始辐射时的质量）。

第九节　纤维素纤维的化学反应与化学改性

前一述及纤维素的化学反应主要有两类：纤维素链的降解反应及与纤维素羟基有关的反应，并对纤维素链的降解反应做了介绍。本节主要介绍纤维素的氧化反应及与纤维素链葡萄糖基环上的三个羟基有关的反应。

一、纤维素的酯化反应

纤维素大分子每个葡萄糖基中含有三个醇羟基，从而使纤维素有可能发生各种酯化反应，生成许多有价值的纤维素酯（如图 3-57 所示），包括无机酸酯和有机酸酯。重要的纤维素酯有纤维素硝酸酯、纤维素黄酸酯和纤维素醋酸酯。其他酯类如纤维素硫酸酯、磷酸酯以及醋酸酯硝酸酯、醋酸酯丙酸酯、醋酸酯丁酸酯等混合酯随着酯类应用的不断开发，也日益显示其重要性。

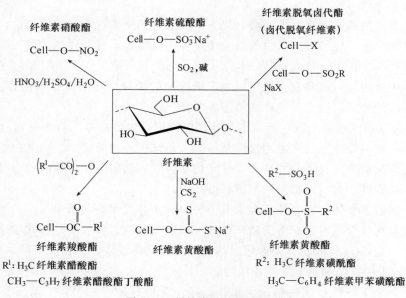

图 3-57　纤维素酯的生成示例

（一）纤维素酯化反应的基本原理

醇与酸作用生成酯和水，有机化学上称之为酯化（esterification）反应。纤维素是一种多元醇化合物，这些羟基均为极性基团，在强酸液中，它们可被亲核基团或亲核化合物所取代，即发生亲核取代反应，生成相应的纤维素酯。其反应机理如图 3-58 所示。

在亲核取代期间，首先生成水合氢离子（oxonium ion）［图 3-58 （a）］，然后按图 3-58（b）式进行取代反应，纤维素与无机酸的反应属此历程。纤维素与有机酸的反应，则按图 3-58（c）式进行，实质上为亲核加成反应。用酸催化，可以促进酯化反应的进行。因为一个质子加到羧基电负性的氧上，使该基团的碳原子更具正电性［图 3-58 （d）］，因而有利于亲核醇分子的进攻［图 3-58 （e）］。上述反应的所有步骤均为可逆的。也就是说，纤维素的酯化作用是一个典型的平衡反应，通过除去反应所生成的水，可控制平衡朝生成酯的方向进行，从而抑制其逆反应——皂化作用的发生。

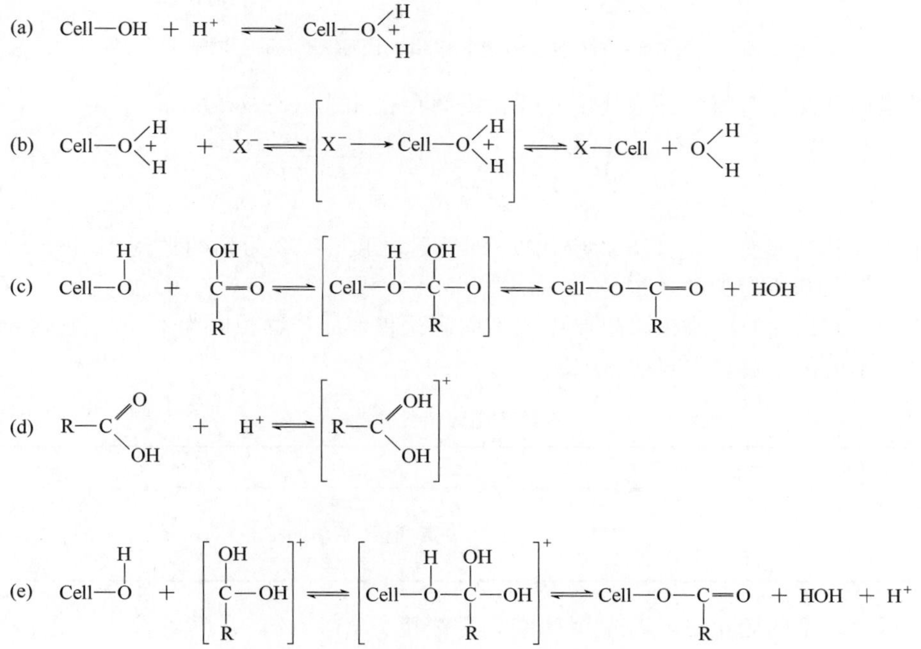

图 3-58　纤维素酯化的反应机理

理论上，纤维素可与所有的无机酸和有机酸生成酯，生成一取代、二取代和三取代的酯。纤维素酯化反应中每个葡萄糖基中被酯化的羟基数称为取代度（DS），而把每 100 个葡萄糖基中起反应的羟基数目称为酯化度（r）。酯化度（r）与取代度（DS）的关系为：$r = 100DS$。

（二）纤维素硝酸酯

纤维素硝酸酯，俗称硝化纤维素，于 1932 年首次合成，是人类第一个从自然界中制备的可塑性聚合物。19 世纪 60 年代，制成无烟火药而应用于军事上。接着是成功合成了塑料赛璐珞和火棉胶，由于具有迅速干燥及与大多数树脂相容性的特点，引起人们的极大兴趣，对涂料工业的发展产生重大的影响。20 世纪 80 年代以来，尽管面临着合成高分子材料的挑战，纤维素硝酸酯不仅仍然占据传统的涂料工业市场，而且广泛用于黏合剂、日用化工、皮革、印染、制药和磁带等工业部门。

纤维素的硝化作用，是一个典型的平衡酯化作用，由醇（纤维素羟基）和酸（HNO_3）

作用生成酯和水的反应（图 3-59）。理论上，纤维素硝酸酯的取代度（DS）可达 3.0，但实际生产的产物多数 $DS < 3.0$。

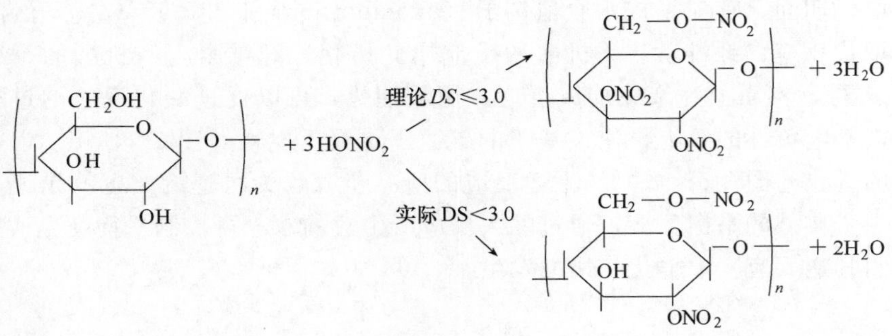

图 3-59　纤维素和硝酸作用生成酯和水的反应

纤维素硝酸酯的含氮量、取代度和酯化度间存在如式（3-27）关系：

$$N = \frac{14DS}{162 + 45DS} \times 100 \text{ 或 } N = \frac{31DS}{3.60 + DS} \tag{3-27}$$

$$r = 100DS$$

式中，N 为含氮量，%；DS 为取代度；r 为酯化度；162 为葡萄糖基相对分子质量；45 为每取代一个羟基所增加的单位。

取决于不同用途，纤维素可以制备成不同硝化程度的产物，因为不同取代度的纤维素硝酸酯，具有不同的溶解度（见表 3-15）。

表 3-15　　　　　　　　　　　　　　纤维素硝酸酯的种类

含氮量 /%	取代度（DS）	溶剂	用途
10.5～11.1	1.8～2.0	乙醇	塑料、清漆
11.2～12.2	2.0～2.3	甲醇、酯类、丙酮、甲乙酮	清漆、黏合剂
12.0～13.7	2.2～2.8	丙酮	炸药

在进行纤维素的硝化时，若单用硝酸，且浓度低于 75%，几乎不发生酯化作用，当硝酸浓度达 77.5%，约 50% 的羟基被酯化。当用无水硝酸时，可制得纤维素二硝酸酯。若要制取较高取代度的产物，必须使用酸类的混合物。工业上主要采用 HNO_3/H_2SO_4 混合酸，所得产物取代度较高，其纤维素硝酸酯形成机理如图 3-60 所示。此混合酸体系有可能生成硝鎓离子（NO_2^+）[图 3-60（a）]。该离子是一种活泼硝化剂，能促进硝酸酯的形成。硫酸的主要作用是作为脱水剂，以去除反应生成的水，促进反应朝生成酯方向进行。硫酸虽不能渗入结晶的微细纤维内，但可作为微细纤维间的润胀剂，以利于硝酸的渗透，从而加速酯化反应。硝化作用是一种多相反应，但反应极为迅速，取代平衡建立非常快速，并且可均匀地发生于纤维素的无定形区和结晶区。但尽管如此，混合酸体系所制得的纤维素硝酸酯的最大取代度只能达到 2.9（含氮量 13.8%）。其原因是在酯化过程中也会有少量的硫酸酯生成，

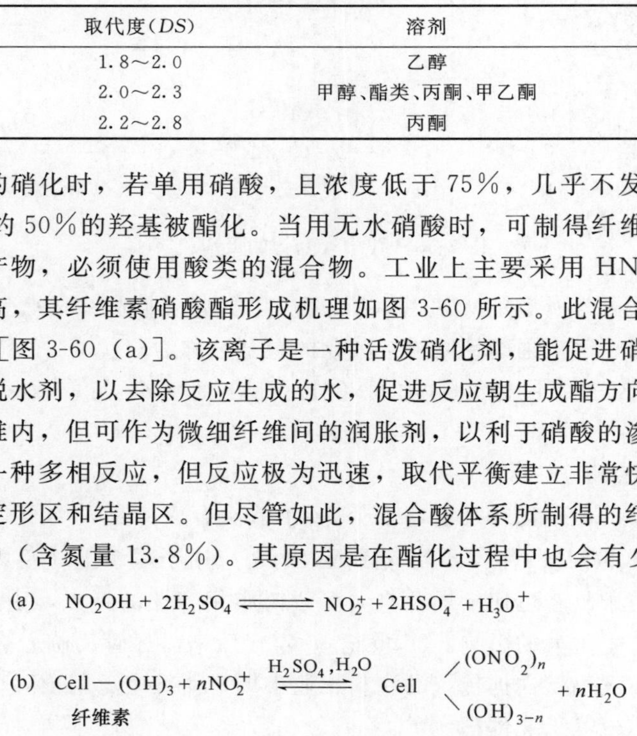

(a)　　$NO_2OH + 2H_2SO_4 \rightleftharpoons NO_2^+ + 2HSO_4^- + H_3O^+$

(b)　　$Cell\text{—}(OH)_3 + nNO_2^+ \underset{}{\overset{H_2SO_4, H_2O}{\rightleftharpoons}} Cell \begin{cases} (ONO_2)_n \\ (OH)_{3-n} \end{cases} + nH_2O$

　　纤维素

图 3-60　HNO_3/H_2SO_4 混合酸体系中纤维素硝酸酯形成机理

从而影响到硝酸酯的稳定性。若要制取完全取代的纤维素硝酸酯，可采用硝酸-磷酸-五氧化二磷、硝酸-醋酸-醋酐、硝酸-五氧化二磷-五氧化二氮等非硫酸体系。

生产纤维素硝酸酯的原料可以是漂白的棉短绒浆粕或化学木浆粕。由于棉绒价格上涨和来源有限，以及目前制浆技术的发展，提高和保证了木浆的质量，因此目前工业上生产纤维素硝酸酯更多地采用漂白化学木浆粕为原料。

（三）纤维素黄酸酯

纤维素黄酸酯是由 Cross 和 Beven 于 1892 年首次发现，是生产再生纤维素的一个重要中间体。黄酸法至今仍是黏胶纤维生产的主要方法。

制备纤维素黄酸酯的主要原理是碱纤维素与二硫化碳的反应。由于存在着各种并列反应，以致黄酸酯的反应机理甚为复杂。首先由反应性小的 CS_2 与 $NaOH$ 反应，生成高反应性能的离子化水溶性物质——二硫代碳酸酯，再与纤维素反应，生成纤维素黄酸酯。主要反应为：

$$CS_2 + NaOH \longrightarrow HCS_2O^- Na^+ + H_2O$$
$$NCS_2O^- Na^+ + Cell—OH \longrightarrow Cell—OCS_2^- Na^+$$

溶于碱中的 CS_2 也可直接与碱纤维素反应生成黄酸酯（实际生成钠盐——纤维素黄酸钠）：

$$CS_2 + Cell—O^- Na^+ \longrightarrow Cell—OCS_2^- Na^+$$

黄酸化时有副反应产生，例如有橘黄色的三硫代碳酸钠生成：

$$3CS_2 + 6NaOH \longrightarrow 2Na_2CS_3 + Na_2CO_3 + 3H_2O$$

在通常的技术条件下，约 75% 的 CS_2 用于黄原酸化反应，而 25% 的 CS_2 则消耗于副反应。因此工业化生产必须在操作条件和副产物形成之间，选择一个最佳的经济平衡。由于黄酸化反应速度与副反应速度大致相同，因此，当反应液呈橘黄色，即生成三硫代碳酸钠时，便意味着黄酸化反应已达终点。

纤维素黄酸酯易溶于稀碱液中变成黏胶液，通过纺丝形成黏胶人造丝，如喷成薄膜即成玻璃纸。

纤维素黄酸钠易吸水，而吸水后会起分解反应，故纤维素黄酸钠必须在干燥无水条件下保存。在黏胶纺丝时，经常利用纤维素黄酸钠被强酸（H_2SO_4）水解而生成再生纤维素。但如果纤维素黄酸钠遇到某些盐类（如硫酸钠、硫酸铵等）、酒精和弱有机酸，则会被凝固，而不能得到再生纤维素。

纤维素黄酸酯在纺丝成型时会释放出 CS_2：

纤维素黄酸钠　　　　　　　　　　　　再生纤维素

由于 CS_2 有毒，影响人体健康，所以近年来采用先部分羧甲基化成低取代度的纤维素醚，然后再进行低 CS_2 黄化，制取低黄酸化的纤维素黄酸酯，这样可减少在纺丝成型时释放出的有毒气体 CS_2，该纺丝过程发生的反应式为：

$$\begin{array}{l} \mathrm{-O-CH_2COONa} \\ \mathrm{-OH} \\ \mathrm{-O-C}\!\!\begin{array}{c}\mathrm{S}\\\mathrm{SNa}\end{array} \end{array} + \mathrm{H_2SO_4} \xrightarrow{+2H^+} \begin{array}{l} \mathrm{-OH} \\ \mathrm{-OH} \\ \mathrm{-OH} \end{array} + \mathrm{Na_2SO_4} + \mathrm{CH_3COOH} + \mathrm{CS_2}$$

醚化纤维素黄酸盐   再生纤维素

制备纤维素黄酸酯的主要原料是漂白化学浆粕或棉短绒浆粕。一般要求其 α—纤维素含量不得低于 90%，灰分含量限制在 0.3% 以下，树脂和油脂亦应低于 0.6%。

（四）纤维素醋酸酯

纤维素醋酸酯，通常称为醋酸纤维素或乙酰纤维素，是重要的纤维素有机酸酯，于 19 世纪 60 年代首次发现。它是以醋酐为醋酸化剂，在催化剂（如 H_2SO_4、高氯酸、氯化锌）的作用下，在不同的稀释剂中生成不同酯化度的醋酸纤维素，反应如下：

$$[C_6H_7O_2(OH)_3]_n + 3n(CH_3CO)_2O \xrightarrow{H_2SO_4} [C_6H_7O_2(OCOCH_3)_3]_n + 3nCH_3COOH$$

醋酸化剂必须过量，否则酯化度降低。理论上，1kg 纤维素需用醋酐 1.88kg，实际上其比例为 1∶2.5～4.0。除了醋酐为醋酸化剂外，冰醋酸也可作为醋酸化剂，但作用极不完全，酯化度低。用乙烯酮作乙酰化剂有前途。乙烯酮是石油裂化时，由丙烯制造醋酐的中间产物，但不直接用乙烯酮作乙酰化剂，而往往将乙烯酮与醋酸反应生成醋酐：

$$CH_3 = CO + CH_3COOH \longrightarrow (CH_3CO)_2O$$

催化剂是用来促进纤维素与醋酐的反应。常用的有硫酸和高氯酸。硫酸的用量为纤维素质量的 5%～10%。其作用机理是与醋酐生成强烈的醋酸化剂——乙酰硫酸，再与纤维素作用生成纤维素醋酸酯。

$$\begin{array}{l}\mathrm{CH_3CO}\\ \quad\quad \mathrm{O}\\ \mathrm{CH_3CO}\end{array} + \begin{array}{l}\mathrm{OH}\\ \mathrm{SO_2}\\ \mathrm{OH}\end{array} \longrightarrow \begin{array}{l}\mathrm{OCOCH_3}\\ \mathrm{SO_2}\\ \mathrm{OH}\end{array} + \mathrm{CH_3COOH}$$

$$\begin{array}{l}\mathrm{OCOCH_3}\\ \mathrm{SO_2}\\ \mathrm{OH}\end{array} + \mathrm{Cell-OH} \longrightarrow \mathrm{Cell-O-COCH_3} + \begin{array}{l}\mathrm{OH}\\ \mathrm{SO_2}\\ \mathrm{OH}\end{array}$$

释出的 H_2SO_4 可再与醋酐作用生成乙酰硫酸，从而促进醋酸化进行。

高氯酸也是一种十分活泼的催化剂，其主要优点是可制得稳定性较好的醋酸纤维，因为它不与纤维素形成酯类，而且高氯酸的用量很少，约为纤维素质量的 0.5%～1%。

稀释剂的作用是维持一定的液比，确保酯化均匀进行。稀释剂有两类：一类是使醋酸纤维素溶解的稀释剂（溶剂），如冰醋酸、$CHCl_3$、CH_3CHCl_2、CH_2Cl_2 等。使用这类稀释剂，醋酸化反应开始是多相的，后期变为单相，故称之为均相醋酸化；另一类是不使醋酸纤维素溶解的稀释剂，如苯、甲苯、乙酸乙酯、CCl_4 等，醋酸化反应从开始到结束均为多相反应，故称之为非均相（多相）醋酸化。

由多相体系和溶液过程制备的纤维素三醋酸酯，不溶于工业溶剂丙酮，只能溶于冰醋酸、二氯甲烷、吡啶及二甲基甲酰胺中，限制了它的工业应用范围。因此常把纤维素三醋酸酯部分水解，部分降低酯化度，使之转变为纤维素二醋酸酯。水解时首先是伯羟基被水解成游离羟基，这样纤维素分子中含有一定数量的伯羟基（大约每 5～8 个葡萄糖基上有一个伯羟基）便可溶于工业丙酮。

工业上生产纤维素醋酸酯的工艺有：a. 低温乙酰化（30～40℃）和中温水解（50～70℃）工艺；b. 中高温乙酰化（50～100℃）和高温水解（130～150℃）工艺。国内多采用前者，目前尚未实现国产化工业生产；国外多采用后者，并已实现工业化生产。

生产纤维素醋酸酯原料通常为昂贵的纯纤维素溶解浆（dissolving pulp），近年来研究的新的制备方法则以机械浆或普通木浆为原料，直接进行乙酰化，利用溶解度差异，将已经乙酰化的木质素、半纤维素、糖类等与纤维素醋酸酯分离开来。新法合成原料成本低，产量高达84%，在节省资源方面有重要意义，是一种有发展前途的工业化生产途径。如最新研究的一种新工艺是：高温低压乙酰化—高温水解—连续快速蒸发。该工艺使得低 α-纤维素含量的针叶木和阔叶木亚硫酸盐浆也可用来生产纤维素醋酸酯。低 α-纤维素含量的针叶木亚硫酸盐浆采用常规方法乙酰化时，乙酰化的半纤维素不溶于丙酮，给纺织过程带来很大困难。新乙酰化方法的采用，使乙酰化半纤维素由于高温会部分降解，变得易溶于丙酮，从而极大地减少了不溶碎片的产生。常规方法和新方法的比较见图 3-61。

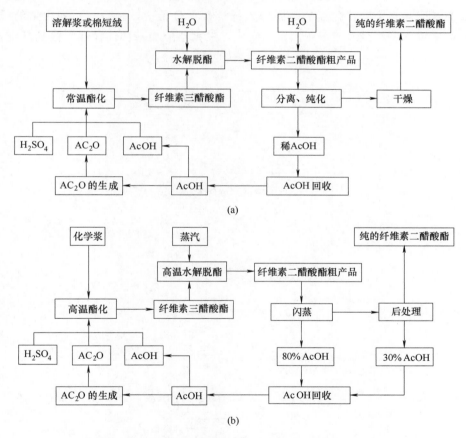

图 3-61　常温酯化与高温酯化流程比较
（a）常温酯化流程　（b）高温酯化流程

现在，不仅可以成功地制备完全取代的纤维素三醋酸酯，而且可以控制性地制备部分水解的单取代或二取代的纤维素醋酸酯，并已广泛应用于纺织、塑料、涂料、黏合剂等工业部门。尤其是可溶于普通溶剂丙酮的纤维素二醋酸酯，主要用于塑料、涂料、片基和烟用滤材。

（五）新型纤维素酯

随着新的反应试剂和纤维素有机溶剂的应用，出现了许多新型的纤维素酯，这些酯具有特殊的性质，如液晶性质、热稳定性、不导电和压电特性、手性、感光性、高吸水性等。

具有液晶性质的纤维素酯的合成：在固-液两相反应体中用氯化脂肪酸和嘧啶可制备含有较长脂肪族链酯基的纤维素酯衍生物，该纤维素酯具有液晶性质。而用 LiCl-DMAc 做溶剂，在均相体系中，纤维素与对位甲苯磺酸和有机酸酐反应可制备含有 C_{12}—C_{20} 脂肪酸酯基团的蜡状纤维素酯，取代度为 $2.8 \sim 2.9$；Iwata 等则制备了具有立体选择性取代的纤维素酯，其方法是先用纤维素/LiCl-DMAc 体系制得 6-O-三苯甲基纤维素，其聚合度为 57；然后再由 6-O-三苯甲基纤维素制备 6-O-乙酰基-2,3-D-O-纤维素丙酸酯和 6-O-丙酰基-2,3-D-O-纤维素醋酸酯。尽管目前纤维素的液晶性质还未得到实际应用，但有关纤维素酯衍生物的液晶性质的基础研究积累将有助于我们了解纤维素大分子在固相、中间相、液相三相态下的性质。

含氟纤维素酯衍生物的研究：含氟聚合物具有热稳定性、疏水疏油、不导电和压电特性，因此通过酯键连接可将含氟的基团引入纤维素大分子中，制备一系列含氟的纤维素酯（图 3-62）。室温下将纤维素溶解于三氟乙酸中，三氟乙酸酯基被选择性的接到纤维素 C_6 位

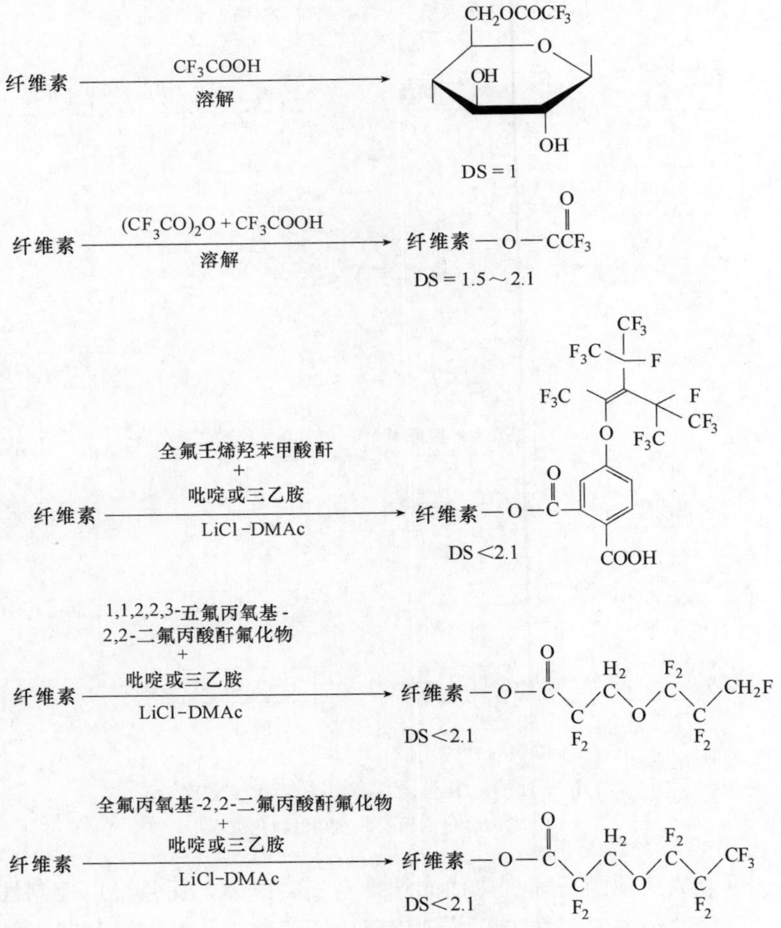

图 3-62　含氟纤维素酯结构示意图

羟基上。另外，通过纤维素和三氟乙酸－三氟乙酸酸酐的混合物在高压、温度为 $20\sim150℃$ 的条件下反应 4h 也可制得三氟乙酸酯，取代度为 $1.5\sim2.1$，聚合度为 $170\sim800$。但是这种酯键的连接遇水或水蒸气不稳定，暴露在空气中时会产生一定程度的水解。由于酯化反应在强酸条件下进行，因此纤维素的降解不可避免，降解的程度受反应中水分含量的影响。在纤维素 LiCl-DMAc 溶液中，用全氟壬烯羟邻苯二甲酸酸酐（perfluorononenyloxyphtharic anhydride）、嘧啶或三乙胺与纤维素反应，可以得到纤维素半酯，其取代度 <2.1。还可以用含氟的烷基酰氟（alkanoyl fluoride）通过酯化反应将含氟基团引入氰乙基纤维素中。也可以将全氟辛酯基（perfluorooctanoate ester group）接枝到羟基丙基纤维素上，生成的纤维素酯具有独特的液晶特性。

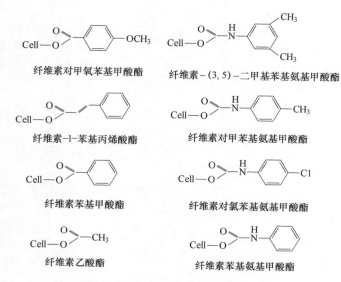

图 3-63 已商业化的纤维素衍生物色谱柱品种

一些纤维素三酯和三氨基甲酸纤维素酯的衍生物骨架具有手性特征，可用来作为色谱分离用柱子填充材料，实现对映体的分离，图 3-63 是一些已商业化的可做填充柱使用的纤维素酯产品种类。

（六）纤维素的酯化反应在造纸施胶中的应用

纤维素的酯化反应不仅可以赋予纤维素许多新的性质和特殊功能，而且在造纸中，利用纤维素的酯化反应原理，在一些添加 $CaCO_3$ 作填料的碱性抄纸系统中，用反应型施胶剂进行施胶，可赋予纸张适宜的抗水性能，其中典型应用的例子是用烷基烯酮二聚体（AKD）和烯基琥珀酸酐（ASA）作施胶剂，施胶机理是它们与纤维素大分子链上的羟基发生了酯化反应，见图 3-64。

AKD 和 ASA 都是具有高反应活性的施胶剂。AKD 是一种不饱和内酯，它的分子中有 1 个内酯环（具有反应活性）和 2 个长链烷基侧链。AKD 虽然具有直接能和纤维素羟基反应的内酯环官能团，但在纸机湿部二者基本不发生反应（因为此时 AKD 以水解反应为主）。AKD 乳液加入浆料中以后，施胶剂粒子只是分散在浆料中，多个施胶剂粒子形成比较大的附聚团，这些附聚团和单个的施胶剂粒子吸附在细小纤维、填料和纤维表面，上网后随着这些纸料的留着而留在湿纸页中，此时 AKD 只是以静电吸附和游离形式存在，它和纤维素之间的共价键尚未形成。在干燥部，随着纸页中的水分逐渐减少，受干燥温度的影响，AKD 粒子熔化并在纤维表面扩展开，分子上具有反应性的官能团朝向纤维，疏水基侧链向外，朝向纤维的反应性官能团与纤维素的羟基发生酯化反应，生成不可逆的 β-酮酯，并固着在纤维上，且疏水性的烷基朝外，从而使纸页产生抗水性能。同时 AKD 还会水解生成施胶效果较差的 β-酮酸，并进一步生成双烷基酮而丧失施胶性能。这一机理称为酯化反应机理或共价键机理。而在 ASA 分子结构中，酸酐是活性基团，长链碳烯基是良好的憎水基团。在抄纸条

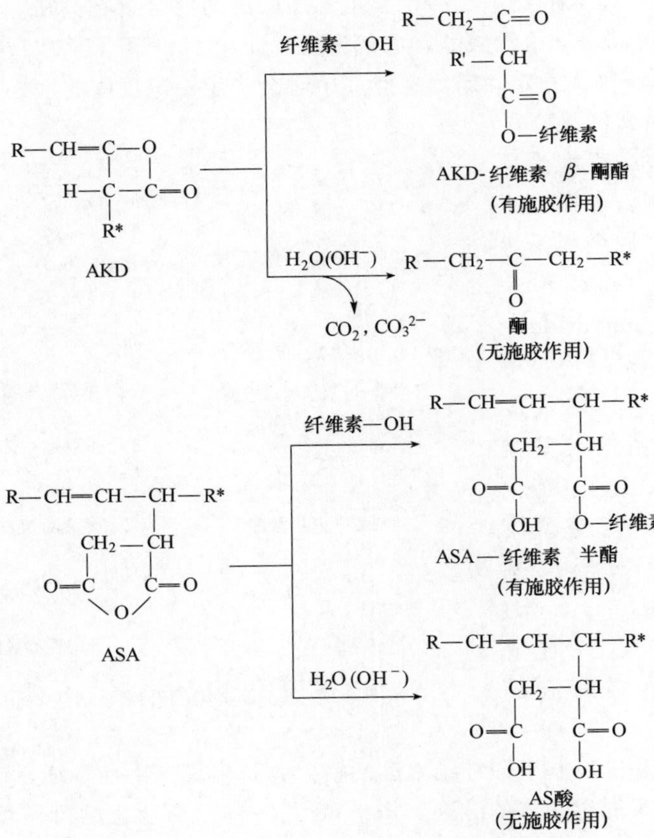

图 3-64　施胶时 AKD 和 ASA 可能发生的反应

件下，ASA 分子中的酸酐具有很高的反应活性，能与纤维素的羟基反应形成酯键，使得 ASA 分子定向排列，分子中的憎水性长链——碳烯基朝向纸页外面而赋予纸页疏水性，达到施胶目的。ASA 的反应性很强，其与纤维素的反应速率要比 AKD 大得多。同时 ASA 的高反应活性也表现在其高度的水解倾向上，其水解反应生成二元酸（见图 3-64），且水解反应速率较快。值得注意的是 ASA 的水解反应不但影响施胶效果，而且其水解产物——二元酸与水中的 Ca_{2+}、Mg^{2+} 离子形成的盐黏性很大，会造成黏辊现象，影响纸机正常运转。

二、纤维素的醚化反应

（一）纤维素醚化反应基本原理

纤维素的醇羟基能与烷基卤化物在碱性条件下起醚化反应生成相应的纤维素醚。图 3-65 为纤维素醚化反应的一些例子。

纤维素醚化的基本原理：纤维素的醚化反应是基于以下经典的有机化学反应：

1. 亲核取代反应——Williamson 醚化反应

$$Cell—OH + NaOH + RX \longrightarrow CellOR + NaX + H_2O$$

式中，R 为烷基，X＝Cl，Br。

碱纤维素与卤烃的反应属于此类型，其反应特点是不可逆，反应速度控制取代度和取代分布。甲基纤维素、乙基纤维素、羧甲基纤维素的制备属于此类反应。

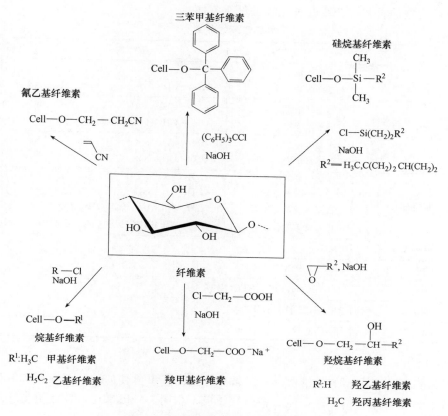

图 3-65 纤维素醚化反应的一些例子

2. 碱催化烷氧基化反应

羟乙基纤维素、羟丙基纤维和羟丁基纤维素是用碱纤维素与环氧乙烷或环氧丙烷反应而成。该反应是碱催化的烷氧基化反应：

$$\text{Cell—OH} + \text{H}_2\text{C—CH—R} \xrightarrow{\text{NaOH}} \text{Cell—OCH}_2\text{—CH—R}$$

3. 碱催化加成反应——Michael 加成反应

在碱的催化下，活化的乙烯基化合物与纤维素羟基发生 Michael 加成反应：

$$\text{Cell—OH} + \text{H}_2\text{C}=\text{CH—Y} \xrightarrow{\text{NaOH}} \text{Cell—OCH}_2\text{CH}_2\text{—Y}$$

最典型的反应是丙烯腈与碱纤维素反应生成氰乙基纤维素：

$$\text{Cell—OH} + \text{H}_2\text{C}=\text{CH—CN} \xrightarrow{\text{NaOH}} \text{Cell—OCH}_2\text{CH}_2\text{—CN}$$

该反应特点是：反应可逆，反应平衡控制产物的取代度。

（二）纤维素醚分类

纤维素醚早在 20 世纪初就成功合成了。起初生产的纤维素醚主要是有机溶剂型的，而后逐步向水溶性醚类发展。目前，纤维素醚已广泛用于油田、涂料、化工、医药、食品、造纸和建筑等工业，具有广阔的发展前景。

按照取代基的种类，电离性以及溶解度的差异，可将纤维素醚分为下列各类（见表3-16）。

下面按取代基的种类，介绍几种主要的纤维素醚。

表 3-16   纤维素醚的分类

分类			纤维素醚	取代基	符号
取代基种类	单一醚	烷基醚	甲基纤维素	$-CH_3$	MC
			乙基纤维素	$-CH_2-CH_3$	EC
		羟烷基醚	羟乙基纤维素	$-CH_2-CH_2-OH$	HEC
			羟丙基纤维素	$-CH_2-CHOH-CH_3$	HPC
		其他	羧甲基纤维素	$-CH_2-COONa$	CMC
			氰乙基纤维素	$-CH_2-CH_2-CN$	CEC
	混合醚		乙基羟乙基纤维素	$-C_2H_5, -C_2H_4OH$	EHEC
			羟乙基甲基纤维素	$-C_2H_4OH, -CH_3$	HEMC
			羟乙基羧甲基纤维素	$-C_2H_4OH, -CH_2-COONa$	HECMC
			羟丙基羧甲基纤维素	$-CH_2-CHOH-CH_3, -CH_2-COONa$	HPCMC
电离性	离子型		CMC		
	非离子型		MC,EC,HEC,HPC 等		
	混合型		CMHEC,HPCMC,HECMC 等		
溶解性	水溶型		MC,CMC,HEC,HPC 等		
	非水溶性		EC,CEC 等		

1. 烷基纤维素

烷基纤维素属非离子型的纤维素醚，最常见且具商业重要性的烷基纤维素有甲基纤维素和乙基纤维素。尽管其制法相似，但产物的性质极不相同。一般来说，商业甲基纤维素是水溶性的，而乙基纤维素只溶于有机溶剂。

早期曾用硫酸二甲酯为醚化剂以研制甲基纤维素，因毒性关系，已不再使用。

甲基纤维素的生产是根据 Williamson 醚化合成原理，首先制备碱纤维素，然后与氯代甲烷反应而成。主反应为：

$$Cell-OH + NaOH + CH_3Cl \longrightarrow Cell-OCH_3 + NaCl + H_2O$$

乙基纤维素的制法与甲基纤维素相似，工业化制备是用碱纤维素与氯代乙烷反应，需要比甲基纤维素制备更高的温度、压力和较高的碱浓度。主反应为：

$$Cell-OH \cdot NaOH + CH_3CH_2Cl \longrightarrow Cell-OCH_2CH_3 + NaCl + H_2O$$

纤维素醚的生成反应是不可逆的。把纤维素醚化反应中每 100 葡萄糖基中被醚化的羟基数目叫做醚化度，也称为 γ 值。纤维素醚的醚化度与纤维素酯的酯化度（也称 γ 值）含义上有区别（酯化反应中把每 100 个葡萄糖基中起反应的羟基数目称为酯化度）。纤维素的酯化度（γ 值）可以通过改变酯化剂的组成加以调整，而纤维素的醚化度则不能用这些方法来改变。

2. 羟烷基纤维素

重要的羟烷基纤维素有羟乙基纤维素（HEC）和羟丙基纤维素（HPC）。HEC 中的羟乙基，其结构为 $-CH_2-CH_2OH$，HPC 中的羟丙基，其结构为 $-CH_2-CHOH-CH_3$，而不是 $-CH_2-CH_2-CH_2OH$。HEC 和 HPC 都是非离子型的纤维素醚。

羟乙基纤维素和羟丙基纤维素的制备原理极为相似，用碱纤维素与环氧乙烷或环氧丙烷反应而成。

主反应为：

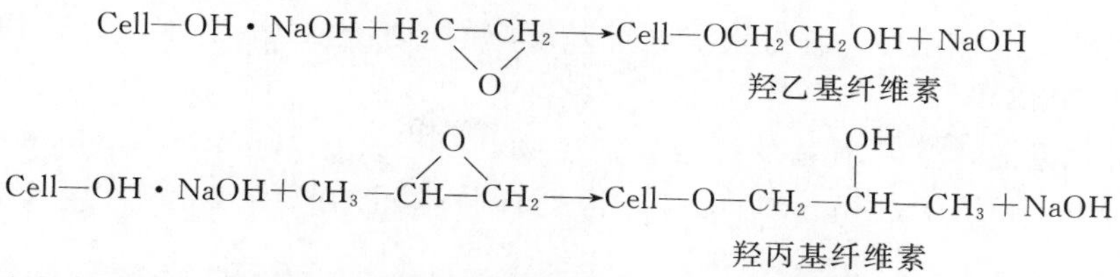

$$\text{Cell—OH·NaOH} + \text{H}_2\text{C——CH}_2 \longrightarrow \text{Cell—OCH}_2\text{CH}_2\text{OH} + \text{NaOH}$$

羟乙基纤维素

$$\text{Cell—OH·NaOH} + \text{CH}_3\text{—CH——CH}_2 \longrightarrow \text{Cell—O—CH}_2\overset{\text{OH}}{\underset{|}{\text{—CH}}}\text{—CH}_3 + \text{NaOH}$$

羟丙基纤维素

与烷基纤维素不同，羟烷基纤维素的制备理论上不消耗碱。NaOH 仅起润胀纤维、提高其反应性能以及促进开环反应等作用。

3. 羧甲基纤维素

羧甲基纤维素（carboxymethylcellulose，简称 CMC）是一种非常重要的纤维素衍生物。由于酸式的水溶性较差，通常销售产品为羧甲基纤维素钠盐。目前，不同纯度、不同级别和规格的 CMC 产品已有几百种，广泛用于石油、纺织、印染、造纸、食品、医药和日用化学等工业。

羧甲基纤维素由一氯乙酸与碱纤维素作用而得，反应式为：

$$[\text{C}_6\text{H}_7\text{O}_2(\text{OH})_3]_n + n\text{ClCH}_2\text{COOH} + 2n\text{NaOH}$$
$$\longrightarrow [\text{C}_6\text{H}_7\text{O}_2(\text{OH})_2(\text{OCH}_2\text{COONa})]_n + n\text{NaCl} + n\text{H}_2\text{O}$$

制备 CMC 的原料多采用棉浆或漂白木浆，主要有两种方法：

① 将棉浆浸渍于 NaOH 溶液中，经压榨制成碱纤维素，再与一氯乙酸进行醚化作用（加入部分乙醇，常占一氯乙酸的 50%），反应温度控制在 35℃左右，时间 5h，然后以稀盐酸（30%HCl 与 70%C$_2$H$_5$OH 混合）及乙醇中和洗涤，干燥后即得白色粉状的 CMC 钠盐。

② 把纤维原料撕成片状，加入到 NaOH 与一氯乙酸的混合溶液中，搅拌约 3h 后有 CMC 生成。这种方法不需预先制成碱纤维素，而是浸渍、膨润、醚化同时进行，又称一步反应法。

改变醚化条件，如醚化剂用量、醚化温度和时间，可以得到不同醚化度的产品。醚化度越低，黏度越高。将成品配成 2% 的水溶液，在 25℃下用黏度计测定 CMC 的黏度。1.2~2Pa·s 为高黏度，0.52~1.0Pa·s 为中黏度，0.052~0.1Pa·s 为低黏度。醚化度不同，溶解度也不同。γ 为 10~20 时，溶于 3%~10%NaOH 溶液中；γ 为 30~60 时，溶于水，能在 pH=3 时被沉淀；γ 为 70~120 时，也溶于水，在 pH 为 1~3 时开始沉淀。

20 世纪 80 年代以来，进行了均相法制备 CMC 新工艺的研究开发，采用 N-甲基吗啉-N-氧化物和 N，N-二甲基乙酰胺/氯化锂溶剂体系研制高取代的羧甲基纤维素。研究开发的另一趋向是产品向高纯度、高取代度和高黏度的方向发展。

（三）新型纤维素醚

疏水改性纤维素醚：将水溶性羟乙基纤维素（HEC）与含有 C$_{12}$~C$_{24}$ 长烷基链的环氧化物反应，可生成含有 1%~2% 疏水性基团、取代度为 0.01~0.03 的非离子型纤维素醚。引进疏水基团改性后，在浓度大于 0.2% 时，该水溶性纤维素醚在水中形成网状结构的疏水团，其水溶液具有比未改性纤维素醚更高的黏度。同样的可以在甲基、乙基羟基丙基和羟基乙基纤维素上引入疏水基团，这样在纤维素大分子同时具有亲水和疏水性结构，使得纤维素醚在水中具有表面活性剂的作用，可拓展其应用领域。

液晶性纤维素醚：含长链（C$_{12}$~C$_{24}$）的烷基纤维素醚具有液晶性质。

两性纤维素醚：例如在 LiCl-DMAc 溶液中，纤维素与丁基缩水甘油醚反应得到梳状结构的两性（amphiphilic）纤维素衍生物——2-羟基-3-丁氧基丙基纤维素醚，产物的取代度为

0.4~1.4。在该反应体系中，纤维素三个羟基反应的活性为 $C_6 > C_2 \gg C_3$，产物依取代度不同可溶于水或 DMSO。

抗菌性纤维素醚：含环氧基的纤维素衍生物与环己二胺（hexamethylene diamene）或聚乙烯亚胺（polyethylene imine）反应，得到含胺基团的纤维素衍生物，该产物具有抗菌性。

其他新型纤维素醚：取代度为 0.56 的含米氏（Michler's）酮的纤维素醚具有光可控性，而在纤维素/SO_2-二乙胺-DMSO 体系中，或在醋酸纤维/DMSO 体系中，将磺酰乙烷基（Sulfoethyl）引入纤维素或醋酸纤维素中，制备的纤维素衍生物具有抗血栓活性。此外还可以对羧甲基纤维素醚（CMC）进行进一步改性获得新型纤维素醚，如用二乙基氨基乙基氯（diethylaminoethy chloride）盐酸盐或 3-氯-2-羟基丙基三甲基（hydroxypropyltrimethy）-氯化铵（ammonium chloride）与 CMC 进行醚化反应，得到两性纤维素衍生物，产物同时含有羧基和叔胺（tertiary amine）或季铵（quaternary amine）基团；在 CMC 水溶液中加入 NaOH 和 CS_2 制备 CMC 的黄酸酯，对金属具有吸附作用。

三、纤维素的氧化

纤维素葡萄糖基环的 C_2、C_3、C_6 位的游离羟基以及 C_1 位的还原性末端基易被空气、氧气、漂白剂等氧化剂所氧化，在分子链上引入醛基、酮基或羧基，使功能基改变。氧化剂与纤维素作用的产物称为氧化纤维素（oxycellulose）。氧化纤维素的结构与性质和原来的纤维素不同，随使用的氧化剂的种类和条件而定。在大多数情况下，随着羟基的被氧化，纤维素的聚合度下降。

纤维素的氧化是工业上的一个重要过程。通过对纤维素氧化的研究，可以预防纤维素纤维的损伤或获得进一步利用的性质。例如氯、次氯酸盐和二氧化氯用于纸浆和纺织纤维的漂白；在黏胶纤维工业中，利用碱纤维素的氧化降解调整再生纤维的强度，对以碱纤维素为中间物质的其他酯醚化反应以及纤维素的接枝共聚等都是十分重要的。

很多方法可使纤维素分子链单元发生氧化而保持糖苷键不变，若干可能的形式如图3-66所示。

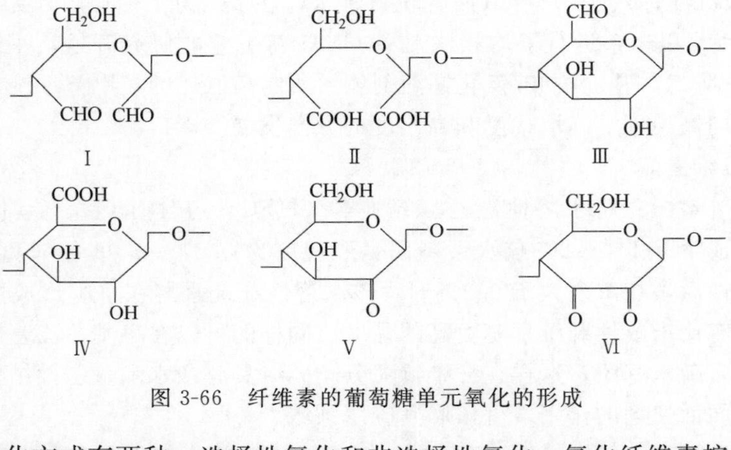

图 3-66　纤维素的葡萄糖单元氧化的形成

纤维素的氧化方式有两种：选择性氧化和非选择性氧化。氧化纤维素按所含基团分为还原型氧化纤维素（以醛基为主）和酸型氧化纤维素（以羧基为主），其共有的性质是：氧的含量增加，羰基或羧基含量增加，纤维素的糖苷键对碱液不稳定，在碱液中的溶解度增加，聚合度和强度降低。这两种氧化纤维素的主要差别在于酸型氧化纤维素具有离子交换性质，而还原型氧化纤维素对碱不稳定。

（一）纤维素的选择性氧化

某些试剂或试剂的结合物，可使纤维素发生特定位置和形式的氧化，称为选择性氧化。

1. 高碘酸盐的氧化

纤维素用高碘酸盐氧化得到 2,3-二醛纤维素，氧化时必须避光（图 3-67），用稀酸水解这种氧化纤维素时，可得到 D-赤藓糖，再经氧化成为 D-赤酮酸和乙二醛（见图 3-68）。高碘酸盐氧化的纤维素

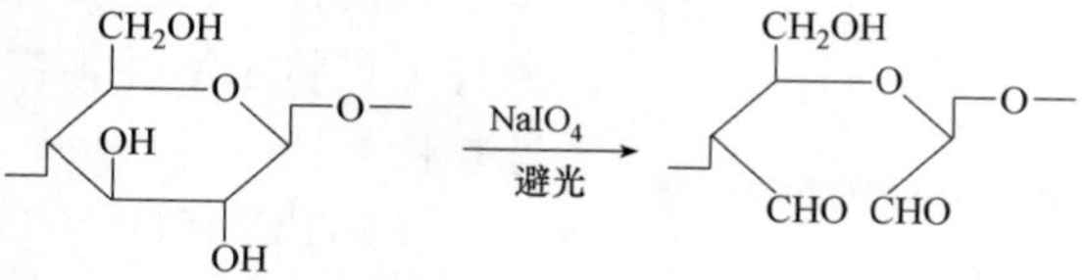

图 3-67 高碘酸盐选择性氧化纤维素的反应

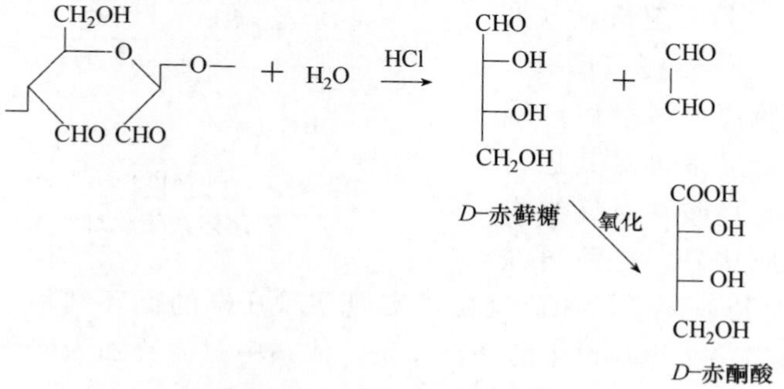

有很强的还原性，对碱特别敏感，引起分子链断裂。当用亚氯酸将其氧化为相应的 2,3-二羧基纤维素或用硼氢化钠还原成 2,3-二醇纤维素时，可失去对碱的敏感性（图 3-69）。

图 3-68 2,3-二醛纤维素的水解

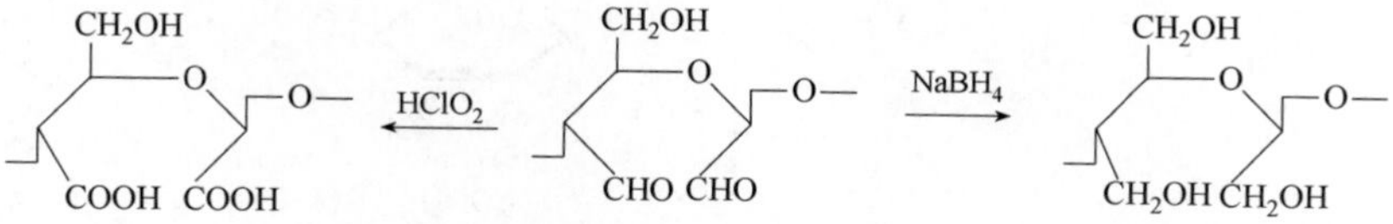

图 3-69 二醛纤维素的氧化和还原产物

2. 四氧化二氮的氧化

四氧化二氮是纤维素伯醇羟基氧化成羧基的特效氧化剂。用气体 N_2O_4 或 N_2O_4 在 CCl_4 中的溶液使纤维素氧化的主要产物为 6-羧基氧化纤维素（图 3-70），并存在 2,3-二醛基、2,3-二羧基、2,3-二酮基的氧化纤维素。N_2O_4 氧化纤维素可帮助血液凝固，并可为血液逐渐降解。因此，可用于制作有吸附能力的止血绷带。

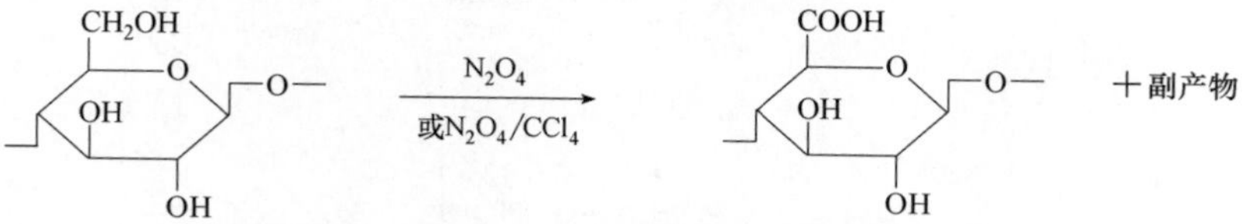

图 3-70 四氧化二氮氧化纤维素的反应

3. TEMPO/NaClO/NaBr 共氧化剂体系的氧化

（1）TEMPO 简介

TEMPO 是 2,2,6,6-四甲基哌啶-1-氧化物自由基（2,2,6,6-tetramethylpipelidine-1-ox-

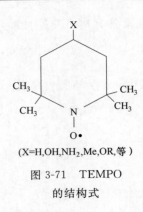

（X=H,OH,NH₂,Me,OR等）

图 3-71　TEMPO
的结构式

yl radical）的简称，TEMPO 及其衍生物的结构式见图 3-71。TEMPO 是可以稳定存在的 N-氧自由基，现在已经商品化，常用作 ESR 自由基俘获剂、自由基反应抑制剂和阻聚剂。作为选择性氧化剂，TEMPO 能够选择性氧化糖类物质伯羟基，赋予它们一些特殊的性能。例如含 TEMPO 的共氧化剂体系在 pH 为 9～11 的条件下可将水溶性多糖如淀粉等中的羟基氧化为羧基，其产率高，选择性好。

（2）TEMPO/NaClO/NaBr 共催化氧化体系对纤维素的氧化

TEMPO 与 NaClO、NaBr 组成的 TEMPO/NaClO/NaBr 共催化氧化体系可以选择性地将纤维素 C_6 位伯羟基氧化变为羧基，反应式见图 3-72。

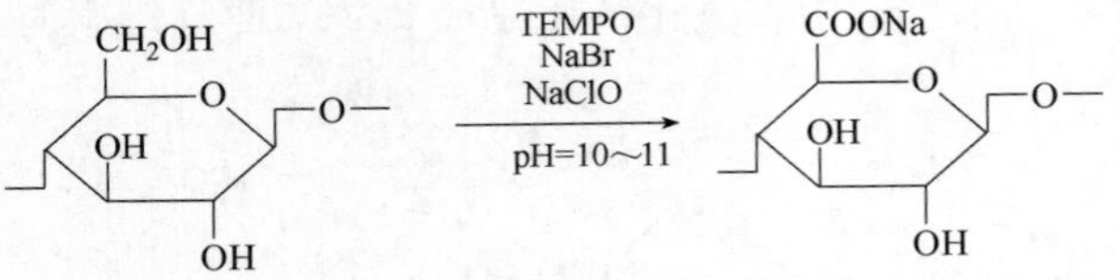

该体系中，NaClO 为主要氧化剂，NaBr 作为共催化剂，其反应机理（见图 3-73）是：NaClO 首先将 TEMPO 自由基氧化成亚硝翁离子，然后纤维素大分子链上的伯位羟基再对其进行亲核攻击，使其形成羟胺，而纤维素上的羟基则被氧化成羧基，羟胺再经

图 3-72　TEMPO/NaClO/NaBr 共催化
氧化体系氧化纤维素的反应

共氧化剂氧化形成亚硝翁离子，如此反复，实现 TEMPO 的循环利用。因此 TEMPO/NaClO/NaBr 氧化体系是一个循环再生的氧化体系，体系中只需要加入催化量（如对绝干浆用

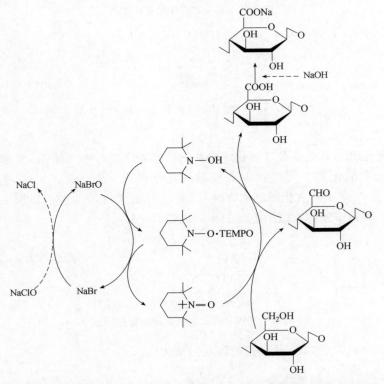

图 3-73　TEMPO/NaClO/NaBr 共催化氧化体系氧化纤维素的反应机理示意图

量为 0.25%）的 TEMPO，反应就能很好地进行。该反应通常在碱性条件下进行，体系 pH 为 9～11。

TEMPO 氧化体系氧化纤维素的特点是，依据反应起始原料的不同，可以得到不同的产物：用再生纤维素和丝光化纤维素为原料时，可以定量地得到水溶性的 β-1-4 连接的聚葡萄糖醛酸（水溶性纤维素糖醛酸）的钠盐，产物结构均一，与一般水溶性纤维素衍生物不同，TEMPO 体系中制备的糖醛酸含有葡萄糖酸重复单元，因此可能具备独特的溶液性质或生物活性；用天然纤维素为原料时，在起始阶段，即使反应试剂过量，产物仍然保持原来纤维素的形态。更重要的是，由于可以在水相体系和温和的条件下，在纤维素大分子链上引入羧基和醛基官能团，因此 TEMPO 共氧化体系被认为是最有潜力的天然纤维素表面改性方法之一。此外因氧化反应主要发生在无定形区，同时纤维素大分子的分子间氢键部分被破坏，TEMPO 氧化的纤维素经进一步的机械或超声波处理可制备得到 C_6 位含羧基的高结晶度纤维素纳米纤维。

（3）TEMPO/NaClO/NaClO$_2$ 共催化氧化体系对纤维素的氧化

上述 TEMPO/NaClO/NaBr 共催化氧化体系氧化纤维素的反应，通常在碱性条件下进行，反应速度较快，反应时间短（1.5～2h），但由于碱性条件下的 β-消除作用和/或原位形成的 NaBrO 的氧化作用，纤维素降解严重，得到的氧化纤维素聚合度较低，DP 通常低于 300，甚至降至 200 以下。因此，发展了中性条件下的 TEMPO 氧化体系：TEMPO/NaClO/NaClO$_2$ 共催化氧化体系，该反应在中性条件下进行，纤维素聚合度的降低得到控制，得到的氧化纤维素聚合度较高（DP 通常大于 300），但所需反应时间较长，一般需要反应 8h 以上才能得到羧基含量为 0.8mmol/g 的 TEMPO 氧化纤维素。其反应机理示意图见图 3-74。反应分为两个阶段，首先 NaClO 作为催化剂，将 TEMPO 中的自由基氧化为羰胺，生成的羰胺氧化纤维素 C_6 位羟基为醛基；在第二阶段，NaClO$_2$ 对 TEMPO 不起任何作用，但可以选择性地将醛基氧化为羧基，自身被还原为 NaClO，实现 NaClO 的循环利用。在整个反应过程中，羰胺氧化 C_6 位羟基的过程是整个氧化过程的关键，其速率快慢决定整个体系的反应速度。

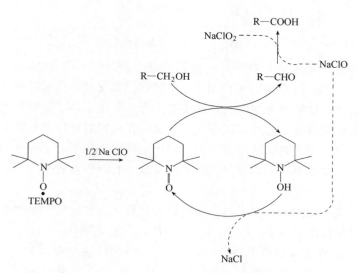

图 3-74 中性 TEMPO/NaClO/NaClO$_2$ 体系反应机理示意图

（二）纤维素的非选择性氧化

纤维素的大多数氧化反应是非选择性的，在纤维素失水葡萄糖单元的不同反应位置上引入羰基和羧基，并引起分子链的断裂。氧脱木素、次氯酸盐和过氧化氢漂白，黏胶纤维生产过程中碱纤维素在空气中的氧化降解，所发生的氧化都属于非选择性氧化。

纤维素纤维不同结构部位有不同的反应性，葡萄糖单元上三个羟基反应性也不同，不同氧化剂又有不同的氧化方法，造成非选择性氧化反应十分复杂，存在若干种不同形式的氧化产物。

纤维素经氯、次氯酸盐或氧碱处理后，纤维素受到氧化，在 C_2、C_3、C_6 位或 C_2、C_3 位同时形成羰基，具有羰基的纤维素称为还原性纤维素。由于分子链中葡萄糖基环上形成羰基后，就产生了 β-烷氧基羰基结构，促使配糖键在碱性溶液中断裂，因而降低了聚合度，且易于老化返黄。下列各氧化纤维素结构式中的虚线部分，表示由于形成的羰基引起 β-烷氧基消除反应，导致苷键断裂的情形：

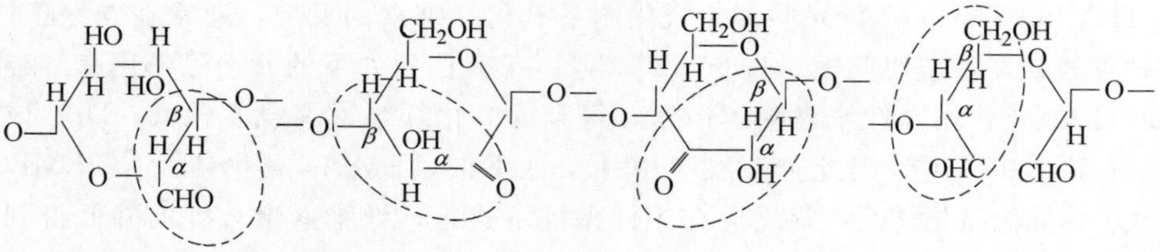

由于形成的羰基引起 β-烷氧基消除反应，产生了各种分解产物，例如阿拉伯糖酸、赤酮酸、葡萄糖醛酸、2,3-二羧酸等：

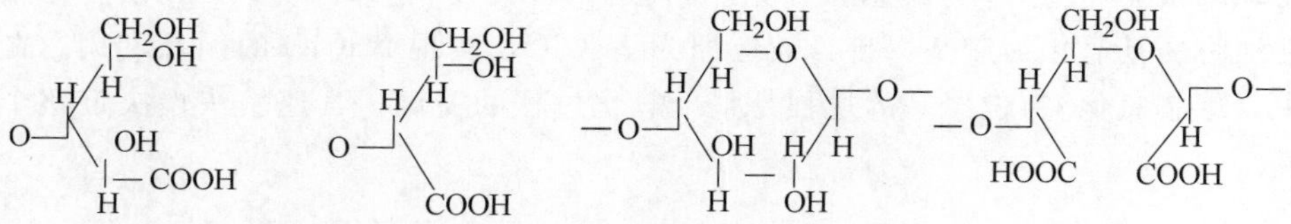

| 阿拉伯糖酸 | 赤酮酸 | 葡萄糖醛酸 | 2,3-二羧酸 |

这些分解产物进一步氧化分解还可产生乙醛酸（OCH—COOH）、甘油酸（CH_2OH—CHOH—COOH）、草酸（COOH—COOH）、甲酸和二氧化碳等分解产物。

具有羧基的氧化纤维素称为酸性氧化纤维素。无论是还原性还是氧化性纤维素，这两种形式的氧化纤维素在碱溶液中的溶解度均升高，但前者对碱溶液特别不稳定，原因是纤维素氧化形成羰基后，产生了 β-烷氧基羰基结构，促使配糖键在碱性溶液中断裂，聚合度降低，并易于老化返黄。后者对碱的不稳定性较好些，但 C_6 上的羰基较 C_2、C_3 上的羰基对碱的作用较不稳定。

氧脱木素时纤维素的降解化学反应，主要是碱性氧化降解反应。在碱性介质中，纤维素会受到分子氧的氧化作用，在 C_2 位（或 C_3、C_6 位）上形成羰基。

如图 3-75 所示，在氢氧自由基进攻下，C_2 位上形成羟烷基自由基 ［图 3-75（a）］，再受分子氧氧化作用而生成乙酮醇结构 ［图 3-75（b）］。C_2 位上具有羰基，会进行羰基与烯醇互换，从而发生碱诱导 β-烷氧基消除反应，导致糖苷键断裂，纸浆的黏度和强度下降。

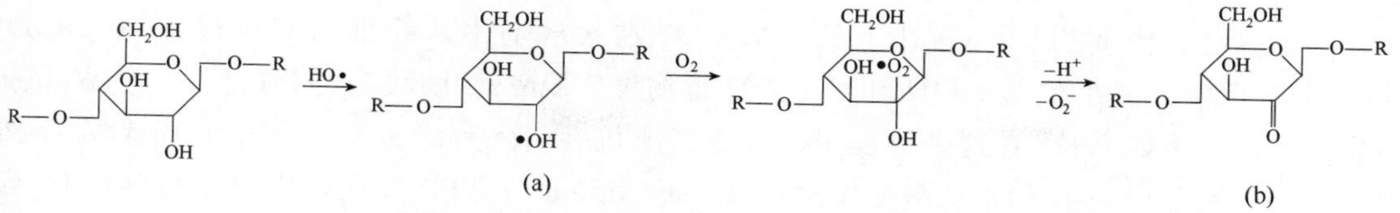

图 3-75　纤维素仲醇基的氧化

在碱性条件下的过氧化氢漂白时，纤维素的氧化也属于非选择性氧化。在过氧化氢漂白过程中，H_2O_2 分解生成的氢氧自由基（HO·）和氢过氧自由基（HOO·）都能与纤维素反应。HOO·能将纤维素的还原性末端基氧化成羧基，HO·既能氧化还原性末端基，也能将醇羟基氧化成羰基，形成乙酮醇结构，然后在热碱溶液中发生糖苷键的断裂。

重铬酸钾也是纤维素的非选择性氧化剂。重铬酸钾在酸性介质（如硫酸）中氧化时，生成兼具还原型和酸型的氧化纤维素，大多数羧基是糖醛酸型。与高碘酸盐对纤维素的氧化不同，重铬酸钾的氧化只在纤维的可及区中进行无选择性的氧化作用。当用易于氧化的草酸代替硫酸时，纤维素的氧化加速，得到有高还原性、低羧基含量的氧化纤维素。

四、纤维素的脱氧-卤代

在糖类化学反应中，羟基的亲核取代反应（主要为 S_N2 取代）起着相当重要作用。采用这种反应，可合成新的纤维素衍生物。包括 C-取代的脱氧纤维素衍生物（deoxycellulose derivatives）。重要的脱氧纤维素衍生物有脱氧-卤代纤维素（Deoxyhalogenated cellulose）和脱氧氨基纤维素。

（一）纤维素脱氧—卤代反应原理

根据有机化学反应原理，烷基黄酸酯可与亲核试剂发生亲核取代反应：

$$ArSO_2OR + :Z \longrightarrow R:Z + ArSO_3^-$$

根据上述化学反应原理，可制备各种脱氧纤维素衍生物。最常用的烷基磺酸酯为对-甲苯磺酰氯（p-toluenesulfonyl chloride）或甲基磺酰氯（methyl sulfonyl chloride）。首先将纤维素转化为相应的甲苯磺酸酯或甲基磺酸酯：

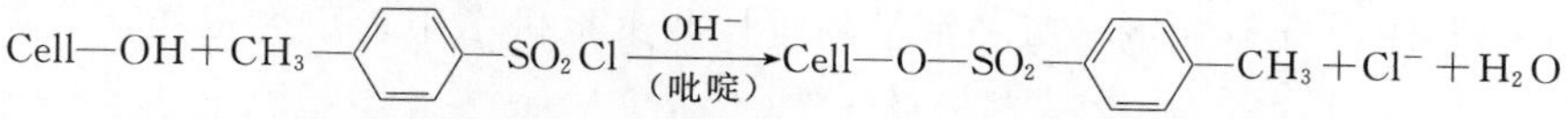

$$Cell—OH + CH_3—\!\!\!\left\langle\ \right\rangle\!\!\!—SO_2Cl \xrightarrow[\text{(吡啶)}]{OH^-} Cell—O—SO_2—\!\!\!\left\langle\ \right\rangle\!\!\!—CH_3 + Cl^- + H_2O$$

然后用卤素或卤化物等亲核试剂，将易离去基团取代，得到脱氧纤维素卤代物。

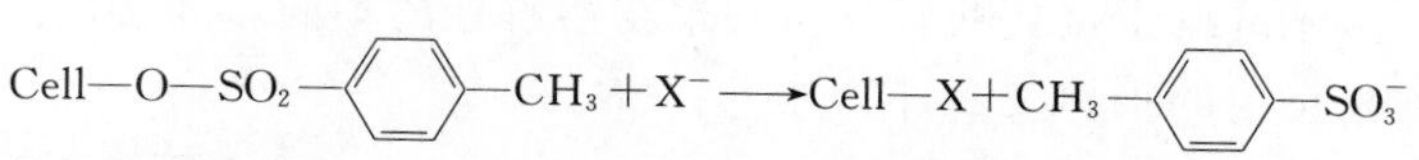

$$Cell—O—SO_2—\!\!\!\left\langle\ \right\rangle\!\!\!—CH_3 + X^- \longrightarrow Cell—X + CH_3—\!\!\!\left\langle\ \right\rangle\!\!\!—SO_3^-$$

将纤维素甲苯磺酸酯与氨、一级胺、二级胺或三级胺的醇溶液，进行亲核取代反应，可以得到脱氧-氨基纤维素：

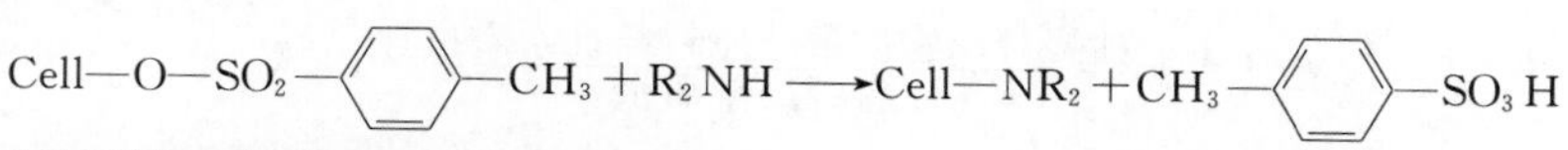

$$Cell—O—SO_2—\!\!\!\left\langle\ \right\rangle\!\!\!—CH_3 + R_2NH \longrightarrow Cell—NR_2 + CH_3—\!\!\!\left\langle\ \right\rangle\!\!\!—SO_3H$$

（二）纤维素脱氧-卤代反应的应用

纤维素的脱氧-卤代反应可在均相体系中也可在非均相体系中进行，但通常均相体系中产物的取代度较高。例如脱氧氯化纤维素（deoxychlorination）可在 LiCl-DMAc 溶剂体系中，由纤维素与 N-氯代丁二酰亚胺-三苯基膦（N-chlorosuccinimide-triphenylphosphine）（TPP）反应制得。最初反应只在 C_6—OH 发生，随着脱氧氯化反应的继续进行，反应会在

C₃—OH 发生，并伴随有瓦尔登转化（Walden inversion）反应发生。氯化反应（chlorination）的最大取代度为 1.86。在 LiCl-DMAc 纤维素溶剂中，纤维素与硫酰氯（sulfuryl chloride）反应，可在在 C₆—OH 和 C₃—OH 上均发生脱氧氯化反应，同时也会发生 Walden 转化，取代度达到 1.8。在这个过程中，含硫基团也会引入到纤维素上。在 LiBr-DMAc 溶剂体系，纤维素与 N-溴代丁二酰亚胺（bromosuccinimide）-TPP 反应，所得产品仅在 C₆ 含有脱氧溴化物（deoxybromide），取代度为 0.9。在非均相体系酯化纤维素可与三溴咪唑（tribomoimidazole）-TPP 发生反应，但产品脱氧溴化的取代度小于 0.6。在 LiBr-DMAc 纤维素溶剂中，用同样的反应物进行均相脱氧溴化反应，在 C₆—OH 和 C₃—OH 发生 Walden 转化，脱氧溴化物的取代度达到 1.6。醋酸纤维素与三氟化二乙氨基硫（DAST）在二氧杂环乙烷（dioxane）中反应制备 6-脱氧氟化醋酸纤维素（deoxyfluorocellulose acetate），取代度小于 0.6。

而立体选择性取代的 6-O-三苯甲基纤维素，可通过下面的方法制备：a. 在 LiCl-DMAc 纤维素溶剂中制备 6-O-三苯甲基纤维素；b. 三苯甲基纤维素的酰基化反应（benzoylation 苯甲酰化或 acetylation 乙酰化）；c. HBr 处理，脱除三苯甲基保护基；d. 与 DAST 反应制备 6-脱氧氟化-2,3-D-O-酰基纤维素（deoxyfluoro-2,3-D-O-acylcellulose）；e. 与甲醇钠-甲醇溶液反应使酰基发生皂化反应（saponification），产物的取代度为 0.9。

得到的脱氧卤化（deoxyhalogenated）纤维素衍生物可进一步进行取代反应，引进新的官能团，从而增加纤维素的功能。例如脱氧卤化纤维素可继续与巯基（tiols）、无机化合物或脂肪胺发生亲核取代反应，得到相应的取代产物。

五、纤维素的接枝共聚与交联

纤维素作为一种天然高分子化合物，在性能上存在某些不足，如耐化学腐蚀性差、强度还不够高，尺寸稳定性较差等。通过化学改性可使其获得某些特殊性能，扩大应用范围，提高产品价值。纤维素化学改性的方法很多，应用较多的有接枝共聚和交联反应。

（一）纤维素接枝共聚的方法（自由基引发、离子引发）

接枝共聚（graft copolymerization）是指在聚合物的主链上接上另一种单体。纤维素接枝共聚的研究是 1943 年开始的，纸和纸板的接枝共聚也做了很多研究工作，但尚未在生产上实际应用。

纤维素接枝共聚的方法主要有自由基引发接枝和离子引发接枝。在接枝共聚反应过程中常伴有均聚反应。鉴于纤维素接枝共聚物与均聚物溶解性的不同，通常用溶剂抽提法除去均聚物。评价接枝共聚反应的指标及其计算如下：

$$单体转化率 = \frac{抽提前产物质量 - 原料纤维素质量}{加入单体质量} \times 100\% \tag{3-28}$$

$$接枝率 = \frac{抽提后产物质量 - 原料纤维素质量}{原料纤维素质量} \times 100\% \tag{3-29}$$

$$接枝效率 = \frac{抽提后产物质量 - 原料纤维素质量}{抽提前产物质量 - 原料纤维素质量} \times 100\% \tag{3-30}$$

1. 自由基引发接枝

这一类方法研究最多，应用最广，例如四价铈引发接枝、五价钒引发接枝、高锰酸钾引发接枝、过硫酸盐引发接枝、Fentons 试剂引发接枝、光引发接枝、高能辐射引发接枝、等离子体辐射引发接枝等。自由基引发用到纸浆和纸的接枝上，主要有下列方法：

（1）直接氧化法

这个方法的典型例子，是用四价的铈离子。四价的铈离子（特别是硝酸铈离子）能使纤维素产生自由基。铈离子能使乙二醇氧化、断开，产生一分子醛和一个自由基。因此，一般认为纤维素接枝共聚作用的引发反应是发生在葡萄糖基环的 C_2、C_3 位上，形成如下一种结构：

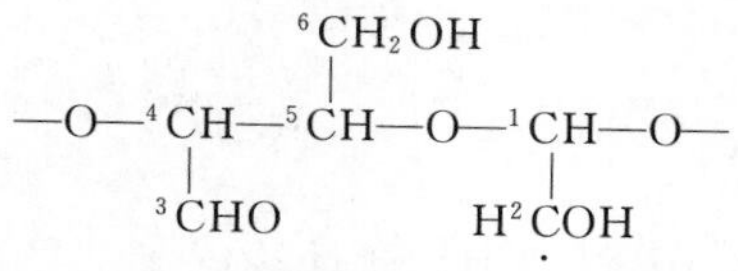

$$—O—^4CH—^5CH—O—^1CH—O—$$

（图中含 $^6CH_2OH$，^3CHO，H^2COH 等标注）

接枝的单体可以是氯乙烯、丙烯腈、丙烯酰胺、甲基丙烯酸甲酯等。

其他的氧化剂有五价钒、三价锰、高锰酸钾、过硫酸盐等。

（2）Fentons 试剂法

Fentons 试剂是一种含有过氧化氢和亚铁离子的溶液，是一个氧化还原系统。亚铁离子首先同过氧化氢发生反应放出一个氢氧自由基，这个自由基从纤维素链上夺取一个氢原子形成水和一个纤维素自由基，此自由基与接枝单体进行接枝共聚。如：

$$Fe^{2+}+H_2O_2 \longrightarrow Fe^{3+}+OH^-+HO\cdot$$

$$Cell—OH+HO\cdot \longrightarrow Cell—O\cdot+H_2O$$

$$Cell—O\cdot+M \longrightarrow 接枝共聚产物$$

上式中 Cell—OH 代表纤维素分子，M 代表单体，它可以是甲基丙烯酸甲酯或丙烯酸、乙烯乙酸酯等。

（3）辐射法

通过使用各种形式的能，如紫外线、γ 射线等离子体辐射等使纤维素产生自由基，然后与单体接枝共聚。

$$Cell—OH \xrightarrow{h\nu} CellO\cdot+H^+$$

$$CellO\cdot+M \longrightarrow 接枝共聚物$$

纤维素在空气或 H_2O_2 存在下辐射时，首先形成纤维素的过氧化物，然后再分解成自由基进行接枝共聚：

$$Cell—OH \xrightarrow{在空气或 H_2O_2中辐射} Cell—OOH$$

$$Cell—OOH \longrightarrow Cell—O\cdot+HO\cdot$$

$$Cell—O\cdot+M \longrightarrow 接枝共聚物$$

$$HO\cdot+M \longrightarrow 均聚物$$

2. 离子引发接枝

纤维素先用碱处理产生离子，然后进行接枝共聚。所用单体有丙烯腈、甲基丙烯酸甲酯、甲基丙烯腈等。接枝共聚时的溶剂有液态氮、四氢呋喃或二甲基亚砜。以丙烯腈为单体、四氢呋喃为溶剂，其反应历程为：

链引发

$$Cell—O^-Na^++CH_2=CHCN \longrightarrow Cell—O—CH_2—C^-HCN+Na^+$$

链增长

$$Cell\!-\!O\!-\!CH_2\!-\!C^- HCN + nCH_2\!=\!CHCN \longrightarrow Cell\!-\!O\!-\!(CH_2\!-\!CH)_n\!-\!CH_2\!-\!C^- HCN$$
$$\underset{CN}{|}$$

链终止

$$Cell\!-\!O\!-\!(CH_2\!-\!\underset{CN}{\underset{|}{CH}})_n\!-\!CH_2\!-\!C^- HCN + H^+ \longrightarrow Cell\!-\!O\!-\!(CH_2\!-\!\underset{CN}{\underset{|}{CH}})_n\!-\!CH_2CH_2CN$$

在不良情况下会产生副反应：

$$CH_2\!=\!\underset{CN}{\underset{|}{C^-}}\!-\!CN + nCH_2\!=\!CHCN \longrightarrow CH_2\!=\!\underset{CN}{\underset{|}{C}}\!-\!(CH_2CH)_{n-1}\!-\!CH_2\underset{CN}{\underset{|}{C^-}}HCN$$

均聚物

$$CH_2\!=\!\underset{CN}{\underset{|}{C}}\!-\!(CH_2\underset{CN}{\underset{|}{CH}})_{n-1}\!-\!CH_2\underset{}{C^-}HCN + CH_2\!=\!CHCN \longrightarrow$$

$$CH_2\!=\!\underset{CN}{\underset{|}{C}}\!-\!(CH_2\underset{CN}{\underset{|}{CH}})_{n-1}\!-\!CH_2CH_2CN + CH_2\!=\!C^-\!-$$

均聚物

副反应的结果是产生许多均聚物。从这一点看，本法不如自由基法成熟。

3. 纤维素接枝共聚物的结构与性质

纤维素多相接技共聚反应发生在无定形区和结晶区表面，对纤维素的结构没有影响；在均相反应条件下制得的接枝共聚物的结晶和形态结构都发生了明显变化。

纤维素的接枝共聚物既具有纤维素固有的优良特性，又具有合成聚合物支链赋予的新性能，如耐磨性、形稳性、黏附性、高吸水性或抗水性、抗油性、阻燃性、耐酸性、耐微生物降解和离子交换性能，用途更加广泛。

（二）纤维素的交联

纤维素纤维及其织物可与某些化学试剂发生分子链间的交联（crosslinking），改变纤维和织物的性质，提高抗折皱性，耐久烫性、弹性、湿强度和尺寸稳定性等。交联反应与不同来源纤维素纤维及织物的结构、形态、反应性等密切相关，也受到交联剂类型和交联工艺条件的影响，是一类复杂的多相反应。纤维素的交联反应基本上是形成二醚或二酯的缩合反应。下面介绍几种主要的交联反应。

1. 形成醚的交联反应

（1）与醛类的交联反应

甲醛是最早使用的交联剂之一。在酸性条件下，纤维素与甲醛反应，发生缩合作用并释出水，在大分子间形成分子间交联。

$$2Cell\!-\!OH + HCHO \longrightarrow Cell\!-\!O\!-\!CH_2\!-\!O\!-\!Cell + H_2O$$

纤维素葡萄糖基上的两个仲羟基可与甲醛缩合，形成分子内的交联反应。

除甲醛外，其他醛如乙二醛和较高级的脂肪二醛也可与纤维素形成缩醛的交联反应。

纤维素用醛类进行交联，通常在酸性和较高温度下进行，强度损失较大，而且醛类有一定的毒性。所以，目前已被其他类型交联剂所代替。

（2）与 N-羟甲基化合物的交联反应

可用于纤维素交联的 N-羟甲基化合物很多，常用的有三聚氰胺甲醛树脂（MF）、脲甲醛树脂（二羟甲基脲）等。

三聚氰胺甲醛树脂是一种湿强剂，它的湿强作用是基于与纤维素的交联反应：

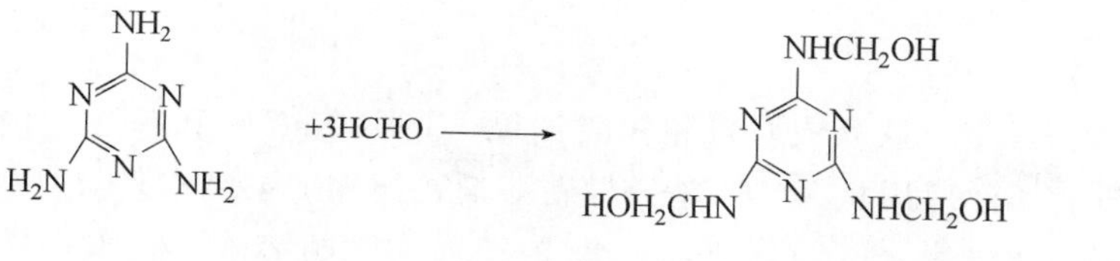

三聚氰胺　　　　　　　　　　三羟甲基三聚氰胺(三聚氰胺甲醛树脂)

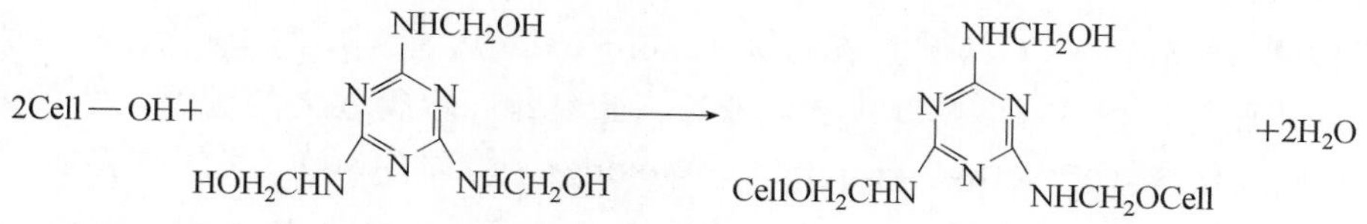

（3）与含环氧基化合物的交联反应

纤维素中的羟基与含环氧基化合物的交联反应：通过这三元环的开环反应，形成稳定的分子间交联。以表氯醇（环氧氯丙烷）为例，在碱催化作用下与纤维素交联用于棉织物的抗折皱整理，反应式如下：

$$2Cell—OH+Cl—CH_2—CH\underset{O}{—}CH_2 \longrightarrow Cell—O—CH_2—CH(OH)—CH_2—O—Cell$$

表氯醇还可用作纤维素衍生物的交联剂制备高吸附材料，例如，用作羧甲基纤维素交联可制备保水值（WRV）为天然纤维素的 10 至 30 倍的高吸附材料。

2. 形成酯的交联反应

纤维素可与酸酐（如苯二甲酸酐、顺丁烯二酸酐）、酰氯（从琥珀酰氯 $ClCOCH_2·CH_2COCl$ 到癸二酰氯 $ClCO(CH_2)_8COCl$）、二羧酸（除反应性能很小的草酸、丁二酸、戊二酸以外的其他 $C_3 \sim C_{22}$ 的二酸）和二异氰酸酯（如 2,4-二异氰酸甲苯酯）等发生形成酯的交联反应。纤维素在二甲基甲酰胺［$HCON(CH_3)_2$］溶液中室温下与酰氯的交联反应如下：

$$2Cell—OH + Cl—\overset{O}{\underset{}{C}}—(CH_2)_n—\overset{O}{\underset{}{C}}—Cl \longrightarrow Cell—O—\overset{O}{\underset{}{C}}—(CH_2)_n—\overset{O}{\underset{}{C}}—O—Cell + 2HCl$$

但是形成酯的交联产物易于碱性水解，因此纤维素形成酯的交联反应未获工业应用。

第十节　纤维素溶剂

根据溶剂中是否含水纤维素的溶剂可分为水体系的溶剂和非水体系的溶剂两大类。

一、水体系的溶剂

能使纤维素溶解的水体系溶剂有：

1. 无机酸类

如 H_2SO_4（65%～80%）、HCl（40%～42%）、H_3PO_4（73%～83%）和 HNO_3（84%），这些酸溶解纤维素时，伴有水解作用，使纤维素发生严重的降解，因此并不是严格意义上的溶解，对实际应用意义不大。

2. Levis 酸类

如氯化锂、氯化锌、高氯酸铵、硫代氯酸盐、磺化物和溴化物等溶剂，可溶解低聚合度的纤维素。

3. 无机碱类

如 NaOH、NH_2—NH_2（联氨或肼）和锌酸钠等。其中 NaOH 和锌酸钠仅能使低聚合度的纤维素溶解，没有实际应用意义。肼是一种新溶剂，把棉绒浆或木浆与肼放在高压釜中加热，纤维素就溶解。通过聚合度的调节，可获得 33% 浓度的溶液。在水中纺丝，可形成纤维。

4. 有机碱类

如季铵碱 $(CH_3)_4N \cdot OH$ 和胺氧化物（amine oxide）等。其中胺氧化物是一种新溶剂。近年来，应用胺氧化物溶剂溶解纤维素，制造人造纤维，取得很大的进展。胺氧化物有 N-甲基-吗啉-N-氧化物（N-methyl-morpholine-N-oxide），简称 MMO，其分式子为：

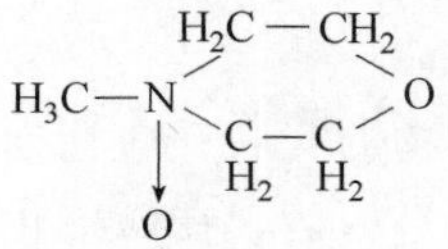

$$H_3C-N \begin{matrix} H_2C-CH_2 \\ | \qquad | \\ C-C \\ H_2 \ H_2 \end{matrix} O$$

它有无水 MMO 和一水合 MMO（即 MMO · H_2O）两种形式。另一种胺氧化物为 N,N-二甲基环己胺-N-氧化物（N,N-dimethylcyclohexylamine-N-oxide），简称 DMCAO。

5. 配合物类

配合物是纤维素最早使用的溶剂，如铜氨、铜乙二胺、钴乙二胺、锌乙二胺、镉乙二胺、酒石酸铁钠等配合物体系。

铜氨溶剂是深蓝色的液体，是由氢氧化铜溶解于浓氨水中而制得的。铜乙二胺溶剂也是深蓝色的液体，是将氢氧化铜溶于等当量的高浓度的乙二胺水溶液中而制备的。纤维素在铜氨溶液和铜乙二胺溶液中，分别形成纤维素的铜氨配位离子和铜乙二胺配位离子，如图3-76所示：

纤维素的铜乙二胺溶液对空气氧化的稳定性高于纤维素的铜氨溶液。因此，用铜乙二胺法测定纤维素聚合度，其结果优于铜氨法。

钴乙二胺溶剂的组成为 $Co(en)_3(OH)_2$（en 代表乙二胺），此配合物为枣红色，它的制备是将新沉淀的蓝绿色的氢氧化钴溶于乙二胺中。在溶解时要避免空气的影响，否则，配合物呈黄棕色，失去对纤维素的溶解能力。

锌乙二胺溶剂的组成为 $Zn(en)_3(OH)_2$，为无色液体，它的制备是由 $Zn(OH)_2$ 溶于冰冷却的乙二胺中。$Zn(OH)_2$ 是由 NH_4OH 加入到 $ZnCl_2$ 溶液中制得的。纤维素在锌乙二胺溶剂中的溶解能力，随乙二胺含量的增高而增加。纤维素的锌乙二胺溶液有良好的稳定性，因此，应用这种溶剂测定纤维素聚合度优于铜氨和铜乙二胺溶剂。

镉乙二胺溶剂的组成为 $Cd(en)_3(OH)_2$，为无色的清溶液。它是由氧化镉或氢氧化镉溶于乙二胺中而制得的。镉乙二胺配合物溶液主要用于测定纤维素聚合度，使用的溶液组成为含镉 5.5%，乙二胺 27%~30%（质量分数）。镉乙二胺对纤维素的溶解能力随镉含量的增加而提高，在此溶液中加 NaOH 可进一步提高溶解能力。镉乙二胺不仅可以溶解纤维素，而且可溶解纤维素衍生物，如 CMC-Na 和碱纤维素。

铁-酒石酸-钠配合物溶于碱液中，对纤维素有较大的溶解能力，此配合物称为 FeTNa 或 EWNN。EWNN 配合物溶液有两种，一种是绿色溶液，由铁：酒石酸：碱金属为 1：3：6，溶于 NaOH 制备的。另一种是棕色溶液，相应比例为 1：1：1。第一种绿色配合物的组

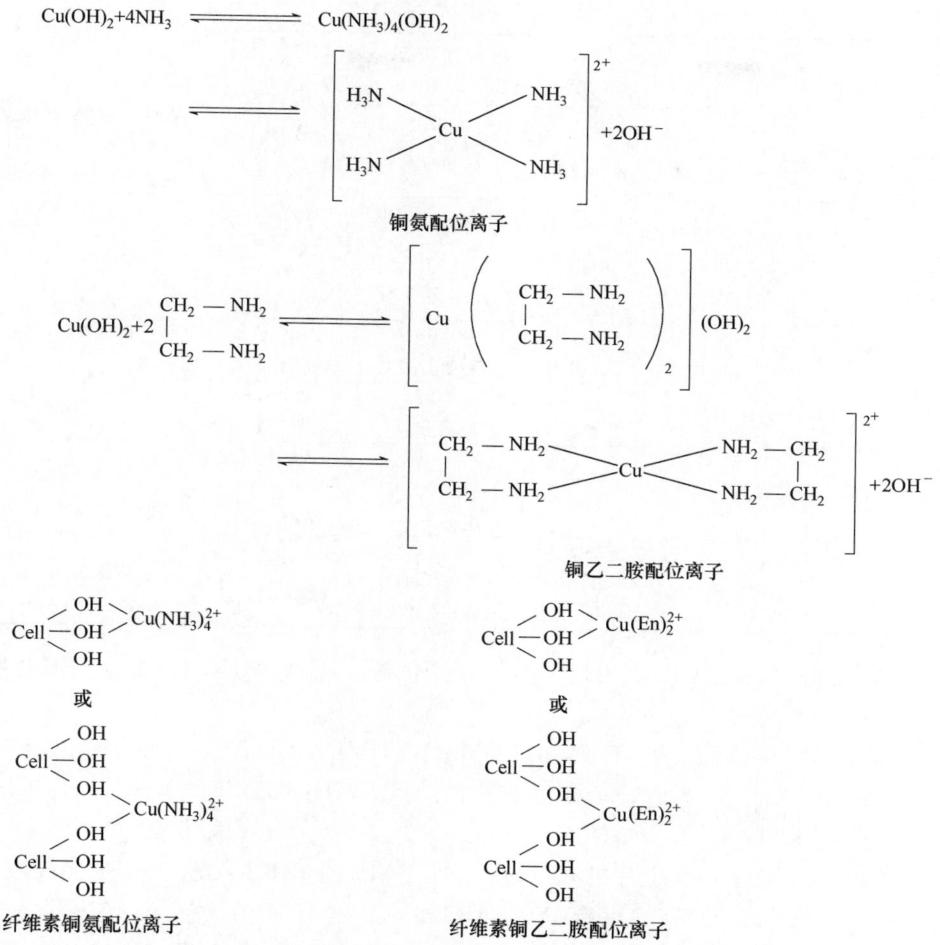

$$Cu(OH)_2 + 4NH_3 \rightleftharpoons Cu(NH_3)_4(OH)_2$$

$$\rightleftharpoons \begin{bmatrix} H_3N & & NH_3 \\ & Cu & \\ H_3N & & NH_3 \end{bmatrix}^{2+} + 2OH^-$$

铜氨配位离子

$$Cu(OH)_2 + 2 \begin{array}{l} CH_2-NH_2 \\ | \\ CH_2-NH_2 \end{array} \rightleftharpoons \left[Cu \left(\begin{array}{l} CH_2-NH_2 \\ | \\ CH_2-NH_2 \end{array} \right)_2 \right] (OH)_2$$

$$\rightleftharpoons \begin{bmatrix} CH_2-NH_2 & & NH_2-CH_2 \\ | & Cu & | \\ CH_2-NH_2 & & NH_2-CH_2 \end{bmatrix}^{2+} + 2OH^-$$

铜乙二胺配位离子

$$Cell \begin{array}{l} OH \\ OH \\ OH \end{array} Cu(NH_3)_4^{2+}$$

或

$$Cell \begin{array}{l} OH \\ OH \\ OH \end{array} Cu(NH_3)_4^{2+} \\ Cell \begin{array}{l} OH \\ OH \end{array}$$

纤维素铜氨配位离子

$$Cell \begin{array}{l} OH \\ OH \\ OH \end{array} Cu(En)_2^{2+}$$

或

$$Cell \begin{array}{l} OH \\ OH \\ OH \end{array} Cu(En)_2^{2+} \\ Cell \begin{array}{l} OH \\ OH \end{array}$$

纤维素铜乙二胺配位离子

图 3-76　铜氨和铜乙二铵溶剂的配合反应

成为 $[Fe^{3+}(C_4H_3O_6)_3]_6Na_6$，其结构式为：

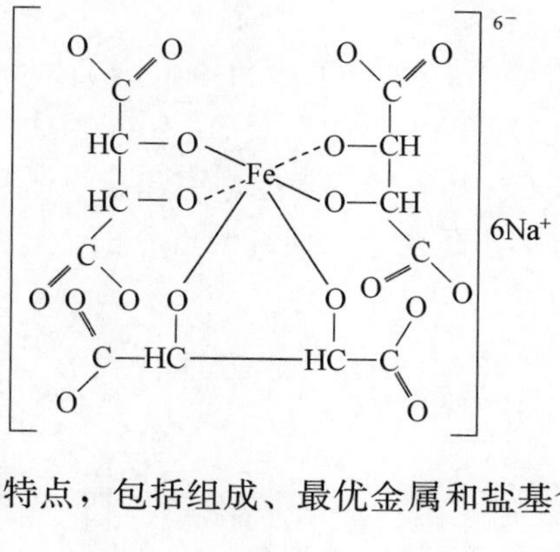

一些纤维素的水体系溶剂特点，包括组成、最优金属和盐基含量、溶液浓度等见表 3-17。

二、非水体系的溶剂

非水体系的溶剂是以有机溶剂为基础的不含水的溶剂。纤维素的非水溶剂有一元、二元和三元体系。

表 3-17		纤维素的水体系溶剂特点			
溶剂名称	溶剂组成	最优金属浓度	最优盐基浓度	最高可达到的纤维素浓度/%	备　注
铜氨溶液	$[Cu(NH_3)_4](OH)_2$	1.5%～3%（体积分数）	12.5%～17.5%（体积分数）	＞10%（质量分数）	空气进入时，纤维素降解，加入体积分数 1%的糖可使其稳定与铜氨比较，纤维素降解较少
铜乙二胺	$[Cu(En)_2](OH)_2$	0.5mol/L	1mol/L	0.6%～1.2%（体积分数）	
钴乙二胺	$[Co(En)_3](OH)_2$	6.85%（质量分数）	26.6%（质量分数）	7%（体积分数）	
锌乙二胺	$[Zn(En)_3](OH)_2$	8%（质量分数）	～30%（质量分数）	2.86%（体积分数）	无色的清晰溶液，对氧的敏感性小
镉乙二胺	$[Cd(En)_3](OH)_2$	6.5%（质量分数）	27.9%（质量分数）	＜5%（质量分数）	同上
铁-酒石酸-钠	$[(C_4H_3O_6)_3Fe]Na_6$		9%～12%（游离 NaOH 体积分数）		或许纤维素未进入复合体，而润胀无限扩大
铁-酒石酸-钾		复合体占 30%～32%（体积分数）	13%～17%（游离 NaOH 体积分数）	0.8%～1%（体积分数）	对氧不敏感

一元体系有三氟醋酸 CF_3COOH，乙基吡啶化氯 $C_2H_5C_5H_5NCl$，无水胺氧化物 MMO 和 DMCAO 等。

二元体系有 N_2O_4/极性有机液（DMSO，DMF，DMAC），NOCl/极性有机液，$NOHSO_4$/极性有机液，三氯乙醛/极性有机液，CH_3NH_2/DMSO，NH_3/NH_4SCN，LiCl/DMAC 和 PF/DMSO 等。

三元体系有 SO_2/胺/极性有机液（DMSO，DMF），$SOCl_2$/胺/（极性有机液 DMSO，DMF），SO_2Cl_2/胺/（极性有机液 DMSO，DMF）。

非水溶剂能够溶解纤维素的原理，Nakao 提出在溶剂体系中形成电子给予体-接受体（EDA）配合物的假定，要点如下：

① 纤维素 OH 基的氧原子与氢原子参与 EDA 的相互作用，O 原子起 π 电子对给予体的作用，而 H 原子作为 δ 电子对接受体。

② 溶剂体系中的活性剂存在有一个给予体和一个接受体中心，两个中心在空间的地位适合于与 OH 基的 O 原子和 H 原子相互作用。

③ 存在一定适合范围的 EDA 相互作用强度，引起给予体和接受体中心及极性有机液作用空间，达到 OH 基的电荷分离至适当量，使纤维素分子链分开而溶解。

上述原理见图 3-77。

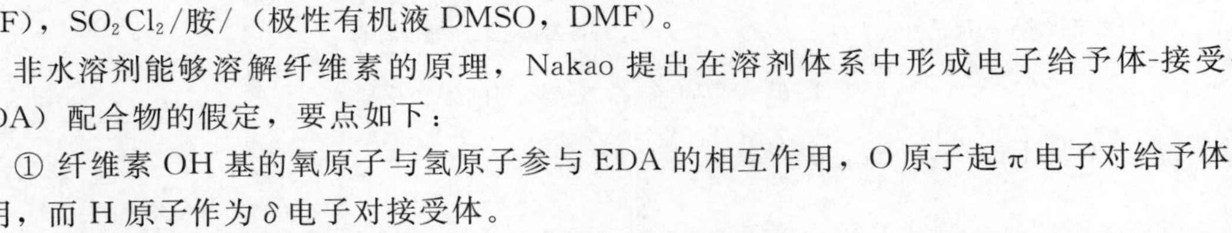

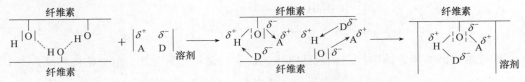

图 3-77　非水溶剂溶解纤维素的机理示意图

例如 CH_3NH_2/DMSO 体系中的 EDA 作用如图 3-78 所示：

在以上非水溶剂体系中，最重要和引起注目的是 PF/DMSO 体系、N_2O_4/DMF 体系、

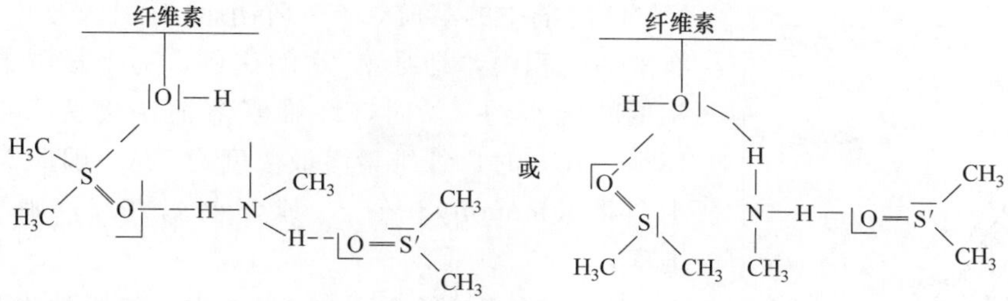

图 3-78　CH₃NH₂/DMSO 体系中的 EDA 作用

NH₃/NH₄SCN（液氨/硫氰酸铵）体系、LiCl/DMAC 体系、胺氧化物体系等，分述于下。

1. 多聚甲醛/二甲基亚砜体系

多聚甲醛/二甲基亚砜（PF/DMSO）是纤维素的一种优良无降解的新溶剂体系。纤维素溶解的机理，认为是 PF 受热分解产生甲醛与纤维素的羟基反应生成羟甲基纤维素，而溶解在 DMSO 中的。反应如图 3-79 所示。

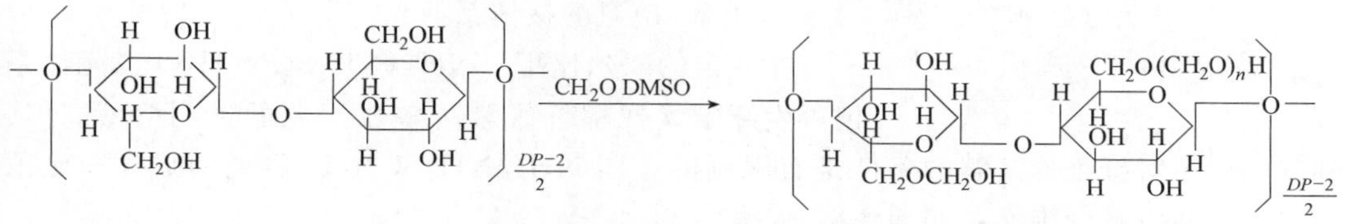

图 3-79　PF/DMSO 体系中甲醛与纤维素反应生成羟甲基纤维素的反应

2. 四氧二氮/二甲基甲酰胺体系

纤维素可溶解在四氧二氮/二甲基甲酰胺或二甲基亚砜（N₂O₄/DMF 或 DMSO）中，认为是 N₂O₄ 与纤维素反应生成亚硝酸酯中间衍生物，而溶于 DMF 或 DMSO 中。例如，将干燥过的浆粕与 DMSO 混合，其中添加 1.5gN₂O₄/g 纤维素，搅拌后可得到 4%～6% 浓度的 Cell/N₂O₄/DMSO 溶液，溶液为黄绿色，通过纺丝孔，喷入乙醇或异丙醇水溶液或含 0.5% H₂O₂ 的水中，可形成再生纤维素纤维。

3. 胺氧化物体系

胺氧化物——N-甲基吗啉-N-氧化物（NMMO）属非衍生化溶剂体系，其溶解纤维素是直接使纤维素溶解，而不像 PF/DMSO 和 N₂O₄/DMF 体系那样生成中间衍生物。由于 N—O 键的强极性，NMMO 和 NMMO·H₂O 对纤维素有很强的溶解能力。NMMO 与纤维素间的作用可解释为氢键络合物的形成及离子相互作用（见图 3-80）。不含水时，由于 NMMO 具有很强的偶极 N⁺O⁻，该基团的氧原子可以与一些含有羟基的物质如水和醇类形成 1～2 个氢键，与纤维素的羟基作用形成氢键则使其溶解。水合的 NMMO·H₂O 在 85℃ 以上温度时也可破坏

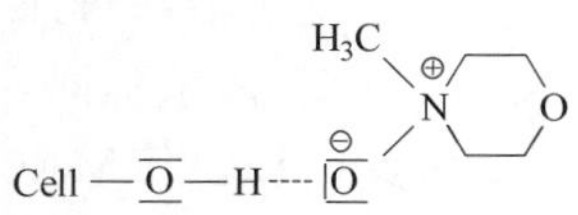

图 3-80　纤维素与 NMMO 的相互作用

纤维素的分子间氢键，此时 NMMO 的偶极 N⁺O⁻ 与纤维素的羟基作用形成络合物使纤维素溶解，而水在纤维素与 NMMO 的 EDA 相互作用中则作为溶剂的活化点，通过氢键与纤维素羟基的氧原子和氢原子作用。

胺氧化物溶剂对纤维素的溶解条件比较严格，最初认为这是不利的因素，然而，从全过程看，这是有利的，因为再生时可有更好的适应性，它的严格的溶解条件表现在胺氧化物/水的体系，纤维素仅在一个很狭的条件下才溶解，如图 3-81 所示。由图 3-81 可见，纤维素在

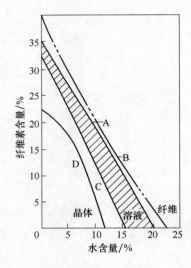

图 3-81　纤维素在 MMO/
H_2O 体系中溶解图

MMO 溶剂中的溶解，有一个小的面积区域，在这个相对有限的面积中，纤维素/水的比例，有个极限的变化关系，从低的含水约 2％时，纤维素溶液浓度为 28％，到含水 15％～20％时，纤维素溶液浓度为 5％，因此 MMO·H_2O 水合物（monohydrate），其含水 23.5％，则不能溶解纤维素。

Cell/MMO/H_2O 溶液的制备，有两种溶解方法：第一种溶解方法是，在室温下，将纤维素与无水 MMO 混匀，放在一个装有搅拌的密闭的反应器中，然后加入需要量的水，将反应器密闭盖好，在油浴中加热和搅拌，温度维持在 130℃。第二种方法是，将适当的水加入，形成 1 分子水的 MMO·水合物，在密闭反应器中加热搅拌，温度也维持 130℃。

4. 液氨/硫氰酸铵体系

在一定的摩尔比下，NH_3/NH_4SCN/H_2O 三元体系能把再生纤维素或棉纤维素溶解成无色的透明溶液。但是，这种溶剂体系对纤维素溶解的条件是有限制的，即 NH_3/NH_4SCN/H_2O 的组成在一定限制范围内，才能溶解纤维素，如图 3-82 所示。

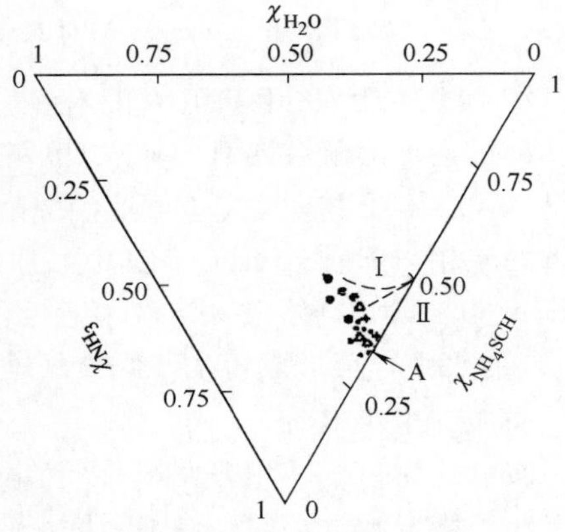

研究表明 72.1％（质量分数）NH_4SCN，26.5％（质量分数）NH_3 和 1.4％（质量分数）H_2O 的组成溶剂，对纤维素具有最大的溶解能力。

液氨/硫氰酸铵溶剂溶解纤维的方法是：把撕碎和经过干燥的浆粕，加入到一定组成的溶剂中，在 −12℃下保持 6～12h，然后慢慢升温到室温，将混合物搅拌，纤维素即溶解成溶液。

5. 氯化锂/二甲基乙酰胺体系

氯化锂/二甲基乙酰胺（LiCl/DMAC）体系对纤维素的溶解作用，与 MMO 体系和 NH_3/NH_4SCN 体系一样，是直接溶解纤维素，而和 PF/DMSO 体系及 N_2O_4/DMF 体系不同，溶解时不形成任何中间衍生物。因此，LiCl/DMAC 溶剂体系溶解纤维素的机理，以前面所述的 EDA 作用解释，形成如下的溶剂化配合物：

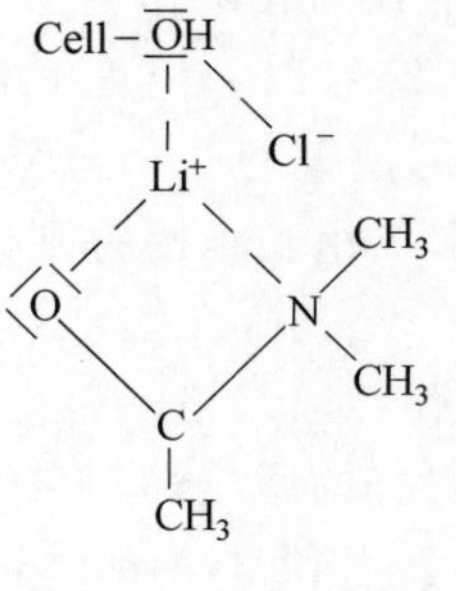

图 3-82　NH_3/NH_4SCN/H_2O 的
三元图及其对纤维素的溶解

Cell/LiCl/DMAC 溶液在室温下很稳定，因此，应用这种溶剂可以进行抽丝、成膜、均相酯化等开发应用研究。

三、离子液体

离子液体是在室温下及相邻温度下完全由阴、阳离子组成的有机液体物质，全名叫室温离子液体，或室温熔融盐。其阳离子一般为有机阳离子如 1,3-二烷基取代的咪唑离子、*N*-烷基取代的吡啶离子、季铵离子或季鏻离子（图 3-83），其阴离子为无机或有机阴离子，如 Cl^-、B^-、I^-、$[Al_2Cl_7]^-$、$[BF_4]^-$、$[PF_6]^-$、CH_3COO^- 和 CF_3COO^- 等。根据有机阳离子母体的不同，离子液体主要分为：咪唑盐类、吡啶盐类、季铵盐类和季鏻盐类。与传统的有机溶剂、水、超临界流体等相比，离子液体有许多优良的性能，如优良的溶解性、高稳定性、高极性、不挥发性等，而且毒性小，易于回收，因而离子液体在有机合成、催化、分离、电化学、材料制备中有着极其广泛的应用，被认为是最具发展潜力的绿色溶剂之一。

1-alkylpyridinium
N-烷基取代的吡啶离子
1,3-dialkylimidazolium
1,3-二烷基取代的咪唑离子
alkylammonium
季铵离子
alkyphosphonium
季鏻离子

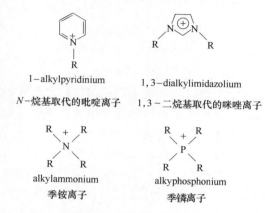

图 3-83　离子液体的阳离子结构

离子液体作为纤维素的优良溶剂，首先由美国阿拉巴马大学绿色制造中心 Rogers 教授领导的课题组发现，之后引起了人们的广泛关注。其中含有烷基及羟基、烯丙基等功能化基团，并且具有不同阴离子的离子液体被用作纤维素的溶剂，一些具有代表性的纤维素离子液体的化学结构见图 3-84。

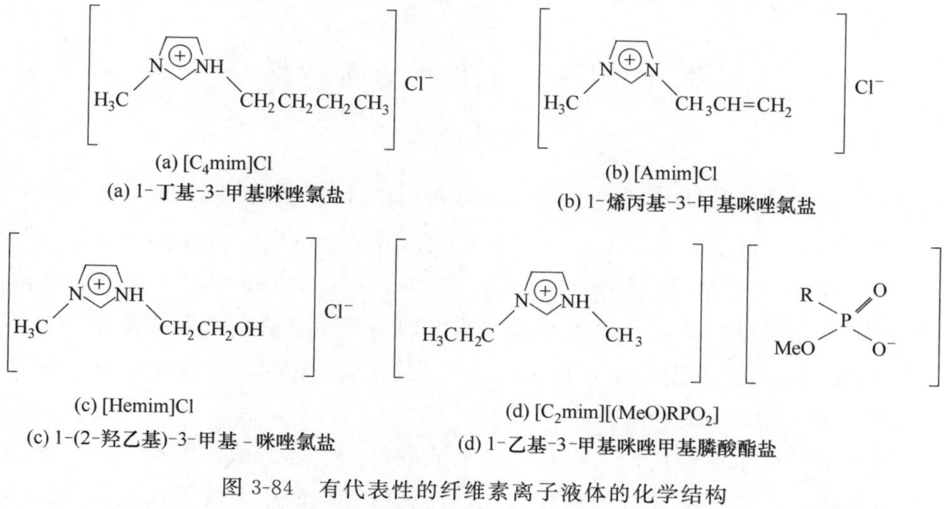

(a) [C4mim]Cl
(a) 1-丁基-3-甲基咪唑氯盐
(b) [Amim]Cl
(b) 1-烯丙基-3-甲基咪唑氯盐
(c) [Hemim]Cl
(c) 1-(2-羟乙基)-3-甲基-咪唑氯盐
(d) [C2mim][(MeO)RPO2]
(d) 1-乙基-3-甲基咪唑甲基膦酸酯盐

图 3-84　有代表性的纤维素离子液体的化学结构

研究发现只有含强氢键受体的负离子如 Cl^- 的离子液体能够溶解纤维素，而含配位型的负离子，如 $[BF_4]^-$、$[PF_6]^-$ 的离子液体则不能溶解纤维素。因此纤维素在离子液体中的溶解机理主要还是按照电子给体与受体理论（electron donor-acceptor，EDA）解释，即离子液体的阳离子作为电子接受体，而阴离子作为电子给予体，通过离子液体阴阳离子与纤维素

—OH 中氧原子和氢原子的相互作用导致纤维素大分子间的氢键断裂，从而实现纤维素的溶解。如［Amim］Cl 溶解纤维素的机理，用 EDA 作用解释如下：在临界温度以上，［Amim］Cl 中的离子对解离成 Cl⁻ 和 Amim⁺，然后自由的 Cl⁻ 离子与纤维素羟基质子结合，而自由正离子同纤维素羟基上的氧结合，形成了如图 3-85 的 EDA 作用，从而破坏了纤维素的氢键网络，导致纤维素溶解。

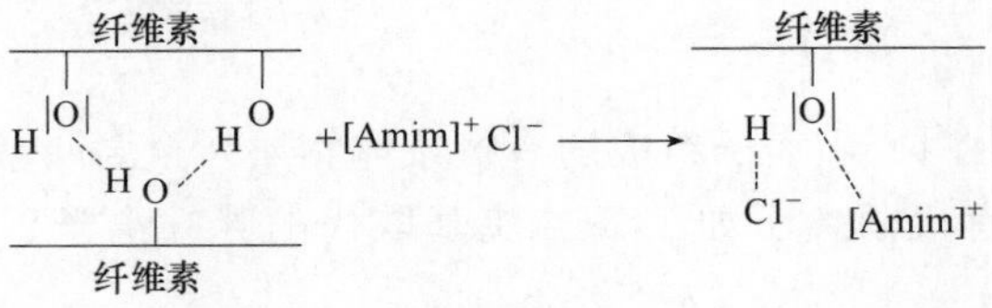

图 3-85　纤维素在离子液体［Amim］Cl 中的溶解机理

离子液体作为纤维素的直接溶剂，溶解过程最初被认为是完全的物理过程，中间没有发生任何化学反应，纤维素聚合度和多分散性在溶解前后几乎相同。然而随着研究的深入，发现纤维素在溶解过程中必然伴随着分子链的断裂和相对分子质量的降低，即纤维素在离子液体中溶解时发生了降解。

纤维素离子液体的应用大大拓展了纤维素的工业应用前景，为纤维素资源的绿色应用提供了一个崭新的平台。如纤维素溶于离子液体后，通过溶剂沉淀法可以得到不同形态的再生纤维素，如纤维素纤维、纤维素膜、纤维素粉末及纤维素珠（球）等；通过在离子液体中的溶解与再生，还可以在纤维素中加入功能性添加剂制备具有特殊性能的纤维素新材料。离子液体也为纤维素的均相衍生化反应和纤维素衍生物的制备提供了绿色反应介质。研究表明，以离子液体为介质进行的一些化学反应，表现出不同于一般有机溶剂的反应立体选择性和反应效率；以离子液体为基础的纤维素功能化反应，其反应过程均一性高，不需要催化剂，反应时间短，可以得到具有可控制的高而均匀取代的纤维素衍生物。此外在纤维素制备生物乙醇过程中，通过离子液体对纤维素的消晶作用，则可以大大提高纤维素的水解及酶解的速度，可望降低生物乙醇的制备成本。

第十一节　纤维素功能材料

一、微晶纤维素

纤维素纤维由结晶区和非结晶区组成，在温和的条件下加水降解，就能得到大小为微米级的结晶的微小物质。微晶纤维素是由天然的或再生的纤维素，在较高的温度（110℃）下通过 HCl、SO₂ 或 H₂SO₄ 酸催化降解而得到。产物的形状、大小和聚合度可以由降聚的反应条件来控制，微晶纤维素的聚合度视纤维素原料的品质而有区别。微晶聚集颗粒的尺寸约为 1500～3000nm，呈棒状或薄片状。微晶纤维素为高度结晶体，其密度相当于纤维素单晶的密度，约为 $1.538\sim1.545\text{g/cm}^3$。

微晶纤维素是一种水相稳定剂，它在水中形成胶质分散体。微晶纤维素适合作为食品纤维、非能量膨化剂、不透明剂、抗裂剂和抗压剂，在各种食品中，除了使乳化稳定、不透光以及悬浮外，还能显著改善口感，赋予或增加食品的类脂性。微晶纤维素在医药工业中作为载体和药片基质、用作赋形填充剂、崩解剂、胶囊剂和缓释剂等；在日用化学品工业中用于头发护理用品、染发剂、洗发液和牙膏等。最近的研究发现，微晶纤维素可以作为一种能够形成固定液态结晶相的新材料。

二、纳米纤维素

纳米纤维素（nanocellulose）是指处于纳米尺度的纤维素，通常是指直径在 100nm 以下、长度几十纳米、几百纳米或者处于微米级的棒状或线状的纤维素，它来源于植物生物质（如木材、棉花、大麻、亚麻、麦草、甜菜、马铃薯块茎、桑树、树皮、苎麻等）、细菌或动物纤维素。根据来源、尺寸、形貌和制备方法不同，纳米纤维素可以分为三大类：

① 纤维素纳米晶（cellulose nanocrystals，CNCs）。CNCs 一般通过无机强酸水解或酶水解纤维素原料得到，水解过程中纤维素的无定形区被降解成糖，结晶区得以保留，最终得到晶须状或球状的 CNC。纤维素纳米晶体还常被称作纳米结晶纤维素（nanocrystalline cellulose，NCC）、纤维素纳米晶须（cellulose nanowhisker，CNW）等。CNCs 的直径通常为 2～20nm，长度为几十到几百纳米，具有较高的结晶度、良好的机械强度、特殊的光学效应和自组装性能，在高强度复合材料、防伪油漆、纳米导电、液晶材料等领域具有潜在应用。

② 纤维素纳米纤维（cellulose nanofibers，CNFs）。又称为纤维素纳米纤丝（cellulose nanofibrils，CNFs），主要通过机械剪切处理或者通过化学预处理结合机械处理纤维素原料得到，处理的过程中纤维素的无定形区通常不被去除，最终的 CNFs 仍由结晶区和无定形区构成，长径比较大，柔韧性较好。纤维素纳米纤丝还常被称为纳米纤丝化纤维素（nanofibrillated cellulose，NFC）、微纤化纤维素（microfibrillated cellulose，MFC）等。

③ 细菌纤维素。由木醋杆菌等细菌发酵得到，具有纯度高、结晶度高（大于 95%）、聚合度高、生物相容性好等特点。

有关细菌纤维素内容本章第四节已做了介绍，此处不再赘述。本节主要介绍来源于植物的纳米纤维素的制备、性质以及应用。

根据 Fengel 的微细纤维结构模型，在植物细胞壁中，纤维素大分子链有规则地排列聚集成原细纤维（elementary fibril），若干的原细纤维组成微细纤维（microfibril），若干微细纤维再按不同方式排列构成纤维。原细纤维的直径约 3～5nm，微细纤维素的直径约为 25nm。采用物理或化学等分离、解纤手段，从纤维素纤维中将这些原细纤维、微细纤维提取出来，就可得到纳米尺度的纤维素——纳米纤维素。目前从植物纤维制备纳米纤维素的方法有：化学法、机械法、化学预处理-机械法、酶预处理-机械法等。依纤维素原料差异，采用不同的制备方法，可以得到不同形貌、表面带不同官能团的纳米纤维素。图 3-86 是纳米纤维素的制备原理示意图。

① 化学法。常用的化学法是酸水解法，所用酸有无机强酸如硫酸、盐酸、磷酸以及混合酸等。酸水解法通过水解将纤维素的无定形区去掉保留结晶区，得到纤维素纳米晶，其直径通常在 4～25nm，长度为 100～1000nm，所带基团跟所用的酸种类有关，如用硫酸水解，则部分羟基转化为磺酸基团。酸水解法

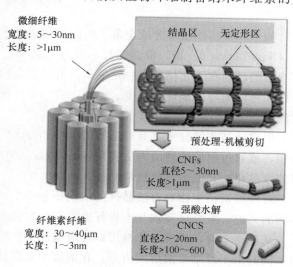

图 3-86　由纤维素纤维制备纳米纤维素示意图

可以得到高结晶度的纳米纤维素，但是得率较低，而且无机强酸对设备腐蚀严重，不易回收，易对环境造成污染。一些正在研究改进的方法有：固体酸水解、有机酸水解、亚临界水解等，均各有优缺点。

② 机械法。机械原纤化法通过强烈的机械剪切作用，打破纤维素链间的氢键连接，从而得到直径小于 100nm、长度几微米的微纤化纤维素 MFC 或纤维素纳米纤丝 CNFs。常用的机械处理方式有：高压均质法、微射流法、研磨法、超声法、冷冻破碎法、PFI 磨浆法、双螺旋挤出法、蒸汽爆破法、球磨法以及流体碰撞法等。其中高压均质法、微射流法和研磨法最为常用，对应的生产设备分别为高压均质机、微射流机和胶体磨。单纯采用机械法制备 CNF 的能耗较大，解纤效率低，且对纤维素结构破坏较严重，制备出的 CNFs 粒径不均一，结晶度较低，分散性较差。

③ 预处理-机械法。为解决上述问题，研究者们开发了一系列生物或化学预处理手段，与机械处理相结合来制备纤维素纳米纤维，可大大降低能耗。常用的预处理方法有：酶水解、TEMPO 催化氧化、羧甲基化和阳离子化等。预处理的目的是通过生物或化学处理，破坏纤维素链间的部分氢键，并使纤维素内部微纤丝表面富含羧基（如 TEMPO 氧化法）、羧甲基或磺酸基，以此增加微纤丝彼此之间的静电斥力，从而大大提高机械处理过程中的纳米化效率，降低后续机械处理的能耗。此外一些绿色高效的预处理方法也逐渐被开发出来，如有机酸水解预处理、低共熔体预处理以及溶剂辅助预处理，等等。

纳米纤维素来源丰富，结构独特，不仅有较高的反应活性，而且具有突出的物理和化学性能，如纳米尺度、高比表面积、高长径比、高强度、高模量、低的热延展性（0.1ppm/K）、低密度（$1.6g/m^3$）等，以及可再生、可生物降解、良好的生物相容性等，使得纳米纤维素成为一种应用前景广阔的功能高分子材料。目前，纳米纤维素不仅在传统造纸中的应用如涂布和纸张增强得到重视，而且在各种膜材料、气凝胶、生物医药材料、食品包装材料、化妆品、纳米复合材料、光电材料、三维打印、储能材料、印刷电子、柔性显示等新兴领域的应用研究也受到人们的关注，更多的用途也正在研发中，这将大大提高生物质纤维素的附加值和利用效率。

三、液晶纤维素

如果一种物质已部分或全部丧失其结构上的平移有序性而保留取向有序性，它即处于液晶（liquid crystal）态。液晶态与晶态的区别在于它部分缺乏或完全没有平移有序性，而它与液态的区别在于它仍存在一定的取向有序性。液晶态材料既具有液体的特性，又有晶体的特性，可以随外界条件（温度、电场、磁场等）的变化，在颜色或透明度等性质上表现出相应的变化。

形成液晶态的分子要具有适当的刚性和较大的长径比，可通过加热的方法实现其热致液晶相，或通过制成溶液的方法实现其溶致液晶相。有的高分子，如羟丙基纤维素，既能生成溶致液晶相，又能生成热致液晶相。

对纤维素衍生物具有液晶性的认识始于 1976 年。此后，液晶纤维素衍生物引起国内外广泛的兴趣，至今已发现几十种纤维素衍生物具有溶致或热致液晶性能。

从理论上讲，纤维素本身可以形成液晶态，但因其分子间大量的氢键限制了分子链段运动，同时由于纤维素溶解能力差，在溶液中难以达到形成液晶态所需的浓度，故以前一直认为它不能显示溶致液晶性。近年来纤维素新溶剂，如 DMAC/LiCl、$NMMO/H_2O$ 的应用以及在纤维素侧链中引入极性取代基的活化处理，大大提高纤维素衍生物的溶解能力，使其在适当的溶剂中显示溶致液晶性。例如：羟丙基纤维素、羟丁基纤维素、乙酰氧丙基纤维素、乙基羟乙基纤维素、正己基纤维素、醋酸纤维素、氰乙基纤维素，对甲苯乙酰氧纤维素等。

纤维素及大多数纤维素脂肪酯由于热稳定较差，所以不显示热致液晶性。纤维素醚由于侧链易于旋转起增塑作用，使纤维素主链即使无溶剂也能运动获得分子的有序排列，故既显示溶致液晶性，又显示热致液晶性。在纤维素侧链中引入一定长度的柔性侧链或体积较大的取代基如苯环，能有效地破坏纤维素分子间的氢键，使纤维素衍生物分子链段受热时具有足够的可动性，能自发取向形成各向异性的液晶态。目前已发现许多纤维素衍生物具有热致液晶性。例如：正丁基纤维素、羟基纤维素、三苯甲基纤维素、对甲苯乙酰氧纤维素、苯甲酰氧丙基纤维素、甲基三甘醇纤维素等。

液晶纤维素常用于电子、材料、分析仪器等工业领域。可作光记录存储材料、气相色谱的固定液，可纺制高强高模量纤维素液晶纤维。在工程塑料中加入液晶纤维素后，可改善工程塑料的尺寸稳定性、耐热性、耐磨性、阻燃性、耐化学性和加工性能等。

四、医用纤维素

生物医学材料是指以医疗为目的，用于与组织接触以形成功能的无生命的材料。生物医学材料必须具备两个条件：一是要求材料与活体组织接触时无急性毒性、无致敏、致炎、致癌和其他不良反应，二是应具有耐腐蚀性能及相应的生物力学性能和良好的加工性能。生物医学材料可分为金属材料、无机非金属材料和有机高分子材料三大类。纤维素材料是其中一种高分子材料。

生物医用纤维素材料主要有用于人工脏器的纤维素材料，用于血液净化的纤维素材料和用于医药的纤维素材料。

用于人工脏器的纤维材料包括用于人工肾脏的铜氨再生纤维素、醋酸纤维素（火棉胶），用于人工肝脏的硝酸纤维素（赛璐玢），用于人工皮肤的火棉胶以及用于人工血浆的羧甲基纤维素和甲基纤维素。

用于血液透析、血液过滤和血浆交换的高分子膜必须具有良好的通透性、机械强度以及与血液的相容性。纤维素的化学结构、立体结构和微细结构使其具有良好的透析性，在水中尺寸稳定性好，并有足够的强度。因此纤维素及其衍生物产品广泛用于血液净化体系，用得最多的是铜氨法再生纤维素和三醋酸纤维素。

用于医药的纤维素产品较多，如微晶纤维素、羧甲基纤维素、甲基纤维素、乙基纤维素、醋酸纤维素、醋酸纤维素酞酸酯、羟丙基纤维素、羟丙基甲基纤维素和羟丙基甲基纤维素酞酸酯等，表3-18列出了口服制剂药用纤维素辅料。

表 3-18 口服制剂药用纤维素辅料

功　能	纤　维　素　辅　料
黏合剂	羧甲基纤维素钠、微晶纤维素、乙基纤维素、羟丙基甲基纤维素、甲基纤维素
稀释剂	微晶纤维素、粉状纤维
崩解剂	微晶纤维素
肠溶包衣	醋酸纤维素邻苯二甲酸酯、醋酸纤维素三苯六羧酸酯、羟丙基甲基纤维素邻苯二甲酸酯
非肠溶包衣	羧甲基纤维素钠、羟乙基纤维素、羟丙基纤维素、羟丙基甲基纤维素、甲基纤维素

纤维素经高碘酸盐选择性氧化生成二醛纤维素，再进一步氧化可得到分子链中具有均一

电荷性的羧酸纤维素。初步研究表明，羧酸纤维素具有较高的抗凝血性，可用作抗凝血材料。

五、纤维素膜材料

用天然或人工合成的高分子薄膜，以外界能量或化学位差（浓度差、压力差、分压差和电位差）为推动力，对双组分或多组分的溶质和溶剂进行分离、分级、提纯和富集的方法，统称为膜分离法。膜分离过程没有相的变化（渗透蒸发膜分离过程除外），它不需要使液体沸腾，也不需要使气体液化，能耗和化学药品消耗少，是一种低能耗分离技术。膜分离过程一般在常温下进行，因而对需避免高温分级、浓缩与富集的物质，如果汁、药品等，显示出其独特的优点。膜分离装置较简便，操作控制容易；膜分离技术应用范围广，对无机物、有机物及生物制品均可适用，并且不产生二次污染。

纤维素酯、醚及其他衍生物可用于制备多种膜材料，其中最重要的是纤维素酯系膜。

最早发明的膜分离过程是透析，透析的驱动力是浓度差。透析用人工肾膜材料以前主要采用再生纤维素膜，如铜氨纤维素膜和水解醋酸纤维素膜。

早期的超滤膜主要用纤维素酯类（如醋酸纤维素）。醋酸纤维素至今仍是主要的通用膜材料之一。用醋酸纤维素水解后制备的再生纤维素膜也已广泛应用。国内开发的氰乙基取代醋酸纤维素超滤膜，能抗霉菌。近年来还研制了各种醋酸纤维素混合膜，将不同取代度的醋酸纤维素，如二醋酸纤维素和三醋酸纤维素，进行适当混合，制得的渗透膜长期运行的稳定性好，透水速度高，压密系数小。随着中空纤维膜制造技术的进步，醋酸纤维素系的中空纤维膜也得到发展，如三醋酸纤维素中空纤维膜，由于制成中空纤维状，提高了膜的装填密度，达到提高产水率的目的。

近年发展的由 N-甲基吗啉氮氧化物真溶液中纺丝而制得 Lyocell 纤维预示着从此纤维素溶液中可制得高强度、亲水、不易被蛋白质污塞的超滤、微滤纤维素膜（平膜和中空纤维膜），其中在纤维素溶液中添加抗氧化剂是技术关键，以避免制膜过程中纤维素的氧化降解。

醋酸纤维素也可用作反渗透膜材料。反渗透膜可用于海水的淡化。其分离机理有氢键理论、选择吸附——毛细管流动机理和溶液扩散机理。其中氢键理论认为，反渗透膜材料如醋酸纤维素是一种具有高度有序矩阵结构的聚合物，具有与水或醇等溶剂形成氢键的能力。盐水中的水分子能与醋酸纤维素半透膜上的羰基形成氢键，在反渗透压的推动下，以氢键结合的进入醋酸纤维素膜的水分子能够由一个氢键位置断裂而转移到另一个位置形成键。这些水分子通过一连串的位移，直至离开表皮层，进入多孔层后流出淡水。

六、吸附分离纤维素材料

吸附是自然科学和日常生活中一种常见的现象，是指液体或气体中的分子通过各种键力的相互作用在固体材料上的结合。利用吸附现象实现物质的分离，称为吸附性分离。吸附分离材料按化学结构分类，可分为无机吸附剂、高分子吸附剂以及炭质吸附剂；按材料形态分类，可分为无定形、球形和纤维状吸附剂。

纤维素本身就具有一定的吸附作用，但其吸附容量小，选择性低。改性纤维素类吸附剂是目前纤维素功能高分子材料的重要发展方向之一。这类吸附剂既具有活性炭的吸附能力，又比吸附树脂更易再生，而且稳定性高，吸附选择性强，制备成本低。其中球形纤维素吸附剂不仅具有疏松和亲水性网络结构的基体，而且具有比表面积大，通透性能和水力性能好、适应性强等优点。

球形纤维素吸附剂的制备，首先要制成纤维素珠体。通过选择适当的介质，如烃类、卤代烃等，将黏胶分散成球状液滴，继而使球状纤维素液滴固化，再使纤维素珠体再生；然后使球形再生纤维素功能化。一般分两个步骤：首先采用交联剂（常用环氧氯丙烷）与纤维素球体进行交联反应，以便改变纤维素珠体的溶胀性质，提高其稳定性；然后按一般酯化、醚化或接枝共聚等方法将交联纤维素珠体官能化，可引入的基团有磺酸基、羧基、羧甲基、脂肪氨基、氨乙基、氰基、氰乙基、乙酰基、磷酸基、胺基、肟基等。

球形纤维素吸附剂广泛用于生命科学的许多方面，如血液中不良成分的去除和血液分析，酶的分离纯化，医药、生化工程材料及普通蛋白质的分离纯化。还可用作凝胶色谱、亲和色谱的固定相，吸附分离和回收金属离子，从海水中提取铀、金等贵金属，吸附废水中染料等化学物质。

纤维素经过酯化、醚化、磺化、膦化、氧化及羧基化后可制得阳离子交换纤维，经过胺化可制得阴离子交换纤维。早期的离子交换纤维是指以天然纤维素为骨架的离子交换剂，有粒状的，也有纤维状的，可以制成离子交换纸或布。至今，离子交换纤维已经从原来以天然纤维素为骨架的离子交换剂扩展成为以合成纤维和天然纤维为基体（骨架）的纤维状离子交换材料。

离子交换纤维与通常合成的离子交换树脂相似，具有离子交换性质，由于结构上的特点，纤维素有一定键角并由氢键形成网状交联结构，活性交换基的距离大多为 500nm 左右，容易和大分子进行交换，又由于纤维素在结构上属于开放性的长键，而且纤维材料的比表面积显著大于颗粒树脂，吸附容量大，所以作用速度快，分离柱流通阻力较小且不会出现材料密化而引起堵塞，容易洗脱，分离系数高，应用灵活。纤维素离子交换剂的化学通式为：

$$R=-SO_3H \quad -PO(OH)_2 \quad -CH_2CH_2NR_1 \quad \underset{\overset{\|}{O}}{-C}-CH_2CH_2\underset{\overset{\|}{O}}{C}-OH$$

$$-CH_2CH_2-SO_3H \quad -CH_2COOR_2 \quad -CH_2CH_2N^+R_3X^- \quad -\underset{\overset{\|}{S}}{C}SNa$$

离子交换纤维素是一种重要的生化试剂，在层析分离中可作为固定相来分离，提纯许多高分子物质，可用于回收、分离、鉴定无机离子，如铀、金、铜等，它广泛用于处理含金属、有机物的废水，有利于环境保护。

七、高吸水性纤维素材料

纤维素中含有大量的醇羟基，具有亲水性。植物纤维的物理结构呈多毛细管性，比表面积大，因此可作为吸水材料。但天然纤维素纤维的吸水能力不大，必须通过化学改性，使之具有更强或更多的亲水基团，提高其吸水性能，可制得吸水性能比其自身吸水性高几十倍甚至上千倍的高吸水性纤维素纤维。

高吸水性纤维素有两类：醚化纤维素类和接枝共聚纤维素类。

通过纤维素的醚化，可以制造各种类型的吸水性纤维。所用的纤维原料有棉纤维、木质纤维和再生纤维素纤维，交联剂有环氧化合物、氯化物和酰胺类化合物，主要的醚化剂有一氯醋酸、二氯醋酸及其盐。醚化纤维素，如羟乙基纤维素、甲基羟乙基纤维素、羧甲基纤维素，可以采用先交联后醚化或先醚化后交联两种方法来制造。为了提高吸水性能，可将醚化纤维素进一步加工制造高吸水性能的产品，如羧甲基纤维素碳酸盐。

对天然纤维素或纤维素衍生物进行接枝共聚，例如纤维素与丙烯酸或丙烯酰胺接枝共聚，可以得到高吸水性纤维素材料。

第十二节　植物纤维原料制取燃料乙醇

植物纤维原料的主要成分为纤维素、半纤维素和木素，其中纤维素和半纤维都是多糖，水解后可生成葡萄糖、木糖等糖类，这些糖类经微生物发酵可转化为燃料乙醇，而木素不能转化为乙醇（见图3-87）。因此自从纤维素的化学组成、结构基本弄清楚后，人们自然想到如何利用这些糖类的可能性。通过生物法利用植物纤维原料获得人类所需要的能源、食品和化学品，是当今生物技术和生物质利用重大战略课题之一。其中以植物纤维原料为原料制备燃料乙醇是生物质能源化利用研究最为广泛的课题之一。

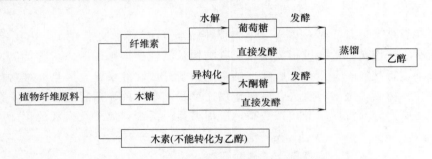

图 3-87　植物纤维原料转化为燃料乙醇的途径

由植物纤维原料制备乙醇过程主要包括三个阶段：第一阶段是通过物理、化学或酶技术将纤维素降解为单糖；第二阶段是微生物（一般采用酵母）将糖转化为乙醇；第三阶段是通过蒸馏回收乙醇。其中第一阶段最为重要。

一、植物纤维原料的降解

植物纤维原料的结构非常复杂，必须经过处理使其中的纤维素和半纤维素降解为小分子糖才能被微生物所利用。降解方法主要有两大类：酸水解法和酶水解法。

（一）酸水解法

早期的研究主要采用酸水解法，包括浓酸水解法和稀酸水解法，水解后使纤维素降解为葡萄糖，然后通过酵母发酵生成乙醇。浓酸水解的原理是结晶纤维素在较低的温度下完全溶解于浓酸（72％硫酸、42％盐酸、77％～83％磷酸）中，导致纤维素的均相水解。浓硫酸是最常用的酸，主要优点是糖的回收率高，约有90％的纤维素和半纤维素转化的糖被回收；稀酸水解原理是稀酸引起纤维素微细结构（结晶度、聚合度）的变化，糖的产率较低，约为50％～65％，并且水解过程会产生乳糖醛、酚类等对酶有毒性或对发酵过程有抑制作用的物质。稀酸水解法已经积累了大量的经验，德国、日本、俄罗斯在过去的50年中已经建立了用渗滤水解法生产酒精的工厂，最近的一些公司着手寻找更经济的稀酸水解法，以提高稀酸水解法的商业可行性。

酸水解法的最大优点是反应速率快，但其缺点同样显著：

① 酸水解需要消耗大量的酸，对反应设备存在腐蚀；

② 无论是浓酸水解还是稀酸水解，都对反应容器有严格要求，不但要求材质耐酸，还需承受一定的压力；

③ 酸水解容器的体积较大，需大量的额外能源提供高温、高压条件以保证反应顺利进行，因此酸水解的能耗较高；

④ 酸水解法糖的转化率低，稀酸水解糖的转化率只有 50%，并且在水解过程中会进一步分解，产生会对发酵有害的副产物；浓酸水解约有 90% 的纤维素和半纤维素转化的糖被回收，但浓酸水解中的酸难以回收；

⑤ 酸水解过程通常会伴随产生如乳糖醛、酚类等有毒物质，而且由于过程中使用酸，对环境和生产过程也会造成危害，因此需要回收酸，相应地使生产成本增加。因此需要改善工艺，减少有毒物质的产生，降低生产成本。

（二）酶水解法

纤维素的酶水解是利用微生物分泌的纤维素酶作催化剂，催化纤维素的水解反应，使纤维素分解为最终产物——葡萄糖的过程。与酸水解法相比，酶水解法有诸多的优越性，如：酶水解所用设备简单，无须耐酸、耐压、耐热；酸水解条件温和，在 $45\sim50\,^{\circ}\mathrm{C}$ 下即可水解；酶水解生成的糖不会进一步分解，且不会产生对发酵有害的副产物，从而简化了糖液净化工艺；产物得率高；能耗低，符合"绿色"生产过程。因此纤维素的酶水解倍受重视，在美国，酶水解法是当前主要研究方向。但其最大的缺点是反应速率慢。

二、生物发酵制备燃料乙醇

（一）乙醇发酵机制

自然界中的酵母和少数细菌能够在无氧条件下通过发酵分解糖，并产生乙醇和 CO_2。工业生产乙醇主要用酵母属真菌。1810 年，Gay-Lussac 建立了酵母发酵葡萄糖生产乙醇的反应式：

$$C_6H_{12}O_6 \longrightarrow CH_3CH_2OH + 2CO_2$$

根据上式，理论上 1mol 葡萄糖可生成 2mol 乙醇或 100g 葡萄糖发酵可得到 51.1g 乙醇，即葡萄糖发酵生产乙醇的理论产率为 51.1%（质量分数）。但实际上发酵中乙醇的得率必然小于理论值，主要原因是：a. 乙醇只是酵母生产的副产品，微生物生长繁殖需要消耗部分糖以构成其细胞体；b. 微生物不同把糖全部转化为乙醇，发酵结束时总会有一些残糖；c. 乙醇易挥发，发酵过程中产生的 CO_2 逸出时会带走一些乙醇；d. 杂菌的存在会消耗一些糖和乙醇。

（二）纤维素发酵制备乙醇的工艺

微生物发酵纤维素制备乙醇的工艺有 3 种：分步水解发酵法（separate hydrolysis and fermentation，SHF）、同步糖化发酵法（simultaneous saccharification and fermentation，SSF）和直接微生物转化法（direct microbial conversion，DMC）。

最初的纤维素酶解发酵制备乙醇是分步水解发酵，由于纤维素酶水解产生还原糖的反馈抑制作用，以后又出现了同步糖化发酵制备乙醇的工艺，糖化产生的葡萄糖马上被酵母利用产生乙醇，解除了葡萄糖的反馈抑制作用，提高了纤维素转化为乙醇的速率。

1. 分步水解发酵法（SHF）

分步水解发酵法分两步进行：首先将纤维素酶解成葡萄糖，然后再发酵产生乙醇。其优点是纤维素酶水解和乙醇发酵都可在各自最适宜条件下进行：在 45～50℃ 下进行酶水解，在 30℃ 下进行乙醇发酵。缺点是由于水解时产生的葡萄糖和纤维二糖等水解产物不断积累，当其浓度超过一定水平后开始抑制纤维素酶的活性，并且抑制作用随糖浓度的增加而增强，导致酶水解反应速率下降，成本上升。总之，产糖率和糖浓度在分步糖化发酵中很低，费用较高。

2. 同步糖化发酵法（SSF）

为了降低乙醇的生产成本，20 世纪 70 年代开发了同步糖化发酵工艺，即纤维素酶水解和乙醇发酵在同一个反应器中进行，纤维素酶水解产生的葡萄糖马上为酵母所利用，纤维二糖和葡萄糖的浓度很低，解除了纤维素二糖和葡萄糖对纤维素酶的抑制作用，提高了酶水解和发酵的效率，减少了纤维素酶的用量，同时所需要的反应设备减少，生产工艺简化，污染可能性降低。在 SSF 法中，采用短时间的超声波处理，可增加纤维素酶的作用效果，进而可使真菌酶的用量降低 10%～20%。另外筛选在高糖浓度下存活并能利用高浓度糖的微生物突变株，以及使菌体分阶段逐步适应高基质浓度，可以克服基质抑制。许多研究者将同时糖化发酵和分批补料技术相结合，使纤维素酶得到重复利用，发酵液中乙醇浓度显著提高。

同步发酵法存在的主要问题是纤维素酶水解的温度与乙醇发酵的温度不一致，为了二者兼顾，同步糖化发酵温度一般为 37～38℃，如果采用耐高温的乙醇酵母，可使同步糖化发酵温度达 40℃ 以上。

3. 直接微生物转化法（DMC）

直接微生物转化将三个过程（纤维素酶的生产、纤维素的酶水解糖化、葡萄糖乙醇发酵）耦合成一步，利用产纤维素酶的分解菌直接发酵纤维素生产乙醇，原料不需要进行酸水解或酶水解预处理。这种方法减少了反应容器，降低了设备费用。但该工艺菌种耐乙醇浓度低，并有数种副产物产生，发酵液乙醇浓度低，乙醇得率低。典型的野生嗜热细菌耐乙醇浓度小于 1%，热解糖热厌氧杆菌（Thermoanaerobaterium thermosacharolyticum），旧称热解糖梭菌（C. thermosacharolyticum）和热纤维端孢菌的共培养乙醇浓度可达 1.5%～1.7%，尽管最近也有耐 2.9%～3.6% 乙醇的直接转化细菌的报道，但仍然低于典型产乙醇酵母的耐受浓度（8%～10%）。细菌直接转化纤维素制备乙醇过程中，部分碳源转化成乙酸和乳酸，降低了乙醇的转化率，增加了产乙醇的成本。

三、乙 醇 回 收

发酵液中的乙醇一般通过精馏的方法回收，用普通蒸馏只能得到乙醇和水的恒沸物（乙醇浓度为 95%），而用作燃料的是无水乙醇，需要采用精馏方法回收。由 95% 乙醇生产无水乙醇的工艺很多，如用萃取精馏、恒沸精馏可制取无水乙醇，但能耗较高；渗透气化工艺结合了膜分离和蒸发过程，可大幅降低能耗，提高生物质制燃料乙醇的经济性，是最有应用前景的分离技术，膜材料可以采用壳聚糖衍生物、聚二甲基硅氧烷等。其他脱水技术还有分子筛吸附法等，常需要与蒸馏过程相结合。这些方法的具体工艺可参考相关的化工专著，本书不做论述。

习题与思考题

1. 解释下列名词和术语：纤维素、聚合度、结晶度，取向度、可及度、反应性、取代度、酯化度、接枝率、离子液体、细菌纤维素、纳米纤维素。

2. 试述纤维素大分子的化学结构特点。

3. 什么是构象？纤维素的构象包含哪些内容？

4. 试述纤维素分子链的模型。

5. 纤维素的相对分子质量通常有哪些表示方法？纤维素的相对分子质量和聚合度与黏度有何关系？

6. 什么叫纤维素的多分散性？多分散性可用什么方法表示？

7. 试述凝胶色谱法（GPC）测定纤维素相对分子质量分布的基本原理。

8. 解释什么是结晶变体？已经发现纤维素的结晶变体有多少种？这些结晶变体如何相互转化？什么是纤维素 I_α、I_β？

9. 纤维素的聚集态结构理论有哪些？这些理论各有什么局限性？

10. 测定纤维素结晶度的方法有哪些？

11. 试述可以通过哪些化学方法合成纤维素？通过纤维寡糖的合成来合成纤维素需要解决哪 3 个问题？

12. 试述纤维素表面形成双电层的特点及其与制浆造纸过程的关系。

13. 纤维素在碱溶液中发生溶胀后其性能有何变化？

14. 什么是纤维素的可及度和反应性？影响纤维素反应性能的因素有哪些？

15. 什么是纤维素的取代度及其分布？试述不同结构水平取代基分布的含义。

16. 试述纤维素多相反应与均相反应的主要特点。

17. 试从纤维素的化学结构特点出发，说明纤维素的化学反应有哪些类型，并写出反应方程式。

18. 纤维素的酸水解降解和碱性降解机理有何不同？

19. 试述纤维素酯化反应的基本原理。重要的纤维素酯有哪些，它们有什么重要用途？

20. 举例说明纤维素的醚化反应，写出主要的化学反应方程式。

21. 羧甲基纤维素是如何制备的？有什么重要用途？

22. 举例说明纤维素的选择性氧化和非选择性氧化，并写出化学反应方程式。

23. 试述纤维素脱氧卤代物的制备原理。

24. 举例说明纤维素的接枝共聚和交联反应，写出化学反应方程式。接枝共聚或交联的目的是什么？

25. 纤维素的溶剂可分为哪两大类？举例说明常用的主要溶剂及其溶解机理。近年发展的新溶剂有哪些，有什么特点？

26. 举例说明功能化纤维素材料的制备及其用途。

27. 制备纳米纤维素的方法有哪些？

28. 试从纤维素的结构及化学反应特点出发，论述为什么在纤维素的资源化利用（如纤维素的功能化、植物纤维原料燃料乙醇的制备）过程中，通常要对纤维素进行预处理？预处理的方法有哪些？

主要参考文献

[1] 杨淑蕙. 植物纤维化学 [M]. 3 版. 北京：中国轻工业出版社，2001.

[2] 詹怀宇. 纤维化学与物理 [M]. 北京：科学出版社，2005.07.

[3] 李淑君. 植物纤维水解技术 [M]. 北京：化学工业出版社，2009.04.

[4] 邵自强. 纤维素醚 [M]. 北京：化学工业出版社，2007.09.

[5] 陈洪章. 纤维素生物技术 [M]. 北京：化学工业出版社，2005.07.

[6] N. Lin, A. Dufresne. Nanocellulose in biomedicine：Current status and future prospect. Eur. Polym. J，2014，59：302—325.

[7] Djalal Trache, M. Hazwan Hussin, M. K. Mohamad Haafiz, Vijay Kumar Thakur. Recent progress in cellulose nano-crystals：sources and production. Nanoscale. 2017，9：1763—1786.

[8] M. S Islam, L. Chen, J. Sisler, K. C, Tam. Cellulose nanocrystal（CNC）-inorganin hybrid systems：synthesis, properties and applications. J of materials chemistry，2018，6（6）：857—992.

[9] 杜海顺，刘超，张苗苗，等. 纳米纤维素的制备及产业化 [J]. 化学进展，2018，30（4）：448—462.

[10] French A D，Johnson G P. What crystals of small analogs are trying to tell us about cellulose structure ［J］．Cellulose，2004，11：5—22.

[11] Steninbüchel A，Vandamme E J，Biopolymers ［M］．Weinheim：VILEY-VCH Verlag Gmbh，2002.271—319.

[12] Hebeish A，Guthrie J T. The Chemistry and Technology of Cellulosic Copolymers ［M］．New York：Springer-Verlag，1981，1—31.

[13]   Nevell T P and Zeronian S H. Cellulose Chemistry and its Applications ［M］．New York：John Wiley and Sons，1985.

[14] 陈家翔，余家鸾．植物纤维化学结构的研究方法 ［M］．广州：华南理工大学出版社，1989.

[15] 杨之礼，王庆瑞，邬国铭．黏胶纤维工艺学 ［M］．2 版．北京：纺织工业出版社，1989.

[16] 张玉莲．绿色纤维—Tencel ［M］．北京：中国纺织出版社，2001.

[17] 蔡再生．纤维化学与物理 ［M］．北京：中国纺织出版社，2004.

[18] 于伟东，储才元．纺织物理 ［M］．上海：东华大学出版社，2002.

[19] Brett C T. Cellulose microfibrils in plants：biosynthesis，deposition，and integration into the cell wall. Internat ［J］．Rev Cytol. ，2000，199：161—199.

[20] Fengel D，Wegener G. Wood：Chemistry，Ultrastructure，Reaction ［M］．Berlin：de Gruyter，1989.

[21] Fink H P，Hofmann D，Purz H J. On the fibrillar structure of native cellulose ［J］．Acta Polym. ，1990，41：131—137.

[22] Brown R M. Cellulose structure and biosynthesis ［J］．Pure Appl. Chem. ，1999，71：767—775.

[23] Kataoka Y，Kondo T. Quantitative analysisfor the cellulose I_α crystalline phase in developing wood cell walls ［J］．Int. J. Biol. Macromol，1999，24：37—41.

[24] Chanzy H，Henrissat B，Vuong B，et al. Structural changes of cellulose crystals during the reversible transformation cellulose I-III_I in Valonia ［J］．Holzforschung，1986，40：25—30.

[25] 张俐娜．然高分子改性材料及应用 ［M］．北京：化学工业出版社，2006：108.

[26] Uryu T. Artifical polysaccharides and their biological activites ［J］．Prog Polym Sci. 1993，18：717—761.

[27] Jing Wang，Javad Tavakoli，Youhong Tang. Bacterial cellulose production，properties and applications with different culture methods-A review. Carbohydrate Polymers，2019，219：63—76.

[28] 胡晓燕，曲音波．细菌纤维素的研究进展 ［J］．纤维素科学与技术，1998，6（4）：56—64.

[29] 郝常明，罗祎．细菌纤维素——一种新兴的生物材料 ［J］．纤维素科学与技术，2002，10（2）：56—61.

[30] 施庆珊．细菌纤维素的研究进展 ［J］．生物学杂志，2004，21（5）：12—15.

[31] Kobayashi S，Sakamoto J，Kimura S. In vitro synthesis of cellulose and related polysaccharides ［J］．Progress in Polymer. Science. 2001，26：1525—1560.

[32] Yoshida T，Song L，Wu C P，et al. Seletive synthesis of cellulose-type copolymers by ring-opening copolymerization of 1，4-anhydro-α-D-ribopyranose derivatives ［J］．Chem Lett，1991，4：77—78.

[33] Nakatsubo F，Kamitakahara H，Hori M. Cationic ring-opening polymerization of 3，6-di-O-benzyl-β-D-glucose 1，2，4-orthopivalate and the first chemicail synthesis of cellulose ［J］．J Am Chem Soc，1996，118：1677—1681.

[34] Kamitakahara H，Kamitakahara H. Subsituent effect on ring-opening polymerization of regioselectively acylated 1，4-β-D-glucopyranose derivatives ［J］．Macrolecules，1996，29：1119—1122.

[35] Kobayashi S，Sakamoto J，Kimura S. In vitro synthesis of cellulose and related polysaccharides ［J］．Prog Polym Sci，2001，26：1525—1560.

[36] Nishimura T，Nakatsubo F. First synthesis of cellooctaose by a convergent synthetic method ［J］．Carbohydrate Research. 1996，294 ：53—64.

[37] Uryu T，Kitano K，Ito K，et al. Selective ring-opening polymerization of 1，4-anhydro-α-D-ribopyranose derivatives and synthesis of stereoregular（1，4）β-D-ribopyranan ［J］．Macromolecules，1981，14：1—9.

[38] Chang，Chou T Y C，Tsao G T. Structure，pretreatment and hydrolysis of cellulose ［M］．Berlin / Heidelberg：Springer. 1981.

[39] Fan L T，Gharpuray M M，Lee Y H. Cellulose hydrolysis ［M］．New York：Springer-Verlag，1987.121—147.

[40] Zugenmaier P. Crystalline Cellulose and Derivatives—Characterization and Structures ［M］．In Springer Series in

Wood Science，Editors：T. E. Timell，R. Wimmer. Berlin Heidelberg：Springer-Verlag，2008.

[41] Hon D N S, Shiraishi N. Wood and cellulosic chemistry（2nd ed）[M]．New York：Marcel Dekker Inc. 2006.

[42] Habibi Y, Chanzy H, Vignon M R. TEMPO-mediated surface oxidation of cellulose whiskers [J]. Cellulose，2006，13：679—687.

[43] Nooy D, Besemer A E, Bekkum A. C. Highly selective nitroxyl radical-mediated oxidation of primary alcohol groups in water-soluble glucans [J]. Carbohydrate Research，1995，269：89—98.

[44] Chang，P S, Robyt J F J. Oxidation of primary alcohol groups of naturally occurring polysaccharides with 2,2,6,6-tetramethyl-1-piperidine oxoammonium ion [J]. Journal of Carbohydrate Chemistry，1996，15：819—830.

[45] Saito T, Nishiyama Y, Putaux J L, et al. Homogeneous suspensions of individualized microfibrils from tempo-catalyzed oxidation of native cellulose [J]. Biomacromolecules，2006，7（6）：1687—1691.

[46] Fukuzumi H, Saito T, Iwata T, et al. Transparent and High Gas Barrier Films of Cellulose Nanofibers Prepared by TEMPO-Mediated Oxidation [J]. Biomacromolecules，2009，10：162—165.

[47] Isogai A, Kato，Y. Preparation of polyuronic acid from cellulose by TEMPO-mediated oxidation [J]. Cellulose，1998.5：153—164.

[48] Tahili C, Vignon M R. TEMPO-oxidation of cellulose：Synthesis and characterization of polyglucuronans [J]. Cellulose，2000，7：177—188.

[49] Gert E V, Torgashov V I, Zubets O V, et al. Preparation and properties of enterosorbent based on carboxylated microcrystalline cellulose [J]. Cellulose，2005，12：517—526.

[50] Montanari S, Roumani M, Heux L, et al. Topochemistry of carboxylated cellulose nanocrystals resulting from TEMPO-mediated oxidation [J]. Macromolecules，2005，38：1665—1671.

[51] Saito T, Isogai A. TEMPO-mediated oxidation of native cellulose. the effect of oxidation conditions on chemical and crystal structures of the water-insoluble fractions [J]. Biomacromolecules，2004，5（5）：1983—1989.

[52] Habibi Y, Chanzy H, Vignon M R. TEMPO-mediated surface oxidation of cellulose whiskers [J]. Cellulose，2006，13：679—687.

[53] Saito T, Hirota M, Tamura N, et al. Individualization of nano-sized plant cellulose fibrils by direct surface carboxylation using tempo catalyst under neutral conditions. Biomacromolecules，2009，10（7）：1992—1996.

[54] SAITO T, ISOGAI A. Introduction of aldehyde groups on surfaces of native cellulose fibers by TEMPO-mediated oxidation [J]. Colloids and Surfaces a-Physicochemical and Engineering Aspects，2006，289（1-3）：219—225.

[55] Saito T, Kimura S, Nishiyama Y, et al. Cellulose nanofibers prepared by tempo-mediated oxidation of native cellulose [J]. Biomacromolecules，2007，8（8）：2485—2491.

[56] Tatjana K, Simona S, Karin S K, et al. Influence of aqueous medium on mechanical properties of conventional and new environmentally friendly regenerated cellulose fibers [J]. Mater. Res. Innov.，2001，4：107—114.

[57] Heinze T, Dicke R, Koschella A, et al. Effective preparation of cellulose derivatives in a new simple cellulose solvent [J]. Macromol. Chem. Phys.，2000，201：627—631.

[58] Zhang Y, Shao H, Wu C, et al. Formation and characterazation of cellulose membranes from N-methylmorpholine-N-oxide solution [J]. Micromol. Biosci.，2001，1：141—148.

[59] Heinze T, Liebert T. Unconventional methods in cellulose functionalization [J]. Prog. Polym. Sci.，2001，26：1689—1762.

[60] Kennedy J F, Phillips G O, William PA. Cellulosics，pulp，fibre，and environmental aspects [M]. New York：E. Horwood，1993.

[61] Fink H P, Weigel P, Pura H J, et al. Structure formation of regenerated cellulose materials from NMMO-solutions [J]. Progr. Polym Sci.，2001，26（9）：1473—1524.

[62] 李汝雄. 绿色溶剂——离子液体的合成与应用 [M]. 北京：化学工业出版社，2004.

[63] 段衍鹏，史铁钧，郭立颖，等. 三种离子液体的合成及其对棉纤维素溶解性能的比较研究 [J]. 化学学报，2009，67（10）：1116-1122.

[64] 叶君，赵星飞，熊犍. 离子液体在纤维素研究中的应用 [J]. 化学进展，2007，19（4）：478—484.

[65] 刘传富，张爱萍，李维英，等. 纤维素在新型绿色溶剂离子液体中的溶解及其应用 [J]. 化学进展，2009，21

（9）：1800—1806.

［66］ 吕昂，张俐娜. 纤维素溶剂研究进展［J］. 高分子学报，2007，（10）：937—944.

［67］ Swatloski R P，Spear S K，Holbrey J D，et al. Dissolution of Cellose with Ionic Liquids［J］. J Am Chem Soc，2002，124：4974—4975.

［68］ 王菊华. 中国造纸原料纤维特性及其显微图谱［M］. 北京：中国轻工业出版社，1999.

［69］ 陈洪章. 生物质科学与工程［M］. 北京：化学工业出版社，2008.

［70］ 刘温夏，邱化玉. 造纸湿部化学［M］. 北京：化学工业出版社，2006.

［71］ N. Lin，A. Dufresne. Nanocellulose in biomedicine：Current status and future prospect. Eur. Polym. J.，2014，59：302—325.

［72］ Jin Huang，Alain Dufresne，Ning Lin. Nanocellulose，from fundamentals to advanced materials［M］，Weinheim，Germany，Wiley-VCH Verlag GmbH &Co. KGaA，2019.

［73］ Wenshuai Chen，Haipeng Yu，Sang-Young Lee，Tong Wei，Jian Lia，Zhuangjun Fan. Nanocellulose：a promising nanomaterial for advanced electrochemical energy storage. Chem. Soc. Rev.，2018，47，2837—2872.

［74］ Djalal Trache，M. Hazwan Hussin，M. K. Mohamad Haafiz，Vijay Kumar Thakur. Recent progress in cellulose nanocrystals：sources and production. Nanoscale. 2017，9，1763—1786.

［75］ M. S. Islam，L. Chen，J. Sisler，K. C. Tam. Cellulose nanocrystal（CNC）-inorganic hybrid systems：synthesis，properties and applications. J. Mater. Chem. B，2018，6：864—883.

［76］ Song Jiankang，Tang Aimin，Liu Tingting et al. Fast and continuous preparation of high polymerization degree cellulose nanofibrils and their three-dimensional macroporous scaffold fabrication，Nanoscale，2013，5（6）：2482—2490.

［77］ Tang Aimin，Liu Yuan，Wang Qinwen et al. A new photoelectric ink based on nanocellulose/CdS quantum dots for screen-printing. Carbohydrate Polymers，2016，148：29—35.

［78］ E. Johan Foster，Robert J. Moon，Umesh P. Agarwal et al. Current characterization methods for cellulose nanomaterials. Chemical Society Reviews，2018，47：2609—2679.

［79］ Fanny Hoeng，Aurore Denneulina，Julien Bras. Use of nanocellulose in printed electronics：a review. Nanoscale，2016，8：13131—13154.

［80］ Ning Lin，Jin Huang，Alain Dufresne. Preparation，properties and applications of polysaccharide nanocrystals in advanced functional nanomaterials：a review. Nanoscale，2012，4：3274—3294.

［81］ Wenshuai Chen，Haipeng Yu，Sang-Young Lee，Tong Wei，Jian Lia，Zhuangjun Fan. Nanocellulose：a promising nanomaterial for advanced electrochemical energy storage. Chem. Soc. Rev.，2018，47：2837—2872.

［82］ Sanna Hokkanen，Amit Bhatnagar，Mika Sillanpää. A review on modification methods to cellulose-based adsorbents to improve adsorption capacity［J］. Water Research，2006，91：156—173.

第四章　半纤维素

第一节　概　　述

植物细胞壁中的纤维素和木素与一些聚糖混合物紧密地相互贯穿在一起，这些聚糖混合物被称为半纤维素。半纤维素几乎存在于所有的植物细胞壁中，是植物细胞壁的三大组分之一，是地球上最丰富，最廉价的可再生资源之一。

半纤维素这个名称最早是由 Schulze 于 1891 年提出的，用以表示植物中能够用碱液抽提出来的那些聚糖。当时之所以这样命名，是因为发现在细胞壁中这些聚糖总是与纤维素紧密地结合在一起，以致误认为这些聚糖是纤维素生物合成过程中的中间产物。现已证明，半纤维素并不是纤维素合成的前驱物质，半纤维素的合成与纤维素的合成无关。20 世纪 50 年代以来，随着新实验方法的产生及分离方法的发展，尤其是各种色谱法在聚糖研究中的应用，使人们掌握了半纤维素的知识，故可以比较清楚地解释它的概念。G. O. Aspinall 1962 年是这样解释的："半纤维素是来源于植物的聚糖，它们含有 D-木糖基、D-甘露糖基与 D-葡萄糖基或 D-半乳糖基的主链，其他糖基可以成为支链而连接于主链上。"T. E. Timell 1964 年这样表述："半纤维素是低相对分子质量的聚糖类（其平均聚合度接近 200），它和纤维素一起正常地产生在植物组织中，它们可以从原来的或从脱去木素的原料中被水或碱水溶液（这是常用的）抽提而分离出来。"随着半纤维素研究的深入，提出过更适于半纤维素概念的名词像"聚木糖""非纤维素的碳水化合物"等，但终因半纤维素这一名词应用已久已广，现仍习惯地继续延用，但在此名词中已澄清了一些老观念，增添了新内容。需要指出的是：Whister 提出的半纤维素是"高等植物细胞壁中非纤维素也非果胶类物质的多糖"这个概念就学术观点而论是较为合理的。

组成半纤维素的结构单元（糖基）主要有：D-木糖基、D-甘露糖基、D-葡萄糖基、D-半乳糖基、L-阿拉伯糖基、4-O-甲基-D-葡萄糖醛酸基、D-半乳糖醛酸基和 D-葡萄糖醛酸基等，还有少量的 L-鼠李糖基、L-岩藻糖基。这些结构单元在构成半纤维素时，一般不是由一种结构单元构成的均一聚糖，而是由 2～4 种结构单元构成的不均一聚糖。组成半纤维素的主要结构单元（糖基）如图 1-2（第一章）所示。

应该指出的是，植物中还有一些既非半纤维素也非纤维素的碳水化合物，如：果胶质，它是聚阿拉伯糖、聚半乳糖和聚半乳糖醛酸的混合物；淀粉；植物胶，包括阿拉伯树胶、印度胶和黄蓍树胶等，它们的成分很复杂，涉及多种糖基；还有种子与树皮中的胶水类物质。

第二节　半纤维素的命名与分布

一、半纤维素的命名

半纤维素广泛存在于高等植物的细胞壁中，但对于不同的植物，其所含的半纤维素种类和数量是不同的。针叶木、阔叶木与草类原料中所含半纤维素的种类和数量是不同的，表4-1 所示为几种温带针叶木与阔叶木的化学组成。

由表 4-1 可见，两类木材的化学组成，除纤维素和木素含量不同外，其所含的半纤维素也是不同的。针叶木的半纤维素以聚 O-乙酰基半乳糖葡萄糖甘露糖为主，聚阿拉伯糖 4-O-甲基葡萄糖醛酸木糖也含一定量。阔叶木的半纤维素主要是聚 O-乙酰基-4-O-甲基葡萄糖醛酸木糖，伴随着少量的聚葡萄糖甘露糖。而禾本科植物的半纤维素主要是聚 4-O-甲基葡萄糖醛酸阿拉伯糖木糖。

表 4-1 　　　　　　　　　　　几种针叶木与阔叶木的化学组成　　　　　　　　　　单位：%

成分 树种	纤维素	木素	聚 O-乙酰基-4-O-甲基葡萄糖醛酸木糖	聚阿拉伯糖-4-O-甲基葡萄糖醛酸木糖	聚葡萄糖甘露糖	聚 O-乙酰基半乳糖葡萄糖甘露糖	果胶、淀粉、灰分等
香脂云杉[*Abies balsamea*（L.）Mill]	42	29		9		18	2
白云杉[*Picea glauca*（Moench）Voss]	41	27		13		18	1
美国五叶松（*Pinus strobus* L.）	41	29		9		18	3
加拿大铁杉[*Tsuga canadensis*（L.）Carr.]	41	33		7		16	3
侧柏（*Thuja occidentalis* L.）	41	31		14		12	2
红槭（*Acer rubrum* L.）	45	24	25		4		2
白桦（*Betula papyrifera* Marsh.）	42	19	35		3		1
大叶山毛榉（*Fagus grandifolia* Ehrh.）	45	22	26		3		4
颤杨（*Populus tremuloides* Michx.）	48	21	24		3		4
美国榆（*Ulmus americana* L.）	51	24	19		4		2

注：所有数值都是相对无抽出物木材的质量百分数，%。

除了上述几种半纤维素以外，在植物细胞初生壁中还含有聚木糖葡萄糖类半纤维素。聚木糖葡萄糖是双子叶植物细胞初生壁中主要的半纤维素聚糖，含量可达 20%～25%（对初生壁绝干重量），禾本科植物细胞初生壁中聚木糖葡萄糖含量较少，含量为 2%～5%（对初生壁绝干重量），裸子植物细胞初生壁中也发现含有聚木糖葡萄糖。在禾本科植物细胞初生壁中，还存在 β-D-葡萄糖以（1→3）和（1→4）连接的聚葡萄糖类半纤维素。聚阿拉伯糖半乳糖（Arabinogalactan，AG）（高分支度水溶性聚糖）在大多数针叶木中都存在，一般不超过 1%，在应压木和应拉木中这种聚糖的含量有一定比例的增加，但在落叶松属针叶木中聚阿拉伯糖半乳糖的含量比较多，大约有 10%～25%。

因此，与纤维素不同，半纤维素不是均一聚糖，而是一群复合聚糖的总称，原料不同，复合聚糖的组分也不同。

二、半纤维素的命名法

半纤维素（及其他不均聚糖）的命名法有两种：

第一种：命名时将构成半纤维素（及其他不均一聚糖）的各种糖基都列出来，首先写支链的糖基，当有多个支链时，将含量少的支链糖基排在前面，含量多的支链糖基排在后面，然后写主链糖基，若主链含有多于一种糖基时，则将含量最多的主链糖基放在最后，在词首加"聚"字，或者在词尾加"聚糖"二字。例如某半纤维素具有如下结构片断：

```
            C 支链
             |
···—A—A—A—A—A—A—A—A—A—A—A—A—A—··· 主链
             |             |
             B           B 支链
```

A、B、C 均为糖基，A 糖基为构成半纤维素主链的糖基，支链 B 糖基多于 C 糖基，则此半纤维素可称为聚 CBA（又称 CBA 聚糖）。如聚 O-乙酰基半乳糖葡萄糖甘露糖（又称 O-乙酰基半乳葡甘露聚糖），聚阿拉伯糖 4-O-甲基葡萄糖醛酸木糖（又称阿拉伯糖 4-O-甲基葡萄糖醛酸木聚糖）。因为本命名法能比较全面地反映出半纤维素的结构，故被广泛应用。

第二种：命名时只写出主链上的糖基而不写支链的糖基，在主链糖基前冠以"聚"字。例如下列为一些半纤维素的结构片断：

$$\cdots\text{—A—A—A—A—A—A—A—A—A—A—}\cdots \text{主链}$$

$$\cdots\text{—A—A—A—A—A—A—A—A—A—A—}\cdots \text{主链}$$
$$\text{B 支链}$$

$$\text{C 支链}$$
$$\cdots\text{—A—A—A—A—A—A—A—A—A—A—}\cdots \text{主链}$$
$$\text{B 支链}$$

上面 3 种半纤维素均可称为聚 A（又称 A 聚糖）。此命名法不能表示出支链糖基，同样命名的半纤维素的结构可以差别很大。如表 4-1 中针叶木中的聚阿拉伯糖 4-O-甲基葡萄糖醛酸木糖与阔叶木中的聚 O-乙酰基-4-O-甲基葡萄糖醛酸木糖均称为聚木糖（又称木聚糖），聚葡萄糖甘露糖和聚 O-乙酰基半乳糖葡萄糖甘露糖均称为聚甘露糖（又称甘露聚糖）。虽然这种命名法有一定的局限性，但由于可以简便表达具有相同主链糖基的半纤维素，所以仍然被广泛应用。

以上两种半纤维素命名方法在本章中都有使用。

三、半纤维素在细胞壁中的分布

作为植物细胞壁主要成分之一的半纤维素，它不仅参与了细胞壁的构建，而且还具有调节细胞生长过程的功能，但是由于半纤维素多糖的组成和结构十分复杂，其种类和含量因植物种类、组织器官的不同而不同，甚至细胞壁不同区域、不同层次间也有较大变化，给研究带来很大困难。半纤维素在植物纤维细胞壁中的分布不是均一的。植物纤维细胞壁只有 2～10 μm 厚，所以分离不同的细胞壁壁层并分析其化学组分是件相当困难和复杂的事情。比较传统和有效的定量分析方法是"化学剥皮法"和"不同成熟度纤维细胞分离分析法"。

"化学剥皮法"是指沿单根纤维细胞壁的径向方向，依次地从纤维外表面向细胞腔方向逐层"剥皮"，测定各剥皮部分的成分，得出沿纤维细胞壁径向分布的半纤维素的含量及糖类组分分布情况。"化学剥皮法"的基本原理如图 4-1 所示。在不润胀的条件下部分酯化纤

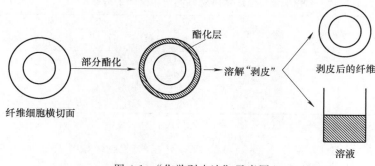

图 4-1 "化学剥皮法"示意图

维并在纤维的外表面形成一个环形的酯化层，该酯化层可以被合适的溶剂溶解而被从纤维表面剥掉，从而获得溶液和剥皮后的纤维，然后通过酸水解和传统的纸色谱法可以分析溶液中的糖组成（葡萄糖、甘露糖和木糖等）和含量。通过对剥皮后的纤维重复以上操作，即可逐步分离不同的细胞壁壁层，并分析其糖组成和含量。

"不同成熟度纤维细胞分离分析法"是根据植物纤维细胞的生长特点来分离不同成熟度的纤维细胞，砍伐夏材正在形成的树木，迅速剥皮，获得径向切片，然后在偏光显微镜下由外向内逐步分离出含胞间层和初生壁的纤维（M＋P），含胞间层、初生壁和次生壁外层的纤维（M＋P＋S_1），含胞间层、初生壁、次生壁外层和次生壁中层的纤维（M＋P＋S_1＋S_2），和含有胞间层、初生壁和所有次生壁壁层的成熟纤维（M＋P＋S_1＋S_2＋S_3），酸水解纤维样品并用传统的纸色谱法来分析其中的糖组成（葡萄糖、甘露糖和木糖等）和含量，然后通过计算即可分析聚糖在细胞壁中的分布情况。Meier 等人和 Côté 等人分别使用该方法研究分析了苏格兰松（*Pinus sylvestris*）正常木材的管胞细胞壁中聚糖的分布情况和香脂云杉（*Abies balsamea*）应压木管胞细胞壁中聚糖的分布情况。

表 4-2 所示为苏格兰松（*Pinus sylvestris*）正常木材的管胞细胞壁中聚糖的分布情况。由表 4-2 可见，在苏格兰松正常木材管胞细胞壁中，纤维素横向分布在整个细胞壁各层，但在 M＋P 层和 S_3 层分别仅为 1％与 2％，绝大部分分布在 S_2 层。聚糖中的聚半乳糖葡萄糖甘露糖在 M＋P 层仅有 1％，其余均在 S 层，其中 S_2 层又占了绝大部分，达 77％。聚阿拉伯糖 4-O-甲基葡萄糖醛酸木糖在 M＋P 层中仅为 1％，主要存在于 S_2 与 S_3 层中，呈现出从外到内逐步增加的趋势。聚阿拉伯糖与聚半乳糖在 M＋P 层中分布较多，分别为 30％与 20％。

表 4-2　　　　　　　　苏格兰松正常木材管胞细胞壁中聚糖的分布[*]　　　　　　　单位：％

细胞壁层 ＼ 聚糖	纤维素	聚半乳糖	聚半乳糖葡萄糖甘露糖	聚阿拉伯糖	聚阿拉伯糖-4-O-甲基葡萄糖醛酸木糖
M＋P	1	20	1	30	1
S_1	11	21	7	5	12
S_2 外	47	无	39	无	21
S_2 内	39	59	38	21	34
S_3	2	无	15	44	32

[*]　所有数值均为质量百分数，％。

应压木的聚糖在细胞壁中的分布与正常木材不同，表 4-3 为香脂云杉（*Abies balsamea*）应压木管胞细胞壁中聚糖的分布情况。

表 4-3　　　　　　　　香脂云杉应压木管胞细胞壁中聚糖的分布[*]

细胞壁层 ＼ 聚糖	纤维素	聚半乳糖	聚半乳糖葡萄糖甘露糖	聚阿拉伯糖	聚阿拉伯糖-4-O-甲基葡萄糖醛酸木糖
M＋P	1	2	1	32	3
S_1	21	32	23	7	29
S_2 外	35	49	39	16	33
S_2 内	43	16	37	45	35

[*]　所有数值均为质量分数，％。

另外还可以采用"骨架法"和"染色法"来定性研究半纤维素在细胞壁中的分布情况。"骨架法"的原理为：根据纤维细胞壁中的半纤维素聚糖可溶于碱液，也可以用稀酸水解使之分离的性质，把综纤维素试样用碱液抽提或稀酸水解除去半纤维素，利用电子显微镜观察除去半纤维素后的"骨架"，与除去半纤维素前的细胞壁相比较，就可以了解半纤维素的分布情况。"染色法"的原理是：半纤维素的还原性末端基容易被氧化成羧基，羧基能与某些金属离子作用而使金属离子接到羧基上。由于重金属离子对电子的散射力强，在电子显微镜照片上显出较深的"颜色"而容易观察。半纤维素较纤维素含有较多的还原性末端基（每单位质量含的末端基数比纤维素多 20～40 倍），经过氧化后，半纤维素含有的羧基也多，因此其"染色"的机会多。从"染色"深浅程度可以观察半纤维素在细胞壁中的分布情况，色深处乃是半纤维素较多的区域。

采用"骨架法"和"染色法"测定半纤维素在细胞壁中的分布如下：

半纤维素主要分布在纤维细胞的次生壁；S_2 层中含量最大，在 S_1 外层和 S_1 与 S_2 层交界处浓度最大；不同的植物纤维原料半纤维素的分布情况有差别。

免疫细胞化学（或称免疫组织化学）是将免疫学基本原理与细胞化学技术相结合所建立起来的新技术，根据抗原与抗体特异性结合的特点，来检测细胞内某种大分子物质的存在与分布。用标记抗体浸染组织切片，抗体则与细胞中相应抗原发生特异性结合，结合部位被标记物显示，则可以在光学显微镜、荧光显微镜或电子显微镜下观察到该大分子物质的分布，还可以利用细胞分光光度计、图像分析仪、共聚焦显微镜等进行细胞原位定量测定。该方法具有特异性强、灵敏度高、定位准确和简便快速等优点。近年，免疫细胞化学实验技术发展十分迅速，并且已经应用到细胞壁成分的研究中，这一方法已成为目前细胞壁研究主要的研究手段之一。

对聚木糖而言，学者们已研究了其在针叶木（包括云杉、雪松、日本柳杉、辐射松）、阔叶木（包括杨木、山毛榉、桦木和松树）及禾本科（包括毛竹、拟南芥、百日草、亚麻和烟草）等植物细胞壁中的分布特性。结果表明：聚木糖首先沉积在邻近 S_1 层的角隅处，在日本柳杉正常木的成熟管胞中 S_1/S_2 交界处聚木糖沉积较少，S_2 层聚木糖分布均一，而在受压木的成熟管胞中 S_2 层聚木糖分布呈现不均一性；对杨木细胞而言，聚木糖在纤维和导管沉积的时间要早于其在射线细胞中的沉积，有趣的是，在杨木细胞分化过程中，纹孔膜（包含纤维、导管和射线导管纹孔）上存在沉积的聚木糖，但当细胞壁形成后，纹孔膜上沉积的聚木糖消失了；对拟南芥来说，原生木质部导管、导管和纤维细胞壁中聚木糖的分布显示几乎一致的分布特性。这些均表明：聚木糖在植物细胞壁中的沉积随时间和细胞类型的变化而变化。采用免疫标记技术研究热水预处理对聚木糖在麦秸细胞壁中分布的影响结果表明，热水预处理后，聚木糖在麦秸细胞壁中进行了重新定位，并推测这是因为在热水预处理过程中，脱除了支链（即阿拉伯糖单元）的聚木糖发生了扩散并通过氢键作用与残留在细胞壁中的其他组分进行了重新的结合。免疫电镜标记研究结果表明，聚木糖在幼竹茎中仅分布于纤维、导管等木质化组织的细胞壁中，薄壁细胞中没有分布。而在 7 年生老龄竹茎中，聚木糖不仅分布于纤维、导管，而且也出现在薄壁细胞中，此时薄壁细胞已形成多层结构并木质化，表明聚木糖的分布与细胞壁木质化有密切关系。

对聚甘露糖而言，学者们已研究了其在针叶木（包括扁柏、云杉、雪松、日本柳杉）、杨木正常木和受拉木及拟南芥中的分布特性。结果表明：聚甘露糖首先沉积在 S_1 层的角隅处。在日本柳杉的管胞中，S_1 层聚甘露糖分布不均一，S_1/S_2 交界处沉积的聚甘露糖较多，且聚甘露糖的支链取代基（即乙酰基）数量在管胞成熟过程中逐渐增多；在杨木纤维细胞中聚甘露糖的沉积数量比其在导管中沉积的数量要多，且主要分布在 S_2 和 S_3 层；在拟南芥后生木质部导管中聚甘露糖沉积时间比其在木质部纤维中要早，原生导管中沉积的聚甘露糖数量比其在导管中的要多，原生木质部导管、导管和纤维细胞壁中聚甘露糖的分布显示不一致的分布特性。这些均表明：聚甘露糖在植物细胞壁中的沉积随时间和细胞类型的不同而变化。

对聚半乳糖而言，学者们已研究了其在受压木（包括辐射松、云杉）、杨木受拉木中的分布特性。结果表明：聚半乳糖位于受压木的 S_2 外层，受拉木的 S_2 层和凝胶层之间的界面区域，并推测聚半乳糖在其出现的位置起连接作用。

共聚焦显微拉曼光谱技术是一种无损且快速的检测技术，该技术利用细胞壁不同组分的特征拉曼频率强度变化，可构建出该组分在植物细胞壁中的空间分布图，进而显示其在各形态区的分布及排列方向等信息。与纤维素及木素相比，半纤维素在植物细胞壁中的拉曼特征峰较宽且信号较弱，其特征峰在一些波数区域与纤维素相近且不易区分，因此共聚焦显微拉曼光谱仪对半纤维素在植物细胞壁中分布的研究具有一定的局限性。为了克服这些局限性，不仅需要对半纤维素的拉曼特征峰进行归属，而且需要对与纤维素相近的谱图进行有效的区分。有学者把拉曼光谱 $874\sim934cm^{-1}$ 区域的信号主要归属于半纤维素，通过对 $874\sim934cm^{-1}$ 区域的拉曼信号进行积分，研究热水预处理过程中杨木细胞壁各微区中半纤维素的分布变化，结果表明：随热水预处理时间的延长，次生壁中层（S_2）和复合胞间层（CML）中的半纤维素均发生显著溶解，并推测从 CML 层溶出的半纤维素比次生壁 S_2 层的多。

四、半纤维素与植物细胞壁中其他组分之间的连接

近年来的研究表明，半纤维素与木素、纤维素之间有化学键连接或者紧密结合。

（一）半纤维素和木素之间的连接

在植物细胞壁中，木素与半纤维素之间存在着化学连接，形成木素与碳水化合物复合体 LCC（Lignin-carbohydrate complex）。第二章已对该内容进行了详细介绍，在此不再赘述。

（二）半纤维素和纤维素之间的连接

目前普遍认为在植物细胞壁中纤维素和半纤维素之间没有共价键连接。但半纤维素与纤维素微细纤维之间有氢键连接和范德华作用力，从而形成两者之间的紧密结合。比如双子叶植物细胞初生壁中的聚木糖葡萄糖，由于聚木糖葡萄糖的长度（$\approx50\sim500nm$）大于相邻两个微细纤维的间距（$20\sim40nm$），所以聚木糖葡萄糖可以包覆在微细纤维表面并交叉连接很多个微细纤维，形成刚性的微细纤维素-聚木糖葡萄糖网络结构，如图 4-2 所示。除了聚木糖葡萄糖以外，其他类型的半纤维素如聚木糖、聚阿拉伯糖木糖、聚甘露糖也可以与纤维素形成氢键连接，具有与双子叶植物细胞初生壁中聚木糖葡萄糖相同的作用

Salmén 等人研究了纤维素、半纤维素和木素在云杉（*Picea abies*）热磨机械浆（TMP）纤维细胞壁中的相互关系。结果表明，与木素相比，半纤维素可能更靠近纤维素大分子；其中聚木糖与木素连接在一起，同时聚甘露糖更多地是与纤维素连接。换句话说，也就是聚甘露糖包裹在纤维素微细纤维的表面，而聚木糖则与木素大分子结合成混合物形成纤维素微细纤维之间的骨架结构。推测的纤维素、半纤维素和木素在云杉热磨机械浆纤维细胞壁中的相互关系如图 4-3 所示。

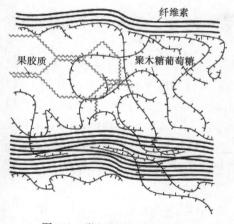

图 4-2　微细纤维素-聚木糖
葡萄糖网络结构示意

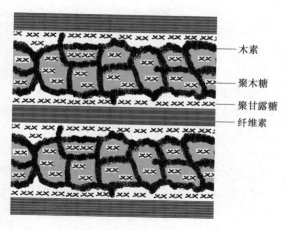

图 4-3　纤维素、半纤维素和木素在云杉热磨
机械浆纤维细胞壁中的相互关系示意图

第三节　半纤维素的生物合成

　　半纤维素是植物纤维原料的主要成分之一，它的生物合成与纤维素的生物合成的途径是不同的。那么半纤维素是如何在细胞壁中形成的，各种半纤维素的聚糖又是通过什么途径生物合成的呢？研究证明，在活的植物细胞内，控制半纤维素生物合成的细胞器是高尔基体，如图 4-4 所示。

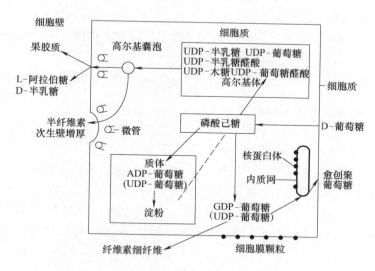

图 4-4　细胞器与聚糖生物合成的关系

　　在植物细胞的内质网的核蛋白体上合成的蛋白质可以向高尔基体转移并进行糖苷化，合成的半纤维素包含在高尔基囊泡内并向细胞表面移动（向细胞膜移动），在细胞膜处高尔基囊泡融合成连续的质膜，从而使半纤维素黏到细胞壁上。高尔基体之所以能产生半纤维素，是由于高尔基体能产生合成半纤维素所需要的酶。

　　下面分别介绍聚木糖和聚葡萄糖甘露的生物合成。

（一）聚木糖的生物合成

聚木糖是禾本科植物和阔叶木的主要半纤维素，针叶木半纤维素中也含有一定量的聚木糖。

研究表明，糖醛酸在聚木糖的生物合成中起着重要作用。当把用放射性^{14}C标记的D-葡萄糖分子注入小麦幼芽中后，从此植物的聚木糖分离出来的D-木糖的放射性碳原子大多数是与葡萄糖相对应的。将在第一碳原子上具有^{14}C的D-葡萄糖醛酸内酯注入一些植物中后，分析自这些植物的聚木糖水解产物中所分离出来的D-木糖，其中所含的放射性^{14}C主要在第一碳原子上，研究表明，葡萄糖醛酸内酯是聚木糖的前驱物质。这些在植物体内的生物合成试验表明，在植物体内产生的聚木糖是由D-葡萄糖经过一系列反应形成葡萄糖醛酸，然后经过脱羧变成戊糖。但是，聚木糖不是直接由戊糖聚合而成，而是由二磷酸尿苷-D-木糖（UDP-D-木糖）经合成酶的作用生物合成的，如式（4-1）所示：

$$\text{UDP-D-葡萄糖} \xrightarrow[\text{NAD}^+（烟酰胺腺嘌呤二核苷酸）]{\text{UDPG 脱氢酶}} \text{UDP-D-葡萄糖醛酸}$$

$$\xrightarrow{\text{UDP-葡萄糖醛酸脱羧酶}} \text{UDP-D-木糖} \xrightarrow{\text{合成酶}} \text{聚木糖} \tag{4-1}$$

W. Z. Hassid 和 R. W. Bailey 分别从玉米的幼芽和幼嫩的穗轴制得了颗粒状的酶，这种酶可促使含^{14}C的UDP-D-木糖合成为1→4连接的聚木糖。这些合成的聚糖水解后可得到D-木糖和L-阿拉伯糖，说明这种颗粒状酶不仅含有可使UDP-D-木糖与UDP-L-阿拉伯糖结构互变的异构化酶，而且还含有使UDP-L-阿拉伯糖与UDP-D-木糖合成为聚阿拉伯糖木糖的酶。

这种合成的聚木糖与天然状态植物生长时形成的聚木糖非常一致，阿拉伯糖也是呋喃糖。酸水解后所得的D-木糖与L-阿拉伯糖的比例为 4：1。

这些事实证明：木质部细胞中的聚木糖也是按同样的机理合成的。

构成聚木糖的4-O-甲基-葡萄糖醛酸基及果胶质中的半乳糖醛酸是由葡萄糖（或半乳糖）经脱氢酶作用而生成［式（4-2）］：

$$\text{UDP-D-葡萄糖} \xrightarrow{\text{UDPG 脱氢酶}} \text{UDP-D-葡萄糖醛酸} \xrightleftharpoons{\text{异构化酶}} \text{UDP-D-半乳糖醛酸} \tag{4-2}$$

（二）聚葡萄糖甘露糖的生物合成

聚葡萄糖甘露糖是针叶木的主要半纤维素。

从绿豆芽中提取的颗粒状酶能使二磷酸鸟苷葡萄糖^{14}C（GDPG-^{14}C）合成为半纤维素，若在此颗粒状酶的反应液中除加入GDPG-^{14}C外，再加入二磷酸鸟苷-D-甘露糖（GDPM），经过培养，能生成不溶于碱的非纤维素聚糖，当时并没有确定该聚糖是聚葡萄糖甘露糖或是纤维素与聚甘露糖的混合物。1966年Elbein和Hassid发现，当加入^{14}C标记的GDPM作为基质时，在有Mg^{2+}存在时可以通过绿豆芽颗粒状酶作用合成为具有放射性的聚葡萄糖甘露糖，反应如式（4-3）所示：

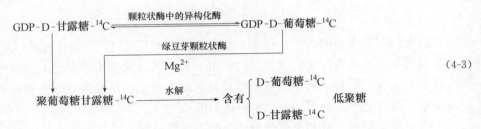

水解产物的低聚糖中含有带^{14}C标记的葡萄糖与甘露糖的比例大体为 $1:1$、$1:2$、$1:3$ 或 $1:4$。

由于在欧洲落叶松的形成层中发现了 GDP-D-葡萄糖和 GDP-D-甘露糖的存在，因此推断针叶木中聚葡萄糖甘露糖以同样机理生成。

第四节　半纤维素的分离与提取

半纤维素存在于各种植物纤维原料中，为了研究半纤维素的结构，以及在与半纤维素有关的基础理论研究或应用研究中，往往需要把半纤维素从原料中分离出来，在分离过程中应尽量地彻底分离，并且要尽量减少半纤维素结构的变化。由于植物纤维原料中有多种化学组分，其主要化学组分之一的半纤维素与木素之间存在化学键连接；半纤维素与纤维素之间虽然没有化学键连接，但它们之间存在广泛的氢键连接，因此半纤维素与纤维素之间结合比较紧密；其次，半纤维素化学性质较纤维素、木素活泼。所以，半纤维素的分离是比较困难和复杂的。因此，作为研究用的半纤维素的分离原则为尽量减少半纤维素结构变化，尽可能分离半纤维素并提高其纯度。工业上出于生产工艺或产品的需要，有时也需要对植物纤维原料中的半纤维素进行分离和提取，比如溶解浆制备工业中，在常规硫酸盐法蒸煮工艺之前用预水解的方法提取半纤维素；生物质精炼工业中，提取半纤维素用于制备生物质燃料或化学品等，同时有利于后续的纤维素酶水解。此时，半纤维素的分离原则就是尽可能提高半纤维素的提取率，而不需要考虑半纤维素原始结构的保持，但需要考虑半纤维素的提取对后续生产工艺和产品质量的影响，半纤维素从植物纤维原料中脱除后往往变成溶于水的更低聚合度的半纤维素、低聚糖或单糖等。

一、研究用半纤维素的分离与提取

（一）分离前的准备

在植物纤维原料中还含有盐类、萜烯类化合物、脂肪、蜡、鞣质、多酚类物质、色素和水溶性聚糖等物质，在分离半纤维素之前必须把这些杂质除去，对于针叶木原料甚至还需要把木素除去。

1. 制备无抽提物试料

一般的无机物不必分离。萜烯类化合物、脂肪、蜡、鞣质等可用苯醇混合液或丙酮等有机溶剂抽提除去。单糖、若干配糖化物、少量的低聚糖和水溶性聚糖可用 70％乙醇或冷水抽提出来。对果胶质或半乳糖醛酸含量较多的原料，可用草酸盐或草酸溶液预抽提。因此在分离半纤维素之前，一般可用水抽提，再用苯醇混合液抽提，必要时再用草酸盐溶液抽提。原料经这些抽提处理后就成为无抽提物试料。

2. 制备综纤维素

对于阔叶木和草类原料可以直接从无抽提物试料中抽提分离半纤维素，这种方法叫直接抽提法。针叶木不能用直接抽提法抽提分离半纤维素。这是因为针叶木管胞次生壁高度木质化，使溶剂不易进入次生壁将半纤维素抽提出来，所以直接从针叶木无抽提物试料抽提分离的半纤维素得率很低，且杂质也伴随半纤维素被同时抽出，给提纯工作增加了困难；一般情况下，是先将针叶木无抽提物试料用亚氯酸钠法或氯-乙醇胺法制备成综纤维素，再从综纤维素抽提分离半纤维素。但落叶松除外，因为它含有较高量的水溶性聚阿拉伯糖半乳糖，可直接用冷水自木粉中抽提出来。

由于要尽量减少纤维素与半纤维素的降解损失，制备的综纤维素中一般会残留有 1％～2％的木素与半纤维素在一起，这使半纤维素的分级有时发生困难。

（二）半纤维素的抽提

分离半纤维素一般是用各种溶剂抽提综纤维素。利用不同浓度的碱液与某些助剂的共同作用或某种有机溶剂的单独作用，将不同的聚糖抽提出来并加以分离。由于半纤维素是一种复合聚糖，要把这些聚糖绝对分离几乎是不可能的，实际上只能达到一定程度的分离。因为不可能有一个分离方法可适用于所有植物原料，所以，分离半纤维素的方法各异，常用的有：

1. 浓碱溶解硼酸络合分级抽提法

浓碱溶解硼酸络合分级抽提法主要用于针叶木综纤维素中半纤维素的分离，也适用于其他植物原料。先用 24％KOH 抽提，然后用含硼酸盐的氢氧化钠（或氢氧化钾）再抽提。NaOH 和 LiOH 是比 KOH 抽提能力强的半纤维素溶剂，这是因为 Na^+、Li^+ 的水合阳离子较 K^+ 的水合阳离子大的缘故；硼酸盐能够增强碱液的溶解能力，是因为硼酸盐与半纤维素聚糖可以形成环形 α-顺式-乙二醇结构，例如：聚葡萄糖甘露糖抗碱液抽提，当用含硼酸盐的碱液抽提时，该聚糖即可与硼酸盐作用形成可被碱液抽提出来的络合物，如下所示：

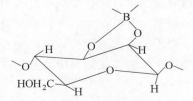

而其他许多半纤维素如聚木糖可只用碱液抽提溶出，因此可将聚葡萄糖甘露糖与其他聚糖分离开。

2. 逐步增加碱液浓度分级抽提法

这种方法也是主要用于针叶木综纤维素的半纤维素分离。先用较低浓度的碱液抽提，把易于溶解的和纤维中可及度高的聚糖先抽提出来，然后逐步增加碱液浓度，把难溶的、可及度低的聚糖抽提出来。这一方法可改进为氢氧化钡选择性分级抽提法，其原理主要是用 $Ba(OH)_2$ 将聚半乳糖葡萄糖甘露糖络合起来，形成在碱液中不溶解的络合物，从而与聚木糖类分开，使聚木糖的提纯过程简化。

3. 单纯碱液抽提法

此方法是用 KOH 溶液抽提阔叶木与草类原料中的聚木糖，因为 KOH 溶液对聚木糖的溶解能力强，对聚甘露糖类半纤维素的溶解能力较小。阔叶木可用 10％KOH 抽提，而草类原料用 5％KOH 抽提即可。

在上述 3 种用碱液抽提半纤维素的方法中，半纤维素不可避免地会发生下列反应：a. 部分乙酰化聚糖的脱乙酰基作用；b. 碱性剥皮反应；c. 苷键发生断裂的碱性水解；d. 半纤维素与木素间化学键的断裂。在抽提半纤维素时应力求减少这些反应。

4. 碱性过氧化物抽提法

碱液抽提分离的麦草半纤维素通常是褐色的，这就限制了它们的工业应用。过氧化氢在碱性介质中除了具有脱木素和漂白作用外，还可以作为半纤维素大分子的温和增溶剂。研究表明，在 pH12.0～12.5、温度为 48℃的条件下用 2％H₂O₂ 溶液处理 16h，麦草、稻草和黑麦草中 80％的原本半纤维素被抽提出来，比传统的碱抽提法获得的半纤维素颜色更白，且木素含量很小（3％～5％）。碱性过氧化物分离半纤维素的流程见图 4-5。用碱性过氧化物抽提法可以获得更高相对分子质量的半纤维素，用碱性过氧化氢溶液抽提大麦秆得到的半纤维素的重均摩尔质量（$\overline{M}_W$）为 56890～63810g/mol，而用 NaOH 溶液抽提大麦秆得到的半纤维素的重均摩尔质量（$\overline{M}_W$）仅为 28000～29080g/mol。

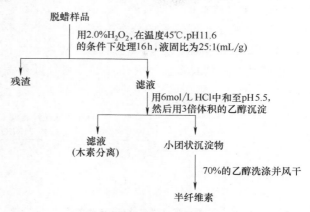

图 4-5 碱性过氧化氢分离半纤维素流程

助剂的加入可以改善分离所得到半纤维素的颜色。在碱性条件下用 H₂O₂ 处理的原料中加入四乙酰乙二胺（TAED）或氰胺，可使大部分 LCC 连接键断裂，使半纤维素中木素质量分数仅为 2.5％～5.0％，且半纤维素的颜色也得到改善。

5. 二甲亚砜抽提法

在用碱液抽提分离半纤维素时，半纤维素所含的乙酰基不可避免要被脱去。乙酰基是细胞壁中的重要功能性基团，阔叶木含量为 3％～5％，针叶木含量为 1％～2％。阔叶木中乙酰基可连接于聚木糖上，而针叶木中可连接于聚葡萄糖甘露糖上。为了研究半纤维素的结构，在分离中要尽量避免乙酰基的脱除。用二甲亚砜作为溶剂抽提半纤维素时，乙酰基可被保留下来。如用二甲亚砜抽提银桦亚氯酸盐法综纤维素时，可以得到戊糖与己糖的混合物，随后用水抽提，则得到含有一定量 O-乙酰基和糖醛酸基的聚木糖。用二甲亚砜抽提桦木亚硫酸盐法纸浆，可抽出约 12％的半纤维素，此半纤维素约含 8.5％的乙酰基。

6. 微波、超声波和机械挤压辅助法

利用超声波的辅助作用，可以提高碱液抽提分离半纤维素的得率。用 0.5mol/L NaOH 甲醇水溶液［甲醇-水（体积比 60：40）］在 60℃下抽提脱蜡后的麦草粉［固液比为 1：30（g/mL）］2.5h，如果在抽提前先用超声波在 60℃下处理 5～35min，则可以使提取的半纤维素得率比未经超声波预处理的提高 2.9％～9.2％。经超声波预处理后提取的半纤维素除了木糖含量稍高、木素含量相对较低、相对分子质量较低及热稳定性稍低以外，与未经超声波预处理提取的半纤维素在主要结构特征上没有本质的不同。在超声波辅助下（辅助处理时间分别为 0、5、10、15、20、25、30 和 35min），用 5％KOH 在 50℃下抽提巨桉综纤维素（固液比为 1：30（g/mL））3h，当超声波辅助处理时间从 5min 延长到 35min 时，提取半纤维素得率的增加率从 2.6％提高到 19.6％；超声波辅助处理 30min，提取半纤维素得率最高可达 95.2％。

在微波炉中用水在 180℃下抽提白杨木粉 10min，半纤维素溶解在 pH 为 3.5 的溶液中，分离出的聚 O-乙酰基-4-O-甲基葡萄糖醛酸木糖中绝大部分的 4-O-甲基葡萄糖醛酸基和乙酰基可以被保留下来。

此外利用挤出型双螺旋反应器处理木质纤维原料的方法，该法使碱抽提更加容易进行，可使 90％以上的原本半纤维素抽提出来，液固比是间歇式反应器的 1/6，不但缩短了时间，而且提高了分离效率。

（三）**半纤维素的分离实例**

1. 针叶木中半纤维素的分离

（1）浓碱溶解硼酸络合分级抽提法

用浓碱溶解硼酸络合分级抽提法分离针叶木综纤维素中的半纤维素，其分离程序如图 4-6 所示。

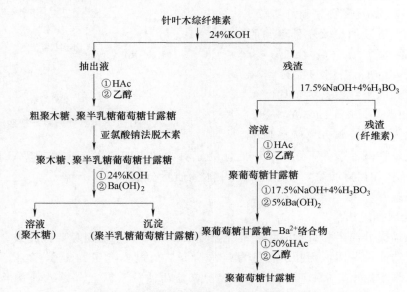

图 4-6　半纤维素的浓碱溶解硼酸络合分级抽提分离程序

（2）**逐步增加碱液浓度分级抽提法**

用逐步增加碱液浓度分级抽提法抽提窄叶南洋杉综纤维素中的半纤维素，如图 4-7 所示。

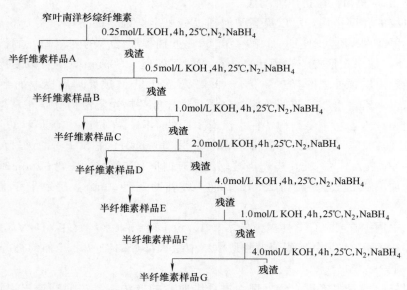

图 4-7　逐步增加碱液浓度分级抽提法抽提窄叶南洋杉综纤维素中的半纤维素

（3）氢氧化钡选择性分级抽提法

用氢氧化钡选择性分级抽提法分离针叶木综纤维素中的半纤维素，如图 4-8 所示。

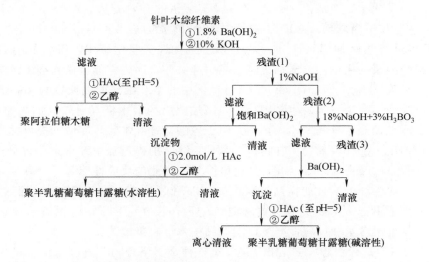

图 4-8 氢氧化钡选择性分级抽提法分离针叶木综纤维素中的半纤维素

2. 阔叶木中半纤维素的分离

阔叶木中的半纤维素主要是聚木糖，还含有少量的聚葡萄糖甘露糖，一般只需抽提聚木糖，可用单纯碱抽提法。经过有机溶剂抽提的桦木粉，用 10％KOH 抽提，抽提所得聚木糖用含过量醋酸的乙醇溶液沉淀，所得聚木糖沉淀用 5％KOH 溶解，再用含醋酸的乙醇液沉淀进行提纯。桦木（或桉木）综纤维素可用 KOH 分级抽提，先用 1.4％KOH 抽提，接着用 7％KOH 抽提，抽出液用 HCl 酸化至 pH＝4.5 沉淀出半纤维素 A，若抽出液的 pH 调高至 pH＝10～11 时加入 80％乙醇后，可沉淀出半纤维素 B。如需分离出聚葡萄糖甘露糖，可参照针叶木中半纤维素的分离方法。

3. 禾本科植物原料中半纤维素的分离

禾本科植物原料的半纤维素不含聚葡萄糖甘露糖，所以只用 5％KOH 抽提即可。麦草半纤维素的分离如图 4-9 所示：

为了避免酯键的皂化，可以在二甲基亚砜（DMSO）和水中连续抽提麦草综纤维素。在这

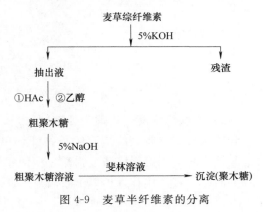

图 4-9 麦草半纤维素的分离

种情况下获得的半纤维素，除了乙酰基、阿魏酰和对香豆酰附属物已被皂化外，与天然半纤维素非常相似。由于用这种方法获得的半纤维素的得率很少超过 50％，所以大部分商用半纤维素通常用碱液抽提。

二、工业半纤维素（低聚糖、单糖）的提取

工业上可以利用半纤维素抽提来生产溶解浆，也可以把半纤维素抽提作为木质纤维素生物质预处理方法，下面仅做简单介绍。

（一）商品化学浆中半纤维素的抽提

如上所述，碱抽提是提取半纤维素的一种方法，它可以作为工业中溶出商品化学浆中的半纤维素，将商品化学浆变成高 α-纤维素含量溶解浆的有效方法。KOH、LiOH 和 NaOH 抽提聚木糖的能力相当，而 KOH 抽提聚甘露糖的能力较 LiOH、NaOH 弱。冷碱抽提（CCE）之后再进行热碱抽提（HCE）的组合已经实现工业化应用，得到的溶解浆纯度最高、最接近棉短绒浆的质量。冷碱抽提越来越引起关注，因为它能提供高纯度的溶解浆和高质量的半苛性碱液（hemi-causticlyes）。CCE 碱液中的半纤维素能以低聚物和高聚物的形式回收，因为碱液中不会进一步发生降解反应，碱抽提后的聚木糖具有较高的相对分子质量、得率和纯度。冷碱抽提也有其缺陷，特别是对于硫酸盐针叶木浆，冷碱抽提可抽出大部分聚木糖，但仅能抽出一部分聚葡萄糖甘露糖。另外，冷碱抽提过程中纤维素 I 部分转化为 Na-纤维素 I，中和之后又变为纤维素 II，使得纤维素乙酰化的反应性能降低。酶处理辅以冷碱抽提可以有效去除半纤维素且能提高纸浆白度。采用 X-CCE（内切聚葡萄糖酶处理＋冷碱抽提）方法处理亚麻、大麻、剑麻、黄麻烧碱/AQ（蒽醌）TCF（全无氯）漂白浆得到的溶解浆，其半纤维素含量和反应性能可以与商品桉木溶解浆媲美。

Nitren［三（2-氨基乙基）胺镍络合物］是一种金属络合物，可以与聚木糖形成络合物而溶出，从而达到去除纸浆中半纤维素的目的（见图 4-10）。用 5％～7％的 Nitren 抽提硫酸盐或亚硫酸盐阔叶木浆，可以得到 α-纤维素含量为 96％～97％的溶解浆。Nitren 对聚木糖有良好的抽提效果，而聚葡萄糖甘露糖在 Nitren 溶液中基本不溶解，即 Nitren 对阔叶木半纤维素的抽提效果较好，Nitren 更具选择性。

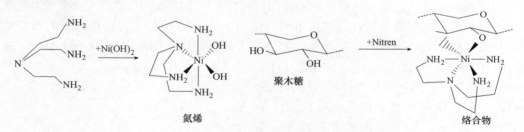

图 4-10　氮烯结构式及氮烯与聚木糖形成的络合物

（二）稀酸预水解（稀酸预处理）

酸预水解的主要目的是溶解植物纤维原料中的半纤维素，从而提高酶对纤维素的可及性。酸预水解可以使用浓酸或稀酸，但使用浓酸时会有抑制物生成，还存在设备腐蚀和酸回收难等问题，且操作和维护成本较高。因此，稀酸预水解在工业上更受欢迎。稀酸预水解可作为木质纤维素生物质预处理方法，一般指用 10％以内的硫酸、盐酸、磷酸等酸为催化剂将纤维素、半纤维素水解成单糖的方法，反应条件温度为 100～240℃，压力一般高于 1MPa（10 个大气压），反应几秒钟至几分钟。稀酸处理优点是反应进程快，适合连续生产，酸液无须回收；缺点是所需温度和压力较高，生成的降解产物对生物质发酵有抑制作用，反应器材质要求耐酸蚀材料。硫酸浓度和温度对木糖得率有较大影响，而液固比的影响不明显。当朝鲜蓟的稀酸预水解条件为温度 180℃、酸浓度 0.1％、液固比 12.3∶1 时，木糖提取率可达 90％，并且糠醛生成量低。

（三）热水自水解（热水预处理或热水预水解）

热水自水解可作为木质纤维素生物质预处理方法，以及预水解硫酸盐法制备溶解浆的预水解方法。热水自水解是在不另外加酸的情况下进行的一种酸水解，用于提取植物纤维原料中的半纤维素，酸来源于植物纤维原料在水中加热时释放的乙酸，终点 pH 为 3～4。水解的另一个重要参数是温度，其范围为 150～170℃，升温时间 60～120min。利用此方法可以去除植物纤维原料中大部分的半纤维素。对于阔叶木和禾本科原料，木糖是水解液中的主要糖类，以木糖及其低聚糖的形式存在。热水自水解也会产生糖类深度降解产物——甲酸、乙酸以及糠醛和羟甲基糠醛。因此，在热水自水解过程中，不可避免地会造成糖类物质的深度降解。

（四）蒸汽爆破自水解（蒸汽爆破预处理）

蒸汽爆破自水解是目前木质纤维素生物质预处理技术中广泛采用的方法，用 160～260℃饱和水蒸气加热原料至 0.69～4.83MPa，作用几秒至几分钟，然后骤然降至常压的预处理手段。其作用机理是蒸汽爆破过程中，高压蒸汽渗入纤维内部，以气流的方式从封闭的孔隙中释放出来，使纤维素发生一定的机械断裂。在常压下用热水浸提蒸汽爆破后的物料，可以提取出水溶性半纤维素、低聚糖和单糖组分。当玉米芯蒸汽爆破条件为：压力 1.4MPa，保压时间 300s，用热水浸提蒸汽爆破后的玉米芯两次，提取水溶性半纤维素和单糖。当初始含水量为 0.6g/g 玉米芯时，木糖和聚木糖的产量分别为 82.4g/kg 玉米芯和 143.4g/kg 玉米芯，半纤维素的提取率达到 73.3%。

第五节　半纤维素的化学结构

研究半纤维素的化学结构，主要是研究聚糖的主链和支链的组成、研究主链糖基间以及主链糖基与支链糖基的连接方式和连接位置。确定聚糖结构的经典方法有甲基化醇解法、部分水解法、高碘酸盐氧化法、Smith 降解法等。近 20 年来又采用了色谱、质谱和核磁共振等现代技术，使半纤维素化学结构的研究方法日趋完善。以白桦综纤维素分离的主要半纤维素聚 4-O-甲基-葡萄糖醛酸木糖为例，可采用糖醇乙酸酯化气相色谱法，按照国家标准《GB/T 12033—2008　造纸原料和纸浆中糖类组分的气相色谱制定》方法测定。用硫酸在高温高压的条件下，将造纸原料或纸浆中的纤维素和半纤维素水解成单糖溶液，以碳酸铅中和后采用硼氢化钠进行还原，使之成为糖醇。在高温条件下，用乙酸酐进行衍生化，形成挥发性衍生物，然后进行气相色谱分析，内标法定量。

一、针叶木半纤维素的类型及化学结构式

（一）聚半乳糖葡萄糖甘露糖

针叶木半纤维素中含量最多的是聚半乳糖葡萄糖甘露糖（Galactoglucomannan，GGM），实际上它包括两类结构不同的聚糖，一类含有少量的半乳糖基（3%～5%），另一类含有较多的半乳糖基。前者又称为聚 O-乙酰基葡萄糖甘露糖，由于 O-乙酰基含量也少，因此，通常称为聚葡萄糖甘露糖。这种聚糖是由 D-吡喃式葡萄糖基和 D-吡喃式甘露糖基以 (1→4) β 苷键连接成主链，葡萄糖基与甘露糖基的比例一般为 1:(3.5±0.8)，有些则达到 1:(5～6.5)。半乳糖基也是 D-吡喃式，以支链形式与主链连接。乙酰基的含量为 6%，一般在甘露糖基及葡萄糖基的 C_2 或 C_3 位上形成醋酸酯。

在针叶木的边材中，聚半乳糖葡萄糖甘露糖含有乙酰基，但其心材中的聚半乳糖葡萄糖甘露糖不含有乙酰基。聚半乳糖葡萄糖甘露糖的化学结构如下式所示：

$$\begin{array}{ccc} & \alpha\text{-D-Gal}p & \\ Ac & 1 & Ac \\ \downarrow & \downarrow & \downarrow \\ 2 & 6 & 3 \end{array}$$

→4)-β-D-Man$p$-(1→4)-β-D-Glc$p$-(1→4)-β-D-Man$p$-(1→4)-β-D-Man$p$-(1→4)-β-D-Glc$p$-(1→

式中，β-D-Glc$p$＝β-D-吡喃式葡萄糖基；β-D-Man$p$＝β-D-吡喃式甘露糖基；α-D-Gal$p$＝α-D-吡喃式半乳糖基；Ac＝乙酰基。

另一类含半乳糖基较多的聚半乳糖葡萄糖甘露糖在针叶木中只有少量，这是一种相对分子质量较低的水溶性聚糖，半乳糖基比例越大（分支度越高），越易溶于水。一般 D-半乳糖基、D-葡萄糖基与 D-甘露糖基的比约为 1∶1∶3，红松中为 0.26∶1.00∶2.35，云杉中为 0.9∶0.7∶3.0。半乳糖基一般是以支链形式与甘露糖基的 C$_6$ 位以（1→6）α 苷键相连接。

（二）聚阿拉伯糖 4-*O*-甲基葡萄糖醛酸木糖

针叶木中的聚木糖主要是聚阿拉伯糖 4-*O*-甲基葡萄糖醛酸木糖（Arabino-4-*O*-methyl-glucuronoxylan，AGX），这种聚糖在针叶木中的含量一般约为 7％～12％，有些低于 7％，如美国东部铁杉中这类聚糖仅含 4.6％。这一类聚木糖的主链为（1→4）β 苷键连接的 D-吡喃式木糖基，4-*O*-甲基-D-葡萄糖醛酸基以支链的形式连接到主链木糖基的 C$_2$ 位上，L-呋喃式阿拉伯糖基以支链形式连接到主链木糖基的 C$_3$ 位上，还有少量的木糖支链存在，但针叶木中这类聚木糖不含乙酰基。其结构示意如下：

$$\begin{array}{cc} 4\text{-}O\text{-Me-}\alpha\text{-D-Glc}p\text{A} & \alpha\text{-L-Ara}f \\ \downarrow & \downarrow \\ 1 & 1 \\ 2 & 3 \end{array}$$

→4)-β-D-Xyl$p$-(1→4)-β-D-Xyl$p$-(1→4)-β-D-Xyl$p$-(1→4)-β-D-Xyl$p$-(1→4)-β-D-Xyl$p$-(1→

式中，β-D-Xyl$p$＝β-D-吡喃式木糖基；α-L-Ara$f$＝α-L-呋喃式阿拉伯糖基；4-*O*-Me-α-D-Glc$p$A＝4-*O*-甲基-α-D-吡喃式葡萄糖醛酸基。

（三）聚阿拉伯糖半乳糖

落叶松中聚阿拉伯糖半乳糖（Arabinogalactan，AG）的化学结构式可以表示如下：

$$\beta\text{-L-Ara}p$$
$$\downarrow_1$$
^{3}
$$\alpha\text{-L-Ara}f \qquad \beta\text{-D-Gal}p \qquad\qquad\qquad \beta\text{-D-Gal}p$$
$$\downarrow_1 \qquad\qquad \downarrow_1 \qquad\qquad\qquad\qquad \downarrow_1$$
$$^3 \qquad\qquad\quad ^6 \qquad\qquad\qquad\qquad\quad ^6$$
$$\beta\text{-D-Gal}p \quad \beta\text{-D-Gal}p \quad \alpha\text{-L-Ara}f \quad \beta\text{-D-Gal}p \quad \beta\text{-D-Gal}pA \quad \beta\text{-D-Gal}p$$
$$\downarrow_1 \qquad \downarrow_1 \qquad \downarrow_1 \qquad \downarrow_1 \qquad \downarrow_1 \qquad \downarrow_1$$
$$^6 \qquad\quad ^6 \qquad\quad ^6 \qquad\quad ^6 \qquad\quad ^6 \qquad\quad ^6$$

$$\rightarrow 3)\text{-}\beta\text{-D-Gal}p\text{-}(1\rightarrow 3)\text{-}\beta\text{-D-Gal}p\text{-}(1\rightarrow 3)\text{-}\beta\text{-D-Gal}p\text{-}(1\rightarrow 3)\text{-}\beta\text{-D-Gal}p\text{-}(1\rightarrow 3)\text{-}\beta\text{-D-Gal}p\text{-}(1\rightarrow 3)\text{-}\beta\text{-D-Gal}p\text{-}(1\rightarrow$$

式中，β-D-Gal$p$＝β-D-吡喃式半乳糖基；α-L-Ara$f$＝α-L-呋喃式阿拉伯糖基；β-L-Ara$p$＝β-L-吡喃式阿拉伯糖基；β-D-Glc$p$A＝β-D-吡喃式葡萄糖醛酸基。

聚阿拉伯糖半乳糖是高分支度水溶性的，通常与水溶性聚半乳糖葡萄糖甘露糖一起存在。落叶松中聚阿拉伯糖半乳糖的主链一般是（1→3）β苷键连接的D-吡喃式半乳糖基，L-呋喃式阿拉伯糖基以支链形式连接于主链半乳糖基的C_6位上，在主链半乳糖基的C_6位上有一些也连接有半乳糖基或葡萄糖醛酸基的支链。L-阿拉伯糖基与D-半乳糖基的比例大约为1：6，而且大约1/3的阿拉伯糖是吡喃式的，2/3是呋喃式的。不同品种的落叶松中聚阿拉伯糖半乳糖的数量平均相对分子质量从 29600 到 58500 不等。

不同于正常木材中的聚阿拉伯糖半乳糖，从美洲落叶松应压木中分离出了一种低分支度的聚半乳糖。这种聚半乳糖的分子含有 200～300 个以（1→4）β苷键连接的半乳糖单元，每 20 个半乳糖单元连接有一个半乳糖醛酸基支链，该半乳糖醛酸基连接于主链糖基的 C_6 位上。在红杉应压木中发现含有一种主链糖基以（1→4）β 苷键连接的聚半乳糖，该聚糖含有 6 到 8 个支链。其分子链至少含有 300 个半乳糖单元，并含有一些半乳糖醛酸基和葡萄糖醛酸基的支链。在香脂云杉应压木中也存在与此相同类型的聚半乳糖。

落叶松聚阿拉伯糖半乳糖的化学结构很复杂，其他学者提出的落叶松聚阿拉伯糖半乳糖的化学结构示意如下。

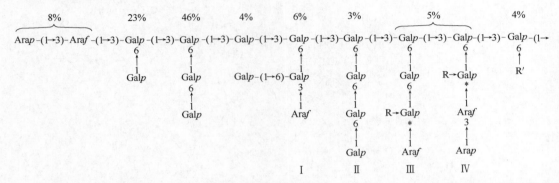

式中，Gal$p$＝β-D-Gal$p$＝β-D-吡喃式半乳糖基；β-L-Ara$p$＝β-L-吡喃式阿拉伯糖基；Ara$f$＝α-L-Ara$f$＝α-L-呋喃式阿拉伯糖基；R＝Gal$p$ 或者 Ara$f$，R'＝含有超过 4 个糖基的支链；Ⅲ 和 Ⅳ 支链中半乳糖基的连接位置"＊"为 3、4 或 6；在Ⅲ，Ⅳ 和 R' 中阿拉伯糖的摩尔分数＝0.5。

（四）聚木糖葡萄糖

聚木糖葡萄糖（xyloglucan，XG）是一种存在高等植物细胞初生壁中的聚糖，它的主链与纤维素一样都是由 D-葡萄糖基以（1→4）β 苷键连接而成，与纤维素不同的是聚木糖葡萄糖在主链葡萄糖基的 C_6 位上有支链，支链既有单个木糖单元，也有以（1→2）方式与半乳糖基、阿拉伯糖基或岩藻糖基连接的木糖基单元。在针叶木中这类聚糖仅是一种少量组分。其化学结构示意如下：

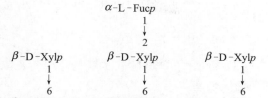

$$\alpha\text{-L-Fuc}p$$
$$\downarrow 1$$
$$\downarrow 2$$

$$\beta\text{-D-Xyl}p \qquad \beta\text{-D-Xyl}p \qquad \beta\text{-D-Xyl}p$$
$$1 \qquad\qquad 1 \qquad\qquad 1$$
$$\downarrow 6 \qquad\qquad \downarrow 6 \qquad\qquad \downarrow 6$$

$$\rightarrow 4)\text{-}\beta\text{-D-Glc}p\text{-}(1\rightarrow 4)\text{-}\beta\text{-D-Glc}p\text{-}(1\rightarrow 4)\text{-}\beta\text{-D-Glc}p\text{-}(1\rightarrow 4)\text{-}\beta\text{-D-Glc}p\text{-}(1\rightarrow 4)\text{-}\beta\text{-D-Glc}p\text{-}(1\rightarrow$$

式中，β-D-Glc$p$＝β-D-吡喃式葡萄糖基；β-D-Xyl$p$＝β-D-吡喃式木糖基；α-L-Fuc$p$＝α-L-吡喃式岩藻糖基。

二、阔叶木半纤维素的类型及化学结构式

（一）聚 O-乙酰基-4-O-甲基葡萄糖醛酸木糖

阔叶木中的聚木糖主要是聚 O-乙酰基-4-O-甲基葡萄糖醛酸木糖（O-acetyl-4-O-methyl-glucuronoxylan，GX），一般占木材的 $20\%\sim25\%$，也有高达 35% 的，它的主链是由 D-吡喃式木糖基以（$1\rightarrow4$）β苷键连接而成的，支链有乙酰基和 4-O-甲基-α-D-吡喃式葡萄糖醛酸基。乙酰基与主链木糖基上的 C_3 位成醋酸酯键连接，也有一些连接在 C_2 位上，阔叶木边材的聚木糖中已确定含有约 $10\%\sim13\%$ 的乙酰基，但其心材中没有乙酰基。4-O-甲基-α-D-吡喃式葡萄糖醛酸基一般连接在主链木糖基的 C_2 位上，也有连接在 C_3 位上的，这种糖基含量较少。另外，还发现有些阔叶木的这类聚木糖中存在木糖基支链。这类聚木糖的化学结构式如下所示：

$$\begin{array}{c} \text{4-}O\text{-Me-}\alpha\text{-D-Glc}p\text{A} \\ \text{Ac} \qquad\qquad\qquad\qquad\qquad\qquad 1 \qquad\qquad\qquad\qquad\qquad \text{Ac} \qquad\qquad \text{Ac} \\ \uparrow 3 \qquad\qquad\qquad\qquad\qquad\qquad \downarrow 2 \qquad\qquad\qquad\qquad\qquad \uparrow 3 \qquad\qquad \uparrow 2 \\ \rightarrow 4)\text{-}\beta\text{-D-Xyl}p\text{-}(1\rightarrow 4)\text{-}\beta\text{-D-Xyl}p\text{-}(1\rightarrow 4)\text{-}\beta\text{-D-Xyl}p\text{-}(1\rightarrow 4)\text{-}\beta\text{-D-Xyl}p\text{-}(1\rightarrow 4)\text{-}\beta\text{-D-Xyl}p\text{-}(1\rightarrow \end{array}$$

白杨（*Populus tremula*）聚 O-乙酰基-4-O-甲基葡萄糖醛酸木糖的结构式如下所示：

$$\rightarrow 4)\text{-}\beta\text{-D-Xyl}p\text{-}(1\rightarrow 4)\text{-}\beta\text{-D-Xyl}p\text{-}(1\rightarrow 4)\text{-}\beta\text{-D-Xyl}p\text{-}(1\rightarrow 4)\text{-}\beta\text{-D-Xyl}p\text{-}(1\rightarrow 4)\text{-}\beta\text{-D-Xyl}p\text{-}$$
$$2 \qquad\qquad\qquad\qquad\qquad 3 \qquad\qquad\qquad\qquad\qquad\qquad 3 \quad 2$$
$$\uparrow \qquad\qquad\qquad\qquad\qquad \uparrow \qquad\qquad\qquad\qquad\qquad \text{Ac}\nearrow\uparrow$$
$$\text{Ac} \qquad\qquad\qquad\qquad\qquad \text{Ac} \qquad\qquad\qquad\qquad\qquad\qquad \text{Ac}$$

$$(1\rightarrow 4)\text{-}\beta\text{-D-Xyl}p\text{-}(1\rightarrow 4)\text{-}\beta\text{-D-Xyl}p\text{-}(1\rightarrow$$
$$\text{Ac}\nearrow 3 \quad 2$$
$$\downarrow 1$$
$$\text{4-}O\text{-Me-}\alpha\text{-D-Glc}p\text{A}$$

和

$$\rightarrow 4)-\beta\text{-D-Xyl}p\text{-}(1\rightarrow 4)-\beta\text{-D-Xyl}p\text{-}(1\rightarrow 4)-\beta\text{-D-Xyl}p\text{-}(1\rightarrow 4)-\beta\text{-D-Xyl}p\text{-}(1\rightarrow 4)-\beta\text{-D-Xyl}p\text{-}(1\rightarrow$$

式中，β-D-Xyl$p$＝β-D-吡喃式木糖基；Ac＝乙酰基；4-O-Me-α-D-Glc$p$A＝4-O-甲基-α-D-吡喃式葡萄糖醛酸基。

该聚 O-乙酰基-4-O-甲基葡萄糖醛酸木糖主链木糖基中 50％（摩尔百分比）是没有取代基的、13％是 C_2 位氧乙酰化的、21％是 C_3 位氧乙酰化的、6％是 C_2 和 C_3 位都氧乙酰化的，4-O-甲基葡萄糖醛酸基 10％是 C_3 位氧乙酰化的。

白桦聚木糖至少含有 110 个 β-D-吡喃式木糖基，互相以（1→4）β 苷键连接在一起，平均每十个脱水木糖单元带有一个 4-O-甲基葡萄糖醛酸基，它以 α 苷键连接于木糖基的 C_2 位上，其结构式如下所示：

$$4\text{-}O\text{-Me-}\alpha\text{-D-Glc}p\text{A}$$
$$\downarrow$$
$$2$$
$$\left[\rightarrow 4)-\beta\text{-D-Xyl}p\text{-}(1\rightarrow\right]_5 \left[4)-\beta\text{-D-Xyl}p\text{-}(1\rightarrow 4)-\beta\text{-D-Xyl}p\text{-}(1\rightarrow\right]_5$$

式中，β-D-Xyl$p$＝β-D-吡喃式木糖基；4-O-Me-α-D-Glc$p$A＝4-O-甲基-α-D-吡喃式葡萄糖醛酸基。

在此聚糖中还有乙酰基的存在，其数量、位置等现在也已确定。

两种杂交桐树（*Paulownia elongata*/*Paulownia fortunei*）中的聚木糖类半纤维素为聚 O-乙酰基-4-O-甲基葡萄糖醛酸木糖。木糖：（4-O-甲基葡萄糖醛酸＋葡萄糖醛酸）＝20：1，大约一半的主链木糖基上连接有 O-乙酰基，其中 22％是 C_3 位氧乙酰化的、23％是 C_2 位氧乙酰化的，7％是 C_2、C_3 位都氧乙酰化的。其基于 100 个木糖基的化学结构式如下所示：

$$[\beta\text{-D-Xyl}p]\text{-}(1\rightarrow 4)-[\beta\text{-D-Xyl}p]_5\text{-}(1\rightarrow 4)-[\beta\text{-D-Xyl}p]_{48}\text{-}(1\rightarrow 4)-[\beta\text{-D-Xyl}p]_{17}$$

$$4\text{-}O\text{-Me-}\alpha\text{-D-Glc}p\text{A}/\alpha\text{-D-Glc}p\text{A}$$

$$\text{-}(1\rightarrow 4)-[\beta\text{-D-Xyl}p]_{23}\text{-}(1\rightarrow 4)-[\beta\text{-D-Xyl}p]_7\text{-}(1\rightarrow$$

式中，β-D-Xyl$p$＝β-D-吡喃式木糖基；Ac＝乙酰基；4-O-Me-α-D-Glc$p$A＝4-O-甲基-α-D-吡喃式葡萄糖醛酸基；α-D-Glc$p$A＝α-D-吡喃式葡萄糖醛酸基。

在蓝桉和尾巨桉中发现了结构独特的聚 O-乙酰基半乳糖-4-O-甲基葡萄糖醛酸木糖，它的主链是由 D-吡喃式木糖基以（1→4）β苷键连接而成的，支链有乙酰基和 4-O-甲基-α-D-吡喃式葡萄糖醛酸基，每 100 个木糖基含有 10～12 个 4-O-甲基-α-D-吡喃式葡萄糖醛酸基和 48～51 个 O-乙酰基，O-乙酰基连接于主链木糖基的 C₃ 位上，同时在 4-O-甲基-α-D-吡喃式葡萄糖醛酸基的 C₂ 位上还连接有 α-D-半乳糖基或者葡萄糖基支链。半乳糖：4-O-甲基葡萄糖醛酸：木糖＝1：3：30。其可能的化学结构式如下所示：

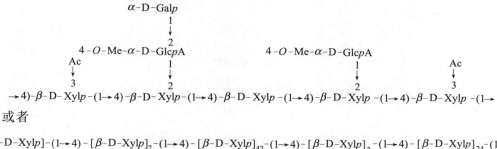

或者

$$[\beta\text{-}D\text{-}Xylp]\text{-}(1{\to}4)\text{-}[\beta\text{-}D\text{-}Xylp]_7\text{-}(1{\to}4)\text{-}[\beta\text{-}D\text{-}Xylp]_{42}\text{-}(1{\to}4)\text{-}[\beta\text{-}D\text{-}Xylp]_2\text{-}(1{\to}4)\text{-}[\beta\text{-}D\text{-}Xylp]_{24}\text{-}(1{\to}4)$$

式中，β-D-Xylp＝β-D-吡喃式木糖基；α-L-Rhap＝α-L-吡喃式鼠李糖基；α-D-GalpA＝α-D-吡喃式半乳糖醛酸基；4-O-Me-α-D-GlcpA＝4-O-甲基-α-D-吡喃式葡萄糖醛酸基；α-D-Galp＝α-D-吡喃式半乳糖基；β-D-Glcp＝β-D-吡喃式葡萄糖基；Glucan＝聚葡萄糖；Rhamnoarabinogalactan＝聚鼠李糖阿拉伯糖半乳糖；Ac＝乙酰基。

（二）聚葡萄糖甘露糖

聚葡萄糖甘露糖（glucomannan，GM）一般在阔叶木中的含量为 3%～5%。它由 D-吡喃式葡萄糖基与 D-甘露糖基以（1→4）β苷键连接，在这类聚糖中 D-葡萄糖基与 D-甘露糖基的比例一般为 1：1 到 1：2。并已被证实含有乙酰基，乙酰基连接在 D-甘露糖基环的 C₂ 或 C₃ 位上，乙酰化程度接近 30%。其化学结构式如下所示：

$$\begin{array}{ccccccc} & Ac & & & & & Ac \\ & \downarrow & & & & & \downarrow \\ & 2 & & & & & 3 \end{array}$$
$$\to4)\text{-}\beta\text{-}D\text{-}Manp\text{-}(1{\to}4)\text{-}\beta\text{-}D\text{-}Glcp\text{-}(1{\to}4)\text{-}\beta\text{-}D\text{-}Manp\text{-}(1{\to}4)\text{-}\beta\text{-}D\text{-}Manp\text{-}(1{\to}4)\text{-}\beta\text{-}D\text{-}Glcp\text{-}(1{\to}4)\text{-}\beta\text{-}D\text{-}Manp\text{-}(1{\to}$$

式中，β-D-Manp＝β-D-吡喃式甘露糖基；β-D-Glcp＝β-D-吡喃式葡萄糖基；Ac＝乙酰基。

（三）聚鼠李糖阿拉伯糖半乳糖

在糖槭中发现了一种水溶性的聚鼠李糖阿拉伯糖半乳糖（rhamnoarabinogalactan，RAG），其摩尔比为 1.7：1：0.2（半乳糖：阿拉伯糖：鼠李糖）。这种聚糖是轻微分支的，而且主链半乳糖单元之间以（1→3）β苷键连接。在山毛榉应拉木中含有一种高度分支的聚半乳糖，主链半乳糖单元之间以（1→4）β苷键连接。除了含有吡喃式半乳糖单元和吡喃式鼠李糖单元外，这种聚糖中还含有呋喃式阿拉伯糖基、4-O-甲基葡萄糖醛酸基和半乳糖醛酸基。该聚糖的数量平均聚合度为 350～400。山毛榉应拉木中聚半乳糖的化学结构式可以表示如下：

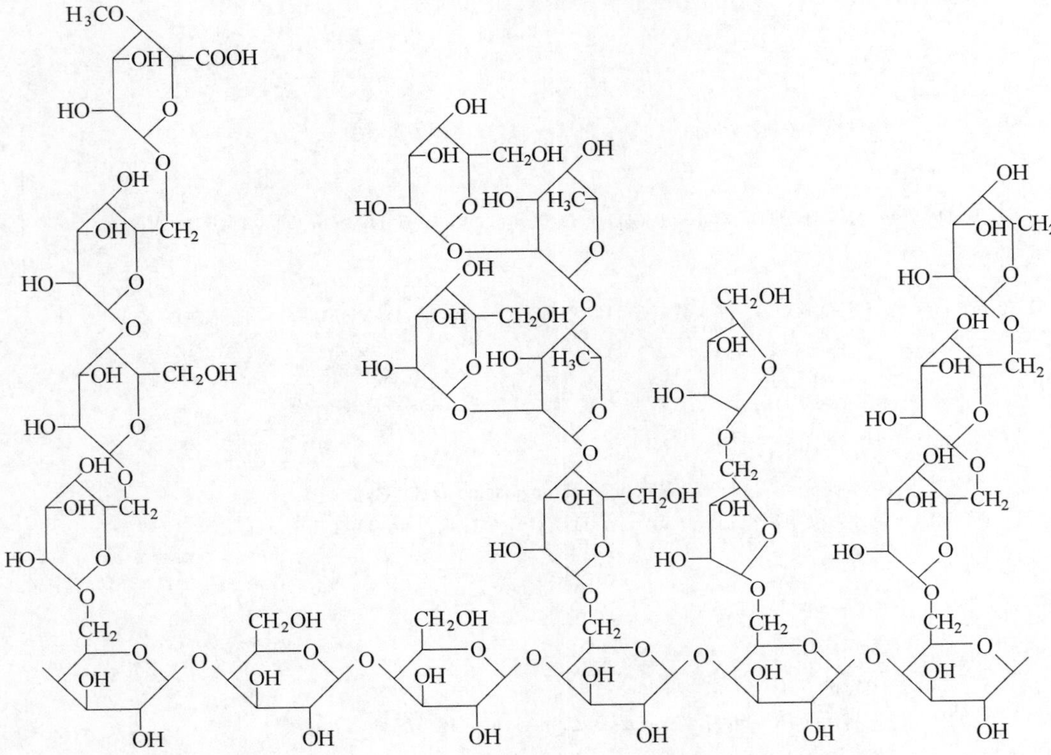

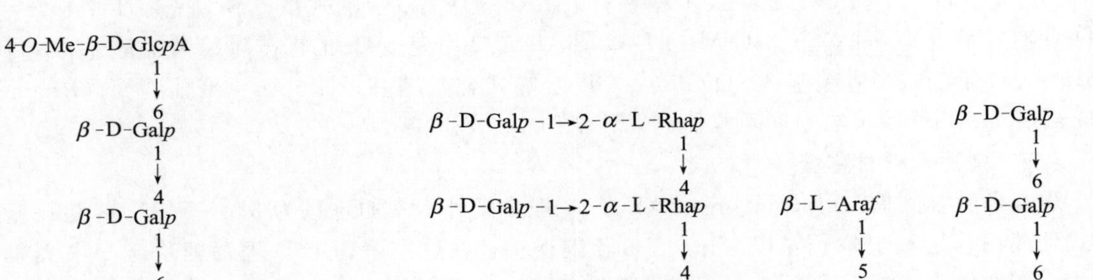

式中，β-D-Gal*p*＝β-D-吡喃式半乳糖基；α-L-Ara*f*＝α-L-呋喃式阿拉伯糖基；β-L-Ara*f*＝β-L-呋喃式阿拉伯糖基；4-O-Me-β-Glc*p*A＝4-O-甲基-β-D-吡喃式葡萄糖醛酸基；α-L-Rha*p*＝α-L-吡喃式鼠李糖基。

（四）聚鼠李糖半乳糖醛酸木糖

桦木半纤维素中含有聚鼠李糖半乳糖醛酸木糖（rhamnogalacturonoxylan，RGX），鼠李糖基连接在相邻的木糖基与半乳糖醛酸基之间，α-L-鼠李糖基与 α-D-半乳糖醛酸基之间以（1→2）苷键连接，α-L-鼠李糖基与 β-D-木糖基之间以（1→3）苷键连接，半乳糖醛酸基与木糖基之间以（1→4）苷键连接，其化学结构式如下所示：

$$\rightarrow 4)\text{-}\beta\text{-D-Xyl}p\text{-}(1\rightarrow 4)\text{-}\beta\text{-D-Xyl}p\text{-}(1\rightarrow 3)\text{-}\alpha\text{-L-Rha}p\text{-}(1\rightarrow 2)\text{-}\alpha\text{-D-Gal}p\text{A-}(1\rightarrow 4)\text{-}\beta\text{-D-Xyl}p\text{-}(1\rightarrow$$

式中，β-D-Xyl$p$＝β-D-吡喃式木糖基；α-L-Rha$p$＝α-L-吡喃式鼠李糖基；α-D-Gal$p$A＝α-D-吡喃式半乳糖醛酸基。

（五）聚木糖葡萄糖

阔叶木细胞初生壁中还含有较大量的聚木糖葡萄糖（xyloglucan，XG）类半纤维素，其含量可达 20%～25%。聚木糖葡萄糖中 β-D-葡萄糖基以（1→4）苷键连接成主链，主链糖基的 C_6 位上连接有 α-D-木糖单元，有些木糖单元上连接有 β-D-半乳糖单元，而有些半乳糖单元上又连接有岩藻糖单元，另外聚木糖葡萄糖还含有 O-乙酰基。所以超过 75% 的主链 β-D-葡萄糖基的 C_6 位含有单糖、二糖或三糖支链。从美洲刺槐树叶中提取的半纤维素中含有聚木糖葡萄糖，此聚糖中葡萄糖∶木糖∶半乳糖∶岩藻糖的摩尔比率为 8∶5∶2.5∶1。聚木糖葡萄糖的化学结构有 XXXG、XXGG、XLFG、XXFG 等多种形式，如下所示：

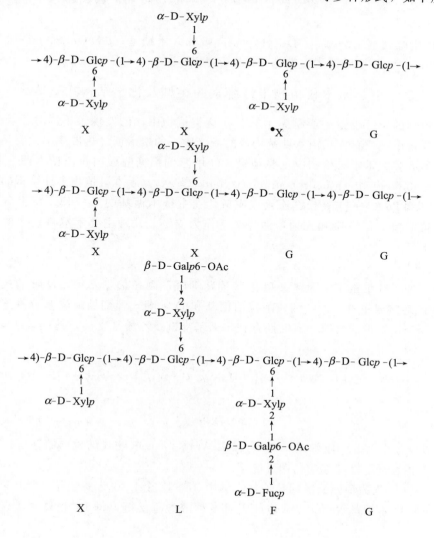

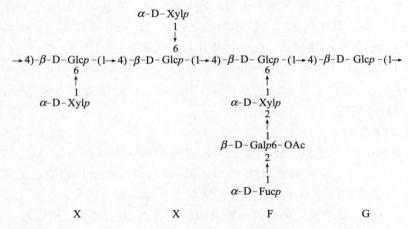

式中，G 为 →4)-β-D-Glc$p$-(1→；X 为 α-D-Xyl$p$-(1→6)-β-D-Glc$p$-(1→；L 为 β-D-Gal$p$-(1→2)-α-D-
Xyl$p$-(1→6)-β-D-Glc$p$-(1→；F 为 α-D-Fuc$p$-(1→2)-β-D-Gal$p$-(1→2)-α-D-Xyl$p$-(1→6)-β-D-Glc$p$-(1→ β-
D-Glc$p$＝β-D-吡喃式葡萄糖基；α-D-Xyl$p$＝α-D-吡喃式木糖基；β-D-Gal$p$＝β-D-吡喃式半乳
糖基；α-L-Fuc$p$＝α-L-吡喃式岩藻糖基；Ac＝乙酰基。

三、禾本科植物半纤维素的类型及化学结构式

禾本科植物的半纤维素主要是聚木糖。在这类植物中，已发现了不同分子特性的聚木
糖，如西班牙草中主要存在只由木糖基构成的线状均一的聚木糖，热带草中主要是高分支度
的聚木糖，但大多数禾本科植物中主要是聚 4-O-甲基葡萄糖醛酸阿拉伯糖木糖（4-O-meth-
ylglucuronoarabinoxylan，glucuronoarabinoxylan，GAX）。禾本科植物半纤维素的典型化学
结构是 D-木糖基以（1→4）β 苷键连接成主链，在主链木糖基的 C_2 和 C_3 位上分别连接有
L-呋喃式阿拉伯糖基和 D-吡喃式葡萄糖醛酸基作为支链。几种主要禾本科植物的半纤维素
结构简述于下。

（一）麦草秆

麦草秆中的半纤维素主要是聚 4-O-甲基葡萄糖醛酸阿拉伯糖木糖，D-吡喃式木糖基以
（1→4）β 苷键连接成主链，L-呋喃式阿拉伯糖基和 D-吡喃式葡萄糖醛酸基分别连接于主链
木糖基的 C_3 和 C_2 上形成支链，有时还存在木糖基支链及乙酰基支链，其化学结构式如下所
示：

$$\rightarrow 4)\text{-}\beta\text{-D-Xyl}p\text{-}(1\rightarrow 4)[\text{-}\beta\text{-D-Xyl}p\text{-}(1\rightarrow 4)]_4\text{-}\beta\text{-D-Xyl}p\text{-}(1\rightarrow 4)[\text{-}\beta\text{-D-Xyl}p\text{-}(1\rightarrow 4)]_7\text{-}\beta\text{-D-Xyl}p\text{-}(1\rightarrow$$

主链下支链：3位接 α-L-Ara$f$；3位接 β-D-Xyl$p$；2位接 4-O-Me-α-D-Glc$p$A

式中，β-D-Xyl$p$＝β-D-吡喃式木糖基；α-L-Ara$f$＝α-L-呋喃式阿拉伯糖基；4-O-Me-α-D-
Glc$p$A＝4-O-甲基-α-D-吡喃式葡萄糖醛酸基。

在此聚 4-O-甲基葡萄糖醛酸阿拉伯糖木糖中，每 13 个 D-木糖基含有 1 个 L-阿拉伯糖基
支链，每 26 个 D-木糖基含有 1 个 4-O-甲基葡萄糖醛酸基支链，每 18 个 D-木糖基含有 1 个

D-木糖基支链。

（二）稻草秆

稻草秆中的半纤维素主要是聚 4-*O*-甲基葡萄糖醛酸阿拉伯糖木糖。其简化化学结构式如下所示：

$$\to 4)\text{-}\beta\text{-D-Xyl}p\text{-}(1 \to \underset{\begin{array}{c}3\\|\\1\\\alpha\text{-L-Ara}f\\ \mathbf{A}\end{array}}{\underbrace{4)\text{-}\beta\text{-D-Xyl}p\text{-}(1}} \to 4)\text{-}\beta\text{-D-Xyl}p\text{-}(1 \to \underset{\begin{array}{c}2\\|\\1\\4\text{-}O\text{-Me-}\alpha\text{-D-Glc}p\text{A}\\ \mathbf{B}\end{array}}{\underbrace{4)\text{-}\beta\text{-D-Xyl}p\text{-}(1}} \to 4)\text{-}\beta\text{-D-Xyl}p\text{-}(1 \to$$

式中，β-D-Xyl$p$＝β-D-吡喃式木糖基；α-L-Ara$f$＝α-L-呋喃式阿拉伯糖基；4-*O*-Me-α-D-Glc$p$A＝4-*O*-甲基-α-D-吡喃式葡萄糖醛酸基。

此聚 4-*O*-甲基葡萄糖醛酸阿拉伯糖木糖中木糖基：A∶B＝30∶3∶1。

（三）芦苇

芦苇中的半纤维素主要是聚 4-*O*-甲基葡萄糖醛酸阿拉伯糖木糖。在其化学结构式中，约 52 个 D-木糖基以（1→4）β 苷键连接成主链，其上连接有 3.2 个 L-呋喃式阿拉伯糖基和 1.7 个 4-*O*-甲基-α-D-吡喃式葡萄糖醛酸基，它们分别连接于主链木糖基的 C_3 和 C_2 位上。

（四）竹竿

竹竿中的半纤维素主要是聚 4-*O*-甲基葡萄糖醛酸阿拉伯糖木糖，木糖基以（1→4）β 苷键连接成主链，在主链木糖基的 C_3 位上连接有 L-呋喃式阿拉伯糖基，在 C_2 位上连接有 4-*O*-甲基-α-D-葡萄糖醛酸基或葡萄糖醛酸基支链。桂竹中半纤维素的化学结构式如下所示：

$$\to 4)\text{-}\beta\text{-D-Xyl}p\text{-}(1 \to 4)\text{-}\beta\text{-D-Xyl}p\underset{\begin{array}{c}2\\|\\1\\4\text{-}O\text{-Me-}\alpha\text{-D-Glc}p\text{A}\end{array}}{-(1\to 4)}\text{-}\beta\text{-D-Xyl}p\text{-}(1\to 4)\text{-}\beta\text{-D-Xyl}p\underset{\begin{array}{c}3\\|\\1\\\alpha\text{-L-Ara}f\end{array}}{-(1\to 4)}\text{-}\beta\text{-D-Xyl}p\text{-}(1\to$$

式中，β-D-Xyl$p$＝β-D-吡喃式木糖基；α-L-Ara$f$＝α-L-呋喃式阿拉伯糖基；4-*O*-Me-α-D-Glc$p$A＝4-*O*-甲基-α-D-吡喃式葡萄糖醛酸基。

竹竿射线细胞细胞壁中的半纤维素包括聚阿拉伯糖木糖（arabinoxylan，AX）、以（1→3）或（1→4）β 苷键连接的聚葡萄糖、聚木糖葡萄糖和聚葡萄糖甘露糖。以（1→3）或（1→4）β 苷键连接的聚葡萄糖（β-(1→3，1→4)-Glucan，MLG）中 20％～30％ 的葡萄糖基是以（1→3）β 苷键连接的，70％～80％ 的葡萄糖基是以（1→4）β 苷键连接的。聚葡萄糖的化学结构示意如下：

$$\to 3)\text{-}\beta\text{-D-Glc}p\text{-}[\text{-}(1\to 4)\text{-}\beta\text{-D-Glc}p\text{-}]_{2\sim 4}\text{-}(1\to$$

式中，β-D-Glc$p$＝β-D-吡喃式葡萄糖基。

（五）玉米秆及玉米穗轴

玉米秆及玉米穗轴的半纤维素也是以 D-吡喃式木糖基以（1→4）β 苷键连接起来的长链为主链，也带有短支链。玉米秆半纤维素的支链糖基是 L-呋喃式阿拉伯糖基和 D-吡喃式木糖基。玉米穗轴半纤维素的主链木糖基上连接有 4-*O*-甲基葡萄糖醛酸基或葡萄糖醛酸基支链，一般连接于主链木糖基的 C_2 位上，数量是每 100g 聚木糖含 0.7g 4-*O*-甲基葡萄糖醛酸基及 0.4g 葡萄糖醛酸基，另外，在其主链糖基上还连接有阿拉伯糖基支链，数量为木糖基∶阿拉伯糖基＝（10∶1）～（20∶1）。

（六）苎麻

苎麻除了含有聚木糖类半纤维素外，还含有聚葡萄糖甘露糖，该聚葡萄糖甘露糖中 D-葡萄糖与 D-甘露糖的比例为（1.37～1.79）：1。

第六节　半纤维素的聚集态结构和物理性质

一、分支度和聚集态

在半纤维素的分子结构中，虽然主要是线状的，但大多数带有各种短支链，为了表示半纤维素带有支链的情况，可以引用分支度的概念，以表示半纤维素分子结构中支链的多少，支链多则分支度高。如Ⅰ、Ⅱ、Ⅲ3 种聚糖，其结构示意图如图 4-11 所示：

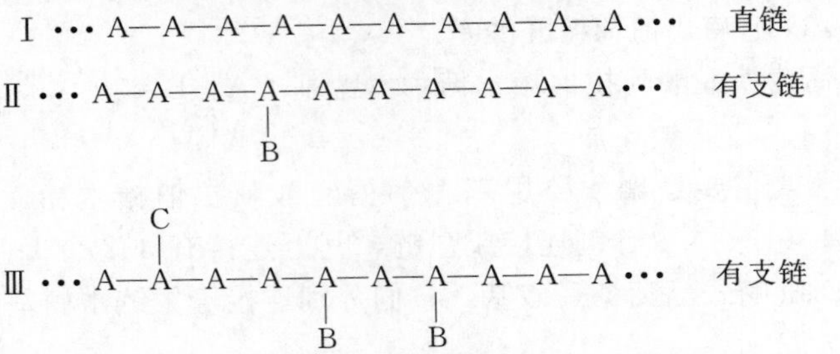

图 4-11　Ⅰ、Ⅱ、Ⅲ3 种聚糖结构示意图

Ⅰ为直链，Ⅱ、Ⅲ都有支链，而Ⅲ的分支度高于Ⅱ，所以分支度表示半纤维素分子结构中支链的多少。分支度的高低对半纤维素的物理性质有很大影响。例如，用相同溶剂在相同条件下，同一类半纤维素，分支度高的半纤维素的溶解度较大。原因是：半纤维素主要是无定形的，有些存在少量结晶，分支度越高，结晶部分就越少，甚至没有结晶部分，结构疏松，溶剂分子易于进入并产生润胀、溶解。

由于半纤维素在化学结构上具有支链，所以它在植物纤维细胞壁中的聚集态结构一般是无定形，但是某些半纤维素是结晶的。阔叶木综纤维素经过稀碱液处理后，用 X-射线衍射法可以看到聚木糖的结晶，这个结果表明阔叶木中的聚木糖经一定处理后具有高度的定向性，用脱乙酰基的方法能使聚木糖部分地结晶化。白桦的碱法纸浆和云杉的硫酸盐法纸浆都显示出结晶聚木糖特有的 X-射线衍射图。这个结果可以用碱法蒸煮过程中所发生的乙酰基及糖醛酸基的脱除而产生结晶化来说明。天然状态的聚甘露糖只有很少一部分是结晶的，其他部分是无定形或是次晶的。用缓和的酸处理的方法可以提高聚葡萄糖甘露糖的结晶程度。所以，用碱液处理的方法，可以脱除聚木糖类半纤维素中的乙酰基和糖醛酸基，从而提高聚木糖的结晶程度；用缓和的酸处理的方法，可以提高聚葡萄糖甘露糖的结晶程度。

二、聚合度和溶解度

植物细胞壁中半纤维素的聚合度比纤维素的聚合度小得多，天然半纤维素的聚合度一般为 150～200（数量平均）。针叶木半纤维素的聚合度大约是阔叶木半纤维素聚合度的一半，针叶木半纤维素的聚合度大约为 100，阔叶木半纤维素的聚合度大约为 200。测定半纤维素聚合度的方法主要是渗透压法，也有光散射法、黏度法及超速离心机法。

在半纤维素中研究最多的还是聚木糖类，现以阔叶木聚木糖类的聚合度研究为例，将其测定方法、分离过程、得率和黏度等数据归总，如表 4-4 所示。

表 4-4　阔叶木聚木糖类半纤维素的聚合度与特性黏度

树种	分离方法	得率/%	$\overline{DP}_n$	测量方法	$\overline{DP}_w$	测量方法	特性黏度/(dL/g) A	B	C	碱
糖槭（*Acer saccharum*）	用碱直接抽提	13	215	渗透压法			0.97			
白桦（*Betula papyrifera*）	氯综纤维素，碱	30	220	黏度法			1.11	0.65		
	用碱直接抽提	19	195	渗透压法			0.88			
	氯综纤维素，碱	27	198	渗透压法			0.93	0.57		
	氯综纤维素，二甲亚砜	17	180	渗透压法	470	光散射法	0.87	0.98		
	用碱直接抽提	22	215	渗透压法	500	光散射法	0.89	0.67		
	用碱直接抽提	28	150~174	渗透压法	265	光散射法	0.92	0.72		0.61
					178	沉积-平衡法				
黄桦（*Betula lutea*）	用碱直接抽提	18	192	渗透压法	495	光散射法	0.93	0.57		
银桦（*Betula verrucosa*）	氯综纤维素，碱	13	200	渗透压法						
大叶山毛榉（*Fagus grandifolia*）	氯综纤维素，水	13	47	黏度法						
欧洲山毛榉（*Fagus sylvatica*）	ClO_2 处理后，直接用碱抽提	7	150	渗透压法			0.31		0.78	0.75
	氯综纤维素，碱	8	157	渗透压法					0.76	0.75
大齿杨（*Populus grandidentata*）	用 5%KOH 直接抽提	14	150	渗透压法						
	用 16%KOH 直接抽提	5	170	渗透压法					0.63	0.60
	氯综纤维素，5%KOH	18	140	渗透压法					0.81	0.69
	氯综纤维素，16%KOH	5	160	渗透压法						
颤杨（*Populus tremuloides*）	氯综纤维素，碱	7	83	渗透压法	60	沉积-平衡法				
美国榆（*Ulmus americana*）	用碱直接抽提	18	212	渗透压法			1.11			
	用碱直接抽提	5~6	185	渗透压法	440	光散射法		0.56		

注：A 代表铜乙二胺；B 代表二甲亚砜；C 代表铜氢氧铵。

用黏度法测定半纤维素的聚合度时，阔叶木聚木糖特性黏度和质均聚合度间的关系可用 Mark-Houwinck 方程式表示：

$$[\eta] = K \cdot \overline{DP_w}^{\alpha} \tag{4-4}$$

式中 K 和 α 是常数，在铜乙二胺中，聚（4-O-甲基葡萄糖醛酸）木糖的 K 值和 α 值分别为 2.6×10^{-3} （dL/g）和 1.15，在二甲亚砜中，此聚糖的 K 值和 α 值分别为 5.9×10^{-3}（dL/g）和 0.94。

半纤维素是多分散性的，即其 $\overline{DP_w}/\overline{DP_n} > 1$。阔叶木中天然聚木糖的数均聚合度为 $150 \sim 200$，相应的质均聚合度稍高些，约为 $180 \sim 240$，其比率 $\overline{DP_w}/\overline{DP_n} = 1.2$，所以这种聚木糖的分散程度是较低的。

由于半纤维素的聚合度低，而且普遍具有一定的分支度，所以半纤维素在水中和碱液中有一定的溶解度，而且不同的半纤维素聚糖在水中和碱液中的溶解度存在差异性。一般情况下，分离半纤维素的溶解度要比天然状态的半纤维素溶解度高。半纤维素支链越多，分支度越高越易溶于水。

聚阿拉伯糖半乳糖易溶于水。针叶木的聚阿拉伯糖葡萄糖醛酸木糖易溶于水，而阔叶木的聚葡萄糖醛酸木糖在水中的溶解度较针叶木的小。已证实当用碱液分级抽提桦木综纤维素时，含较多葡萄糖醛酸基的聚木糖容易抽提。

在针叶木中，例如东部铁杉中含有聚半乳糖葡萄糖甘露糖，其分子结构上的半乳糖基皆为单个的支链，此支链越多，在水中的溶解度越高，此支链少，则只能溶于 NaOH 溶液中。

阔叶木和针叶木中的聚葡萄糖甘露糖即使在强碱溶液中也难溶解，需溶于碱性硼酸盐溶液中（即 NaOH＋硼酸溶液）。针叶木与阔叶木中主要半纤维素的溶解性与聚合度见表 4-5。

表 4-5　　　　　　　　　　针叶木与阔叶木主要半纤维素组成及其物理性质

半纤维素种类	材种	含量/%，对木材	组成			溶解性	数均聚合度
			单元	比率	连接		
聚半乳糖葡萄糖甘露糖	针叶木	5～8	β-D-吡喃甘露糖	3	1→4	碱,水*	100
			β-D-吡喃葡萄糖	1	1→4		
			α-D-吡喃半乳糖	1	1→6		
			乙酰基	1			
聚（半乳糖）葡萄糖甘露糖	针叶木	10～15	β-D-吡喃甘露糖	4	1→4	碱性硼酸盐	100
			β-D-吡喃葡萄糖	1	1→4		
			α-D-吡喃半乳糖	0.1	1→6		
			乙酰基	1			
聚阿拉伯糖葡萄糖醛酸木糖	针叶木	7～10	β-D-吡喃木糖	10	1→4	碱,二甲亚砜*,水*	100
			4-O-甲基-α-D-吡喃葡萄糖醛酸	2	1→2		
			α-L-呋喃阿拉伯糖	1.3	1→3		
聚阿拉伯糖半乳糖	落叶松	5～35	β-D-吡喃半乳糖	6	1→3	水*	200
			α-L-呋喃阿拉伯糖	2/3	1→6		
			β-D-吡喃阿拉伯糖	1/3	1→6		
			β-D-葡萄糖醛酸	少量	1→3		
聚葡萄糖醛酸木糖	阔叶木	15～30	β-D-吡喃木糖	10	1→4	碱,二甲亚砜*	200
			4-O-甲基-α-D-吡喃葡萄糖醛酸	1	1→2		
			乙酰基	7			
聚葡萄糖甘露糖	阔叶木	2～5	β-D-吡喃甘露糖	1～2	1→4	碱性硼酸盐	200
			β-D-吡喃葡萄糖	1	1→4		

注：带 * 者表示为部分溶解。

第七节 半纤维素的化学性质

一、半纤维素的酸性水解

半纤维素苷键在酸性介质中会被断裂而使半纤维素发生降解，这一点与纤维素酸性水解是一样的。但是由于半纤维素与纤维素在结构上有很大差别，如半纤维素的糖基种类多，有吡喃式，也有呋喃式，有 β 苷键，也有 α 苷键，构型有 D-型，也有 L-型，糖基之间的连接方式也多种多样，有 1→2、1→3、1→4 及 1→6 连接，多数具有分支结构，因此其反应情况比纤维素复杂。为比较各种半纤维素在酸性水解中的化学动力学，通常以简单的模型物质研究不同类型的半纤维素在均相酸性水解中降解的相对速率，其结果列于表 4-6、表 4-7 和表 4-8。

表 4-6 甲基吡喃式己糖配糖化物与甲基吡喃式戊糖配糖化物的酸性水解（0.5mol/L 盐酸，75℃）

醛糖配糖化物	相对速率(K/k)[①]	醛糖配糖化物	相对速率(K/k)[①]
甲基-α-D-葡萄糖配糖化物	1.0	甲基-β-D-半乳糖配糖化物	9.3
甲基-β-D-葡萄糖配糖化物	1.9	甲基-α-D-木糖配糖化物	4.5
甲基-α-D-甘露糖配糖化物	2.4	甲基-β-D-木糖配糖化物	9.0
甲基-β-D-甘露糖配糖化物	5.7	甲基-α-L-阿拉伯糖配糖化物	13.1
甲基-α-D-半乳糖配糖化物	5.2	甲基-β-L-阿拉伯糖配糖化物	9.0

注：① 各甲基吡喃式醛糖配糖化物的速率常数（K）与甲基-α-D-吡喃式葡萄糖配糖化物的速率常数（$k=1.98\times10^{-4}\text{min}^{-1}$）的比值。

表 4-7 吡喃式醛糖配糖化物与呋喃式醛糖配糖化物的酸性水解速率常数

醛糖配糖化物	$K\times10^4/\text{min}^{-1}$	醛糖配糖化物	$K\times10^4/\text{min}^{-1}$
甲基-α-D-吡喃式葡萄糖配糖化物	2.5	甲基-α-D-吡喃式半乳糖配糖化物	2.3
甲基-β-D-吡喃式葡萄糖配糖化物	3.0	乙基-β-D-呋喃式葡萄糖配糖化物	530
甲基-α-D-吡喃式甘露糖配糖化物	1.0	甲基-α-D-呋喃式甘露糖配糖化物	150

表 4-8 葡萄糖配糖化物与葡萄糖醛酸配糖化物的水解速率常数

配糖化物	$K\times10^6/\text{s}^{-1}$			活化能 E_a/(kJ/mol)
	60℃	70℃	80℃	
甲基-α-葡萄糖配糖化物	0.637	2.85	12.6	146.9
甲基-β-葡萄糖配糖化物	1.38	6.25	24.1	136.0
甲基-α-葡萄糖醛酸配糖化物	0.572	1.93	7.41	126.4
甲基-β-葡萄糖醛酸配糖化物	1.16	4.14	14.4	122.6

注：配糖化物的初始浓度为 0.05mol/L，在 0.5mol/L H_2SO_4 中。

表 4-6 是若干甲基吡喃式己糖配糖化物与甲基吡喃式戊糖配糖化物酸性水解的相对速率。

由表 4-6 可见，用 0.5mol/L 盐酸在 75℃下酸性水解时，甲基吡喃式阿拉伯糖配糖化物水解速率最快，以下排列次序是：甲基-D-吡喃式半乳糖配糖化物、甲基-D-吡喃式木糖配糖化物、甲基-D-吡喃式甘露糖配糖化物，最稳定的是甲基-D-吡喃式葡萄糖配糖化物。在大多数情况下，各配糖化物的 β-D-型较 α-D-型更易酸水解。

表 4-7 比较了吡喃式醛糖配糖化物与呋喃式醛糖配糖化物在 0.1mol/L 盐酸溶液中、95～100℃下的水解速率常数。

由表 4-7 可见，一般来说，呋喃式醛糖配糖化物比相应的吡喃式醛糖配糖化物的酸性水解速率快得多。

由表 4-8 可见，β-型配糖化物的水解速率高于相应的 α-型配糖化物。葡萄糖醛酸配糖化物较相应的葡萄糖配糖化物的水解速率慢，这是因为羧基对葡萄糖苷键连接有稳定影响。

半纤维素能被热的无机酸所水解，与纤维素相比它是相当容易酸水解的。半纤维素在酸催化作用下被水解成单糖，如聚木糖的酸水解反应过程如下：

$$聚木糖 \xrightarrow[\text{加热}]{\text{HCl}} n\mathrm{C_5H_{10}O_5} + n\mathrm{H_2O}$$

半纤维素酸水解的关键是如何提高转化率，并制得一定糖浓度的水解液，以保证在发酵、食品等方面得到利用。

二、半纤维素的碱性降解

半纤维素在碱性条件下可以降解，碱性降解包括碱性水解与剥皮反应。例如在 5％ NaOH 溶液中，170℃时，半纤维素苷键可被水解裂开，即发生了碱性水解。在较温和的碱性条件下，即可发生剥皮反应。此外，在碱性条件下，半纤维素分子上的乙酰基易于脱落。

（一）碱性水解

为了研究半纤维素的碱性水解反应，通常以简单的模型物质研究各种糖基及各糖醛酸基的碱性水解速率。

表 4-9 为各甲基吡喃式配糖化物在 10％NaOH 溶液中、170℃时的碱性水解速率。由表可见，各成对的配糖化物中，凡配糖化物的甲氧基与 C_2 上的羟基成反位者比这对配糖化物的顺位者有高得多的碱性水解速率。呋喃式配糖化物的碱性水解速率比吡喃式配糖化物的高许多。凡呋喃式配糖化物，其 C_1 与 C_2 有反式构型者的碱性水解速率要比顺式同分异构体高许多倍。

表 4-9　　　　若干甲基配糖化物的碱性水解速率

糖	苷键形式	C_1 位—OCH_3 与 C_2 位—OH 间的关系	呋喃式配糖化物 $K\times10^3$ /min⁻¹	吡喃式配糖化物 $K\times10^3$ /min⁻¹	糖	苷键型式	C_1 位—OCH_3 与 C_2 位—OH 间的关系	呋喃式配糖化物 $K\times10^3$ /min⁻¹	吡喃式配糖化物 $K\times10^3$ /min⁻¹
D-葡萄糖	α	顺		0.017	D-甘露糖	β	顺		0.018
D-葡萄糖	β	反	＞1.667	0.042	D-木糖	α	顺	0.135	0.020
D-半乳糖	α	顺	0.130	0.017	D-木糖	β	反	＞1.667	0.097
D-半乳糖	β	反	0.467	0.095	L-阿拉伯糖	α	反	0.533	0.167
D-甘露糖	α	反	0.500	0.047	L-阿拉伯糖	β	顺		0.017

另有试验结果表明，甲基-α-与 β-吡喃式葡萄糖醛酸配糖化物的碱性水解速率与呋喃式配糖化物比较，前者又比后者高。

（二）剥皮反应

在较温和的碱性条件下，半纤维素会发生剥皮反应。与纤维素一样，半纤维素的剥皮反应也是从聚糖的还原性末端基开始，逐个、逐个糖基地进行。由于半纤维素是由多种糖基构成的不均一聚糖，所以半纤维素的还原性末端基有多种糖基，而且还有支链，故其剥皮反应更复杂。在硫酸盐和烧碱法蒸煮过程中，因为有 OH⁻离子，故会产生不同形式的聚糖降解，聚糖还原性末端基的剥皮反应是其中的一个重要反应，聚木糖、聚葡萄糖甘露糖和聚半乳糖葡萄糖甘露糖与纤维素的剥皮反应降解情况是相似的。半纤维素的剥皮反应和终止反应如图4-12所示。

图4-12（a）所示的半纤维素剥皮反应的第一步是半纤维素大分子的还原性末端基（Ⅰ）异构化为酮糖（Ⅱ），酮糖（Ⅱ）与相应的烯二醇结构存在某种平衡，这些结构对碱不稳定，容易发生 β-烷氧基消除反应，末端基与主链糖基之间的（1→4）β苷键发生断裂，从而产生一个具有新的还原性末端基的链变短的半纤维素大分子和一个消除掉的末端基（Ⅲ），掉下来的末端基互变异构成二羰基化合物（Ⅳ），该化合物在碱性介质中进一步反应，主要转变为异变糖酸（Ⅴ）。其他可能的降解产物是乳酸（Ⅵ）或2-羟基丁酸（Ⅶ）和2,5-二羟基戊酸。在碱性介质中，半纤维素的剥皮反应要比纤维素的剥皮反应严重得多。但如果半纤维素

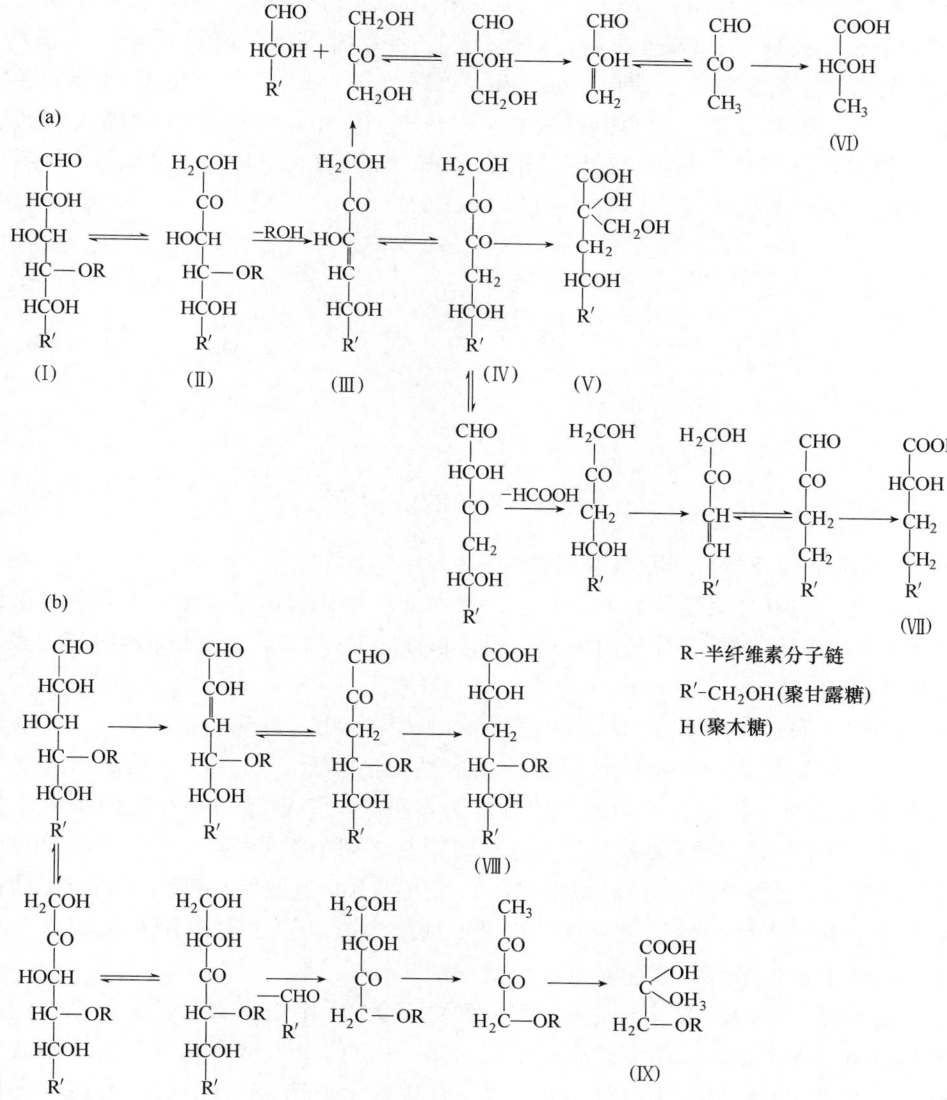

图4-12　半纤维素的剥皮反应和终止反应
（a）剥皮反应　（b）终止反应

大分子的还原性末端基上连接有支链，则可以起到稳定和阻碍剥皮反应的作用。如阔叶木聚木糖大分子还原性末端基连接有半乳糖支链，则可以起到稳定剥皮反应的效果。如针叶木聚木糖还原性末端基上连接有易断裂的阿拉伯糖支链，由于失去阿拉伯糖支链后将形成对碱稳定的偏变糖酸末端基，因此具有抵抗碱性剥皮反应的效果。

如果没有终止反应，剥皮反应可以破坏掉整个半纤维素大分子。与纤维素一样，半纤维素的碱性剥皮反应进行到一定程度也会终止，其终止反应与纤维素一样，也是还原性末端基转化成偏变糖酸基，由于末端基上不存在醛基，不能再发生剥皮反应，降解因此而终止。图4-12（b）所示的半纤维素终止反应是由于半纤维素还原性末端基的 C_3 位发生羟基消除反应后形成互变异构中间体，该中间体可进一步转化成对碱稳定的偏变糖酸末端基（Ⅷ）。其他可能的末端基结构是 2-甲基甘油酸（Ⅸ）和糖醛酸。

在半纤维素中除含有聚木糖外还含有其他聚糖，如聚葡萄糖甘露糖，在剥皮反应中除产生 D-吡喃式葡萄糖还原性末端基（A）以外，还产生 D-吡喃式甘露糖还原性末端基（B）。聚半乳糖葡萄糖甘露糖在剥皮反应中，除产生（A）、（B）以外，还产生 D-吡喃式半乳糖还原性末端基（C）。聚 4-O-甲基葡萄糖醛酸木糖在剥皮反应中，可产生 D-吡喃式木糖还原性末端基（D）。聚 4-O-甲基葡萄糖醛酸阿拉伯糖木糖，在剥皮反应中除产生（D）外还可产生 D-吡喃式木糖还原性末端基（E）。（A）～（E）结构式如下：

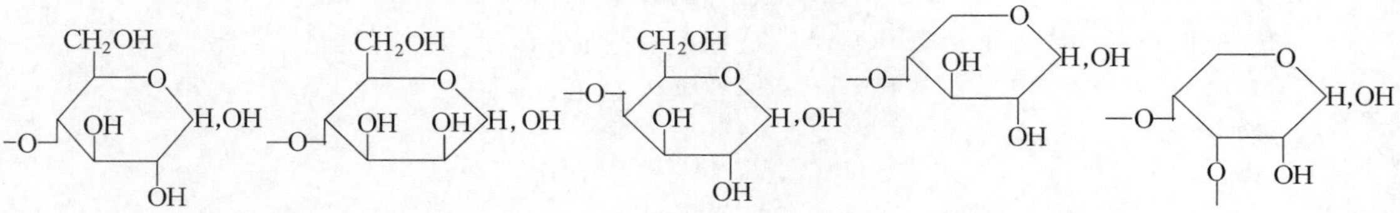

(A)   (B)   (C)   (D)   (E)

三、半纤维素的酶降解

（一）半纤维素酶及半纤维素酶降解概述

半纤维素是一群复合聚糖的总称，它包括聚木糖、聚甘露糖等。半纤维素的复杂结构决定了半纤维素的酶降解需要多种酶的协同作用。目前，对半纤维素的酶降解研究较多的是聚木糖的酶降解。

聚木糖的完全酶水解需要聚木糖酶和其他酶的协同作用。首先，由内切 1,4-β-D-聚木糖酶（EC 3.2.1.8）随机断裂聚木糖骨架，产生木寡糖，降低了聚合度，然后由外切酶 β-木糖苷酶（EC3.2.1.37）将木寡糖和木二糖分解为木糖。支链糖基的存在能阻抑聚木糖酶的作用，因此需有不同的糖苷酶水解木糖基与支链糖基之间的糖苷键，如 α-L-阿拉伯糖苷酶、α-D-葡萄糖醛酸酶、乙酰酯酶和阿魏酸酯酶等。研究揭示，这些特异性糖苷酶能以协同方式与内切聚木糖酶和 β-木糖苷酶一起高效降解聚木糖。参与聚 O-乙酰基阿拉伯糖 4-O-甲基葡萄糖醛酸木糖酶水解的半纤维素酶及水解位置如图 4-13 所示。

参与植物聚糖代谢的酶按其氨基酸序列同源性分为 35 个组，聚木糖酶属第 10、11 组。这两组聚木糖酶对聚木糖的作用方式有所不同。第 10 组的聚木糖酶是从带有呋喃式阿拉伯糖基支链的聚木糖的非还原端来打开（1→4）β 苷键的。而第 11 组的聚木糖酶则不同于这种方式。另外第 10 组聚木糖酶相对分子质量一般较高，而第 11 组聚木糖酶相对分子质量一般较低。

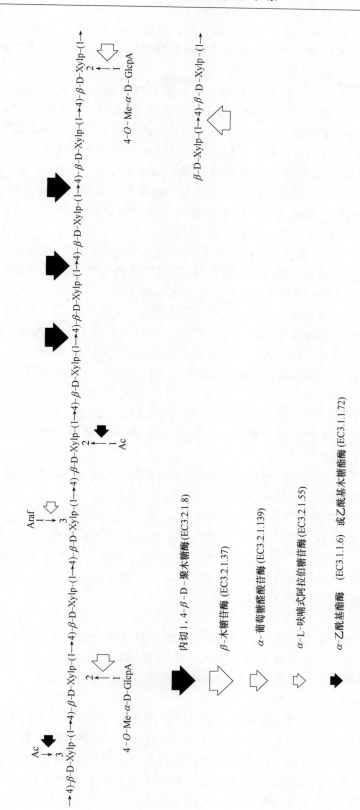

图 4-13 聚 O-乙酰基阿拉伯糖 4-O-甲基葡萄糖醛酸木糖酶水解示意图

同纤维素酶系中的内切 1,4-β-D-聚葡萄糖酶相似，内切 1,4-β-D-聚木糖酶也存在酶组分的多形性。此外，有些聚木糖酶具有双功能聚糖水解酶性质，可同时有效水解聚木糖和纤维素大分子中的（1→4）β苷键。

α-L-阿拉伯糖苷酶（EC3.2.1.55）能够水解聚阿拉伯糖木糖中的 1,3-α-L-阿拉伯糖苷键。阿拉伯糖苷酶和聚木糖酶之间存在着协同作用，当两个酶同时作用时，可以观察到木糖、木二糖和阿拉伯糖的产生增多；同时，水解聚木糖上的阿拉伯糖基支链也是聚木糖酶有效地降解聚木糖的前提，阿拉伯糖苷酶在秸秆半纤维素降解中起着重要的作用。

α-葡萄糖醛酸苷酶能水解 4-O-甲基葡萄糖醛酸基与聚木糖主链上木糖基间的（1→2）α苷键。在聚木糖的降解过程中 α-葡萄糖醛酸苷酶与聚木糖酶相互促进，加速低聚糖的产生，但是低聚糖需经 α-葡萄糖醛酸苷酶去除 4-O-甲基葡萄糖醛酸支链后才能被木糖苷酶彻底降解，因此，α-葡萄糖醛酸苷酶是半纤维素酶中很重要的一员。

α-乙酰酯酶（EC3.1.1.6）能去除乙酰化聚木糖主链木糖基 C_2 和 C_3 位上的 O-乙酰基。来自阔叶木的聚 O-乙酰基-4-O-甲基葡萄糖醛酸木糖是高度乙酰化的，其中木糖基与乙酰基的数量比约为 10∶7；这种聚木糖在发酵条件下的有效分解需要乙酰酯酶的参与。

聚木糖是一类取之不尽而又亟待开发利用的碳水化合物，经生物降解后所产生的木糖和少量其他单糖，可以用作基本碳源生产各种发酵产品，包括有机酸、氨基酸、单细胞蛋白、糖醇、工业酶类、溶剂或燃料乙醇。通过基因重组技术可以使发酵工程菌获得降解半纤维素的能力，或者把能有效降解半纤维素的微生物构建成发酵工程菌，从而把半纤维素转化为所需求的生物工程产品。

聚半乳糖葡萄糖甘露糖的水解需要 β-D-葡萄糖苷酶（EC3.2.1.21）、内切 1,4-β-D 聚甘露糖酶（EC3.2.1.78）、β-D-甘露糖苷酶（EC3.2.1.25）和 α-半乳糖苷酶（EC3.2.1.22）协同完成。

目前，半纤维素酶降解作用在制浆造纸工业领域已成功地应用于硫酸盐法纸浆预漂白、制高纯度纤维素纸浆和酶法脱墨等新领域。

（二）半纤维素酶降解在溶解浆生产中的应用

用聚木糖酶或聚甘露糖酶处理溶解浆，目的是尽可能去除溶解浆中残留的聚木糖或聚甘露糖，虽然这些酶并不能将纸浆中所有的半纤维素水解成寡糖，但经过半纤维素酶降解作用，这些半纤维素已经有很大程度的降解，这就大大方便了随后的碱精制。

（三）半纤维素酶降解在造纸工业中的应用

1. 半纤维素酶法剥皮

在树皮的韧皮部中及树皮与木质部之间的形成层中半纤维素的含量很高，聚木糖酶可以降解树皮与木质部之间形成层中的聚木糖，使树皮与木材松脱，从而可以改进剥皮效果，同时降低剥皮能耗和原料损失。所以聚木糖酶法剥皮可以获得较好的剥皮效果。

2. 在纸浆预漂白中的应用

在纸浆多段漂白之前用聚木糖酶预处理纸浆可以提高纸浆的可漂性。内切聚木糖酶可以降解并溶出回吸到纸浆纤维表面的聚木糖，提高纤维的通透性，使漂白剂容易与残余木素作用，有利于残余木素的溶出。同时，由于聚木糖酶降解作用可以降解 LCC 中的聚木糖，使 LCC 的相对分子质量降低，易于溶出，进而促进了残余木素的溶出，改善了纸浆的可漂性，降低了漂白剂用量和漂白废水中可吸附有机卤化物（AOX）的含量以及有毒物质的排放量。在漂白工艺的酶预处理过程中，半纤维素酶的用量不宜过大，这样可以避免半纤维素的过度降解，保持较高的漂白浆得率和优良的纸浆性质。

3. 在纸浆打浆中的应用

用半纤维素酶预处理纸浆，使纤维细胞壁表面及内部的部分半纤维素降解或溶出，改变了纤维细胞壁的结构和性能，从而减少纸浆打浆时对机械能量的需要，节省打浆电耗。用聚木糖酶预处理漂白化学浆可促进纤维外部细纤维化，从而减少纸浆打浆的能量消耗。用不含纤维素酶的聚木糖酶预处理纸浆，纸浆打浆和精磨时能量消耗得更少。

聚木糖酶降解聚木糖为低聚木糖、木糖，使纤维表面和横截面上出现很多的小孔，使纤维的表面活化和松弛，提高了纤维的吸水润胀能力和纤维的细纤维化程度，不仅会使纸浆的打浆性能得到很好的改善，还能较大程度地降低纸浆的打浆能耗。几种商业聚木糖酶对打浆和精磨的作用效果表明，聚木糖酶能够降低针叶木浆 25％磨浆能耗，降低竹浆 18％的磨浆能耗，降低混合浆（60％的旧硫酸盐瓦楞纸剪碎料浆，40％的未漂针叶木浆）15％的磨浆能耗，且对纸浆的强度性质无影响。但是不同的纸浆类型会影响聚木糖酶辅助磨浆的效果，对高卡伯值纸浆的作用效果要好于全漂浆。

4. 半纤维素酶法抑制纸浆返黄

漂白硫酸盐法纸浆返黄与纸浆中的碳水化合物和改性碳水化合物有关，聚木糖支链的糖醛酸和己烯糖醛酸会促进纸浆返黄。选择性的半纤维素酶降解可以去除纸浆中的聚木糖，因此能够减少纸浆的返黄程度。为了避免降低制浆得率，选择性的酶法除去半纤维素支链基团是最可取的。

5. 半纤维素酶法废纸脱墨

半纤维素酶法废纸脱墨是采用半纤维素酶进攻油墨或纤维表面，通过半纤维素酶降解作用来改变纤维表面或油墨粒子附近的连接键，从而使油墨分离，经洗涤或浮选脱除。有研究表明，采用半纤维素酶与漆酶复配对旧报纸进行脱墨，脱墨浆漂白后白度比单独使用半纤维素酶和漆酶分别提高了 2.7％ISO 和 8.3％ISO，裂断长较单独使用半纤维素酶提高了 20％。

经过半纤维素酶处理后的废纸浆，因其滤水性能提高，既可提高纸机车速和生产能力，又可降低流浆箱中浆料浓度以提高纸张匀度，并保持较好的机械强度，进而提高成纸质量。半纤维素酶可改善废纸浆滤水性能的原因可能有 3 个方面：a. 酶对纤维表面细纤维的去除作用；b. 酶对细小纤维或小的纤维组分的絮聚作用；c. 酶对细小纤维的水解作用。

6. 在生物机械法制浆中的应用

与半纤维素酶在纸浆打浆中的应用类似，在机械法制浆过程中用半纤维素酶处理木片、出第一段磨浆机的粗浆或者来自压力筛的渣浆，由于溶出了原料中的部分半纤维素，导致部分半纤维素与木素连接键的断裂，在细胞壁中产生分层现象，有利于纤维素无定形区的水化和润胀，有利于磨浆机中磨盘对原料的磨解和纤维分离作用，降低磨浆电耗。

7. 改善纸浆性能

用聚木糖酶处理云杉化学热磨机械浆（CTMP），结果发现聚木糖酶吸附并作用于纤维表面，改性后纸浆的接触角减小，吸水润胀能力提高，保水值增加，同时纸张湿强度提高。大量的研究结果表明，无论是对低卡伯值化学浆还是高得率浆，聚木糖酶作用于纸浆纤维表面都可以使纤维表面的部分木素更容易脱除，促进纤维帚化，暴露出更多的羟基，纤维吸水润胀能力提高，细胞壁内空隙增大，而且微细纤维的结构形态发生变化，使得细胞壁结构变得更加松弛，纤维柔软性增加，成纸时纤维间结合面积增大，结合强度提高，提高成纸的物理性能。有资料显示，打浆后再进行酶处理对浆料脆性的改善更显著。

四、半纤维素在化学制浆中的变化

化学制浆包括蒸煮和漂白两个过程，蒸煮方法主要有酸性亚硫酸盐和亚硫酸氢盐法（酸法），以及硫酸盐法和烧碱法（碱法）。在不同蒸煮方法的蒸煮过程中，由于反应条件的不同，纤维素和半纤维素的变化也不相同，致使所得纸浆的物理和化学性质不同。常用的漂白方法主要有氧脱木素（碱性）、碱处理（碱性）、碱性过氧化氢漂白（碱性）、二氧化氯漂白（酸性）、臭氧漂白（酸性）等，在不同的漂白条件下半纤维素也将发生不同的反应和变化。

（一）各种蒸煮方法所得纸浆中碳水化合物的比较

以铁杉（*Tsuga heterophylla*）做原料，用各种蒸煮方法制备纸浆，分析纸浆中的碳水化合物，其结果列于表 4-10。

表 4-10　　　　　西方铁杉用不同蒸煮方法制得的纸浆中碳水化合物的比较

	酸性亚硫酸盐法	亚硫酸氢盐法	ClO_2 综纤维素	改良的硫酸盐法	常规硫酸盐法	预水解硫酸盐法
半乳糖含量/%[②]	0[①]	0[①]	4.6	0.6	0.6	0[①]
甘露糖含量/%[②]	8.1	9.8	20.3	8.1	9.3	1.6
阿拉伯糖含量/%[②]	0	0	1.0	0.5	0.5	0
木糖含量/%[②]	2.2	3.2	4.7	4.7	5.7	1.1
鼠李糖含量/%[③]	0	0	P[⑤]	0	0	0
4-*O*-甲基葡萄糖醛酸[③]	P	P	P	P	0	0
半乳糖醛酸[③]	0	0	P	0	0	0
pH	1～1.5	2.5～4.0	7～8	10～11	12～13	(3～4) 12～13
温度/℃	130～150	150～170	25	160～175	160～175	150～180 160～170
碳水化合物得率/%[④]	47	46	65	42	42	35
纤维素得率/%[④]	41	38	43	35	34	34

注：①痕迹量；②基于绝干纸浆；③纸上部分色谱法测定；④基于绝干木材；⑤P 表示存在。

西方铁杉 ClO_2 综纤维素的碳水化合物含量可视为与西方铁杉的真实碳水化合物极其相近。由表 4-10 可见，在用工业制浆方法制得的所有纸浆中，完全不含有鼠李糖和半乳糖醛酸。在亚硫酸盐纸浆中，只有痕迹量的半乳糖，没有阿拉伯糖。几乎所有的硫酸盐纸浆中都没有 4-*O*-甲基葡萄糖醛酸，预水解硫酸盐纸浆中没有酸不稳定的阿拉伯糖，只含有痕迹量的半乳糖，甘露糖和木糖的含量也较低（与常规硫酸盐纸浆比较）。在酸性亚硫酸盐和预水解硫酸盐纸浆中，没有半乳糖（或只含有痕迹量）、阿拉伯糖、鼠李糖和半乳糖醛酸。因为这些糖基一般是以支链的形式连接于主链糖基上，它们与主链糖基之间的苷键易发生酸性水解而裂开，从而使它们溶解在蒸煮液中，并自木片中扩散出来，所以不存在于最终的纸浆中。

在酸性亚硫酸盐法蒸煮条件下，糖在蒸煮液中出现的次序一般为：阿拉伯糖、半乳糖、木糖、甘露糖和葡萄糖。出现的次序还可因蒸煮条件变化而不同。

（二）聚木糖在化学制浆中的变化

如前所述，针叶木中的聚木糖主要是聚阿拉伯糖 4-*O*-甲基葡萄糖醛酸木糖，禾本科植物中的聚木糖主要是聚 4-*O*-甲基葡萄糖醛酸阿拉伯糖木糖，而阔叶木中的聚木糖主要是聚 4-*O*-甲基葡萄糖醛酸木糖。

大量的研究结果表明，针叶木经酸性亚硫酸盐法蒸煮后，纸浆中仅含聚 4-*O*-甲基葡萄糖醛酸木糖。这是因为在酸性亚硫酸盐法蒸煮中，聚阿拉伯糖 4-O-甲基葡萄糖醛酸木糖中对酸不稳定的呋喃式阿拉伯糖基支链易于酸水解而被除去，成为聚 4-O-甲基葡萄糖醛酸木糖，如下式所示：

$$
\begin{array}{c}
\text{4-}O\text{-Me-}\alpha\text{-D-Glc}p\text{A} \\
1 \\
\downarrow \\
2 \\
\rightarrow 4)\text{-}\beta\text{-D-Xyl}p\text{-}(1\rightarrow 4)\text{-}\beta\text{-D-Xyl}p\text{-}(1\rightarrow 4)\text{-}\beta\text{-D-Xyl}p\text{-}(1\rightarrow 4)\text{-}\beta\text{-D-Xyl}p\text{-}(1\rightarrow
\end{array}
$$

式中，β-D-Xyl$p$＝β-D-吡喃式木糖基；4-O-Me-α-D-Glc$p$A＝4-O-甲基-α-D-吡喃式葡萄糖醛酸基。

西方赤杨中含有聚 4-O-甲基葡萄糖醛酸木糖，其结构与铁杉、南方杉等针叶木材酸性亚硫酸盐法纸浆中的聚 4-O-甲基葡萄糖醛酸木糖相似，只是糖醛酸基与木糖基的摩尔比和聚合度不同。此聚糖经酸性亚硫酸盐法蒸煮后变成了聚合度大大降低的短链聚 4-O-甲基葡萄糖醛酸木糖而存在于纸浆中。

西方铁杉综纤维素中含有聚阿拉伯糖 4-O-甲基葡萄糖醛酸木糖，此综纤维素用硫酸盐蒸煮液在 160℃下蒸煮 1h 后，可分离出少量可溶性聚糖，此聚糖由阿拉伯糖基和木糖基组成，与自常规硫酸盐法纸浆中分离出来的聚阿拉伯糖木糖是一样的。由此证明：聚阿拉伯糖 4-O-甲基葡萄糖醛酸木糖在硫酸盐法蒸煮中，其 4-O-甲基葡萄糖醛酸支链易于脱去而成为聚阿拉伯糖木糖（聚合度已下降）。西方赤杨中的聚 4-O-甲基葡萄糖醛酸木糖经过常规的硫酸盐法蒸煮后转变为聚木糖。

预水解硫酸盐法蒸煮时，既有酸性水解，又有碱性降解，对酸不稳定的阿拉伯糖基和对碱不稳定的 4-O-甲基葡萄糖醛酸基都被脱除，所以不管是针叶木还是阔叶木，其纸浆中含有的聚木糖类半纤维素都是不含支链的聚木糖，此聚木糖不但含量小，而且聚合度低。

表 4-11 为西方铁杉和西方赤杨（*Alnus rubra*）酸性亚硫酸盐法、常规硫酸盐法和预水解硫酸盐法纸浆中聚木糖的特性黏度值及其各种糖基的摩尔比。

表 4-11　　　　　　　针叶木和阔叶木聚木糖经化学制浆后的变化比较

原料	脱木素方法	$[\alpha]_D^{23}$②	特性黏度 /(dL/g)	摩尔比①		
				阿拉伯糖	木糖	4-O-甲基-D-葡萄糖醛酸
西方铁杉	ClO₂ 综纤维素法	$-54.5°$	0.91	0.8	5.2	1.0
	酸性亚硫酸盐法	$-61°$	0.23	0	8.0	1.0
	常规硫酸盐法	$-105°$	0.77	1.0	17.3	0
	预水解硫酸盐法	$-125°$	0.33	0	100	0
西方赤杨	ClO₂ 综纤维素法	$-72°$	0.80	0	8.0	1.0
	酸性亚硫酸盐法	$-78°$	0.21	0	8.0	1.0
	常规硫酸盐法	$-108°$	0.65	0	100	0
	预水解硫酸盐法	$-110°$	0.30	0	100	0

注：① 从综纤维素或纸浆中分离出来的聚木糖中糖基的摩尔比。

② $[\alpha]_D^{23}$ 是聚糖的比旋光度，$[\alpha]_D^{23}=a_D^{23}\times 100/(L\times\rho)$，$a_D^{23}$ 是在钠光灯（D 线，λ：589.6nm 与 589.0nm）为光源，温度为 23℃，旋光管长度为 L（dm），浓度为 ρ（g/100mL）时所测得的旋光度。在比旋光度数值前面加"＋"号表示右旋，加"－"表示左旋。

由表 4-11 可见，酸性亚硫酸盐法或预水解硫酸盐法纸浆中的聚木糖的黏度远比常规硫酸盐法的低，这说明聚木糖在酸性制浆条件下的降解程度要比在碱性制浆条件下的大得多。

木材中的聚木糖是最容易通过改变蒸煮的参数来处理的组分。它对氢氧根离子浓度的变化很敏感，研究表明，纸浆中聚木糖的含量随着硫酸盐法蒸煮液碱度的增加而降低。在阔叶木和禾本科原料的半纤维素中，聚 4-O-甲基葡萄糖醛酸木糖占有较大的比例，在针叶木原料中也含有一定的比例的聚 4-O-甲基葡萄糖醛酸木糖。这些聚木糖的支链 4-O-甲基葡萄糖醛酸在硫酸盐法蒸煮过程中，受到高温强碱的作用，通过 β-甲醇消除反应，在六元环上形成双键，转变为 4-脱氧-己烯糖醛酸，简称为己烯糖醛酸（Hexenuronic acid，简写为 HexA），其反应过程如图 4-14 所示：

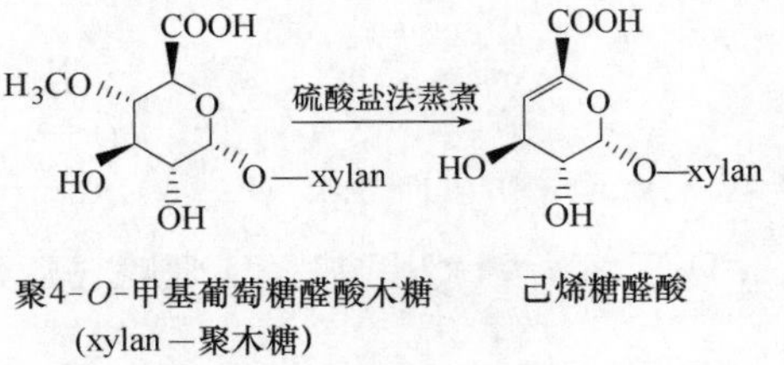

聚4-O-甲基葡萄糖醛酸木糖　　　己烯糖醛酸
(xylan–聚木糖)

图 4-14　硫酸盐法蒸煮过程
中己烯糖醛酸的形成

HexA 通过（1→2）β 苷键与木糖基连接。HexA 的 pKa = 3.03，比 4-O-甲基葡萄糖醛酸（pKa = 3.14）略低，易于与酸发生水解反应，生成呋喃衍生物。松木聚木糖 75% 的支链糖醛酸在硫酸盐法蒸煮中被降解，纸浆中剩余的糖醛酸中，大约 88% 是 HexA，同时仍有少量的甲基葡萄糖醛酸存在。在蒸煮过程中，HexA 的含量开始逐渐升高；随着蒸煮的进行，HexA 被不断降解。大约有 60% 的 HexA 被降解，剩下的 HexA 成为纸浆中主要的糖醛酸成分。蒸煮时的碱液浓度会影响纸浆中 HexA 的含量，用碱量增加，则 HexA 含量降低。

不同原料、不同蒸煮方法和不同蒸煮程度，纸浆中的 HexA 含量不同，对纸浆性能的影响也有差别。针叶木（湿地松和加勒比松）硫酸盐法纸浆中的 HexA 含量一般在 10～30mmol/kg 之间，而阔叶木（尾叶桉、雷林 1 号桉）硫酸盐法纸浆中的 HexA 含量一般为 40～70mmol/kg，约为针叶木硫酸盐法纸浆的 2～3 倍。这是因为针叶木中聚 4-O-甲基葡萄糖醛酸木糖的含量比阔叶木少得多，在蒸煮过程中产生的 HexA 相应就少得多。对同一原料和同一蒸煮方法，随着蒸煮程度的加大（即随着纸浆卡伯值的降低），纸浆中 HexA 的含量逐步减少。其原因是蒸煮过程中生成的 HexA 也会发生降解。另外，纸浆中的 HexA 对酸不稳定，在二氧化氯漂白和臭氧漂白过程中，HexA 与漂白药品反应并大量降解。

如上所述，4-O-甲基-α-D-吡喃式葡萄糖醛酸基与半纤维素主链糖基间的苷键对碱不稳定，在硫酸盐法蒸煮过程中 4-O-甲基-α-D-吡喃式葡萄糖醛酸基不是全部至少也是较多的快速溶出，而且浆中剩余的 4-O-甲基-α-D-吡喃式葡萄糖醛酸基也大部分被转化成己烯糖醛酸基。研究表明，未漂阔叶木硫酸盐法纸浆纤维表层的聚木糖相对含量要比内层聚木糖的相对含量高出 70%，这可能是由于蒸煮后期蒸煮液中溶解的聚木糖又沉淀并吸附在纤维表面所致。表层聚木糖中的糖基比例为木糖基：己烯糖醛酸基：4-O-甲基-α-D-吡喃式葡萄糖醛酸基 = 100：2.8：0.5，内层聚木糖中的糖基比例为木糖基：己烯糖醛酸基：4-O-甲基-α-D-吡喃式葡萄糖醛酸基 = 100：4.0：1.0，这证明了阔叶木聚木糖中的 4-O-甲基-α-D-吡喃式葡萄糖醛酸基在硫酸盐法蒸煮过程中大量溶出，大部分被转化成己烯糖醛酸基，同时也表明在纸浆中的聚木糖分子中仍然含有少量的 4-O-甲基-α-D-吡喃式葡萄糖醛酸基支链存在。另有研究结果表明，未漂针叶木硫酸盐法纸浆纤维表层聚木糖中的糖基比例为木糖基：阿拉伯糖基：己烯糖醛酸基：4-O-甲基-α-D-吡喃式葡萄糖醛酸基 = 100：5.6：3.7：0.5，内层聚木糖中的糖基比例为木糖基：阿拉伯糖基：己烯糖醛酸基 = 100：6.5：3.8，在内层聚木糖中没有检出 4-O-甲基-α-D-吡喃式葡萄糖醛酸基。而表 4-10、表 4-11 的数据显示在硫酸盐法纸浆的聚木糖中几乎不含有 4-O-甲基-a-D-吡喃式葡萄糖醛酸基，这可能是由于早期研究受分析方法或者仪器精度的限制所致。

在硫酸盐法蒸煮过程中，由于碱性剥皮反应和碱性水解，使纸浆中残余聚木糖的聚合度要低于原料中原本聚木糖的聚合度，硫酸盐法纸浆中残余聚木糖可能的结构式如下所示。由于大量糖醛酸基的除去，使纸浆中残余聚木糖的分支度降低，结果大大降低了聚木糖在碱液中的溶解度。

$$4\text{-}O\text{-Me-}\alpha\text{-D-Glc}p\text{A} \qquad\qquad \text{HexA} \qquad\qquad\qquad\qquad \alpha\text{-L-Ara}f$$
$$\underset{\downarrow}{1} \qquad\qquad\qquad\quad \underset{\downarrow}{1} \qquad\qquad\qquad\qquad\qquad \underset{\downarrow}{1}$$
$$2 \qquad\qquad\qquad\qquad\quad 2 \qquad\qquad\qquad\qquad\qquad\quad 3$$
$$\rightarrow 4)\text{-}\beta\text{-D-Xyl}p\text{-}(1\rightarrow 4)\text{-}\beta\text{-D-Xyl}p\text{-}(1\rightarrow 4)\text{-}\beta\text{-D-Xyl}p\text{-}(1\rightarrow 4)\text{-}\beta\text{-D-Xyl}p\text{-}(1\rightarrow$$

$$\text{HexA} \qquad\qquad\qquad\qquad \alpha\text{-L-Ara}f$$
$$\underset{\downarrow}{1} \qquad\qquad\qquad\qquad\qquad \underset{\downarrow}{1}$$
$$2 \qquad\qquad\qquad\qquad\qquad\quad 3$$
$$\rightarrow 4)\text{-}\beta\text{-D-Xyl}p\text{-}(1\rightarrow 4)\text{-}\beta\text{-D-Xyl}p\text{-}(1\rightarrow 4)\text{-}\beta\text{-D-Xyl}p\text{-}(1\rightarrow 4)\text{-}\beta\text{-D-Xyl}p\text{-}(1\rightarrow$$

$$\alpha\text{-L-Ara}f$$
$$\underset{\downarrow}{1}$$
$$3$$
$$\rightarrow 4)\text{-}\beta\text{-D-Xyl}p\text{-}(1\rightarrow 4)\text{-}\beta\text{-D-Xyl}p\text{-}(1\rightarrow 4)\text{-}\beta\text{-D-Xyl}p\text{-}(1\rightarrow 4)\text{-}\beta\text{-D-Xyl}p\text{-}(1\rightarrow$$

$$4\text{-}O\text{-Me-}\alpha\text{-D-Glc}p\text{A} \qquad\qquad \text{HexA}$$
$$\underset{\downarrow}{1} \qquad\qquad\qquad\quad \underset{\downarrow}{1}$$
$$2 \qquad\qquad\qquad\qquad\quad 2$$
$$\rightarrow 4)\text{-}\beta\text{-D-Xyl}p\text{-}(1\rightarrow 4)\text{-}\beta\text{-D-Xyl}p\text{-}(1\rightarrow 4)\text{-}\beta\text{-D-Xyl}p\text{-}(1\rightarrow 4)\text{-}\beta\text{-D-Xyl}p\text{-}(1\rightarrow$$

$$\text{HexA}$$
$$\underset{\downarrow}{1}$$
$$2$$
$$\rightarrow 4)\text{-}\beta\text{-D-Xyl}p\text{-}(1\rightarrow 4)\text{-}\beta\text{-D-Xyl}p\text{-}(1\rightarrow 4)\text{-}\beta\text{-D-Xyl}p\text{-}(1\rightarrow 4)\text{-}\beta\text{-D-Xyl}p\text{-}(1\rightarrow$$

$$\rightarrow 4)\text{-}\beta\text{-D-Xyl}p\text{-}(1\rightarrow 4)\text{-}\beta\text{-D-Xyl}p\text{-}(1\rightarrow 4)\text{-}\beta\text{-D-Xyl}p\text{-}(1\rightarrow 4)\text{-}\beta\text{-D-Xyl}p\text{-}(1\rightarrow$$

式中，β-D-Xyl$p$＝β-D-吡喃式木糖基；α-L-Ara$f$＝α-L-呋喃式阿拉伯糖基；HexA＝己烯糖醛酸基；4-O-Me-α-D-Glc$p$A＝4-O-甲基-α-D-吡喃式葡萄糖醛酸基。

聚木糖在各种化学制浆过程中的变化，可以用图 4-15 表示：

（三）聚半乳糖葡萄糖甘露糖和聚葡萄糖甘露糖在化学制浆中的变化

如前所述，在针叶木中，含甘露糖的半纤维素主要是聚葡萄糖甘露糖和聚半乳糖葡萄糖甘露糖的混合物，其中葡萄糖：甘露糖的比率为 1∶3 或 1∶4。阔叶木中的聚葡萄糖甘露糖不含有半乳糖基支链，其葡萄糖：甘露糖的比率在 1∶1 到 1∶2 的范围内。

表 4-12 中列出了从铁杉和南方松木的 ClO$_2$ 综纤维素、酸性亚硫酸盐法纸浆和常规硫酸盐法纸浆中分离出来的聚葡萄糖甘露糖和聚半乳糖葡萄糖甘露糖的性质。

从表 4-12 中可以看出，从酸性亚硫酸盐法纸浆中分离出的聚葡萄糖甘露糖的特性黏度为 0.22dL/g，近似于聚合度为 33；另有研究表明，分离出的聚葡萄糖甘露糖在 170℃下用

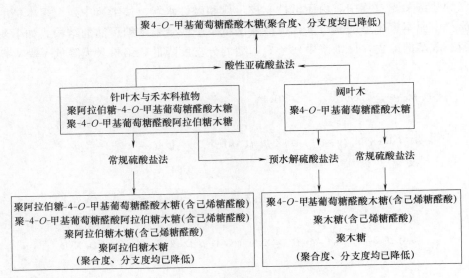

图 4-15　聚木糖在化学制浆中的变化示意图

硫酸盐蒸煮液蒸煮 1h，其得率只有 9％，这说明聚葡萄糖甘露糖在酸性亚硫酸盐法和常规硫酸盐法蒸煮中都会大量降解。但是，从酸性亚硫酸盐法和常规硫酸盐法纸浆中都可以分离出聚葡萄糖甘露糖，这进一步说明其对酸、对碱都具有相对的稳定性。

从铁杉酸性亚硫酸盐法纸浆中分离出来的聚葡萄糖甘露糖中不含有半乳糖基，这是因为聚半乳糖葡萄糖甘露糖中的半乳糖基支链易于酸水解而被除去，说明聚半乳糖葡萄糖甘露糖对酸是十分不稳定的。聚半乳糖葡萄糖甘露糖对碱的相对稳定性较高，从表 4-12 可以看出，铁杉和南方松木硫酸盐法纸浆中聚半乳糖葡萄糖甘露糖的特性黏度分别为 0.39dL/g 和 0.43dL/g，是铁杉酸性亚硫酸盐法纸浆中聚葡萄糖甘露糖的特性黏度的 1.77 至 1.95 倍。这是因为这类半纤维素聚糖中含有半乳糖基的支链，此支链糖基以（1→6）α 苷键连接于主链甘露糖基的 C_6 位上，即甘露糖的 C_6 位上存在分支，故当此甘露糖基为还原性末端基时也不会产生剥皮反应。另外从结构上看，此聚糖中存在 α 苷键，这些键对碱的稳定性较大，结果导致聚半乳糖葡萄糖甘露糖对碱具有较高的稳定性。

表 4-12　　　　　　　　不同原料来源的聚葡萄糖甘露糖和聚半乳糖葡萄糖甘露糖的比较

原料	聚葡萄糖甘露糖			聚半乳糖葡萄糖甘露糖	
	铁杉酸性亚硫酸盐法纸浆	铁杉常规硫酸盐法纸浆	铁杉 ClO_2 综纤维素	铁杉 ClO_2 综纤维素	南方松常规硫酸盐法纸浆
半乳糖[①]	0	0.23	0.07	0.60	1.24
葡萄糖[①]	1.00	1.00	1.00	1.00	1.00
甘露糖[①]	2.65	4.20	2.00	3.37	4.24
木糖[①]	0.05	0.11	0.03	0.18	0
阿拉伯糖[①]	0	0.02	0.01	0.10	0
$[\alpha]_D^{23}$	−42.8°[②]	−30.8°[②]	−42.0°[③]	−12.1°[③]	+12.8°[③]
特性黏度/(dL/g)	0.22	0.39	0.56	0.36	0.43
灰分/%	0.9	2.4	5.5	3.2	0

注：① 以摩尔比表示的糖基；② $\rho=1.0$g/100mL，10%NaOH 溶液；③ $\rho=1.0$g/100mL，H_2O。

针叶木木片中大约 75％ 的聚葡萄糖甘露糖在硫酸盐法蒸煮的初期就降解、溶解了，而剩下的 25% 在硫酸盐法蒸煮条件下相当稳定。氢氧根离子浓度越高或温度越高，聚葡萄糖甘露糖降解速率越快，但在一定的脱木素程度下，因为蒸煮参数变化引起的聚葡萄糖甘露糖含量的差异较小。在聚半乳糖葡萄糖甘露糖中富集的木素-碳水化合物复合体易于从木材中脱除，而剩下的聚葡萄糖甘露糖与木素结合，即使经过强烈的氧脱木素作用，也很难除去。

聚己糖在各种化学制浆过程中的变化，可以用图 4-16 表示：

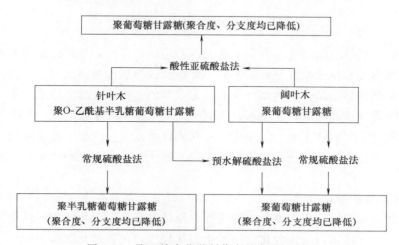

图 4-16　聚己糖在化学制浆中的变化示意图

（四）聚木糖和聚葡萄糖甘露糖在化学制浆中变化的简单比较

从西方铁杉综纤维素中分离出的聚葡萄糖甘露糖的特性黏度为 0.56dL/g，该聚葡萄糖甘露糖在 160℃下用硫酸盐蒸煮液蒸煮 1h，得率只有 10%，而具有相近特性黏度的聚 4-O-甲基葡萄糖醛酸木糖（特性黏度为 0.55dL/g）在相似条件下蒸煮后的得率却有 33%。所以聚葡萄糖甘露糖较聚木糖更易于碱降解。

表 4-13　　　　挪威云杉（*Picea abies*）、苏格兰松（*Pinus silvestris*）和

桦木（*Betula verrucosa*）经过亚硫酸盐法和硫酸盐法蒸煮后纸浆中各化学组分的得率

	挪威云杉亚硫酸盐法纸浆	挪威云杉木片	桦木亚硫酸盐法纸浆	桦木硫酸盐法纸浆	桦木木片	苏格兰松硫酸盐法纸浆	苏格兰松木片
纤维素/%[a]	41	41	40	34	40	35	39
聚葡萄糖甘露糖/%[a]	5 (27.78)[b]	18	1 (33.33)[b]	1 (33.33)[b]	3	4 (23.53)[b]	17
聚木糖/%[a]	4 (50.00)[b]	8	5 (16.67)[b]	16 (53.33)[b]	30	5 (62.50)[b]	8
其他碳水化合物/%[a]	—	4	—	—	4		5
碳水化合物总量/%[a]	50	69	46	51	74	44	67
木素/%[a]	2	27	2	2	20	3	27
树脂/%[a]	0.5	2	1	0.5	3	0.5	4
得率/%[a]	52	100	49	53	100	47	100

注：a—相对于绝干木材的得率；b—相对于绝干木材中半纤维素聚糖的得率。

表 4-13 显示了挪威云杉（*Picea abies*）、苏格兰松（*Pinus silvestris*）和桦木（*Betula verrucosa*）经过亚硫酸盐法和硫酸盐法蒸煮后纸浆中各化学组分的得率。结果显示，桦木中的聚葡萄糖甘露糖比聚木糖更抗酸水解，而挪威云杉中的聚葡萄糖甘露糖比聚木糖更易酸

水解，这与挪威云杉聚葡萄糖甘露糖含有半乳糖支链有关。苏格兰松和桦木中的聚木糖比聚葡萄糖甘露糖更抗碱降解。桦木中的聚葡萄糖甘露糖具有相似的抗酸抗碱降解能力，针叶木中的聚葡萄糖甘露糖也具有相似的抗酸抗碱降解能力，但桦木中的聚葡萄糖甘露糖比针叶木中的聚葡萄糖甘露糖具有更强的抗酸抗碱降解能力。桦木中聚木糖的抗碱降解能力比其抗酸降解能力强，针叶木中聚木糖的抗碱降解能力也比其抗酸降解能力强，而且针叶木中的聚木糖比桦木中的聚木糖具有更强的抗酸抗碱降解能力。

五、半纤维素的化学改性

半纤维素的一些缺点限制了它们在工业上的利用。一方面，半纤维素是亲水性的，而合成的聚合物通常是疏水性的。这导致了不同半纤维素的溶解性有很大程度不同。另一方面由于它们不同的化学和分子结构，例如分支的、无定形的、由不同糖基组成（不均一聚糖）和不同的功能基组成（例如羟基，乙酰基，甲氧基）等，使半纤维素的化学行为与纤维素和淀粉不同，这些限制了它们在工业上的应用。这些缺点可以通过化学改性来克服，如羟基的部分氧化、还原、醚化、酯化和交联。半纤维素的改性或衍生为最大限度地开发利用半纤维素创造了机会。

（一）半纤维素的酯化改性

半纤维素的酯化反应可以提高其热稳定性、降低结晶度、增加水相的溶解度，使其应用范围更加广泛。半纤维素可与多种化合物发生酯化反应，如硫酸化试剂、酸酐、酰氯、异氰酸苯酯等（如图 4-17）。

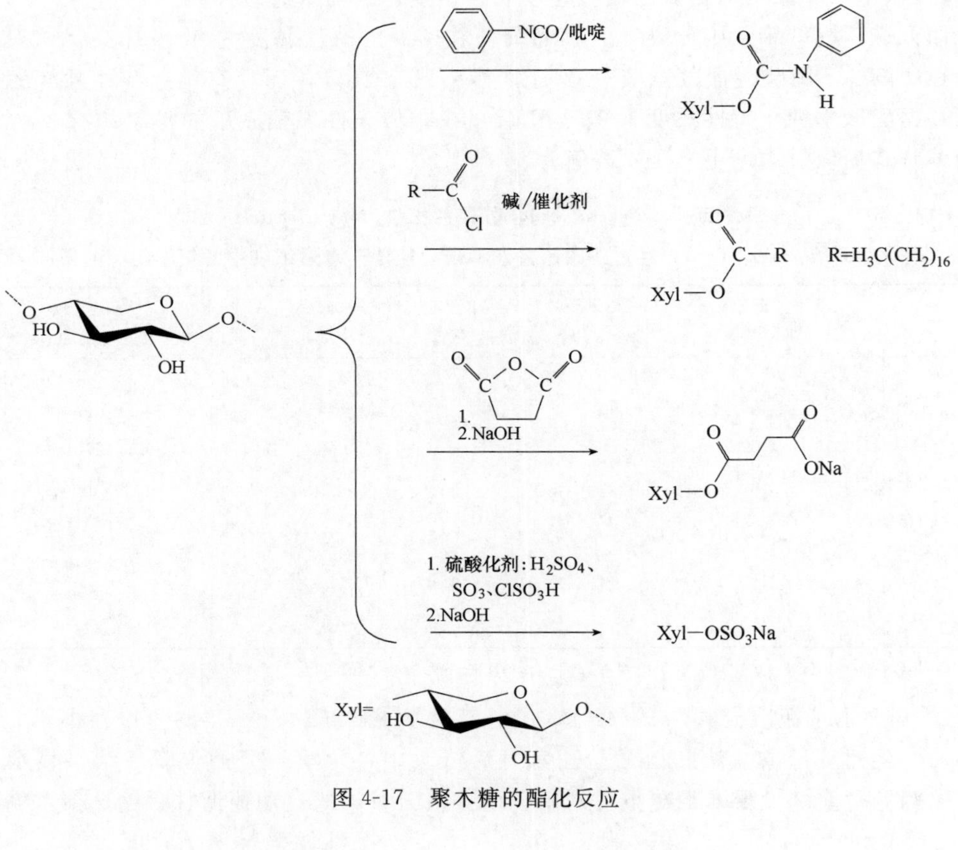

图 4-17 聚木糖的酯化反应

1. 羧酸酯化反应

酰化反应是得到半纤维素羧酸酯的一种重要手段，由于乙酰基的疏水性比羟基强，因此酰化反应可以使聚合物的疏水性能得到极大改善。酰化的半纤维素利用其良好的疏水性和热塑性可制成热塑性材料。半纤维素的酰化改性一般采用酸酐或者酰基氯在 4-二甲氨基吡啶（DMAP）为催化剂条件下进行反应，但是这类催化剂价格昂贵且易吸水。N-溴代琥珀酰亚胺是一种高效快速的乙酰化催化剂，可以在接近中性的温和条件下促进催化反应，并且还具有廉价易得等优点，可广泛应用于乙酰化反应中。

在半纤维素羧酸酯化反应中，最为常见的是半纤维素的乙酰化反应，其代表反应式如图 4-18。通常，这类反应可于多相介质或均相介质中完成，生成相应的不同取代度的产物。

$$R—OH+(CH_2CO)_2O \xrightarrow{催化剂} R—OCOCH_3+CH_3COOH$$
$$R—半纤维素$$

图 4-18 半纤维素乙酰化反应

强极性非质子溶剂，如 N，N-二甲基甲酰胺（DMF），能够阻止柔韧的半纤维素主链的聚集，促进底物和溶剂之间的相互作用。半纤维素与各种酰氯（C_3—C_{18}）在以 4-二甲氨基丙胺（DMAP）为催化剂、三乙胺（TEA）为去酸剂的 DMF/氯化锂均相系统中的反应见图 4-19。

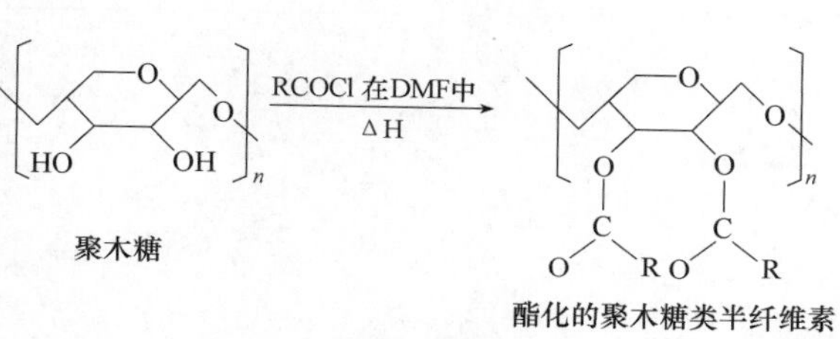

图 4-19 聚木糖在 DMF/氯化锂均相系统中的酯化反应

在 N，N-二甲基甲酰胺（DMF）/氯化锂均相体系中，以 N-溴丁二酰亚胺（NBS）为催化剂的半纤维素乙酰化反应如图 4-20 所示。乙酰化半纤维素随着取代度的增加，热稳定性增加。使用 NBS 做催化剂得到的半纤维素乙酸酯取代度较低，一般在 0.41～0.82 范围内。低取代度的半纤维素通常适合于生产环境友好的热塑性材料。

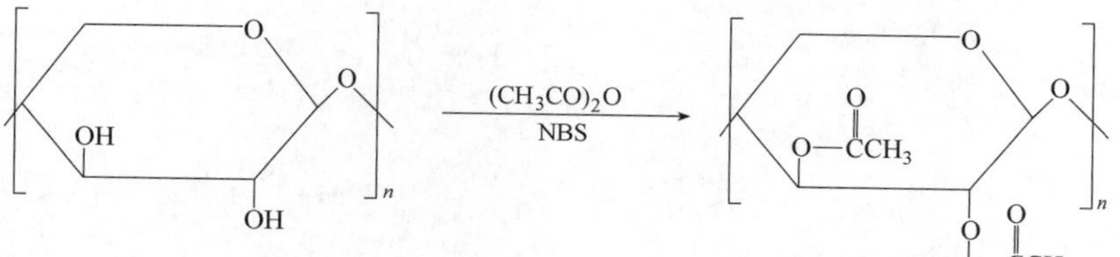

图 4-20 半纤维素在均相系统中以 NBS 为催化剂的乙酰化反应

一般来说，半纤维素与长链酰氯类酯化剂反应能赋予半纤维素抗水性能。相反，半纤维素与丁二酸反应能赋予半纤维素亲水性能。另外，半纤维素支链高密度的羧基能够表现出优良的性能，如金属螯合作用。半纤维素与丁二酸酐的酯化反应如图 4-21 所示。改性后的半纤维素羧基含量明显增加。由于在支链上产生了大量的羧基，改性后的半纤维素亲水性增强，而且具有良好的金属螯合能力。

通过半纤维素羟基的酯化来增加疏水性是一种增加半纤维素抗水能力的方法。半纤维素的羟基基团衍生作用，可以减少半纤维素形成氢键结合的网络并且增加薄膜的柔韧性。疏水性的增加能提高酯化半纤维素在塑料生产中的应用潜力，特别是用于生产食品工业中的可生

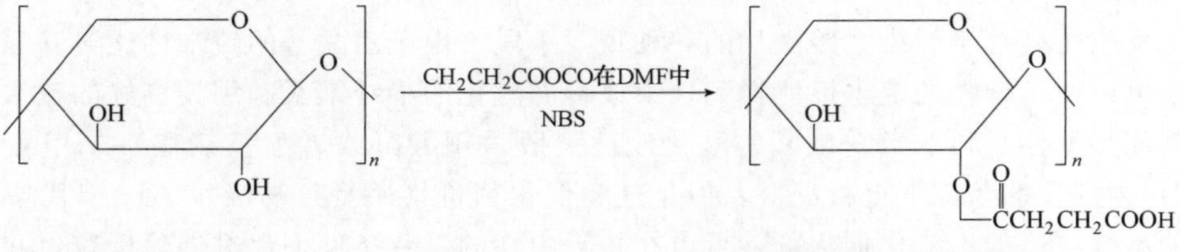

图 4-21　半纤维素在均相系统中以 NBS 为催化剂的丁二酰化反应

物降解塑料和环境降解塑料、树脂、薄膜等，还可以作为金属螯合剂和除油剂等。

部分半纤维素羧酸酯化反应如表 4-14 所示。

表 4-14　部分半纤维素羧酸酯化反应

名称	反应试剂	酯化反应
半纤维素 醋酸酯	醋酸 Acetic acid	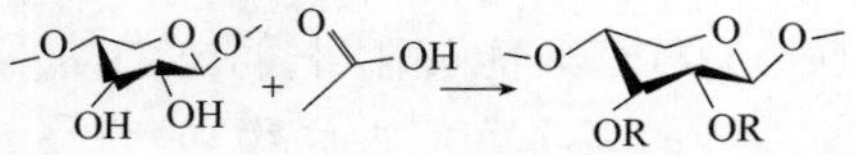 R=H或—COCH₃
半纤维素 琥珀酸酯	琥珀酸酐 Succinic anhydride	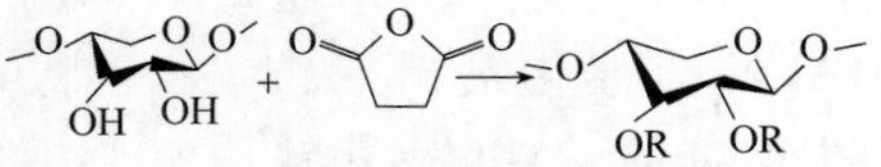 R=H或—C(=O)CH₂CH₂COOH
半纤维素 马来酸酯	马来酸酐 Maleic anhydride	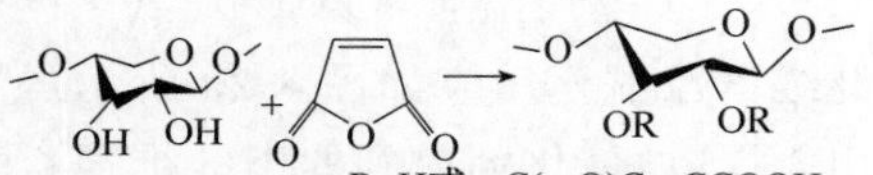 R=H或—C(=O)C=CCOOH
半纤维素 月桂酰酯	月桂酸氯 Lauroyl chloride	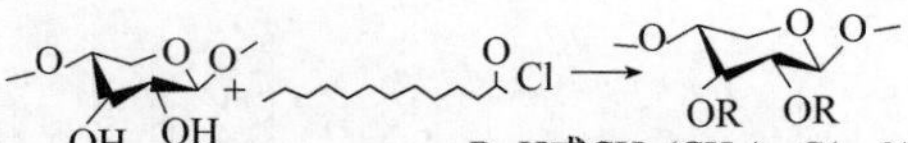 R=H或CH₃(CH₂)₁₀C(=O)
半纤维素 柠檬酸酯	柠檬酸 Citric acid	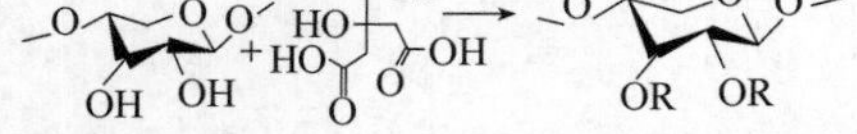 R=H 或—C(=O)CH₂C(OH)(COOH)CH₂(=O)C—

2. 硫酸酯化反应

硫酸酯化是半纤维素重要的酯化反应改性方法。半纤维素硫酸酯是指半纤维素结构中的羟基部分或者完全被硫酸酯基取代的半纤维素无机酸酯化衍生物。半纤维素的羟基被硫酸酯基取代后，硫酸酯基之间的排斥作用使糖链增长，部分硫酸酯基与羟基之间形成氢键，产生螺旋结构，从而呈现出有活性的高级构象。聚木糖硫酸酯化的方法有氯磺酸-吡啶法、氯磺酸-二甲基甲酰胺法（DMF）、三氧化硫-吡啶（SO₃-Py）法、浓硫酸法和 Nagasawa 法等。

研究表明：聚木糖经硫酸酯化后能够直接抑制纤维蛋白原向纤维蛋白的转化过程，同时降低凝血酶活性，从而达到抗凝血的目的，其抗凝血活性与聚木糖的取代度呈正相关。聚木糖硫酸酯抗凝血机理与肝素钠相似，主要是通过影响内源性凝血途径从而达到抗凝血的目的。当聚木糖硫酸酯的取代度大于 1、用量仅为 5mg/L 时，其抗凝血效果就可达到乃至超过肝素钠。此外，聚木糖经过硫酸酯化改性后，在获得抗凝血活性的同时，还具有其他生物学活性如增强机体免疫力、抗炎、抗肿瘤、抗氧化、抗病毒，尤其是抗艾滋病（HIV）活性等。使用 PF_5 为催化剂，将聚木糖与哌啶-N-磺酸盐在无水二甲基亚砜（DMSO）中 80℃条件下反应 1h，合成了取代度在 0.2～1.6 的哌啶-N-磺酸基聚木糖，聚木糖磺化程度较高（取代度为 1.4～1.9）时，具有强大的抗 HIV 活性。以从鲜奈藻（*Scinaia hatei*）中碱法抽提得到的聚木糖为原料，采用 SO_3-吡啶法进行硫酸酯化，得到硫酸根取代度为 0.93～1.95 的聚木糖硫酸酯，该取代度范围内的聚木糖硫酸酯均具有较强的抗单纯疱疹病毒（HSV）活性。

（二）半纤维素的醚化改性

半纤维素的羟基可与不同类型的醚化试剂反应生成半纤维素醚。常见的半纤维素醚化反应有羧甲基化、季铵化、苄基化和甲氧基化反应等。部分半纤维素醚化反应如表 4-15 所示。可以通过半纤维素羟基的醚化反应来增加半纤维素的水溶性、阳电性、疏水性、表面活性等特性，从而使半纤维素在制药、污水处理、造纸助剂、热塑性材料、食品添加剂等方面具有很大的应用潜力。

表 4-15　部分半纤维素醚化反应

名称	醚化反应	应用前景
甲基半纤维素	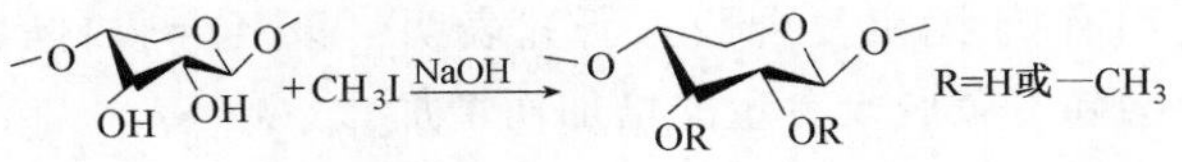	食品包装膜
羧甲基半纤维素	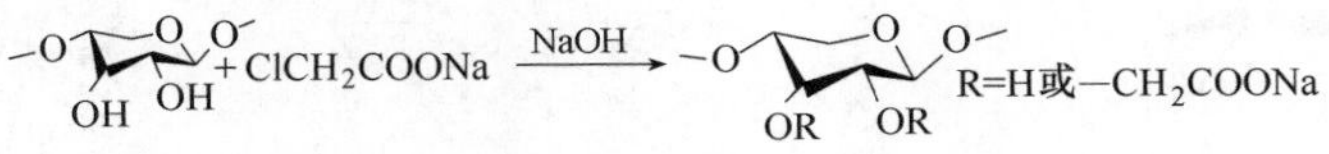	高吸水性树脂
季铵化半纤维素	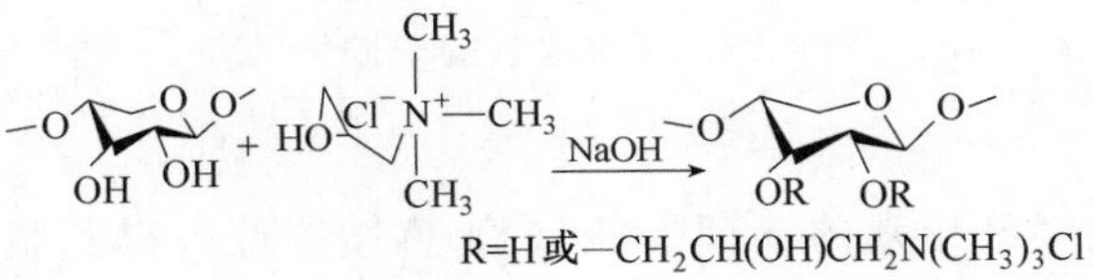	生物可降解膜
苄基化半纤维素	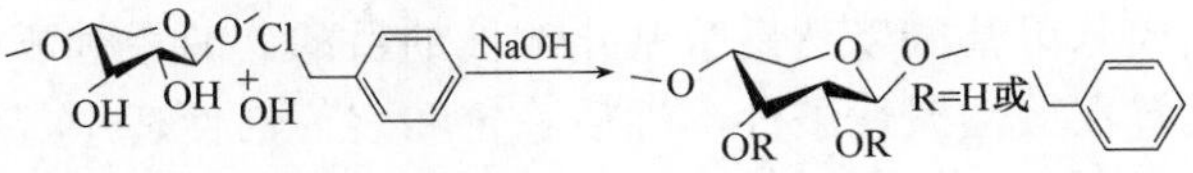	生物可降解膜

1. 羧甲基化反应

羧甲基半纤维素是一种阴离子型半纤维素，可以显著提高机体的免疫力，可广泛用于医药行业，其合成方法一直是人们研究的重点，反应过程如图 4-22 所示。

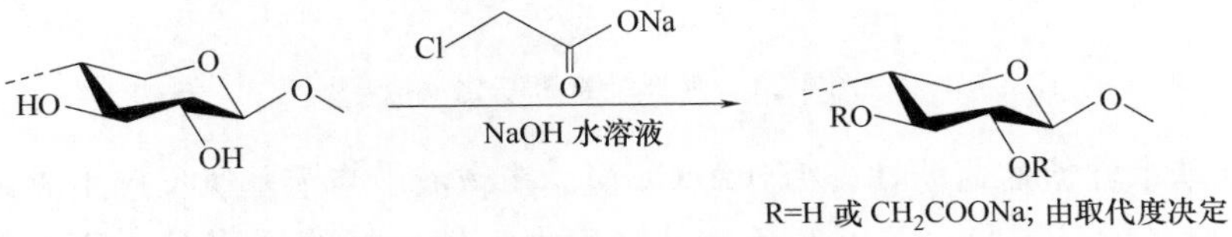
Cl
ONa
O
HO
OH
NaOH 水溶液
RO
OR
R=H 或 CH₂COONa; 由取代度决定

图 4-22　聚木糖的羧甲基化反应

将半纤维素羧甲基化便可得到羧甲基变性半纤维素（CMMH）。制备方法类似于羧甲基淀粉（CMS），把半纤维素悬浮在碱性乙醇溶液中，再加入醚化剂，反应完毕，过滤出产物，用乙醇洗至无氯离子。制备羧甲基半纤维素时，可以通过一氯醋酸和氢氧化钠的用量来控制反应产物的取代度。为使产品取代度达到 0.3～0.6 的要求，一氯醋酸的用量为 5～10mol/mol 糖基，氢氧化钠的用量为一氯醋酸的 2 倍（摩尔），经多方药理验证，羧甲基半纤维素具有提高免疫功能的作用，在制药行业具有广阔的应用前景。

羧甲基改性的聚木糖膜随着取代度的增加，抗张强度和杨氏模量降低、氧渗透率（OP）也随之降低。总之，羧甲基化制备的聚木糖膜是一种生物降解膜材料，具有良好的氧气阻隔性能，可以作为包装材料应用于工业生产中。

2. 季铵化反应

季铵化后半纤维素的水溶性和阳离子性或两性离子性明显增加，并且具有较高的得率和取代度，其化学性质与两性聚合物和阳离子聚合物相似。

为了促使亲核反应更容易进行，同时增加聚糖超微结构的可及度，遵循阳离子型聚糖的合成路线，分别以水和乙醇为溶剂，用碱来活化甘蔗渣半纤维素，使用 3-氯-2-羟丙基三甲基氯化铵对其进行季铵化改性，可得到均一、取代度高的凝胶。使用季铵化试剂 2，3-环氧丙基三甲基氯化铵与楠竹半纤维素在碱性条件下发生醚化反应，制备出的半纤维素为阳离子型的季铵盐半纤维素（如图 4-23）。季铵盐半纤维素与无机黏土蒙脱土通过静电作用利用真空抽滤的方式可制备出有机-无机复合膜。研究表明：该复合膜材料具有较高的热稳定性，且膜材料的热稳定性会随着蒙脱土含量的增加而增加。

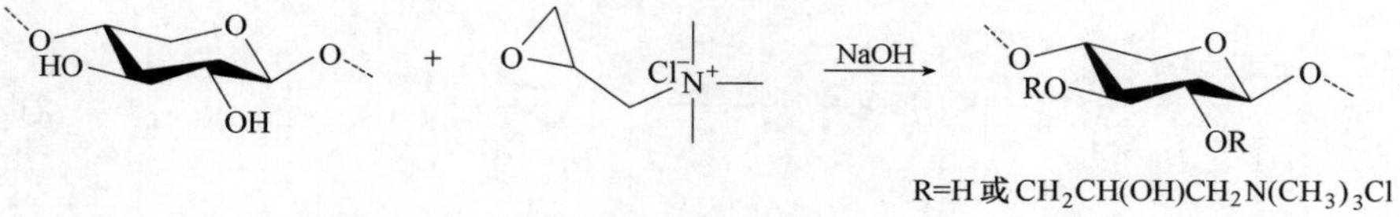

$$R=H \text{ 或 } CH_2CH(OH)CH_2N(CH_3)_3Cl$$

图 4-23　半纤维素的季铵化反应

3. 苄基化反应

苄基化反应可以使半纤维素的物理性能（如热性能等）得到很大改善，从而作为热塑性原料用于工业生产。氯化苄是最常见的苄基化试剂，如图 4-24 所示，半纤维素在碱性条件下与氯化苄反应生成苯甲基醚以达到苄基化改性的目的。苯甲基醚是一种有效的多羟基化合物的取代基团，具有在酸性碱性条件下性质稳定和表面活性适中等特征。

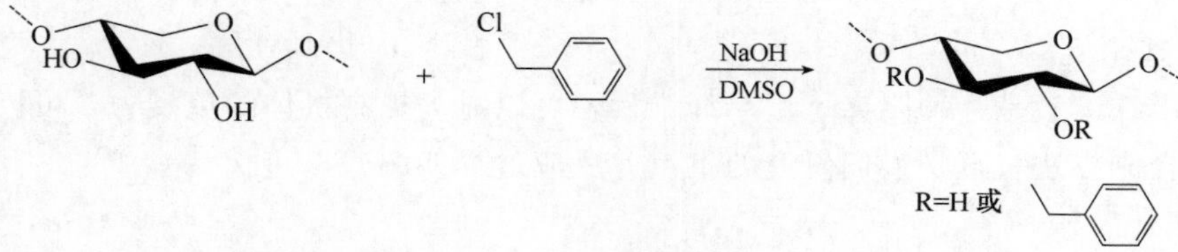

$$R=H \text{ 或 }$$

图 4-24　半纤维素苄基化反应

聚 O-乙酰基半乳糖葡萄糖甘露糖（AcGGM）在碱液中与苄基氯反应生成聚苯甲基半乳糖葡萄糖甘露糖（BnGGM），并可制备拉伸强度大、韧性好的透明 BnGGM 薄膜。在湿度 50% 条件下，苄基化的 BnGGM 薄膜的氧气透过率 130cm³ · μm/(m² · d · kPa) 远高于

AcGGM 膜 $1.28cm^3 \cdot \mu m/(m^2 \cdot d \cdot kPa)$。三倍体毛杨木半纤维素与氯化苄在二甲基亚砜中使用氢氧化钠作为催化剂，通过控制氯化苄和半纤维素羟基单元物质的量之比（0.5∶1～3∶1）、反应温度（40～80℃）和反应时间（4～24h），可以制备出取代度在 0.08～0.36 之间的苄基化半纤维素。含有疏水性官能团的苄基化半纤维素在塑料生产中具有较大的发展潜力。

4. 甲氧基化反应

甲氧基化反应是对半纤维素进行醚化改性的另外一个重要方法，能够显著提高半纤维素的水溶性，使其具有更为广泛的应用，是实现半纤维素高值化利用的重要途径。化学反应示意图如图 4-25 所示。

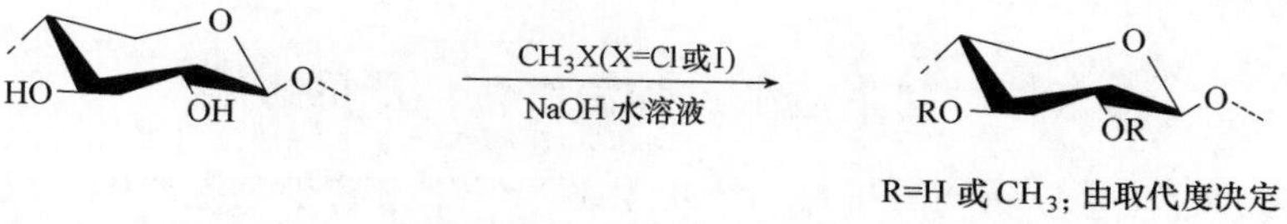

R=H 或 CH₃，由取代度决定

图 4-25　半纤维素的甲氧基化反应

在均相和非均相体系中，分别使用碘甲烷和氯甲烷作为醚化剂，均可制备出甲氧基化聚木糖。反应产物的取代度与反应体系是否均相以及反应物配比无关，聚木糖在质量分数为 40% 的 NaOH 水溶液中与碘甲烷反应所得产物的取代度值仅为 0.5，而聚木糖与过量的氯甲烷发生醚化反应所获得的甲氧基化聚木糖的取代度达到 0.94。麦草半纤维素发生甲氧基化醚化改性之后，热稳定性显著增加。

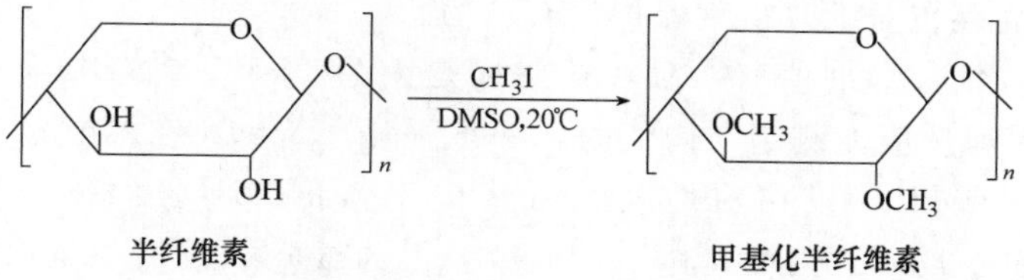

半纤维素　　　　　　　　　　甲基化半纤维素

图 4-26　半纤维素的甲基化反应

在均相体系中，半纤维素的羟基与试剂接触的机会是均等的。所以半纤维素在均相体系中的醚化反应更加均一，可以获得满意的得率并减少半纤维素主链的解聚。半纤维素用 NaH 做催化剂在二甲基亚砜体系中与甲基碘进行醚化反应，可生成甲基化的半纤维素，化学反应式见图4-26。半纤维素甲基化的反应机理如图4-27所示，甲基亚磺酰离子从半纤维素上的羟基吸收一个质子使半纤维素变成醇盐，然后与甲基碘反应生成甲基化的半纤维素。

通过酯化和醚化改性为半纤维素进一步开发利用提供了新的机会，但是目前还

R 为半纤维素主链中的脱水木糖基

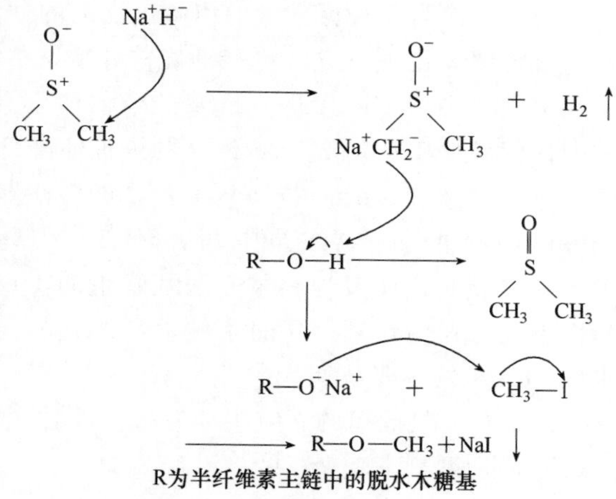

图 4-27　半纤维素在均相体系中的甲基化反应机理

多处于实验室研究阶段，有关反应机理、溶解机理、结构与性能关系等基础理论还缺乏深入的研究。改性过程中存在能耗高、污染大、生成副产物、产物取代度低、半纤维素易降解和产物得率低等问题，从性能或成本方面与工业应用均还有一定距离。

第八节　半纤维素对纤维素相关产品的影响

半纤维素是植物纤维原料中的主要组分之一，因此半纤维素往往会存在于纤维素相关产品中，比如纸浆和纸张、溶解浆和纤维素衍生物以及纺织用植物纤维等，并对这些产品的生产或性能产生影响。

一、对制浆造纸过程和纸张性能的影响

在化学法制浆过程中，植物纤维原料中大量的半纤维素溶于蒸煮液中，保留及吸附在纤维中的半纤维素对纤维素纤维的性质和纸张的生产有很大影响。

（一）作为纸浆组分对制浆造纸过程及纸张强度的影响

1. 对纸浆硬度和漂白的影响

如前所述，聚木糖的支链基团 4-O-甲基葡萄糖醛酸在硫酸盐法蒸煮过程中可转变为己烯糖醛酸（HexA）。己烯糖醛酸对纸浆的卡伯值、漂白性能和金属离子分布等有重要的影响。因为在碱性环境下 HexA 比 4-O-甲基葡萄糖醛酸表现出更高的稳定性，所以在温度超过 120℃的条件下，4-O-甲基葡萄糖醛酸基转变成 HexA 可以保护聚木糖，减少聚木糖的降解。因而，HexA 的存在对纸浆得率保护是有利的。

HexA 的存在对纸浆卡伯值有贡献，这主要是因为 HexA 结构中含有碳碳双键，易与 $KMnO_4$ 发生氧化还原反应。测定卡伯值时，一般采用 $KMnO_4$ 在酸性条件下氧化纸浆中的木素，通过消耗的 $KMnO_4$ 量相对地表示纸浆中木素的含量。而纸浆中含有 HexA 时，HexA 也能与 $KMnO_4$ 反应。因而，用 $KMnO_4$ 测得的纸浆卡伯值一部分是 HexA 的贡献，会使得测定值有所偏高。因此，己烯糖醛酸的存在增加了木素的检测量，使得纸浆硬度偏高。针对"假木素"问题，人们提出了改良卡伯值测定方法，即采用羟汞化-脱汞（OX-Dem）的工艺作为现行标准卡伯值测定之前的预处理方法，除去纸浆中的假木素，这种方法测定的卡伯值要比现行方法更能准确估计纸浆中的残余木素的含量。

除去纸浆中的 HexA 后，纸浆的卡伯值都会有不同程度的降低。总的来看，针叶木纸浆的卡伯值降低 1～3，阔叶木纸浆的卡伯值降低 3～7，说明己烯糖醛酸的存在对纸浆的卡伯值有重要的影响。纸浆中 HexA 含量的减少与卡伯值的降低值有近似线性的关系，每除去 10mmol/kg 的 HexA，卡伯值约降低 1。在相同的卡伯值或得率条件下，硫酸盐法纸浆中的 HexA 含量远高于其他制浆方法纸浆中的 HexA 含量。这是由于不同制浆方法的脱木素选择性不同。在用碱量相同的条件下，达到相同卡伯值时硫酸盐法的 H—因子较低，导致较少的 HexA 发生降解。

HexA 对纸浆漂白的影响主要有以下 4 种表现。

（1）增加漂剂消耗量

HexA 可与亲电的漂白试剂反应，如 ClO_2、O_3 和过氧酸等。而且亲电性漂白试剂与 HexA 的反应速度比木素快。也就是说，己烯糖醛酸比木素脱除得快。这意味着在漂白过程中较多的漂剂将被 HexA 消耗，因而 HexA 的存在，增加了漂剂消耗量。但是 HexA 不与

O_2、H_2O_2等漂剂反应，因此在 ECF（无元素氯）和 TCF（全无氯）漂白工艺中，HexA 不易被除去，其影响就很显著。

（2）影响纸浆中金属离子的含量

尤其对于过氧化氢漂白，重金属离子会加剧过氧化氢的无效分解，因此过氧化氢漂白的作用效果很大程度上取决于浆中金属离子的含量与分布。硫酸盐法纸浆中的金属离子主要与糖醛酸，特别是与 HexA 结合。HexA 的残留量增加，会使纸浆中的重金属离子含量增加而影响过氧化氢的漂白效果。特别是 Fe^{2+}、Mn^{2+} 等过渡金属离子含量受 HexA 含量的影响较大。

（3）增加 ECF 和 TCF 漂白系统结垢

由于 HexA 被 ClO_2、O_3 等漂剂氧化后产生草酸，草酸与水中的 Ca^{2+} 结合成为不溶于水的草酸钙，会在漂白系统的管路和容器中结垢，给生产带来麻烦。

（4）加重纸浆返黄

由于 HexA 含有双键和羧基，前者可以作为助色基团，而后者携带的重金属离子是光化学反应的催化剂，其在纸浆中的含量增加，会加重纸浆返黄。

纸浆在温和的条件下进行选择性酸水解，即可除去80％以上的 HexA，纸浆的黏度损失很小，仅降低 $20 \sim 60 cm^3/g$，白度则略有提高。HexA 与 ClO_2 反应，主要生成氯化和未氯化的二羧酸类物质。在无元素氯漂白中，当桦木硫酸盐法纸浆通过酸水解除去 50mmol/kg 的 HexA 时，漂白至同一白度时 ClO_2 用量可减少 18kg/t 浆。对针叶木硫酸盐法纸浆来说，由于 HexA 含量较低，化学品消耗量的减少要少一些。采用选择性酸水解后，NaOH 和有效氯用量减少了 6％～20％，纸浆白度略有提高，白度稳定性明显改善。

在硫酸盐法纸浆的无元素氯和全无氯漂白中，采用选择性酸水解除去己烯糖醛酸，可以节省漂白化学药品，提高漂白浆的白度稳定性，减少臭氧段漂白中草酸钙沉淀的形成。同时易于控制金属离子的含量，特别是锰离子的含量大大减少。

2. 对纸浆打浆行为的影响

纸浆中存留的半纤维素有利于纸浆的打浆，这是因为半纤维素比纤维素更容易水化润胀，而纤维的润胀对纤维的细纤维化是十分有利的。

针叶木硫酸盐法全漂化学浆中半纤维素的含量与其可打浆能力之间存在较好的线性关系，如图 4-28 所示，云杉和松木硫酸盐法全漂化学浆的可打浆能力随着纸浆中半纤维素含量的增加而增加，即在获得相同打浆效果的情况下，半纤维素含量高的纸浆需要较少的 PFI 磨打浆转数。

纸浆中存留的半纤维素聚糖的种类与结构比半纤维素的含量对打浆的影响更大，如硫酸盐法纸浆中的半纤维素含量不少于亚硫酸盐法纸浆，而其打浆却比亚硫酸盐法纸浆困难，这与硫酸盐法纸浆的半纤维素中碱溶性聚糖较少，而亚硫酸盐法纸浆的半纤维素中碱溶性聚糖较多有关。

在较低的碱溶性高聚糖含量范围内，漂白亚硫酸盐（镁盐）苇浆及它的几种冷碱法精制浆的化学成分与打浆抗拒间的关系如表 4-16 所示。表中的打浆抗拒与 γ-纤维素及 α-纤维素中的糠醛值之间未发现有任何关系，但与纸浆中的总碱溶物（碱溶性高聚糖）及糠醛（来自碱溶性高聚糖）却有明显关系，碱溶性高聚糖含量下降，糠醛（来自碱溶性高聚糖）值下降，纸浆的打浆抗拒上升，即难于打浆。

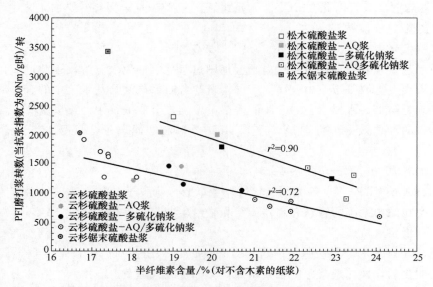

图 4-28　针叶木硫酸盐法全漂化学浆中半纤维素含量与纸浆可打浆能力的关系

表 4-16　　　　　漂白亚硫酸盐（镁基）苇浆的打浆抗拒与其化学成分的关系

纸浆	打浆抗拒[①]（11°SR →65°SR）/min	总碱溶物（碱溶性高聚糖）含量/%	γ-纤维素含量/%	糠醛			木素含量/%	聚合度
				总糠醛含量/%	糠醛在α-纤维素中（以浆为基准）含量/%	糠醛，来自碱溶性高聚糖（以浆为基准）含量/%		
漂白浆	53	9.34	1.99	12.46	8.75	3.71	0.71	
精制浆								
0.5mol/L NaOH	62	7.04	1.65	10.18	7.32	2.86	0.51	1078
1.0mol/L NaOH	86	4.74	1.61	6.68	4.94	1.74	0.50	1137
1.5mol/L NaOH	106	2.13	1.60	5.41	5.09	0.32	0.30	1027
3.0mol/L NaOH	119	2.72	1.64	6.34	6.13	0.21	0.30	717

注：① 指纸浆自 11°SR 打浆到 65°SR 所需的打浆时间，min。

3. 对纸张物理性质的影响

半纤维素是木材或纸浆中的一种重要成分，对于硫酸盐法纸浆，当 α-纤维素含量超过 80% 时，纸张强度将下降，说明半纤维素含量对纸张的性质有较大的影响，根据对不同纸张的性质的不同要求，在制浆时应尽量或适当保留纸浆中的半纤维素。

如前所述，半纤维素有利于纸浆的打浆，有利于纤维的细纤维化，大量研究结果表明，凡是通过打浆能获得较高强度纸张的纸浆都有较高的半纤维素含量。对于给定的植物纤维原料来说，在蒸煮过程中半纤维素脱除得越少，则单位质量的纸浆中含有的纤维素就越少；反之，半纤维素脱除得越多，则单位质量的纸浆中含有的纤维素就越多。从这个意义上来说，半纤维素含量高有利于纤维的结合，所以对提高纸张的裂断长、耐破度和耐折度等有利。半纤维素含量低，有利于一些与纤维结合力关系不大的纸张性质，如不透明度和撕裂度等。如图 4-29 所示，在一定范围内，纸张的抗张指数将随着纸浆中半纤维素含量的降低而降低，而纸张的撕裂指数将随着纸浆中半纤维素含量的降低而升高。在工业纸浆中，随着半纤维素含量的增加，相对地降低了 α-纤维素的含量，即减少了保证纤维本身强度的纤维素的含量，

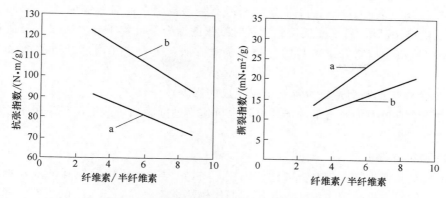

图 4-29　纸浆中半纤维含量对纸张强度的影响

注：云杉硫酸盐法纸浆；a—纸张紧度为 $0.65\mathrm{g \cdot cm^{-3}}$；b—纸张紧度为 $0.75\mathrm{g \cdot cm^{-3}}$。

所以半纤维素在增加纤维结合上的积极影响在某种程度上会被纤维本身强度降低的不利影响所降低或抵消。反之亦然，当纸浆中 α-纤维素含量达 $94\%\sim95\%$，而且如果其中聚戊糖含量不少于 $3.5\%\sim4.0\%$ 时，纸浆便具有良好的打浆性能，并能制得强度高的纸张；当 α-纤维素含量达 96%，聚戊糖含量不低于 $2.5\%\sim3.0\%$ 时，也能得到强度足够高的纸张；聚戊糖含量进一步降低时，纸浆在打浆时就会失去水结合能力，抄成的纸松软而强度低。α-纤维素含量为 $97\%\sim98\%$ 的冷碱精制浆，其中聚戊糖的含量不大于 $1.2\%\sim2.0\%$，不适合于造纸。

应该指出，对增加纤维结合有效的并不是全部半纤维素的组分，也不是聚戊糖的总量。现在已经认识到，作为针叶木半纤维素主要成分的聚己糖（特别是聚葡萄糖甘露糖和聚半乳糖葡萄糖甘露糖）对纸浆的打浆性能及纸张性质的影响，比作为阔叶木半纤维素主要成分的聚戊糖（其中包括聚葡萄糖醛酸木糖）作用更大，有学者认为这是因为聚甘露糖与聚木糖相比，其每个甘露糖基上有一个多余的羟基，而且与所有的其他羟基相比，这个羟基对水具有更大的活性。因此，正是聚甘露糖保证了纤维间结合的强度更大，这也是使用针叶木纸浆制得的纸张比用阔叶木纸浆制得的纸张有较高的强度的原因之一。

麦草浆、稻草浆和芦苇浆等一些非木材原料纸浆所含的半纤维素比木浆高得多，但这并不能使它们成为理想的造纸用纸浆。在这些纸浆中，纤维形态、纤维细胞和杂细胞的比率以及纤维的物理性质要比纸浆的化学组分重要得多。这类纸浆的半纤维素含量高，在打浆时水化润胀很快，在发挥适宜的强度之前就降低了纸浆的游离度，用这种纸浆所生产的纸张易出现透明、发脆和强度低的毛病。

从逻辑上希望有一个最佳的（或最适宜的）半纤维素含量，但在实际中是很难控制的，因为半纤维素含量对不同的纸张性质的影响是不一样的，如草浆的聚戊糖含量与纸张的物理性能有如下关系：

当 α-纤维素/聚戊糖＝$2.5\sim3.0$ 时，纸张的裂断长、耐破度和耐折度最大。而松厚度和撕裂度最小。当该系数为 $6\sim9$ 时，则撕裂度最大、松厚度好。

杨木化学浆达到最大耐破度和抗张强度的适宜半纤维素含量约为 20%，而此时纸张的不透明度和撕裂度最小。以山毛榉木片为原料，用亚硫酸盐在很温和的条件下蒸煮，再用亚氯酸钠漂白，得到高得率、高白度的漂白亚硫酸盐法纸浆，再用各种浓度的 NaOH 溶液抽提此纸浆，发现纸张的综合强度——强度品质数〔强度品质数＝〔（裂断长＋伸长率＋耐破度)/3＋耐折度＋撕裂度]/3} 在得率为 50％时有一最高值，此时糠醛值为 7.05％，易溶半纤维素含量为 11.07％，高于或低于此含量时纸张的综合强度都下降。所以，最适宜的半纤维素含量不仅取决于植物纤维原料的种类和蒸煮方法，更取决于对所抄造的纸张的性质的要求。

（二）作为造纸助剂对造纸过程及纸张强度的影响

从植物纤维原料中提取出来的半纤维素也可作为助剂添加于造纸过程，用于改善造纸过程或纸张性能。

1. 作为造纸湿部助剂

半纤维素及其衍生物在打浆方面的应用在 20 世纪六七十年代已经有许多人研究了，并且对打浆机理的研究也比较详细，近几年人们比较热衷于研究半纤维素的改性，将其改性物用于造纸过程的打浆助剂。在纸浆中保留或加入半纤维素有利于打浆处理。主要是由于半纤维素含有较多的羟基，支链多，为无定形物质，较纤维素更易吸水润胀。当半纤维素吸附到纤维素上后，增加了纤维的润胀和弹性，有利于纤维细纤维化而减少纤维切断。

作为造纸湿部助剂，甘蔗渣半纤维素对稻草浆的影响如表 4-17 所示。

表 4-17　　　　　　　　　　　添加甘蔗渣半纤维素对稻草浆的影响

项目	半纤维素的加入形式			项目	半纤维素的加入形式		
	不添加半纤维素	添加于打浆机中	添加于打过的浆中		不添加半纤维素	添加于打浆机中	添加于打过的浆中
半纤维素的加入量/%	0	2	2	撕裂因子	3.51	3.80	3.85
打浆时间/min	26	23	26	耐折度/双折次	7.7	3.4	5.3
打浆度/°SR	53.5	53.5	53.5	裂断长增加/%	0	24.6	34.2
裂断长/m	2946	3672	3955	耐破因子增加/%	0	17.6	37.5
耐破因子	18.07	21.26	24.86				

注：① 抄纸时纸浆用硫酸铝溶液调节 pH 为 4.5～5.0；
　② 纸张强度增加百分比均为对不添加半纤维素的纸张而言。

从表 4-17 中可以看出，在稻草浆打浆时或打浆后添加甘蔗渣半纤维素都能使纸张的裂断长、耐破因子和撕裂因子增加，而纸张的耐折度下降。

以芦苇预水解废液中分离的半纤维素为原料，通过醚化反应对其进行改性，制备了不同取代度的阳离子半纤维素。阳离子半纤维素用量对纸张强度的影响见表 4-18。由表 4-18 可知，阳离子半纤维素的加入可明显提高纸张的强度性能；当阳离子半纤维素用量为 1.2％（对绝干浆）时，纸张的撕裂指数、抗张指数、耐破指数和耐折度分别提高了 28.6％、11.0％、45.4％和 46.7％。这是因为阳离子半纤维素大分子链上具有正电荷，与带负电的纤维形成静电吸附，同时，半纤维素大分子链上有大量的羟基，与纤维素形成氢键，增强了纤维间的结合力，因而提高了纸张强度。

表 4-18　　　　　　　　　　　阳离子半纤维素用量对纸张强度的影响

阳离子半纤维素用量/%	抗张指数/(N·m/g)	撕裂指数/(mN·m²/g)	耐破指数/(kPa·m²/g)	耐折度/双折次
0	49.0	9.8	2.93	15
0.6	52.6	11.2	3.90	17
0.9	53.7	11.8	4.11	20
1.2	54.4	12.6	4.26	22
1.5	54.6	12.9	4.26	23

注：阳离子半纤维素取代度为 0.0217。

在黄麻秆未漂硫酸盐法纸浆和漂白硫酸盐法纸浆的打浆过程中添加从苎麻脱胶液中获得的降解的半纤维素，可以提高成纸的物理强度。苎麻半纤维素对纸张强度的影响如表4-19和表4-20所示。

表 4-19　　　　苎麻半纤维素对未漂黄麻秆硫酸盐法纸浆纸张强度的影响

半纤维素添加量/%	PFI磨打浆转数/转	打浆度/°SR	抗张指数/(N·m/g)	耐折度/双折次	耐破指数/(kPa·m²/g)	纸张紧度/(g/cm³)
0	1000	13	28.4	84	1.90	0.22
	2000	20	35.4	114	2.16	0.27
	3000	30	44.0	190	2.36	0.34
	4000	38	52.9	204	2.65	0.51
0.5	1000	15	32.7	90	1.92	0.21
	2000	22	41.2	130	2.53	0.28
	3000	33	51.2	200	3.24	0.42
	4000	40	56.2	249	3.50	0.58
1.0	1000	14	35.6	90	1.90	0.25
	2000	25	47.6	150	2.65	0.33
	3000	36	55.7	240	3.41	0.51
	4000	42	61.1	285	3.68	0.60

表 4-20　　　　苎麻半纤维素对漂白黄麻秆硫酸盐法纸浆纸张强度的影响

半纤维素添加量/%	PFI磨打浆转数/转	打浆度/°SR	抗张指数/(N·m/g)	耐折度/双折次	耐破指数/(kPa·m²/g)	纸张紧度/(g/cm³)
0	1000	18	33.4	60	1.77	0.24
	2000	27	35.3	69	1.96	0.33
	3000	29	40.7	79	2.26	0.45
	4000	31	45.0	85	2.55	0.55
0.5	1000	20	37.2	75	2.09	0.31
	2000	29	38.2	81	2.45	0.35
	3000	31	43.8	96	2.88	0.52
	4000	33	46.7	105	3.05	0.64
1.0	1000	22	38.5	78	2.62	0.33
	2000	32	41.2	90	2.94	0.40
	3000	34	44.0	100	3.24	0.60
	4000	36	49.0	114	3.37	0.70

2. 作为纸张表面施胶剂

把半纤维素作为纸板表面施胶剂，也会影响纸板的物理性质。半纤维素作为表面施胶剂能降低纸张表面粗糙度，提高纸张抗张强度。把甘蔗渣半纤维素用于纸板表面施胶，对纸板强度的影响如表4-21所示。

表 4-21　　　　甘蔗渣半纤维素和淀粉表面施胶对纸板物理性质的影响

表面施胶剂种类	施胶剂固含量/%	定量/(g/cm²)	耐破度/kPa	撕裂度/(kN/m)	环压强度/(kN/m)	耐折度/双折次
不表面施胶	/	123	337	4.3	2.37	68
淀粉	9	129	581	7.0	3.50	219
半纤维素	9	130	568	7.4	4.16	190
半纤维素	11	133	617	7.5	3.89	189
半纤维素	13	132	566	7.2	3.88	160

表 4-21 中数据表明，把甘蔗渣半纤维素用于纸板表面施胶，与用淀粉表面施胶一样，能明显提高纸板的强度。

将提取的聚木糖与糊化好的玉米原淀粉按一定的用量混合用于表面施胶，控制施胶温度为 70℃。不同用量混合后施胶剂对手抄片物理强度的影响如表 4-22 所示。从表 4-22 可以看出，用聚木糖替代淀粉，随着聚木糖用量的增加，手抄片的物理强度整体呈增加趋势。然而，聚木糖与淀粉混合使用时，纸张的抗水性能比用纯淀粉或用纯聚木糖的效果均要好。当淀粉与聚木糖的用量均为 4% 时，表面施胶纸张的抗张指数、撕裂指数、耐折度和抗水性能比对照样分别提高 56.0%、17.1%、10.7 倍和 39.6%，比用 8% 纯淀粉表面施胶处理后的值高 1.17%、14.5%、13.9% 和 11.7%。

表 4-22　　　　　　　　　　　　　聚木糖用量对表面施胶手抄片性能的影响

表面施胶剂		纸张定量 /(g/m²)	表面施胶量 /(g/m²)	抗张指数 /(N·m/g)	撕裂指数 /(mN·m²/g)	耐折度 /双折次	Cobb$_{15s}$值 /(g/m²)
淀粉用量 /%	聚木糖用量 /%						
空白	空白	62.8	—	33.4	5.32	7	87.1
8	0	67.9	5.10	51.5	5.44	72	59.6
6	2	67.1	4.76	52.0	5.77	80	51.8
4	4	66.5	4.78	52.1	6.23	82	52.6
0	6	66.5	4.58	53.3	6.19	84	60.2
0	8	67.9	5.07	53.5	6.30	80	62.7

二、对溶解浆和纤维素衍生物性能的影响

溶解浆是由（预水解）硫酸盐法纸浆经过精制和纯化而得的高纯度纤维素产品（也称浆粕），通过衍生反应可以制备出多种可溶性衍生物，这些可溶性衍生物可用于生产黏胶人造丝、玻璃纸、纤维素酯、醚、塑胶或者其他纤维素衍生物。生产中对溶解浆的纯度要求极高，溶解浆中聚木糖和聚甘露糖杂质的存在不仅会影响衍生反应的进行，而且还有可能产生不溶物阻塞加工设备或最终使产品形成色斑，有时还会给产品带来热不稳定性，因此必须有效去除这些半纤维素杂质。

在生产黏胶纤维的溶解浆（黏胶浆粕）中，半纤维素及其他杂质含量少，在生产黏胶纤维时，原料浆粕及二硫化碳的单位消耗和碱回收均比较经济，而且黏胶纤维的质量较高。溶解浆中半纤维素含量过高，对工艺过程和成品质量有以下不良影响：

（一）影响浸渍过程

浸渍时由于半纤维素大量溶入碱液中，使碱液的黏度增高，影响碱液渗透至浆粕内部的速度，使浆粕中的半纤维素溶出不完全；在连续压榨过程中，浆粕含半纤维素过多，碱纤维素滤出碱液的能力降低，造成压榨困难，所得碱纤维素品质不均匀；此外，浆粕中半纤维素含量过高，也会增加碱液回收的困难。

（二）影响磺化

由于半纤维素也能发生酯化反应，且反应速度比纤维素还快。磺化时，半纤维素会更快地消耗 CS_2，影响纤维素磺化的均匀性和生成磺酸酯的酯化度，造成磺化不均匀，影响黏胶的溶解性能。

（三）延长老化时间

半纤维素的平均聚合度比 α-纤维素低，因此前者的还原性末端基的数量比后者多，还原

性末端基易被氧化，在碱纤维素老化过程中将消耗反应介质中大量的氧，使老化时间延长。

（四）影响黏胶过滤

黏胶中半纤维素含量较高时，会使黏胶过滤困难并降低黏胶的透明度，如图 4-30 和图 4-31 所示。其羧基与灰分中多价金属离子如 Fe^{2+}、Ca^{2+}、Mg^{2+} 等形成黏性极大的络合物，黏堵滤布，造成过滤困难。

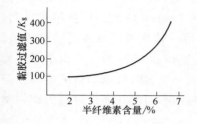

图 4-30　浆粕中的半纤维素
含量与黏胶过滤值的关系

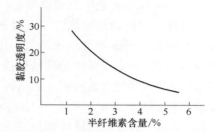

图 4-31　浆粕中的半纤维素
含量与黏胶透明度的关系

（五）影响成品纤维的物理机械性能

半纤维素的聚合度低，混入成品纤维中，将使纤维的机械强度、耐磨性及耐多次变形性降低。浆粕中半纤维素含量对黏胶帘子线（制造轮胎用经线材料）的疲劳强度的影响如图 4-32 所示。

溶解浆生产的目标之一是去除非纤维素碳水化合物，使半纤维素含量达到较低水平。半纤维素为导致产品在碱和酸处理加工中变色的主因。不同等级溶解浆对半纤维素含量的要求不同，与终端产品为碱法处理工艺相比，酸法处理工艺要求浆粕更为纯净，如醋酸浆粕，要求浆粕中的半纤维素质量分数低于 1.5％且不能检测到木素。半纤维素对产品后续加工产生不利影响，因此，不同等级的溶解浆产品对半纤维素的残留量均有规定。所以，

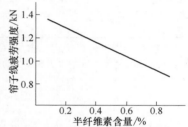

图 4-32　浆粕中的半纤维素含量对
黏胶帘子线疲劳强度的影响

对溶解浆中的半纤维素含量均有一定的限制，如生产醋酸纤维素的溶解浆，其 α-纤维素不得小于 96％，对于生产黏胶纤维的溶解浆，其 α-纤维素应大于 87％，最高可达 99％。α-纤维素含量低于 90％的为低等级溶解浆，在 90％～95％之间的为中等级溶解浆，而超过 95％的则为高等级溶解浆。表 4-23 为制备不同纤维素产品的纸浆或溶解浆的半纤维素含量和特性黏度。

表 4-23　　　　制备不同纤维素产品的纸浆或溶解浆的半纤维素含量和特性黏度

原料及制浆方法	西部铁杉亚硫酸盐法					南方松			南方阔叶木
浆种	纸浆	溶解浆	溶解浆	溶解浆	溶解浆	亚硫酸盐法溶解浆	预水解硫酸盐法溶解浆		预水解硫酸盐法溶解浆
用途	造纸	玻璃纸	硝化纤维	塑料填料	醋酸纤维	醋酸纤维	纺织人造丝	帘子线	醋酸纤维
聚木糖含量/%	2.1	1.1	1.5	2.1	0.6	0.8	2.0	0.6	0.6
聚甘露糖含量/%	6.7	1.5	2.3	6.7	0.8	1.0	1.1	0.7	0.8
铜乙二胺特性黏度/(dL/g)	9.5	4.3	7.5	9.5	9.0	8.8	5.7	6.1	7.0

　　浆粕中残余半纤维素会妨碍纤维素羟基的乙酰化，并导致成品醋酸纤维品质变差。浆粕中残余半纤维素类型不同，对醋酸纤维造成的影响也不同。如聚葡萄糖甘露糖对醋酸纤维素黏胶液的雾度、假黏度以及过滤性能有很大影响，但对醋酸纤维颜色的影响可以忽略不计；而聚 4-O-甲基葡萄糖醛酸木糖主要与醋酸纤维颜色的形成有关。

　　Lyocell 纤维是以 N-甲基氧化吗啉（NMMO）作为纤维素溶剂生产出来的再生纤维素纤维，其传统的工艺中要求使用 α-纤维素含量高（半纤维素含量低）的浆粕。随着研究的深入，发现有可能使用传统的半纤维素含量较高的纸浆来生产 Lyocell 纤维。研究结果表明，以含有较高半纤维素含量的纸浆为原料生产 Lyocell 纤维，可以使用较高浓度的纺丝溶液，并可以提高 Lyocell 纤维的机械性能，与高 α-纤维素含量的 Lyocell 纤维相比，高半纤维素含量的 Lyocell 纤维具有更好的抗帚化性能和更好的染色性能，这表明以成本低廉的高半纤维素含量的纸浆为原料来生产 Lyocell 纤维是有可能的。以两种不同半纤维素含量的浆料制成的 Lyocell 纤维的机械性能如表 4-24 所示。

表 4-24　　　　　　以不同半纤维素含量的浆料制成的 Lyocell 纤维的机械性能

浆料样品	浆料 1			浆料 2
	浆料 1a	浆料 1b	浆料 1c	
NMMO 纤维素溶液浓度/%	11.00	12.00	12.50	11
抗张强度/(cN/dtex)	2.86	3.36	3.71	3.38
初始模量/(cN/dtex)	35.70	36.70	38.10	34.00
断裂伸长率/%	7.80	8.10	8.40	7.80

注：浆料 1 为高半纤维素含量的纸浆（α-纤维素含量为 80%，纤维素平均聚合度为 5547），浆料 2 为高 α-纤维素含量的浆粕（α-纤维素含量为 91%，纤维素平均聚合度为 5633）。

三、对纺织用植物纤维的影响

　　亚麻纤维是由纤维素、半纤维素、果胶、木素、脂蜡质、含氮物质等组成。其化学成分的分类虽然与棉纤维相似，但是其各自的含量却差异较大，亚麻纤维与棉纤维的化学成分的对比如表 4-25 所示。由表 4-25 中数据可知，亚麻纤维中的非纤维素成分的含量占 30% 左右，而棉纤维则只有 6%，亚麻纤维中半纤维素含量较高，而棉纤维中几乎不含有半纤维素。考虑到所含的微量成分如果胶、脂蜡质和含氮物质在染色前的处理过程中几乎全部去除，对亚麻的染色性能几乎没有影响。而含有较高数量的木素、半纤维素会对亚麻纤维的染色性能起到不良影响。由表 4-26 可知，亚麻纤维中木素、半纤维素含量增加，其上染率呈下降的趋势。

表 4-25　　　　　　　亚麻纤维与棉纤维各化学成分的含量　　　　　　　单位：%

品种	纤维素	半纤维素	果胶	木素	脂蜡质	含氮物质
国产麻	71.60	15.54	1.78	6.65	3.42	0.91
法国麻	71.63	16.22	1.92	5.67	3.46	1.10
俄罗斯麻	69.62	15.95	1.68	7.98	3.65	1.12
棉纤维	94.00	0	0.90	0	0.60	1.20

　　苎麻纤维与亚麻纤维类似，除含有大量的纤维素外，还程度不等地含有果胶、半纤维素、木素等伴生物，这是苎麻纤维化学组成不同于棉纤维的一个显著特征。对比半纤维素去除前后苎麻纤维的性能可以看出（表 4-27），半纤维素去除后，纤维线密度降低，纤维断裂

表 4-26　　　　　　　亚麻中木素、半纤维素含量对其染色性能的影响　　　　　　　　单位：%

亚麻经不同化学处理	木素含量	半纤维素含量	活性染料上染率
原纱	5.67	16.22	36.9
碱煮	4.28	14.52	37.2
碱煮＋过氧化氢漂白	3.84	11.03	37.5
碱煮＋亚氯酸钠漂白	2.78	10.11	37.9
过氧化氢＋亚氯酸钠漂白	2.62	9.32	38.1
亚氯酸钠＋过氧化氢漂白	2.26	7.34	38.3

表 4-27　　　　　　　　半纤维素和果胶对苎麻纤维性能的影响

纤维性能	果胶去除前	果胶去除后（半纤维素去除前）	半纤维素去除后
线密度/tex	17.85	1.60	0.96
断裂强度/(cN/dtex)	—	3.33	5.20
断裂伸长率/%	—	3.02	3.53

强度和断裂伸长率增加，说明半纤维素的大量存在不利于纤维的分散与纤维拉伸性能的改善，应该尽量去除。单就提高纤维的断裂强度和断裂伸长率而言，半纤维素含量越少越好，但是半纤维素完全去除的难度较大。苎麻纤维中纤维素含量越高，果胶、半纤维素和木素含量越低，则纤维品质越好。

因此对于纺织用麻类纤维，在纺织或染整之前，应尽可能完全地去除纤维中的半纤维素及其他杂质。

第九节　半纤维素的综合利用

半纤维素在自然界中的存在量是很大的，除了作为纸浆中的一种成分被广泛用于造纸外，在其他方面的利用还是很少的。造纸工业的制浆废液中含有大量的半纤维素降解产物，农林废弃物中含有大量的半纤维素，城市垃圾中的废纸中也含有相当数量的半纤维素，这些废弃物中的半纤维素一部分作为燃料被利用了，一部分被丢弃掉，造成了环境的污染。除了用于造纸和作为燃料外，半纤维素还有其他很多利用途径。半纤维素可用于化学品、食品、保健品、制药、新材料、液体燃料等工业生产中。

一、制浆废液中半纤维素降解产物的利用

（一）生产酒精

制浆废液中含有溶解的半纤维素、低聚糖和单糖（葡萄糖、甘露糖、半乳糖、木糖、阿拉伯糖等）。葡萄糖、甘露糖和半乳糖这些己糖经过发酵可以生产酒精，这是目前亚硫酸盐法蒸煮废液（红液）综合利用的主要方向，用这种方法不仅可以得到酒精，还可以降低木素磺酸盐中的含糖量。反应如下：

$$C_6H_{12}O_6 \xrightarrow{\text{发酵}} 2C_2H_5OH + 2CO_2\uparrow$$

反应产生的 CO_2 可以制成干冰。

（二）生产饲料酵母（单细胞蛋白）

含戊糖多的亚硫酸盐法蒸煮废液，可用于生产饲料酵母。生产时，戊糖是作为酵母的食料，另外还需要添加含氮化合物作为营养盐。饲料酵母含蛋白质丰富，是动物很好

的饲料。

二、用半纤维素降解产生的单糖生产化学品

酸水解植物纤维原料或半纤维素可以得到单糖，用这些单糖可以生产很多化学品。

（一）生产糠醛

聚戊糖用稀酸在高压下加热可以蒸馏出糠醛，其反应如下：

$$(C_5H_8O_4)_n + nH_2O \xrightarrow{\text{稀酸}} nC_5H_{10}O_5$$

$$C_5H_{10}O_5 \xrightarrow[\text{高温}]{\text{稀酸}} \underset{\text{糠醛}}{\begin{array}{c} HC\text{——}CH \\ HC \qquad C \\ O \qquad CHO \end{array}} + 3H_2O$$

在工业上，可以利用玉米芯、甘蔗渣、棉籽壳、废木料等为原料，使聚戊糖经水解，脱水后得到糠醛。糠醛是由半纤维素生产的最重要的化工产品。糠醛可用于润滑油的精制，还可用于生产溶剂、呋喃树脂和尼龙等，是一种重要的化工厂原料，尼龙最初就是用糠醛为原料生产的。

（二）生产山梨糖醇（己六醇）

己糖可还原成山梨糖醇，如葡萄糖以镍作催化剂在 $120 \sim 130℃$ 下用氢还原成山梨糖醇，其反应如下：

$$CH_2OH(CHOH)_4CHO \xrightarrow[12.0 \sim 12.5MPa]{Ni, H_2} CH_2OH(CHOH)_4CH_2OH$$

山梨糖醇具有清凉的甜味，其甜度约相当于蔗糖甜度的 60%，与糖类有相同的热量值，而且比糖类代谢慢，在肝脏中大部分转化为果糖，不会引起糖尿病。在冰淇淋、巧克力、口香糖中，用山梨糖醇代替糖可起到减肥效果。它的工业用途还很多，例如可作为制造炸药及维生素 C 的原料，在卷烟生产中它可用来防止烟丝成末或断裂，它可以作为牙膏、食品、化妆品等的添加剂，还可用于油漆、表面活性剂和增塑剂等的生产。山梨糖醇在皮革、造纸和冶金等工业中可用作柔软剂、金属表面处理剂和胶黏剂等。

（三）生产木糖与木糖醇

聚木糖经水解可制成结晶木糖或木糖浆，木糖可用于糖果、水果罐头及冰淇淋的制造。但人体只能消化 $15\% \sim 20\%$ 的木糖，而动物可消化 90% 的木糖，对动物来说木糖是一种高热量的饲料。农业副产品，特别是玉米芯，是生产木糖的好原料。用 $0.1\% \sim 0.25\%$ 稀硫酸水解玉米芯能获得高产率的木糖。先用水在 $140℃$ 预处理玉米芯 $90min$，能除去一部分灰分、水溶糖分和蛋白质，这样做有利于提高木糖的产率和纯度，木糖产率可达到 15%，纯度可达到 94%。用木糖酶进行水解的效果比酸水解好。

木糖经氢化可还原成木糖醇，其反应如下：

$$\begin{array}{c} H\text{—}C\text{=}O \\ H\text{—}C\text{—}OH \\ HO\text{—}C\text{—}H \\ H\text{—}C\text{—}OH \\ CH_2OH \end{array} \xrightarrow[\text{水溶液},120 \sim 150℃]{Ni, H_2 \ 9 \sim 10MPa} \begin{array}{c} CH_2OH \\ H\text{—}C\text{—}OH \\ HO\text{—}C\text{—}H \\ H\text{—}C\text{—}OH \\ CH_2OH \end{array}$$

木糖醇是 20 世纪 60 年代发展起来的一种甜味剂，它是无臭白色对热稳定的结晶粉末，它的甜度和热容量与蔗糖相同，热量值仅为 $11.7\sim12.1\mathrm{kJ/g}$，比蔗糖低。木糖醇能调整糖的代谢，是糖尿病人的营养剂和治疗剂。木糖醇有较强的抗酮体作用，制成注射液后可作为抗酮剂和代谢纠正剂，用以抢救酮体病人。木糖醇能减慢血浆中产生脂肪酸的速度，不会使血糖上升，也是肝炎病人的保肝药物。木糖醇热稳定性好，和氨基酸一起加热不产生化学反应，可以和氨基酸配制各种制剂，作为营养药物。木糖醇不能被口腔细菌利用，故不会引起龋齿病，适于在口香糖类糖果中应用。木糖醇溶解时吸热，每克吸热 145.7J，吃起来有凉爽的感觉，是制造凉爽型糖果的添加剂。木糖醇是多元醇，其性质与甘油、山梨糖醇相似，故其可能的工业用途还有待进一步开发。

目前，工业化生产木糖醇的方法是：首先水解富含聚木糖类半纤维素的植物纤维原料，纯化制得木糖，再经催化氢化、柱层析、重结晶等步骤制得木糖醇。由于整个过程包含了一系列复杂的纯化步骤，从木糖到木糖醇的得率大约只有 $50\%\sim60\%$，生产成本约为蔗糖的 10 倍。相对较高的价格限制了木糖醇的使用范围。

（四）生产三羟基戊二酸

木糖用密度为 $1.2\sim1.4\mathrm{g/cm^3}$ 的硝酸在 $60\sim90\,^{\circ}\!\mathrm{C}$ 下氧化 $2\sim3\mathrm{h}$ 可生成三羟基戊二酸，其反应如下：

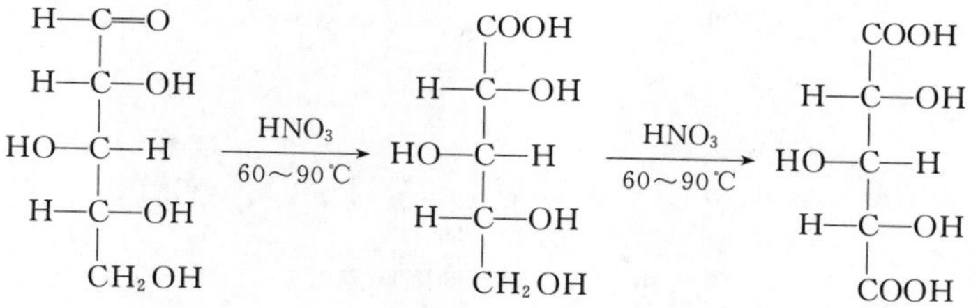

三羟基戊二酸

三羟基戊二酸具有愉快的酸味，故在食品工业上可代替柠檬酸，它还可作保存血浆之用，也可作为火药的稳定剂。

三、半纤维素的催化转化

（一）水热法催化转化半纤维素

水热法指在高温高压水溶液条件下，使常温常压下不溶或者难溶的物质溶解，或反应生成该物质的溶解产物。

在亚临界水溶液中分解聚木糖，高温下可进一步生成丁醛酸、糠醛等化学品，其可能的降解路线如图 4-33 所示。研究结果表明，在 $235\,^{\circ}\!\mathrm{C}$、反应时间超过 30min 时会生成丁醛酸、糠醛以及气体产物。

（二）新型催化剂催化转化半纤维素

用 SO_3H^- 功能化离子液体为溶剂和催化剂可以原位催化转化甘蔗渣（包含纤维素、半纤维素和木素）为 5-羟甲基糠醛［图 4-34 中（1）］、3-环己基-1-丙醇［图 4-34 中（10）］等一系列高附加值化学品，推测的转化机理如图 4-34 所示（MSUC 意为多重结构单元裂解），主要的反应有醛醇缩合、脱水、脱氢、Diels-Alder 等。复合型催化剂催化转化半纤维素是近年来转化生物质新兴的研究方向。复合型催化剂种类很多，如钙钛矿、分子筛、碳化钨等。

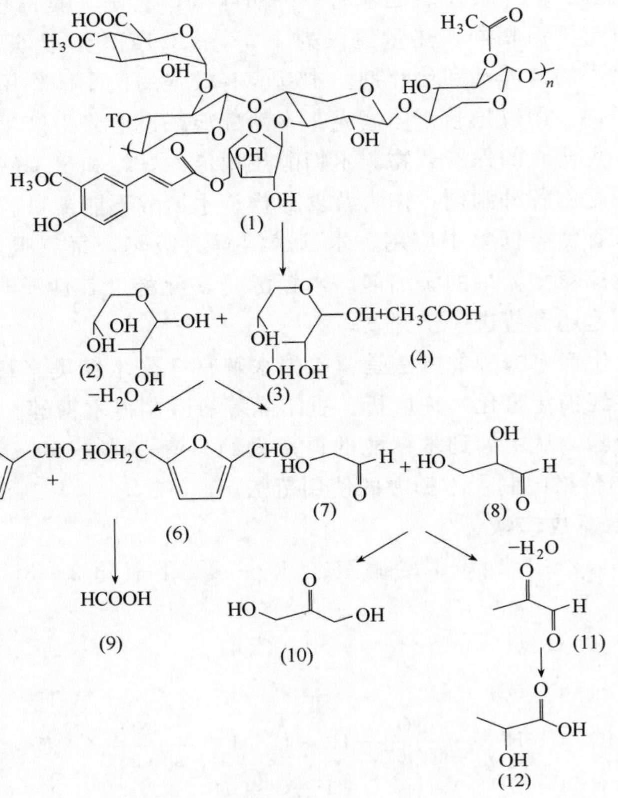

图 4-33　聚木糖降解路线

四、半纤维素的生物转化

半纤维素是复合多糖，植物纤维原料种类不同，所含半纤维素的种类和结构不同。与纤维素相比，半纤维素的结构特点决定了它们的生物降解比纤维素要复杂。利用生物转化法可以用半纤维素生产木糖醇、糠醛、丁二醇等化学品和液体燃料，如图 4-35 所示。

（一）生物转化法生产木糖醇

半纤维素的酶水解液、化学水解液和纯木糖溶液经过发酵可以生产木糖醇。当酶水解液发酵所得木糖醇转化率最高时，计算可得木糖醇得率为 56.2mg 木糖醇/g 原材料。酶水解液中木糖含量为 8g/L，木糖醇最高转化率为 40%。虽然木糖醇转化率比较低，但是木糖转化为木糖醇所需时间比较短。木糖醇最大转化率一般出现在 70～100h，酶水解液的木糖醇转化率高于化学水解液。

很多酵母和丝状真菌能够产生木糖还原酶（EC1.1.1.21），木糖还原酶可以催化木糖还原为木糖醇，如图 4-37 所示。由于化学法生产木糖醇的过程复杂，成本较高，而生物转化工艺生产木糖醇是可能有效降低生产成本的工艺路线，其中发酵法不需纯化木糖，还可以简化木糖醇的分离步骤，有可能实现连续高效生产。

（二）生物转化法生产乳酸

乳酸可应用于食品、药品和化妆品工业，还可加工成可生物降解的聚乳酸塑料，其市场需求量增长迅速。从牛链球菌构建携带乳酸盐脱氢酶基因的基因重组大肠杆菌，在 pH 为

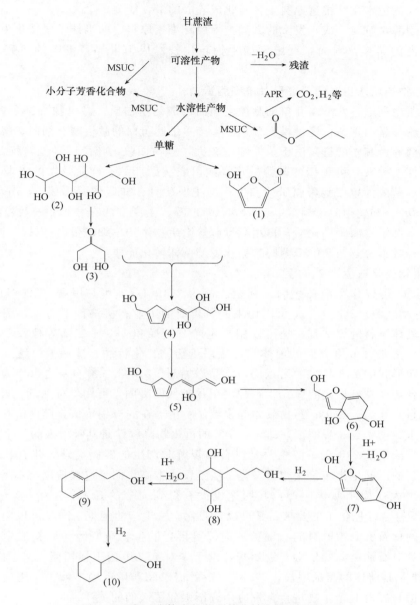

图 4-34 离子液体中甘蔗渣催化转化机理示意图

3.5 和温度为 35℃ 的条件下，用这种基因重组的菌株（FBR9 和 FBR11）从浓度为 100g/L 的木糖溶液中获得了浓度为 56～63g/L 的 L-乳酸溶液。基因重组大肠杆菌，抑制异化的突变异种（ptsG），具有把葡萄糖和木糖直接发酵成乳酸的能力。用这种 ptsG 菌株 FBR19 可

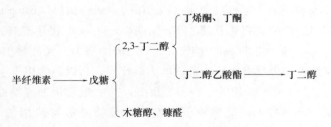

图 4-35 半纤维素转化为化学品和液体燃料示意图

以把浓度为 100g/L 的糖液（葡萄糖：木糖＝1：1）发酵成浓度为 77g/L 的乳酸溶液。这种

菌株具有巨大的把木质纤维素原料生物转化成乳酸的潜在能力。

人们对用酶水解和（或）发酵的方法把木质纤维素原料中的半纤维素转化为增值的有用产品抱有很高的希望，因而半纤维素的生物转化技术成为世界范围内的研究和开发热点之一。

（三）　生物转化法生产饲料酵母（单细胞蛋白）

单细胞蛋白是通过发酵培养单细胞微生物而制成的蛋白质。微生物细胞蛋白质含量高，主要替代鱼粉等蛋白饲料，还可供人食用。生产单细胞蛋白的微生物有细菌、酵母菌、单细胞藻类和真菌等，其中酵母菌由于菌体细胞较大，容易回收，核酸含量低，赖氨酸含量高，能在酸性条件下生长，可利用的碳源较广，能以农林副产品、食品及发酵工业下脚料为原料，所以酵母菌成为单细胞蛋白研究和生产的主要菌种。如假丝酵母属（Candida）、圆酵母属（Torula）、和丝孢酵母属（Trichosporom）等。生产方法有 2 种：一种是先将原料经纤维素酶、半纤维素酶等糖化后，再用酵母菌等微生物生产单细胞蛋白；另一种是直接利用纤维素和半纤维素分解菌和酵母菌同时糖化发酵菌体转化而成。

（四）　生物转化法生产 2,3-丁二醇

2,3-丁二醇可以作为液体燃料，其燃烧值为 27198J/g，可与甲醇（22081J/g）、乙醇（29005J/g）相媲美。2,3-丁二醇可以用来制备重要的工业有机溶剂甲乙酮，甲乙酮可作为航天火箭用液体燃料的添加剂；还可以用来生产 2-丁烯和 1,3-丁二烯等橡胶单体；酯化形式的 2,3-丁二醇是合成聚亚胺的前体，可应用于药物、化妆品、洗液等；通过催化脱氢得到的二乙酰化形式的 2,3-丁二醇可以用做食品添加剂。2,3-丁二醇自身可以作为单体用来合成高分子化合物；左旋形式的 2,3-丁二醇由于其较低的凝固点可用做抗冻剂；此外，2,3-丁二醇还在染料、炸药、香水、药物载体等领域显示出潜在的应用价值。其他潜在的用途包括用于制作墨水、增塑剂、湿润剂。2,3-丁二醇的可生物降解性是其吸引人的一个突出特点。

目前化学法生产 2,3-丁二醇主要是以石油裂解时产生的四碳类碳氢化合物在高温、高压下水解得到的。同生物转化法相比，化学法不仅成本高，而且过程烦琐，不易操作，所以一直很难实现大规模工业化生产，其用途也没有得到充分的开发。用生物转化法来制备 2,3-丁二醇既符合绿色化工的要求，又可以克服化学法生产的困难，同时可以实现由传统的以不可再生的化石资源为原料的石油精炼向以可再生的生物质资源为原料的生物质精炼转型，逐渐减少对石油资源的依赖。近年来，由于聚对苯二甲酸丁烯树脂、γ-丁内酯，Spandex 弹性纤维及其前体的需求增长，2,3-丁二醇的需求和产量也稳步增长。用生物转化法生产 2,3-丁二醇，并对其衍生物进行开发应用逐渐引起了人们的关注。

自然界中的某些细菌可以利用糖类为碳源发酵产生 2,3-丁二醇，主要包括克雷伯氏菌属（Klebisella）、芽孢杆菌属（Bacillus）、肠杆菌属（Enterobacter）等。在这些细菌中，克雷伯氏菌属的产酸克雷伯氏菌（Klebsiella oxytoca）和芽孢杆菌属的多黏芽孢杆菌（Bacillus polymyxa）显示出较高的生产 2,3-丁二醇的潜力，尤其是前者，因为其具有宽广的底物范围以及对培养条件具有很好的适应能力等优点，所以经常用于生物合成 2,3-丁二醇。生物转化法生产 2,3-丁二醇可选用的底物种类很多，其中最常用的底物是葡萄糖以及 D-木糖、L-木糖、D-核糖、D-阿拉伯糖等多种五碳糖。葡萄糖是最常使用的一种碳源，但是 Klebsiella oxytoca、Bacillus polymyxa 等菌株还可以利用木糖以及阿拉伯糖等五碳糖为碳源，并将其转化为 2,3-丁二醇。用纤维素和半纤维素做底物，在连续发酵过程中共同培养哈茨木霉（Trichoderma harzianum E58）和具有发酵能力的肺炎克雷伯氏菌（Klebsiella pneumoniae），

首先利用 *Trichoderma harzianum* E58 的降解能力获得葡萄糖和木糖，再利用 *Klebsiella pneumoniae* 进行生物转化，生产 2,3-丁二醇。以任何一种糖为碳源时，2,3-丁二醇的理论得率均为 0.50g/g。以阴沟肠杆菌（*Enterobacter cloacae*）为发酵菌，以葡萄糖、木糖、阿拉伯糖等为碳源时，发酵液中 2,3-丁二醇的最高质量浓度为 34.4g/L，得率为 0.43g/g；以产酸克雷伯氏菌（*Klebsiella oxytoca*）为发酵菌，以木糖为碳源时，发酵液中 2,3-丁二醇的最高质量浓度为 49.0g/L，得率为 0.33g/g。

从发酵液中分离提取 2,3-丁二醇所面临的主要困难是其与水具有很高的亲和力，因而难以与水分离；而且 2,3-丁二醇沸点较高（达 180℃），在达到蒸馏温度之前，发酵液中的可溶部分就会浓缩成较厚的油状积块，从而减慢 2,3-丁二醇的蒸发速率，因此不宜采用减压蒸馏的方法来提取。多级萃取曾被应用于 2,3-丁二醇的分离提取，该过程中可以使用多种溶剂作萃取剂，如乙酸乙酯、乙醚以及正丁醇等。研究发现，利用乙醚萃取效果最好，萃取一次即可回收发酵液中 75% 的 2,3-丁二醇，另外相应的副产物 3-羟基丁酮、乙醇以及丁二酮的回收率也分别达到 65%、25% 和 75%～90%，但这种方法因溶剂使用量较大且成本较高等只限于实验室规模，而不适合于大规模工业化生产。此外，真空膜蒸馏法也可用于 2,3-丁二醇的分离提取。逆流气提法是提取和纯化 2,3-丁二醇实用可行的方法。2,3-丁二醇的分离提取一直是制约生物转化法生产 2,3-丁二醇发展的瓶颈之一，因此开发高效率、低成本的分离提取工艺是降低生产成本、扩大生产规模的关键。

（五）生物转化法生产燃料乙醇

能源问题是当今世界各国都面临的关系国家安全和经济社会可持续发展的中心议题，已成为全球关注的焦点。随着能源危机和环境污染问题日益突出，世界能源发展正步入一个崭新的时期，即世界能源结构正在经历由化石能源（煤炭、石油和天然气）为主逐渐向可再生能源为主的转变。

现有工业化燃料乙醇的生产主要以糖或粮食为原料，其优点是工艺成熟，但是产量受原料的限制，难以长期满足能源需求。长远考虑，以植物纤维原料（包括农作物秸秆、林业加工废料、甘蔗渣及城市垃圾等）为原料生产燃料乙醇，可能是解决原料来源和进行规模化生产的主要途径之一。以植物纤维原料为原料生产乙醇主要包括水解和发酵两个转化过程。植物纤维原料中的纤维素和半纤维素都能被水解为单糖，单糖再经发酵生成乙醇。纤维素和半纤维素可以通过酸水解或者酶水解转化为单糖。在用植物纤维原料制取燃料乙醇的技术中又以植物纤维原料生物酶水解然后发酵转化为乙醇的技术最具有工业化发展前景。该技术一般包括预处理、酶水解（糖化）、糖液发酵和酒精蒸馏提取等过程。

1. 半纤维素水解并发酵生产乙醇

如上所述，半纤维素是由不同多聚糖构成的混合物，聚合度较低，也无结晶结构，故较易酸水解，也可以被半纤维素酶水解为单糖。针叶木原料半纤维素的水解产物主要是甘露糖、葡萄糖、木糖，还包括少量的半乳糖、阿拉伯糖；阔叶木原料半纤维素的水解产物主要是木糖，还包括少量的甘露糖和葡萄糖；农作物秸秆和草类半纤维素的水解产物主要是木糖，还包括少量的阿拉伯糖。半纤维素水解产生的单糖种类和含量因原料不同而不同。其中水解产生的六碳糖可以较容易地用传统的酿酒酵母（*Saccharomyces cerevisiae*）和运动发酵单孢菌（*Zymomonas mobilis*）发酵成乙醇，但它们不能将木糖和阿拉伯糖发酵成乙醇，因此五碳糖的发酵成为研究的热点。木糖过去一直被认为不能被微生物发酵成乙醇。直到 1980 年，才有学者发现木糖可被一些微生物发酵成乙醇。迄今为止已发现 100 多种微生物能代谢木糖发酵生成乙醇，包括细菌、真菌、酵母菌。其中酵母菌的木糖发酵能力最强，有3 种酵母菌种即管囊酵母（*Pachysolen tannophilus*）、树干毕赤酵母（*Pichia stipits*）和休哈塔假丝酵母（*Candida shehate*）能够把木糖发酵成乙醇。但这些酵母在把木糖发酵成乙醇的过程中受到以下几方面的限制，如它们的乙醇承受能力低，发酵速度慢，难于把氧供应速率控制在优化的水平，另外对在植物纤维原料预处理和水解过程中产生的抑制物敏感。然而，可以用木糖异构酶把木糖转化为木酮糖，木酮糖可以被传统的酵母发酵成乙醇。

用植物纤维原料制取燃料乙醇工艺中的发酵和以淀粉或糖为原料的发酵有很大不同，这主要表现在以下两点：

① 植物纤维原料类生物质水解糖液中常含有对发酵微生物有害的组分。一般认为水解液中没有一种组分的浓度会大到能产生很大的毒性，对发酵微生物的有害作用是很多组分共同作用的结果。各组分毒性的大小还和发酵条件有关，如在较高的 pH 下，有机酸的毒性可显著下降。

② 水解糖液中含有较多的木糖。半纤维素构成了植物纤维原料的相当部分，以农作物秸秆和草为原料时，半纤维素的水解产物是以木糖为主的五碳糖，还有相当量的阿拉伯糖生成（可占五碳糖的 $10\%\sim20\%$）。

植物纤维原料发酵生产乙醇的路线、木糖代谢途径分别见图 4-36 和图 4-37。图 4-37 中 NADPH 为还原型烟酰胺腺嘌呤二核苷酸磷酸，$NADP^+$ 为烟酰胺腺嘌呤二核苷酸磷酸，NAD^+ 为烟酰胺腺嘌呤二核苷酸，ATP 为三磷酸腺苷，ADP 为二磷酸腺苷。

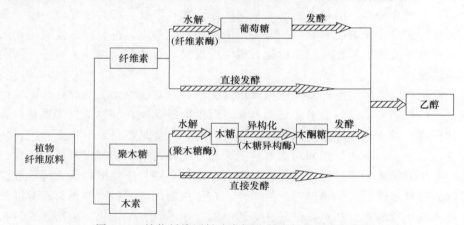

图 4-36　植物纤维原料酶水解及发酵生产乙醇的路线

植物纤维原料制取乙醇包括纤维素和半纤维素水解（糖化）、糖液发酵和酒精蒸馏提取3 个过程。由于聚戊糖占植物纤维原料干重的 $10\%\sim40\%$，因此植物纤维原料水解液中含有戊糖和己糖，其中戊糖（主要是木糖）占 30% 左右，为了充分利用植物纤维原料，提高乙醇的产率，降低乙醇的生产成本，希望戊糖、己糖能够同步、高效率地转化成乙醇，这是决定植物纤维原料制取燃料乙醇经济可行的关键之一。利用可再生的植物纤维原料制取燃料乙醇目前存在的主要问题是成本偏高。选择性能优良的纤维素酶生产菌株和戊糖发酵菌种，以及进一步完善工艺、降低成本是未来该领域努力的方向。

在半纤维素酶水解半纤维素为单糖，然后发酵生成乙醇的过程中，目前主要面临以下问题：

① 半纤维素酶水解受到木素的制约。在植物纤维细胞壁中，木素与半纤维素相互交错

混合存在于微细纤维与微细纤维之间及细纤维与细纤维之间，另外木素与半纤维素之间还存在化学连接，所以木素必然从物理和化学两方面对半纤维素的酶水解起阻碍作用。

② 对酵母菌而言，已有重组菌株在木糖发酵过程中仍存在以下问题：绝对依赖于通氧或可供代谢碳源的存在。研究发现，不论天然木糖酵母菌株还是遗传改造的酵母菌株，只能在有氧条件下利用木糖，但乙醇的产生则需要厌氧条件。从商业角度出发，可以采用在葡萄糖培养基厌氧发酵后，再采取有限氧发酵模式利用剩余木糖，从而达到高效转化木糖的目的；木糖发酵转化成乙

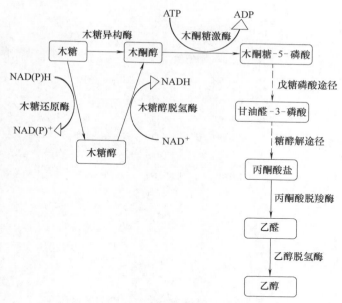

图 4-37　木糖代谢为木酮醇的两个途径
和木酮醇转化为乙醇的途径

醇的效率不高，且通常有较高含量木糖醇产生。麦草经过湿氧化预处理，然后进行连续直接发酵，葡萄糖发酵转化成乙醇的效率为 90%～95%，而木糖发酵转化成乙醇的效率仅为 72%～80%。

2. 半纤维素对纤维素酶水解和发酵的影响

众多的研究结果表明，半纤维素对纤维素的酶水解过程和后续的葡萄糖发酵过程都有阻碍作用。所以半纤维素被认为是纤维素酶水解和糖液发酵的阻碍物质，其阻碍作用主要表现为以下两个方面。

（1）物理阻碍作用

如前所述，纤维素与半纤维素之间虽然没有化学连接，但它们之间的结合比较紧密，所以半纤维素将会阻碍纤维素酶与纤维素的接触，不利于纤维素的酶水解反应。

（2）化学阻碍作用

植物纤维原料中的半纤维素水解过程中产生的弱酸，呋喃衍生物是单糖发酵过程中的抑制物，它们将降低乙醇的得率和产率，所以在控制半纤维素水解反应时应尽量减少这些产物的生成量。半纤维素的水解反应产物如图 4-38 所示。

五、半纤维素基功能材料制备

近年来用半纤维素制备功能材料的研究备受关注，如膜材料、水凝胶、吸附材料等。

（一）膜材料

1. 包装材料

半纤维素本身无毒，且可生物降解，近年来在包装材料和可食性包覆膜领域得到了重视。利用半纤维素膜作为包装材料，要求其具有机械强度高和柔韧性好的性能。半纤维素具有亲水性，同时具有较高的分支度及较低的聚合度，所以半纤维素基包装材料的强度等性能

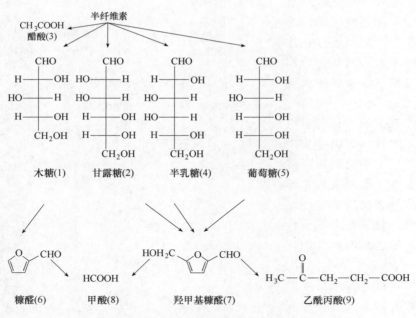

图 4-38　半纤维素的水解反应产物

与塑料包装相比还具有一定的差距。为了满足市场上对食品包装材料强度、抗水、抗油等性能的要求，需要对半纤维素进行共混、改性、接枝共聚或交联处理。羧甲基纤维素钠、纤维素纳米晶须、壳聚糖及明胶等辅料通过与半纤维素之间形成氢键及静电作用，可以显著提高膜的力学性能。当向聚木糖膜中添加 7％的磺化纳米纤维素晶须时，膜的抗张能量吸收提高445％，拉伸强度提高 141％。丙三醇、木糖醇、山梨醇、甲基纤维素、羧甲基纤维素钠（CMC）均可以改善半纤维素的成膜性能，硬脂酸、软脂酸的加入可以提高膜的疏水性，纳米银或二氧化钛可以赋予半纤维素薄膜抑菌功能，共混法可以简单地通过添加功能助剂改善半纤维素基膜材料的一些性能以适应市场的需要。云杉聚半乳糖葡萄糖甘露糖和聚乙烯醇（PVA）共混能够获得氧气透过率较低的薄膜材料，加入山梨醇的薄膜对水蒸气、氧气、香气的阻隔性能明显被提升，可以与目前商用的聚乙烯/乙烯-乙烯醇共聚物/聚乙烯（PE/EVOH/PE）复合膜相媲美。丙三醇可以提高半纤维素薄膜的透明性和水汽透过率（WVP）。

以一氯醋酸钠和环氧丙烷为醚化试剂分别获得羧甲基化聚木糖（CMX）和羟丙基化聚木糖（HPX），对比两种不同改性方法获得的聚木糖的成膜特性，发现 CMX 膜的机械强度明显高于 HPX 膜，但羟丙基化改性后的半纤维素比羧甲基化改性的半纤维素具有更好的热稳定性和加工适性。酯化改性是赋予半纤维素薄膜良好疏水性的一种有效手段，最常见的反应类型是半纤维素的乙酰化改性。

2. 可食性薄膜

除了作为食品的外包装材料，将从植物纤维原料中提取的半纤维素加工为可食薄膜，包裹或者涂覆于食品表面，在保证食品风味的同时提供了丰富的膳食纤维，对食品和环境无污染。半纤维素可食薄膜可以降低薄膜内外的气体交换速率，抑制食品的氧化反应，延长食品保质期。除了自身对食品的保护作用外，可食薄膜还可以用作食品添加剂的载体，例如抗氧化剂、抗褐变剂、着色剂和香精等。半纤维素可食薄膜还具备抑菌性的优势，可抑制微生物的生长，防止食物变质。在干酪表面包覆用美国皂荚聚半乳糖葡萄糖甘露糖制备的薄膜，对干酪样品进行 28d 的微生物学和理化分析，证实聚半乳糖葡萄糖甘露糖对干酪表面微生物-李斯特菌的生长具有抑制作用。通过美拉德反应制备的聚木糖和壳聚糖偶联物具有抗氧化能力，可以清除和还原自由基，对大肠杆菌和金黄色葡萄球菌也具有抗菌活性。从山毛榉木中提取的聚木糖与琼脂、碳酸锆铵共混制备的黄色透明聚木糖复合膜对蜡样芽孢杆菌和金黄色葡萄球菌有较好的抗菌活性，作为可食薄膜应用可延缓食品变质。

3. 药物载体膜

半纤维素薄膜在生物医药方面的应用之一是药物载体膜。用作药物载体膜的半纤维素需要制备为强亲水性的三维网状结构水凝胶，可通过调控其载药量和不同条件下的药物释放速率，实现药物的可控释放。采用环氧氯丙烷作为交联剂，将季铵化半纤维素与壳聚糖共交联可制备力学性能优异的药物载体膜，其环丙沙星最大负载量可达到 18% 左右。通过改变添加剂，改变交联剂以及对半纤维素进行预处理等方式，可将半纤维素薄膜制备成 pH 敏感型、光敏感型、磁敏感型、温度敏感型等药物载膜，以实现其对药物的可控吸附和可控释放。

（二）水凝胶

半纤维素基水凝胶具有原料可再生、产品可环境降解等优点。来自不同植物的多种半纤维素均可用于制备水凝胶，如桦木、白杨木、云杉、竹子、稻草等。水凝胶的制备方法可分物理交联和化学交联。目前，制备半纤维素基水凝胶主要通过化学交联来完成。根据水凝胶大小形状的不同，可分为微观凝胶（微米级和纳米级）和宏观凝胶（柱状、纤维状、膜状、球状等）。

1. 物理交联制备半纤维素基水凝胶

物理交联水凝胶是天然高分子在受热、冷冻、搅拌、高压、照射、超声波等物理作用下发生交联形成的高吸水材料。物理交联水凝胶可以避免使用交联剂，同时可以原位形成凝胶；当条件（如温度、pH 等）改变时，高分子溶液形成凝胶。因此，物理交联水凝胶可用于制备可注射式药物缓释体系，即在温和的条件下使药物混合在高分子溶液中，然后注射到身体的一定部位，在一定的生理条件下高分子溶液形成水凝胶，其中的药物通过凝胶的分解或以其他方式缓慢释放，从而达到控制药物释放的目的。形成物理交联水凝胶的条件之一是体系中物理交联点的形成。物理交联点的形成可以通过多种方式，如疏水相互作用、结晶作用、氢键作用、静电作用等。此外，物理交联型水凝胶普遍存在力学性能不好和成胶时间较长等缺点，所以通常需要进一步化学交联。

聚木糖类半纤维素本身不能形成膜，一般需要跟其他多糖或者合成高分子聚合物通过物理交联的方法在一定条件下形成膜。在白桦聚葡萄糖醛酸木糖溶液中加入 5%～20% 壳聚糖，在一定条件下能制备出聚木糖-壳聚糖水凝胶膜。随壳聚糖加入量的增加，水凝胶膜的吸水性能增强。该水凝胶膜对 pH、离子强度具有良好响应，同时对碱与水的循环响应显示了可逆溶胀行为。聚木糖-壳聚糖水凝胶膜具有海绵状的多孔结构，可以用作组织工程的细胞支架，还可作为极好的吸水材料。

相比合成高分子，半纤维素基水凝胶机械强度比较差。半纤维素与聚乙烯醇通过物理交联可以制备机械强度高、可生物降解的混合水凝胶。马来酰化的山毛榉聚木糖在酸性条件下与不同量的聚乙烯醇（PVA）在 70℃ 保持 4h，得到酰化半纤维素/聚乙烯醇共混水凝胶，其结构如图 4-39 所示。研究发现，该水凝胶能够吸附自身质量 10～30 倍的水（室温，去离

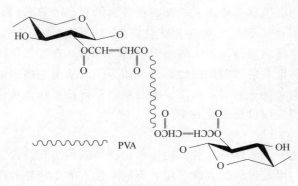

图 4-39　马来酰化半纤维素/聚乙烯
醇共混水凝胶的结构示意图

子水，达到平衡溶胀），水凝胶的溶胀行为直接与交联密度和亲水性有关，亲水性羟基基团的存在和低的交联密度都会提高水凝胶的吸水性能。提高酰化半纤维素的取代度或聚乙烯醇含量，使得交联密度提高，会造成水凝胶溶胀度降低而机械强度增加。该水凝胶具有非细胞毒性，有望应用于生物医药。

2. 化学交联制备半纤维素基水凝胶

化学交联可以通过自由基共聚反应、结构互补基团间化学反应而进行。半纤维素基水凝胶的制备方法中，自由基接枝共聚法占很重要的地位。即采用各种引发体系，使天然高分子半纤维素产生自由基，然后与高分子单体接枝聚合。此方法具有生产成本低、材料来源广、产品吸水能力强、无毒、减少环境污染等优势。半纤维素与高分子单体接枝聚合后，形成高分子材料。常用的引发剂有硝酸铈铵/硝酸、硫酸亚铁/过氧化氢、过硫酸铵/硫代硫酸钠、高锰酸钾/硫酸、过氧二硫酸铵和焦亚硫酸钠等。与半纤维素接枝共聚反应过程中常用的乙烯类单体有：丙烯腈、丙烯酸、甲基丙烯酸酯类等。可根据需要将不同敏感或功能特性基团引入到半纤维素大分子链上，形成水凝胶骨架。

将含有不饱和键的功能性单体引进到半纤维素的分子骨架上，再通过交联聚合反应，可制备出半纤维素基水凝胶。利用自由基聚合方法制备的丙烯酸和丙烯酰胺接枝共聚半纤维素基水凝胶对阿司匹林有明显的缓释效果，有望实现药物的控制释放。以聚乙二醇（PEG）为致孔剂，利用自由基聚合法制备的半纤维素接枝共聚丙烯酰胺水凝胶具有多孔结构以及优良的 pH 敏感性，能够实现药物的控制释放，有望成为一种良好的药物载体。

采用原子转移自由基聚合（ATRP）法可将温敏性单体 N-异丙基丙烯酰胺（NIPAM）和交联功能单体二甲基丙烯酸乙二醇酯（EDG）引入半纤维素支链中，经紫外光辐照交联可制备出新型温敏性半纤维素基水凝胶。通过改变聚合反应的物料组成能较为有效地调控这类水凝胶材料的温度响应特性。该类水凝胶材料具有温度负响应特性，并且降低交联程度以及提高温敏性单体的加入量可提高其温度敏感性。半纤维素的糖基种类较多，目前主要的半纤维素基水凝胶是聚木糖基水凝胶和聚甘露糖基水凝胶。

（1）聚木糖基水凝胶

从阔叶木中通过不同的分离方法，得到含有乙酰基和无乙酰基的聚木糖。在二甲基亚砜（DMSO）体系，不同类型的聚木糖在三乙胺的作用下与［（1-咪唑）甲酰氧］乙基甲基丙烯酸酯（HEMA-Im）于 50℃反应 6～120h，生成甲基丙烯酸羟乙酯聚木糖（HEMA-聚木糖）。然后在引发剂（过氧二硫酸铵和焦亚硫酸钠）作用下，与 HEMA 反应，生成聚木糖/聚 HEMA 水凝胶。研究发现，对比没有乙酰基的聚木糖基水凝胶，乙酰基的存在使得水凝胶结构比较紧凑、材料比较坚硬，导致该水凝胶对水的溶胀度降低，但提高了对抗癌药物如阿霉素的释放性能。研究发现，pH 对抗癌药物阿霉素的释放速率影响不大。

从黄竹中分离得到碱溶性聚木糖类半纤维素，以过硫酸胺（APS）/四甲基乙二胺（TMEDA）氧化-还原体系为引发剂，以 $N，N'$—亚甲基双丙烯酰胺为交联剂，半纤维素与部分中和的丙烯酸通过自由基聚合法可以制备出阴离子型智能水凝胶。图 4-40 为聚木糖与丙烯酸接枝共聚制备半纤维素基水凝胶的反应示意图。该水凝胶能够吸附自身质量 $90\sim820$ 倍的水（室温，去离子水，达到平衡溶胀）。另外，该水凝胶对 pH、离子强度、有机溶剂等有良好的响应。随着重金属离子浓度的增加，水凝胶的吸附量也随之增加，水凝胶对 Cu^{2+} 和 Ni^{2+} 离子的吸附量超过 $180mg/g$，显示了良好的重金属离子吸附性能，说明该水凝胶适合于含重金属离子废水的处理。水凝胶对重金属离子吸附的可能机理是羧基和金属离子的静电作用及羧基上氧孤对电子对金属离子的配位作用。该水凝胶在废水处理行业具有潜在的应用前景。

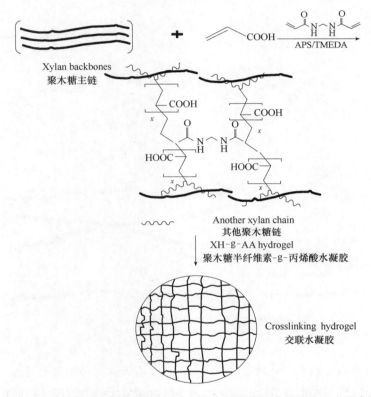

图 4-40 聚木糖与丙烯酸接枝共聚制备半纤维素基水凝胶的反应示意图

（2）聚甘露糖基水凝胶

聚甘露糖类半纤维素在制备水凝胶材料方面也显现了一定的优势。以聚半乳糖葡萄糖甘露糖为原料制备的半纤维素基水凝胶成功用于药物缓释领域。在中性条件下，与非离子化的水凝胶相比，离子化的水凝胶对药物的释放速率更低。这说明功能性基团-羧基的比例决定了聚半乳糖葡萄糖甘露糖基水凝胶对药物的缓释性能。该水凝胶在医药控释方面具有良好的应用前景，尤其在口服药方面。

以云杉蒸汽爆破产生的低相对分子质量的聚 O-乙酰基葡萄糖甘露糖（相对分子质量小于 3000）为原料，在 DMSO 体系中，聚甘露糖在三乙胺作用下，与 HEMA-Im 在 45℃反应 180min，生成聚甘露糖-HEMA，然后聚甘露糖-HEMA 在过氧二硫酸铵和焦亚硫酸钠引发剂的作用下，继续与 HEMA 在 40℃下进行接枝聚合反应 180min，生成可生物降解的水凝胶（聚甘露糖/聚 HEMA 水凝胶）。该聚甘露糖基水凝胶的机械性能与聚甲基丙烯酸羟乙酯水凝胶相近，这意味着可生物降解的聚甘露糖基水凝胶能够替代合成高分子水凝胶。聚甘露糖基水凝胶在蛋白负载及释放、结肠部位靶向释药等领域也具有潜在的应用前景。

聚 O-乙酰基半乳糖甘露糖（AcGGM）可通过自由基聚合和"点击化学反应"制备互穿网络结构（IPN）水凝胶（图 4-41）。与 AcGGM 的相应前体单一网络相比，IPN 水凝胶有更快的溶胀速率，高度多孔结构和显著改善的剪切储能模量。

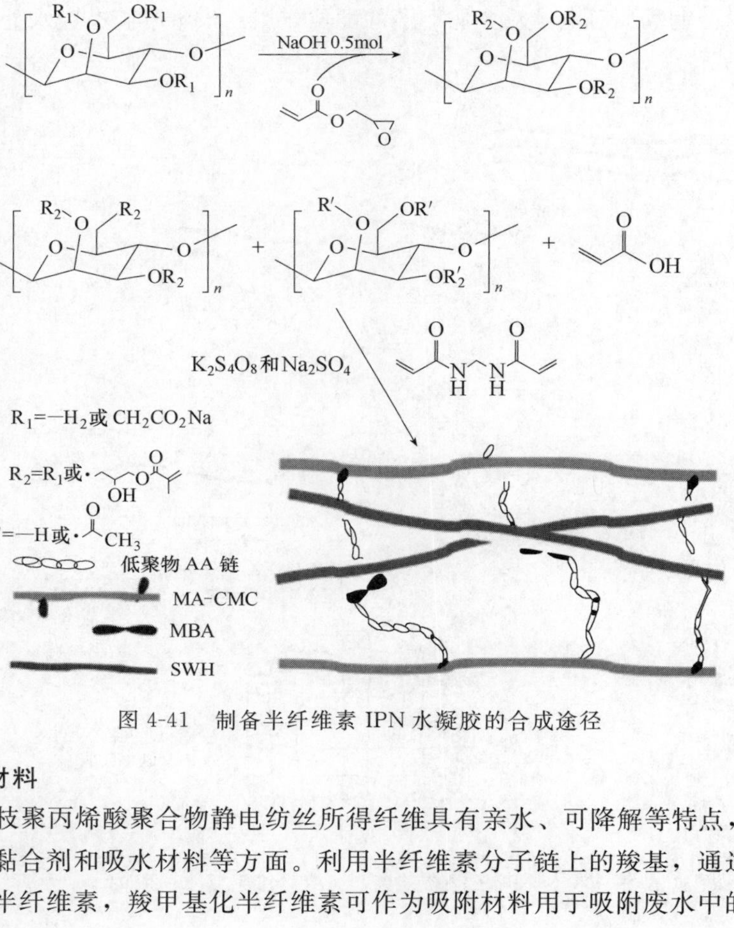

图 4-41　制备半纤维素 IPN 水凝胶的合成途径

（三）吸附材料

半纤维素接枝聚丙烯酸聚合物静电纺丝所得纤维具有亲水、可降解等特点，可应用于生物组织工程、新型黏合剂和吸水材料等方面。利用半纤维素分子链上的羧基，通过对其进行改性可获得羧甲基化半纤维素，羧甲基化半纤维素可作为吸附材料用于吸附废水中的重金属离子。

1. 吸水树脂

以半纤维素、部分中和的丙烯酸、膨润土为原料，过硫酸铵-亚硫酸氢钠为氧化还原引发剂，N，N'-亚甲基双丙烯酰胺为交联剂，引入聚乙烯醇（PVA），在微波辐射条件下可得聚乙烯醇改性半纤维素-g-丙烯酸/膨润土半互穿网络高吸水树脂。在复合无机黏土的同时添加一定量 PVA 后，不但在树脂耐盐性与凝胶强度的改善上更加有利，还弥补了无机黏土刚性强、溶胀性弱的缺陷，二者协同作用，形成了如图 4-42 所示的完善的网络结构，显著提高了树脂的综合性能。空白树脂饱和吸水率在 $850g/g$ 左右，改性树脂饱和吸水率达到 $1200g/g$ 左右。在半纤维素-g-丙烯酸/黏土体系中引入 PVA，可使树脂初始吸水速率常数 Kc 增大，即初期吸水速度加快。将 PVA 引入高吸水性树脂结构中，既可以增大吸水率又可以有效提高初始吸水速率。

以生产黏胶人造丝过程中的半纤维素废碱液为基础原料，丙烯酸（AA）为接枝单体，

N，N'—亚甲基双丙烯酰胺（NMBA）为交联单体， $(NH_4)_2S_2O_8$—NaHSO_3 为氧化还原引发体系，采用水溶液聚合法可以合成得到半纤维素-AA 高吸水树脂与三乙二醇二丙烯酸酯（TEGDA）改性的半纤维素-AA 高吸水树脂，改性后的树脂吸水速率得到了显著提高，且吸水达到饱和时间也大幅缩短。利用超声辐射技术合成半纤维素-丙烯酸接枝共聚高吸水树脂，树脂吸蒸馏水率为 311g/g，吸自来水率为 102g/g，吸生理盐水率为 55g/g，吸人工尿液率为 31g/g。采用微波辐射法制备半纤维素高吸水树脂，可显著缩短反应时间，其产物也具有更高的吸水率及吸水速率。

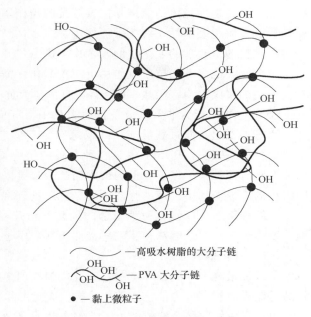

—高吸水树脂的大分子链

—PVA 大分子链

—黏上微粒子

图 4-42　改性树脂的网络结构示意图

2. 吸附重金属离子

聚木糖和丙烯酸通过自由基共聚合制备的半纤维素基水凝胶对 Pb^{2+}，Cd^{2+} 和 Zn^{2+} 的吸附容量分别为 635、448、158mg/g。通过水基自由基接枝共聚和交联将酰氨基胺引入半纤维素的主链中，水凝胶对 Cu^{2+}，Cd^{2+}，Pb^{2+}，Zn^{2+}，Ni^{2+}，Co^{2+} 和 CrO_4^{2-} 的吸附能力显著提高。以芦苇半纤维素为基材，丙烯酸（AA）为单体，N，N，N'，N'-四亚甲基乙二胺（MBA）为交联剂，通过自由基聚合法制备出水凝胶材料，水凝胶经过吸附-解吸 8 次循环后，对金属离子仍有较高的吸附效率，Pd^{2+}、Cd^{2+} 和 Zn^{2+} 的吸附量仍达 616、479 和 243mg/g，回收率分别为 96.7%、97.1% 和 97.6%。

六、其他利用

（一）医药应用

聚木糖很容易从农林废弃物（如玉米芯、稻壳、农作物秸秆）、果皮、果壳、刨花和锯末等中获得，半纤维素的分离也相对容易。从几种禾本科植物中分离出的聚葡萄糖醛酸阿拉伯糖木糖具有免疫刺激行为。从肉桂树皮中分离出的聚阿拉伯糖木糖与网状内皮组织系统有关。从车前草种子中分离的高分支度的半纤维素具有很强的抗补体行为，其结构主链为部分 O-乙酰化的 1,4-β-D-聚木糖，支链为木糖单元和酸性二糖。从木姜子属植物中分离出来的高分支度、水溶性的聚阿拉伯糖木糖，经水煎熬出的汁在斯里兰卡用作土产医药。据报道，从富含聚木糖的一年生植物废弃物（如竹叶、玉米秆、小麦草）和从日本山毛榉中分离的聚4-O-甲基葡萄糖醛酸木糖，具有明显的抑制恶性肿瘤及其他肿瘤的作用，这大概是由于其对非特异性免疫防御主体的直接刺激所致。含有羧甲基化聚木糖的木材半纤维素具有刺激 T-淋巴细胞和免疫细胞的作用，被称为中国新的抗癌药物。同样发现，从某些植物中分离出的聚4-O-甲基葡萄糖醛酸木糖具有抗发炎性。

如前所述，将半纤维素羧甲基化便可得到羧甲基变性半纤维素（CMMH）。CMMH 可通过增强免疫细胞的活性，促进免疫细胞的应答能力，增加免疫细胞的数量以提高细胞的免疫功能。通过增加机体的免疫功能发挥抗肿瘤作用，又不损害正常细胞。此外，羧甲基聚甘露糖等也具有免疫活性，有抗肿瘤作用。

更重要的是改性的或衍生的聚合物为进一步开发利用半纤维素提供了新的机会。磷酸化的聚木糖及其他多糖的抗凝血作用可与硫酸化多糖相媲美。在欧洲，从山毛榉聚葡萄糖醛酸木糖衍生的聚戊糖多硫酸盐（PPS）一直被作为抗凝血剂，其抗凝血能力可比得上肝素。另外 PPS 的生物学行为非常广泛，目前文献中对其应用方面的报道也越来越多。与肝素钠对比，PPS 能延迟皮肤过敏反应，降低患有结石的老鼠体内血清中胆固醇和甘油三酸酯的水平。此外研究表明，PPS 不仅是一种有效的抗癌剂，还对疼痛、急症和间质性膀胱炎等的治疗有显著疗效。标记了红色的聚木糖硫酸盐可以作为一种新型荧光探针，用来探测人类克隆组织的冷冻切片中肿瘤细胞的位置，它还具有将细胞素的化合物运输到克隆组织的作用。

半纤维素还可以作为一种新型的预防和治疗变性关节疾病的药物，或作为胆固醇抑制剂、镇静剂、药片分解剂和艾滋病毒抑制剂等用于医药卫生行业。

（二）催化剂载体

半纤维素是一类制备环境友好型催化剂的理想载体材料，因为其具有链状的分子结构和较高的比表面积，可为催化活性组分提供充足的稳定点，大量的羟基、羧基、羰基等活性功能基团具有较好的络合配位能力，能够有效地螯合和稳定金属离子和纳米颗粒，从而制得稳定的催化剂。

利用半纤维素作为催化剂载体，可通过氢键、范德华力等分子间作用力将活性组分吸附到固体载体表面制备催化剂，主要方式有浸渍法和包埋法；或者利用醚化及酯化等化学方式把活性组分引入到半纤维素表面，合成功能化半纤维素配体，然后再与金属配位获得负载型金属催化剂。以 Click 反应制备的半纤维素-g-壳聚糖化合物为载体，利用还原的方式制备半纤维素-g-壳聚糖负载钯的催化剂，该催化剂对 Suzuki 偶联反应有较好的催化活性，以无水乙醇为溶剂，K_2CO_3 为碱时，在 70℃下反应 3h，反应产率高达 84%。利用一氯乙酸对聚木糖进行醚化改性形成含 O 配体的半纤维素基载体，通过原位还原-沉积的方法制得含 O 配体固载的钯纳米催化剂，该催化剂用于催化碘代芳烃及溴代芳烃和烯烃间的反应，产率高达 99%，并且重复使用 5 次后仍保持了 92% 的活性；经过异质性测试，在催化反应过程中钯元素的流失量基本可以忽略，说明半纤维素在该催化剂中还起到稳定剂的作用。利用吡啶对聚木糖类半纤维素进行改性，并进一步制备吡啶半纤维素作为载体的钯纳米粒子催化剂，用于催化芳基硼酸和芳基卤烃之间的反应，产率高达 98%，且该催化剂具有很好的稳定性和可重复使用性能。也有研究将纳米 TiO_2 负载到半纤维素衍生物上，用于光催化降解亚甲基蓝，取得了很好的降解效果。

（三）膳食纤维

功能性食品将是 21 世纪人类摄取的主要食品，而膳食纤维作为一种功能因子广泛用于制作功能性食品，研究结果证实膳食纤维对便秘、肥胖、高血压、大肠癌等疾病具有明显的预防作用。膳食纤维是指人类植物性食物中不被小肠酶消化的多糖，是大肠细菌代谢的主要碳源。大肠细菌发酵膳食纤维的主要终产物短链脂肪酸，不仅是结肠上皮细胞的主要能量来源，更重要的是参与机体生理调节。膳食纤维缺乏是糖尿病等现代文明病高发的关键原因之一。当代缺口最大的膳食纤维不是纤维素、果胶、菊粉（聚果糖）、抗性淀粉或低聚糖，而是半纤维素，尤以精米白面膳食模式造成的聚木糖缺乏最为严重。

现在普遍接受的观点是指人类植物性食物中的非消化成分，化学构成主要是人类小肠酶不能水解的单体≥10的多聚糖（非消化性多聚碳水化合物），大部分集中在植物细胞壁，是肠道细菌代谢的主要碳源。其至连美国FDA也不恰当地允许食品标签将纤维素、菊粉等单个功能纤维统一标注为膳食纤维。半纤维素是肠道细菌或瘤胃细菌发酵最主要的底物。如果说淀粉是人类的主粮，那么半纤维素便是大肠细菌和草食动物的主粮。世界卫生组织推荐成人每天膳食纤维摄入量是25～35g。

膳食纤维的来源有谷类、豆类、水果、蔬菜等，无论是数量上还是功效上，谷物膳食纤维都具有明显的优势。谷物膳食纤维大都集中于谷粒皮层，加工过程中被除去而成为副产品，如米糠、麸皮等。经过脱脂后的米糠含有30%～40%的膳食纤维。膳食纤维由纤维素、半纤维素和木素组成。半纤维素约占膳食纤维总量的50%以上，主要为阿拉伯糖和木糖各占40%左右。谷物皮层中水溶性半纤维素占的比例很小，主要为碱溶性半纤维素。因此，谷物皮层中半纤维素的提取方法主要是基于半纤维素的碱溶性，在谷物皮层中加入蛋白酶及淀粉酶消化其中的蛋白质和淀粉后，再加入碱以溶解其中的半纤维素。

（四）功能性低聚糖

低聚糖集营养、保健、食疗于一体，广泛应用于食品、保健品、饮料、医药、饲料添加剂等领域。它是替代蔗糖的新型功能性糖源，是"未来型"新一代功效食品。低聚糖又称寡糖（Oligosaccharide），是由2～10个单糖通过糖苷键连接形成的具有直链或支链的低聚合度糖类的总称，相对分子质量约300～2000。人类可消化的低聚糖屈指可数，有乳汁中的乳糖、淀粉水解过程的中间产物麦芽糖、麦芽寡糖，还有蔗糖、海藻糖、岩藻糖等。然而，非消化性低聚糖则数不胜数。

功能性低聚糖包括水苏糖、棉籽糖、异麦芽酮糖、乳酮糖、低聚果糖、低聚木糖、低聚半乳糖、低聚乳果糖、低聚异麦芽糖、低聚异麦芽酮糖和低聚龙胆糖等。相较于其他低聚糖，来源于半纤维素的低聚木糖具有显著增殖双歧杆菌的效果，并且具有稳定性高、耐热、耐酸和生产原料价格低廉易得等特点。此外，还发现低聚木糖可减少患结肠癌的风险。低聚木糖在功能性食品中占有举足轻重的地位，具有很大的发展前景。

低聚木糖的制备方法包括酸水解法和生物降解法两种，由于酸水解法存在各种问题，工业上多采用生物降解法。研究发现，自然界中许多细菌、真菌都能产生可使聚木糖降解成低聚木糖的聚木糖酶。工业上一般以富含聚木糖的植物纤维资源如玉米芯、甘蔗渣、棉籽壳、麸皮、稻草、花生壳等为原料，通过聚木糖酶控制聚木糖水解，采用超滤和反渗透除去大分子和小分子糖，制取高纯度低聚木糖。

在酶法制备低聚木糖的预处理之后，进行微波消解，可有效提高聚木糖提取率，缩短提取时间，且粗提液颜色较浅，易于脱色。发酵法是用酶或微生物直接处理或发酵天然纤维素原料生产低聚木糖，从土壤样品中分离出的黄蓝状嗜热菌株可纯化出单一菌株，在以戊二醛为双功能介质下用浓度10%的明胶来固定化该菌株所产的聚木糖酶，固定化产率为98.8%，且酶活性回收率达99.2%，利用该固定化酶从小麦秸秆的半纤维素水解液中酶解制备低聚木糖，其中产物以木二糖为主，并伴有少量的木三糖。

除了上述的半纤维素综合利用，半纤维素还有其他很多工业应用可能。比如，改性后的半纤维素可作为表面活性剂，应用在洗涤和肥皂等化学工业生产中；在食品工业中，半纤维素可作为食品黏合剂、增稠剂、稳定剂、水凝胶、薄膜形成剂及乳化剂，如应用在面包生产中可增加面包的体积和吸水量，并提高面包的质量。谷类原料中的聚阿拉伯糖木糖能够抑制细胞之间冰的形成，该性质使之可以用于生产冷冻食品；对麦草中半纤维素的广泛研究发现，天然半纤维素胶乳具有良好的制造装饰涂料的性质，可以用来生产商用装饰涂料；羟丙基聚木糖是一种低相对分子质量、分支的水溶性多糖，它具有低特性黏度和热塑性，可用于相关原料的工业生产；半纤维素聚醚多元醇可替代 0～50％ 的常用聚醚 4110A，用于制备硬质聚氨酯泡沫塑料。

半纤维素独特的化学结构、较高的环保价值使其在化学品、食品、保健品、包装、生物医药、新材料、液体燃料、污水处理等领域有着潜在的商业价值。因此，如何有效地将半纤维素转化成高附加值的可降解聚合物或平台化学品，对实现工农业可持续健康发展具有积极的意义。本章有关半纤维素综合利用的内容仅是对已有工业利用和应用研究进展的部分介绍，有关方面的研究和工业利用成果还在不断积累和拓展，值得我们进一步期待和关注。半纤维素是一种取之不尽而又亟待开发利用的碳水化合物，对它们的合理开发利用必将带来巨大的社会效益、经济效益和环境效益。

习题与思考题

1. 半纤维素的概念及命名方法。
2. 植物纤维细胞壁中半纤维素的分布特点及提取、分离方法。
3. 不同种类植物的半纤维素聚糖类型和化学结构式有什么不同？半纤维素与纤维素在化学结构上有何异同点？
4. 半纤维素与植物细胞壁其他组分之间有何联系？
5. 不同种类的半纤维素在聚合度和溶解性质上有何差异？
6. 不同半纤维素糖基在酸水解速率上有何差异？半纤维素酸水解对工业生产有什么作用或影响？
7. 在碱性溶液中，半纤维素与纤维素在剥皮反应方面有何异同点？
8. 半纤维素酶降解在工业生产上有什么具体应用？
9. 聚木糖与聚葡萄糖甘露糖在化学制浆过程中的变化有何异同点？
10. 己烯糖醛酸是如何形成的？对制浆有何影响？
11. 半纤维素化学改性的意义及常用的化学改性方法是什么？
12. 半纤维素对溶解浆质量和纤维素衍生物生产有何影响？
13. 半纤维素作为纸浆组分对纸浆及纸张性质有什么影响？
14. 半纤维素作为造纸添加剂对纸张质量有什么影响？
15. 半纤维素对纺织和染整用纤维有何影响？
16. 如何开发利用半纤维素？半纤维素的利用前景如何？
17. 如何利用制浆废液中的半纤维素聚糖？
18. 如何直接从植物纤维原料中分离和利用半纤维素？
19. 半纤维素生物转化的意义和应用。
20. 半纤维素对纤维素酶水解和糖液发酵有什么影响？

主要参考文献

[1] 裴继诚，主编. 植物纤维化学［M］. 4 版. 北京：中国轻工业出版社，2012.
[2] 詹怀宇，蔡再生，主编. 纤维化学与物理［M］. 北京：科学出版社，2005.
[3] 杨淑蕙，主编. 植物纤维化学［M］. 3 版. 北京：中国轻工业出版社，2001.
[4] 张惠展. 途径工程-第三代基因工程［M］. 北京：中国轻工业出版社，1997.
[5] 邬义明，主编. 植物纤维化学［M］. 2 版. 北京：中国轻工业出版社，1991.

[6] 陈嘉翔，余家鸾，编著. 植物纤维化学结构的研究方法 [M]. 广州：华南理工大学出版社，1989.

[7] 张力田，编著. 碳水化合物化学 [M]. 北京：轻工业出版社，1988.

[8] 吴东儒. 糖类的生物化学 [M]. 北京：高等教育出版社，1987.

[9] Л. И. 弗里雅捷著. 纸的性能 [M]. 陈有庆，等译. 北京：轻工业出版社，1985.

[10] 许少石，黄世钊编. 黏胶纤维浆粕制造 [M]. 北京：纺织工业出版社，1983.

[11] 陈国符，邬义明主编. 植物纤维化学 [M]. 北京：轻工业出版社，1980.

[12] T. E. Timell. Recent progress in the chemistry of wood hemicelluloses [J]. Wood Sci. Technol. ，1967，1：45—70.

[13] Eero Sjöström. The behavior of wood polysaccharides during alkaline pulping process [J]. Tappi Journal，1977，60 (9)：151—154.

[14] D. A. Rees，E. R. Morris，D. Thom and J. K. Madden in The Polysaccharides，Vol1 [M]；G. O. Aspinall，Ed.；Academic Press：Orlando，1983.

[15] Samira F. El-Kalyoubi and Salwa O. Heikal. Hemicellulose as a beater additive in papermaking [J]. Cellulose Chemistry and Technology，1983，17 (6)：659—667.

[16] Johanna Buchert，Anita Teleman，Vesa Harjunpää et al. Effect of cooking and bleaching on the structure of xylan in conventional pine kraft pulp [J]. Tappi Journal，1995，78 (11)：125—130.

[17] G. R. Ponder and G. N. Richards. Arabinogalactan from Western larch，Part Ⅲ：alkaline degradation revisited，with novel conclusions on molecular structure [J]. Carbohydrate Polymers，1997，34：251—261.

[18] Yusuke Edashige，Tadashi Ishii. Hemicellulosic polysaccharides from bamboo shoot cell-walls [J]. Phytochemistry，1998，49 (6)：1675—1682.

[19] L. Salmén and A. -M. Olsson. Interaction between hemicelluloses，lignin and cellulose：Structure property relationships [J]. Journal of Pulp and Paper Science，1998，24 (3)：99—103.

[20] Yusuke Edashige and Tadashi Ishii. Hemicellulosic polysaccharides from bamboo shoot cell walls [J]. Phytochemistry，1998，49 (6)：1675—1682.

[21] Anatoly A. Shatalov，Dmitry V. Evtuguin，Carlos Pascoal Neto. (2-O-α-D- Galactopyranosyl-4-O-methyl-α-D-glucurono) -D-xylan from *Eucalyptus globulus* Labill [J]. Carbohydrate Research，1999，320 (1-2)：93—99.

[22] B. C. Saha，R. J. Bothast. Production of 2，3-butanediol by newly isolated *Enterobacter cloacae* [J]. Applied Microbiology and Biotechnology，1999，52 (3)：321—326.

[23] 余世袁. 林产资源的生物转化与利用 [J]. 南京林业大学学报，2000，24 (2)：1—5.

[24] 詹怀宇，叶红，蒲云桥，等. KP 木浆中己烯糖醛酸对卡伯值和 ECF 漂白的影响 [J]. 中国造纸，2000，19 (4)：35—39.

[25] 张厚瑞，何成新，梁小燕. 半纤维素水解物生物转化生产木糖醇 [J]. 生物工程学报，2000，16 (3)：304—307.

[26] R. C. Sun，X. F. Sun. Fractional and structural characterization of hemicellulose isolated by alkali and alkaline peroxide from barley straw [J]. Carbohydrate Polymers，2002，49 (4)：415—423.

[27] Anita Teleman，Maija Tenkanen，Anna Jacobs. Characterization of O-acetyl-(4-O-methylglucurono) xylan isolated from birch and beech [J]. Carbohydrate Research，2002，337 (4)：373—377.

[28] 张红莲，姚斌，范云六. 聚木糖酶的分子生物学及其应用 [J]. 生物技术通报，2002，3：23—26，30.

[29] R. Bochicchio，F. Reicher. Are hemicelluloses from Podocarpus lambertii typical of gymnosperms？ [J]. Carbohydrate Polymers，2003，53 (2)：127—136.

[30] Dmitry V. Evtuguin，Jorge L. Tomás，Artur M. S. Silva et al. Characterization of an acetylated heteroxylan from *Eucalyptus globulus* Labill [J]. Carbohydrate Research，2003，338 (7)：597—604.

[31] John Sjöberg，Olof Dahlman. Effect of surface hardwood xylan on the quality of softwood pulps [J]. Nordic Pulp and Paper Research Journal，2003，18 (3)：310—315.

[32] 许凤，孙润仓，詹怀宇. 非木材半纤维素研究的新进展 [J]. 中国造纸学报，2003，18 (1)：145—151.

[33] Badal C. Saha. Hemicellulose bioconversion [J]. Journal Industry Microbiology Biotechnology，2003，30 (5)：279—291.

[34] Sun X F，Xu F，Zhao H，et al. Physicochemical characterisation of residual hemicelluloses isolated with cyanamide activated hydrogen peroxide from organosolv pre-treated wheat straw [J]. Bioresource Technology，2005，96

（12）：1342—1349.

[35] 许凤，钟新春，孙润仓，等. 秸秆中半纤维素的结构及分离新方法综述 [J]. 林产化学与工业，2005，25（S1）：179—182.

[36] Mccartney L，Marcus S E，Knox J P. Monoclonal antibodies to plant cell wall xylans and arabinoxylans [J]. Journal of Histochemistry and Cytochemistry，2005，53（4）：543—546.

[37] 任俊莉，孙润仓，刘传富. 半纤维素化学改性 [J]. 高分子通报，2006，12：63—68.

[38] 刘巍峰，张晓梅，陈冠军，等. 木糖发酵酒精代谢工程的研究进展 [J]. 过程工程学报，2006，6（1）：138—143.

[39] 张素平，颜涌捷，任铮伟，等. 纤维素制取乙醇技术 [J]. 化学进展，2007，19（7/8）：1129—1133.

[40] Nishikubo N，Awano T，Banasiak A. Xyloglucan endo-transglycosylase（XET）functions in gelatinous layers of tension wood fibers in poplar-aglimpse into the mechanism of the balancing act of trees [J]. Plant and Cell Physiology，2007，48（6）：843—855.

[41] 张刚，杨光，李春，等. 生物法生产 2,3-丁二醇研究进展 [J]. 中国生物工程杂志，2008，28（6）：133—140.

[42] 陈洪章，王岚. 生物质能源转化技术与应用（Ⅷ）——生物质的生物转化技术原理与应用 [J]. 生物质化学工程，2008，42（4）：67—72.

[43] Ballesteros，I.，Ballesteros，M.，Manzanares，P. et al. Dilute sulfuric acid Pretreatment of cardoon for ethanol production [J]. Biochemical Engineering Journal，2008，42：84—91.

[44] Arend M. Immunolocalization of（1，4）-β-galactan in tension wood fibers of poplar [J]. Tree Physiology，2008，28（8）：1263—1267.

[45] 任俊莉，彭锋，彭新文，等. 农业秸秆半纤维素分离及纯化技术研究进展 [J]. 纤维素科学与技术，2010，18（3）：56—67.

[46] 任俊莉，彭新文，孙润仓，等. 半纤维素功能材料——水凝胶 [J] 中国造纸学报，2011，26（4）：49—53.

[47] 余紫苹，彭红，林姐，等. 植物半纤维素结构研究进展 [J]. 高分子通报，2011，6）：48—54.

[48] 林姐，彭红，余紫苹，等. 半纤维素分离纯化研究进展 [J]. 中国造纸，2011，30（1）：60—64.

[49] Kim J S，Daniel G. Immunolocalization of hemicelluloses in Arabidopsis thaliana stem. Part Ⅱ：Mannan deposition is regulated by phase of development and its patterns of temporal and spatial distribution differ between cell types [J]. Planta，2012，236（5）：1367—1379.

[50] Kim J S，Daniel G. Distribution of glucomannans and xylans in poplar xylem and their changes under tension stress [J]. Planta，2012，236（1）：35—50.

[51] Wang H T，Liu I H，Yeh T F. Immunohistological study of mannan polysaccharides in poplar stem [J]. Cellulose Chemistry and Technology，2012，46（3/4）：149—155.

[52] 王海涛，耿增超，孟令军，等. 半纤维素酯化和醚化改性研究进展 [J]. 西北林学院学报，2012，27（5）：146—152.

[53] 马静，张逊，周霞，等. 半纤维素在植物细胞壁中分布的研究进展 [J]. 林产化学与工业，2015，35（6）：141—147.

[54] Guan Y，Qi X M，Chen G G，et al. Facile approach to prepare drug-loading film from hemicelluloses and chitosan [J]. Carbohydrate Polymers，2016，153：542—548.

[55] Francisco RSMendes，Maria SRBastos，Luana GMendes，et al. Preparation and evaluation of hemicellulose films and their blends [J]. Food Hydrocolloids，2017，70：181—190.

[56] Queirós L C，Sousa S C，Duarte A F，et al. Development of carboxymethyl xylan films with functional properties [J]. Journal of Food Science & Technology，2017，54（1）：9—17.

[57] 范述捷，文飚，苏振华，等. 商品化学浆制备溶解浆的研究进展 [J]. 中国造纸，2017（3）：64—68.

[58] Ji-Yuan Xu，Tong-Qi Yuan，Lin Xiao et al. Effect of ultrasonic time on the structural and physico chemical properties of hemicelluloses from Eucalyptus grandis [J]. Carbohydrate Polymers，2018，195：114—119.

[59] 张厚德，张厚瑞. 膳食纤维平衡的基本概念 [J]. 胃肠病学和肝病学杂志，2018，27（10）：12—22.

[60] 樊洪玉，卫民，赵剑，等. 半纤维素分离提取及改性应用研究进展 [J]. 生物质化学工程，2018，52（2）：42—50.